51单片机C语言开发教程

刘理云　编著

U0228666

化学工业出版社

·北京·

本书在引导读者认识C51单片机基本结构基础上，以C语言为设计语言，通过60个案例、详细的源代码介绍了C51单片机程序开发的各项细节，包括单片机应用系统仿真开发、接口应用技术、中断系统与定时/计数器设计、串行接口技术等。程序代码经典，可移植性强：大部分代码写成傻瓜式，对C51单片机可直接套用，也容易移植到AVR、PIC等单片机中去，节省了开发时间。

全书案例丰富，程序代码可靠，并可以在相应的平台下载，帮助单片机开发人员、电子爱好者以及从事智能电子产品开发的人员快速入门，并迅速提高开发能力。

图书在版编目(CIP)数据

51单片机C语言开发教程/刘理云编著. —北京：化学工业出版社，2017.9
ISBN 978-7-122-30134-5

Ⅰ. ①5… Ⅱ. ①刘… Ⅲ. ①单片微型计算机-C语言-程序设计 Ⅳ. ①TP368.1②TP312.8

中国版本图书馆CIP数据核字（2017）第161851号

责任编辑：刘丽宏　　文字编辑：孙凤英
责任校对：王　静　　装帧设计：刘丽华

出版发行：化学工业出版社（北京市东城区青年湖南街13号　邮政编码100011）
印　　装：北京科印技术咨询服务有限公司数码印刷分部
787mm×1092mm　1/16　印张22　字数572千字　2017年9月北京第1版第1次印刷

购书咨询：010-64518888　　售后服务：010-64518899
网　　址：http://www.cip.com.cn
凡购买本书，如有缺损质量问题，本社销售中心负责调换。

定　　价：68.00元

版权所有　违者必究

前　言

对于刚接触单片机的学习者，似乎都很迷茫，C 语言、汇编语言、电路、开发板，不知道从哪儿开始学起。其实在学习单片机原理与应用系统开发时，只有在学习一些理论知识的基础上，多阅读单片机应用系统开发案例，注重单片机应用系统开发实践训练，才能透彻地理解和掌握单片机结构与原理，才能更快更好地掌握单片机应用知识和单片机应用系统开发技能。

本书结合笔者多年的教学和实践经验，根据案例阅读与实践训练在学习单片机应用系统开发过程中的重要性，用 C 语言为编程语言，由易到难，循序渐进地讲述 51 单片机的硬件结构和功能应用，以及 C 语言为 51 单片机编程的方法。

全书具有以下特点：

一、内容全面，既有基础知识介绍，又重视开发技能、技巧的说明，初学者可以掌握全面的硬件原理和编程技巧，建立比较完善的知识体系。

二、案例丰富，源代码可靠，讲解循序渐进，详细生动，为读者打好基础，增强学习兴趣和信心。

三、相应课程平台帮读者答疑解惑，读者可以少走弯路，快速入门。

笔者基于世界大学城平台创建了一个自助学习空间，有丰富的学习资源和教学课件等，课程空间链接：http://www.worlduc.com/SpaceShow/Index.aspx?uid=359771。

本书由刘理云编著，祖国建审稿。在编写本书过程中，参阅了许多文献资料，在此谨向各位作者表示诚挚的感谢。

单片机和电子技术的知识发展迅猛，涉及的应用面广，知识更新快，加上笔著者水平有限，虽经努力，但书中仍难免有不足之处，恳请广大读者指正。

刘理云

目　录

第1章　C51单片机基本结构与最小应用系统

单片机就是一块集成芯片，在这块集成芯片里集成了中央处理部件（CPU）、存储器（RAM、ROM）、定时/计数器和各种输入/输出（I/O）接口等，能够完成一些特殊功能，而它的功能的实现要靠使用者自己来编程完成。编程的目的就是控制这块芯片的各个引脚在不同时间输出不同的电平（高电平或低电平），进而控制与单片机各个引脚相连接的外围电路的电气状态。可见单片机就是一台计算机，其全称是单片微型计算机（Single Chip Micro-computer），是微型计算机发展中的一个重要分支。由于单片机原来就是为实时控制应用而设计制造的，故又称为微控制器（Microcontroller）。

1.1　51单片机的基本结构

1.1.1　51单片机内部的逻辑结构

51单片机芯片内部结构非常复杂，但作为单片机的用户，只需要了解其逻辑结构和功能就足够了。51单片机芯片内部集成了微型计算机所需的基本功能部件，它由CPU、振荡与时钟电路、程序存储器、数据存储器、定时/计数器、串行口、并行口、总线扩展控制、中断等部分组成，各部分之间通过内部总线相连接，如图1-1所示。

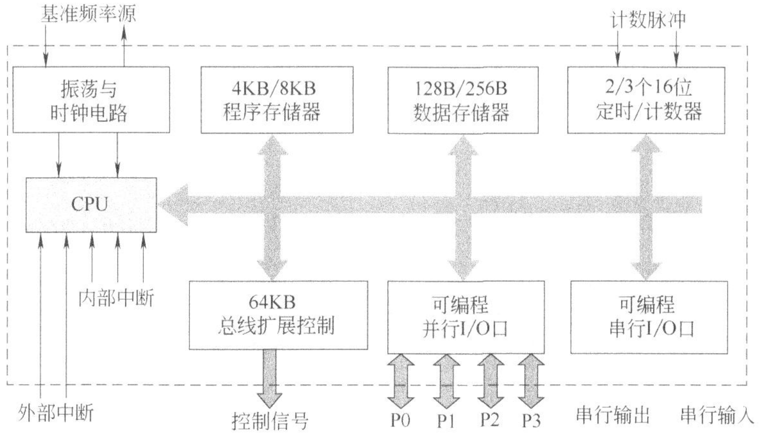

图1-1　51单片机简化逻辑结构图

51 单片机有多种型号的产品：

普通型（51 子系列）有：8051、8031、8751、89C51、89S51 等型号。

增强型（52 子系列）有：8032、8052、8752、89C52、89S52 等型号。

它们的结构基本相同，其主要差别反映在存储器的配置上。

8031 片内没有程序存储器；

8051 内部设有 4KB 的掩模 ROM 程序存储器；

8751 是将 8051 片内的 ROM 换成 EPROM；

89C51 则换成 4KB 的闪速 EEPROM；

89S51 结构同 89C51， 4KB 的闪速 EEPROM 可在线编程。

增强型的存储容量为普通型的一倍。另外普通型只有 2 个 16 位的定时/计数器，而增强型有 3 个 16 位定时/计数器。

1.1.2 CPU

CPU 是单片机的核心部件，它由运算器和控制器等部件组成。

（1）运算器 ALU

运算器 ALU 由一个加法器、两个 8 位暂存器（TMP1 与 TMP2）、8 位的累加器 A、寄存器 B 和程序状态寄存器 PSW 以及一个布尔处理器组成（累加器 A、寄存器 B 和程序状态寄存器 PSW 是特殊功能寄存器，后面专门介绍）。运算器 ALU 可以对 8 位数据进行加、减、乘、除、加 1、减 1、比较、BCD 码十进制调整等算术运算和与、或、异或、求反、循环等逻辑运算，并且能够完成数据传送、移位、判断和程序转移等操作。利用布尔处理器能够对位数据进行传送、逻辑运算、判断和程序转移等操作。位信号处理能力是 51 系列单片机的重要特色。

（2）控制器

控制器是用来控制计算机工作的部件，它包括程序计数器 PC、指令寄存器 IR、指令译码器 ID、堆栈指针 SP、数据指针 DPTR、时钟发生器和定时控制逻辑等。

① 程序计数器 PC（Program Counter）。程序计数器 PC 是一个 16 位的专用寄存器，PC 中存放的内容是：CPU 将要执行的下一条指令的地址，可对 64KB 程序存储器直接寻址，每读取指令的一个字节，PC 的内容自动加 1，故称为程序计数器。

② 指令寄存器 IR 和指令译码器 ID 的功能：从程序存储器取出的指令先存放指令寄存器 IR 中，再送指令译码器 ID 译码，然后通过控制电路产生相应的控制信号，控制 CPU 内部及外部有关部件进行协调动作，完成指令所规定的各种操作。

堆栈指针 SP、数据指针 DPTR 是特殊功能寄存器，后面会介绍。

1.1.3 存储器

存储器是计算机的重要组成部分，用于存储计算机赖以运行的程序和计算机处理的对象——数据。

存储器有两个主要技术指标：存储容量和存取速度。存储容量是半导体存储器存储信息量大小的指标。半导体存储器的容量越大，存放程序和数据的能力就越强。存储器的存取速度对计算机的运行速度有很大影响。

存储器按结构与使用功能可分为随机存取存储器 RAM（Random Access Memory）和只读存储器 ROM（Read Only Memory）两类。随机存取存储器 RAM 又称读写存储器，它的数据既可以从 RAM 中读数据，又可以将数据写入 RAM，但掉电后 RAM 中存放的信息将丢失。RAM 适宜存放原始数据、中间结果及最后的运算结果，因此又被称作数据存储器。只读存储器 ROM 在计算机运行时只能执行读操作，但掉电后 ROM 中存放的数据不会丢失。ROM 适宜存放程序、常数、表格等，因此又称为程序存储器。

随着半导体存储技术的发展，新的可现场改写信息的非易失存储器逐渐被广泛采用，且发展速度很快。主要有快擦写 FLASH 存储器，新型非易失静态存储器 NVSRAM 和铁电存储器 FRAM。这些存储器的共同特点是：从原理上看，它们属于 ROM 型存储器，但是从功能上看，它们又可以随时改写信息，因而作用又相当于 RAM。新型的非易失性存储器在这两类存储器之间搭起了一座跨越沟壑的桥梁。

51 单片机的存储器结构与常见的微型计算机的配置方法不同,它将程序存储器和数据存储器分开,各有自己的寻址方式、控制信号和功能。程序存储器用来存放程序和始终要保留的常数。数据存储器存放程序运行中所需要的常数和变量。

从物理空间看，51 单片机有四个存储器地址空间：片内数据存储器、片外数据存储器、片内程序存储器、片外程序存储器。

51 单片机存储器物理结构如图 1-2 所示：

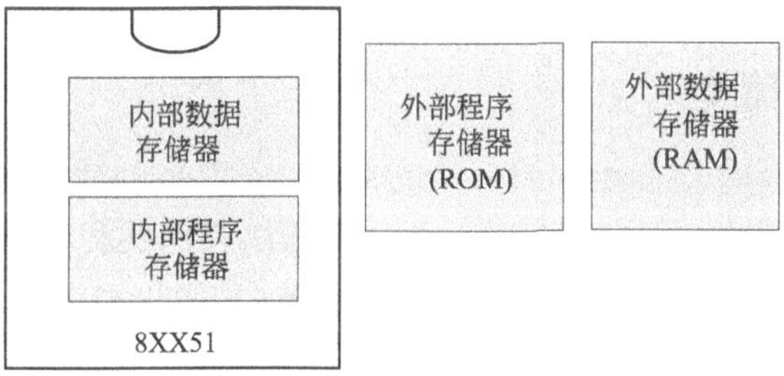

图 1-2　51 单片机存储器物理结构图

从逻辑上看，51 单片机有三个存储器空间：片内数据存储器、片外数据存储器、片内片外统一编址的程序存储器。

51 单片机的存储器逻辑结构如图 1-3 所示。

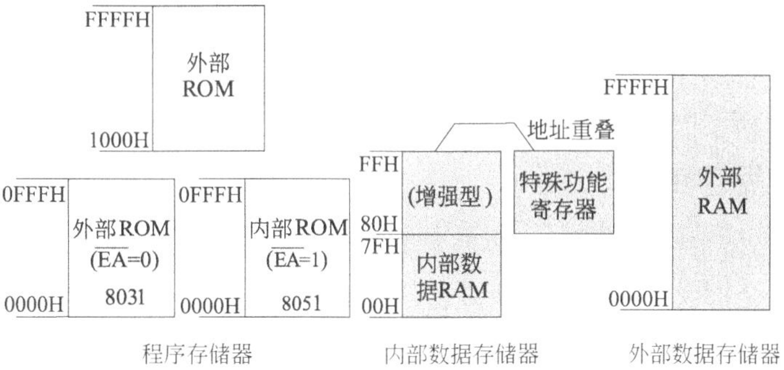

图 1-3　51 单片机的存储器逻辑结构

1.1.3.1　几个与存储器有关的概念

• **位（bit）**：位是用来表达一个二进制信息的最基本单位。在存储器中，一位信息“1”或“0”的存储是由具有记忆功能的半导体电路（如触发器）实现的。

• **字节（byte）**：字节是计算机处理或存储数据的最常用基本单位，一个字节由一定位（8位）数的二进制代码组成，常简写成“B”。

• **字长**：一般将计算机中一个字节的二进制代码的长度称为字长。计算机的字长越长，它能代表的数值就越大，能表示的数值的有效位数也越多，计算的精度就越高，它能处理的信息也越复杂。但是，字节位数越多，用来表示二进制代码的逻辑电路也越多，使得计算机的结构变得庞大，电路变得复杂，造价也越昂贵。用户通常要根据不同的任务选择不同字长的计算机。单片微型计算机使用的字长以8位的为主，也有4位、16位和32位的。

• **容量**：存储器的容量是指在一块芯片中所能存储的信息位数。例如：2832 E^2PROM芯片的容量为32768 bit。存储器的容量，更多的是用字节数表示，如2832的存储容量可写成：4K×8bit，通常表示为4KB。

• **存储单元及其地址**：一个字节所占用的存储空间称为一个存储单元，4K字节的存储器就有4K存储单元。微型计算机存取信息，一般是以字节为单位，存取信息首先就要寻找信息字节的存储单元，为了准确无误地存放和取用数据，每个存储单元都有一个用二进制数编的号，即地址码，用地址码标识其所处的物理空间位置。地址码的有效位数，可以根据存储容量的大小而定。换句话说，地址码的位数也可以反映计算机的寻址范围。51单片机最多可以使用16位二进制的地址码，所能访问的最大地址空间为64K字节。

1.1.3.2 程序存储器

程序存储器用来存放程序和始终要保留的常数，其存放的数据在程序运行过程中不会发生改变，断电后也不会丢失。程序存储器分为片内程序存储器和片外程序存储器，51单片机的程序存储器配置如图1-3所示。片外程序存储器最大可配64KB。

内部和外部程序存储器的地址是统一、连续的，从0000H开始编址，最大地址是0FFFFH。从图1-3可看出，内部程序存储器和外部程序存储器的低4KB的地址是重叠的，在使用时，程序存储器0000H～0FFFH（低4KB）是使用内部的还是使用外部的，由31脚（$\overline{EA}$）来区分。31脚（$\overline{EA}$）接高电平时，CPU将首先访问内部存储器，当指令地址超过0FFFH时，自动转向片外ROM去取指令。31脚（$\overline{EA}$）接低电平时，CPU将从外部程序存储器的0000H开始访问。8031单片机无内部程序存储器，地址从0000H～FFFFH都是外部程序存储空间，故31脚（$\overline{EA}$）应始终接地。

51单片机中用程序计数器PC来引导程序的执行顺序，改变PC的内容就可以改变程序执行的顺序。当系统复位后，PC的内容为0000H，所以CPU总是从这一初始入口地址开始执行程序。

1.1.3.3 数据存储器

数据存储器存放程序运行中所需要的常数和变量，其中存放的数据在程序运行中可能发生改变，断电后会全部丢失。数据存储器也分为片内数据存储器和片外数据存储器，51单片机的数据存储器配置如图1-3所示。

（1）片外数据存储器

片外数据存储器RAM也有64KB寻址区，在地址上与程序存储器ROM重叠，51单片机通过不同的信号来选通ROM或RAM，当从外部ROM取指令时，用选通信号$\overline{PSEN}$，而当从外部RAM读/写数据时，采用读/写信号$\overline{RD}$或$\overline{WR}$来选通，从内部ROM取指令或读/写内部RAM不要用选通信号，因此不会因为地址重叠而出现混乱。

51 单片机的外部数据存储器和外部 I/O 口实行统一编址，并使用相同的 $\overline{RD}$ 或 $\overline{WR}$ 作选通控制信号。

（2）内部数据存储器

内部数据存储器是最灵活的存储区，51 单片机片内 RAM 分成性质不同的几个区：00H～7FH 单元组成的低 128 字节地址空间的 RAM 区；80H～FFH 单元组成的高 128 字节的 RAM 区（仅在增强型中有这一区）；80H～FFH 地址空间内的专用寄存器区（又称特殊功能寄存器）。在 89C51 等普通型中只有低 128 字节的 RAM 区和 128 字节的专用寄存器区。

51 单片机的片内 RAM 分成工作寄存器区、位寻址区和数据缓冲区三部分（如表 1-1 所示）。

表 1-1 51 单片机片内 RAM 的结构和功能分区

		D7	D6	D5	D4	D3	D2	D1	D0	
工作寄存器区	00H	R0								工作寄存器 0 组
	01H	R1								
	⋮	⋮								
	07H	R7								
	08H	R0								工作寄存器 1 组
	09H	R1								
	⋮	⋮								
	0FH	R7								
	10H	R0								工作寄存器 2 组
	11H	R1								
	⋮	⋮								
	17H	R7								
	18H	R0								工作寄存器 3 组
	19H	R1								
	⋮	⋮								
	1FH	R7								
位寻址区	20H	07	06	05	04	03	02	01	00	
	21H	0F	0E	0D	0C	0B	0A	09	08	
	22H	17	16	15	14	13	12	11	10	
	23H	1F	1E	1D	1C	1B	1A	19	18	
	24H	27	26	25	24	23	22	21	20	
	25H	2F	2E	2D	2C	2B	2A	29	28	
	26H	37	36	35	34	33	32	31	30	
	27H	3F	3E	3D	3C	3B	3A	39	38	
	28H	47	46	45	44	43	42	41	40	
	29H	4F	4E	4D	4C	4B	4A	49	48	
	2AH	57	56	55	54	53	52	51	50	
	2BH	5F	5E	5D	5C	5B	5A	59	58	
	2CH	67	66	65	64	63	62	61	60	
	2DH	6F	6E	6D	6C	6B	6A	69	68	
	2EH	77	76	75	74	73	72	71	70	
	2FH	7F	7E	7D	7C	7B	7A	79	78	
数据缓冲区	30H									
	31H									
	⋮	⋮								
	7FH									

① 工作寄存器区　片内 RAM 低端的 00H～1FH 共 32 个单元，分成 4 个工作寄存器组，每组占 8 个单元。

- 寄存器 0 组：地址 00H～07H；
- 寄存器 1 组：地址 08H～0FH；
- 寄存器 2 组：地址 10H～17H；
- 寄存器 3 组：地址 18H～1FH。

每个工作寄存器组都有 8 个寄存器，分别称为：R0，R1，…，R7。程序运行时，只能有一个工作寄存器组作为当前工作寄存器组，其余的可以作一般的 RAM 使用。当前程序使用的工作寄存器选组由程序状态字 PSW 的 RS1 和 RS0 位定。

RS1	RS0	选寄存器组
0	0	0 组
0	1	1 组
1	0	2 组
1	1	3 组

复位后，系统默认寄存器 0 组为当前工作寄存器组。

② 位寻址区　片内 RAM 低端的 20H～2FH 共 16 个单元是位寻址区。该区的每一存储位都有位地址，位地址范围为 00H～7FH，既可以按字节寻址，也可以按位寻址。关键字 bit 可以定义存储于位寻址区中的位变量。bit 型变量的定义方法如下：

```
bit  flag;   // 定义一个位变量 flag
bit  flag=1; // 定义一个位变量 flag 并赋初值 1
```

③ 数据缓冲区　片内 RAM 的 30H～7FH 单元是数据缓冲区，或称通用 RAM 区，共有 80 个单元，用于存放用户数据。数据缓冲区只能以字节为单位执行操作。除选中的寄存组以外的存储器均可以作为通用 RAM 区。

在一个实际的程序中，往往需要一个后进先出的 RAM 区，以保存 CPU 的现场，这种后进先出的缓冲器区称为堆栈区。51 单片机的堆栈原则上可以设在内部 RAM 的任意区域内，但一般设在 30H～7FH 的范围内。栈顶的位置由堆栈指针 SP 指出，初始化时 SP 指向 07H。

（3）特殊功能寄存器 SFR（Special Function Register）

特殊功能寄存器区（或称专用寄存器区）中离散地布置了 18 个专用寄存器，它们分散地分布在内部 RAM 地址空间范围 80H～FFH 内。其中，DPTR、T0 和 T1 分别由 2 个字节组成，所以，专用寄存器共占用 21 个字节。各专用寄存器的名称、符号、字节地址和位地址如表 1-2 所示。

表 1-2　51 单片机的特殊功能寄存器

D7			位地址				D0	字节地址	SFR	寄存器名
P0.7	P0.6	P0.5	P0.4	P0.3	P0.2	P0.1	P0.0	80	P0*	P0 端口
87	86	85	84	83	82	81	80			
								81	SP	堆栈指针
								82	DPL	数据指针
								83	DPH	
SMOD								87	PCON	电源控制

续表

D7			位地址				D0	字节地址	SFR	寄存器名
TF1	TR1	TF0	TR0	IE1	IT1	IE0	IT0	88	TCON*	定时器控制
8F	8E	8D	8C	8B	8A	89	88			
CATE	C/T	M1	M0	GATE	C/T	M1	M0	89	TMOD	定时器模式
								8A	TL0	T0 低字节
								8B	TL1	T1 低字节
								8C	TH0	T0 高字节
								8D	TH1	T1 高字节
P1.7	P1.6	P1.5	P1.4	P1.3	P1.2	P1.1	P1.0	90	P1*	P1 端口
97	96	95	94	93	92	91	90			
SM0	SM1	SM2	REN	TB8	RB8	TI	RI	98	SCON*	串行口控制
9F	9E	9D	9C	9B	9A	99	98			
								99	SBUF	串行口数据
P2.7	P2.6	P2.5	P2.4	P2.3	P2.2	P2.1	P2.0	A0	P2*	P2 端口
A7	A6	A5	A4	A3	A2	A1	A0			
EA			ES	ET1	EX1	ET0	TX0	A8	IE*	中断允许
AF	—	—	AC	AB	AA	A9	A8			
P3.7	P3.6	P3.5	P3.4	P3.3	P3.2	P3.1	P3.0	B0	P3*	P3 端口
B7	B6	B5	B4	B3	B2	B1	B0			
			PS	PT1	PX1	PT0	PX0	B8	IP*	中断优先权
—	—	—	BC	BB	BA	B9	B8			
CY	AC	F0	RS1	RS0	OV	—	P	D0	PSW*	程序状态字
D7	D6	D5	D4	D3	D2	D1	D0			
								E0	A*	A 累加器
E7	E6	E5	D4	E3	E2	E1	E0			
								F0	B*	B 寄存器
F7	F6	F5	F4	F3	F2	F1	F0			

除表中所列的 21 个寄存器之外，SFR 的其余单元是预留的，不能访问和使用，若访问，则得到的是一个随机数。

21 个寄存器中标有位地址的单元有 11 个（在其英文缩写名处标有*号），它们可以字节寻址，也可以位寻址；其中许多位既有地址码，又有位名称，使用很方便。其余的寄存器单元仅以字节寻址。

① 累加器 A（Accumulator） 累加器 A 有时写成 ACC，字节地址 E0H，是一个 8 位寄存器， A 表示累加器本身，而 ACC 侧重于表示累加器对应的地址：E0H。在 CPU 中，累加器 A 是工作最频繁的寄存器，在进行算术和逻辑运算时，通常用累加器 A 存放两个操作数中的一个，而运算结果又存放在累加器 A 或 AB 中。

② 寄存器 B 寄存器 B 也是一个 8 位寄存器，字节地址 F0H。一般用于乘、除法指令，它与累加器配合使用。运算前，寄存器 B 中存放乘数或除数，在乘法或除法完成后用于存放乘积的高 8 位或除法的余数。寄存器 B 还有许多类似于累加器 A 的功能。

③ 程序状态字 PSW（Program Status Word） PSW 是一个 8 位寄存器，字节地址 D0H，它的各位用于设置当前工作寄存器组、提供位累加器、跟踪程序执行后的状态，并建立有关标志等。PSW 中各位状态（除 RS1、RS0 外）通常是在指令执行过程中自动形成的，也可以由用户根据需要用指令设置，PSW 中各位的意义说明如下：

CY	AC	F0	RS1	RS0	OV	X	P

• **CY（PSW.7）**：进/借位标志位，CY 也常写作 C。在执行加法（或减法）运算指令时，如果运算中最高位向前有进位(或借位)，则 CY 位由硬件自动置 1；否则 CY 清 0。CY 也是进行位操作时的位累加器。对于无符号数的加减法可通过 CY 来判断存放在累加器 A 中的结果是否产生溢出，如果 CY=1，反映 A 中的数据已超出了以补码形式表示的一个 8 位无符号数的范围（0～+255）。

• **AC（PSW.6）**：辅助进/借位标志，也称半进位标志。当执行加法（或减法）操作时，如果运算中（和或差）的低半字节（位 3）向高半字节有进位（或借位），则 AC 位将被硬件置 1，否则 AC 被清 0。

• **F0（PSW.5）**：用户标志位。供用户根据自己的需要对 F0 位定义，以作为软件标志，需用指令置位或复位。

• **RS0 和 RS1（PSW.3 和 PSW.4）**：工作寄存器组选择控制位。这两位的值可以决定选择哪组工作寄存器为当前工作寄存器组。上电复位后，RS1=0、RS0=0；CPU 自动选择第 0 组为当前工作寄存器组。用户用指令可以改变 RS1 和 RS0 的值，以切换当前的工作寄存器组，其关系在前面介绍工作寄存器区时已介绍。

• **OV（PSW.2）**：溢出标志位。运算时累加器中内容有溢出，OV 位自动置 1；无溢出时，OV=0。

51 单片机的数据运算通常使用补码，运算结果放回累加器 A。OV=1 反映 A 中的数据已超出了以补码形式表示的一个 8 位有符号数的范围（–128～+127）。

在做加法时，最高、次高二位之一有进位，或做减法时，最高、次高二位之一有借位时 OV 将被置位。如果用 C7 和 C6 分别表示最高和次高二位的进/借位，则有 $OV=C7\oplus C6$。

执行乘法指令也会影响 OV 标志：积>255 时 OV=1，否则 OV=0（OV=0 时，只需要从 A 中取积）。

执行除法指令也会影响 OV 标志：如 B 中所放除数为 0，OV=1，否则 OV=0。

• **X（PSW.1）**：保留位，51 单片机未用，52 子系列单片机有用。

• **P（PSW.0）**：奇偶标志。P 标志跟踪 A 中 1 的奇偶个数，奇为 1，偶为 0。此标志常用于串行通信，通过奇偶校验可以检验数据传输的可靠性。

④ 堆栈指针 SP（Stack Pointer） 堆栈指针 SP 是一个 8 位专用寄存器，字节地址 81H。堆栈的概念：“栈”是存放物资的仓库，如货栈等。在微处理器中设有堆栈，堆栈的主要作用是在处理子程序调用和中断操作等问题时，保存返回地址和保护现场信息。51 单片机中的堆栈是片内 RAM 中的一部分区域，位置不固定，而利用堆栈指针寄存器 SP 指定其位置。

【例 1-1】 执行语句 `SP=0x60;`

SP 中的内容 0x60 就是堆栈指针的指向，也就是堆栈区的地址。

51 单片机的堆栈区，以堆栈指针 SP 的初值为界，向地址高的方向伸展。数据出/入堆栈遵循“后进先出”的原则。入栈时，堆栈指针 SP 先加 1，然后数据压入 SP 指向的单元；出栈时，数据先从 SP 指向的单元弹出，堆栈指针 SP 再减 1。

SP 的复位初值=07H，表示 51 单片机默认的堆栈区从片内 RAM 的 07H 单元开始，入栈数据从 08H 单元开始存放。由于片内 RAM 的 08H 单元是工作寄存器 1 组的 R0 寄存器，一般的情况下，这是不合适的。因此，在实际的初始化程序中，要安排指令调整 SP 的初值。

⑤ 数据指针 DPTR（Data Pointer） 16 位地址指针 DPTR 由两个 8 位的寄存器 DPH 和 DPL 组成，DPH 是高 8 位，DPL 是低 8 位。可以向 DPTR 传送 16 位数据，也可以对 DPH 和 DPL 分别进行操作。

【例 1-2】
```
DPTR=0x1234;
DPH=0x12;
DPL=0x34;
```

DPTR 作为 16 位地址指针，可以访问 64KB 地址范围。

⑥ 定时/计数器 51 系列单片机有两个 16 位定时/计数器 T0 和 T1。它们各由两个独立的 8 位寄存器组成，共有四个独立的寄存器：TH0，TL0，TH1，TL1。可以对这四个寄存器寻址，但不能把 T0、T1 当作一个 16 位寄存器来寻址。

【例 1-3】
```
T0=0x1234; //（错）
TH0=0x12; //（对）
TL0=0x34; //（对）
```

其他特殊功能寄存器在后面有关章节中介绍。

1.1.4 可编程并行 I/O 端口

51 单片机有 4 个 8 位双向并行 I/O 端口：P0，P1，P2，P3。端口映射于特殊功能寄存器中，每个端口都有字节地址，分别为 80H、90H、A0H、B0H。4 个并行口 P0、P1、P2、P3 可以输入/输出字节数据，即并行操作；每个端口也有位地址，其各条 I/O 线可单独使用。对相应地址单元执行读写指令，就实现了从相应端口的输入/输出操作。

（1）P1 口

51 单片机的 P1 口仅作通用输入输出接口使用，其工作有输出、输入和端口操作 3 种工作方式。

① 输出（写） 例如，当执行指令“P1=0xff”；时，P1 口的 8 个引脚输出高电平。

② 输入（读） 当执行读 P1 端口的指令“A=P1”；时，读引脚信号有效，引脚线上的数据送至 A。

P1 口输入时，由于内部电路结构的原因，P1 口必须先写“1”后读，所以 P1 口是准双向 I/O 口。

实际编程时常将上面 2 条指令放在一起，先后执行：

```
P1=0xff; //P1 口写“1”
A= P1; //读 P1 口
```

复位后：P1.*i*=1（i=0～7，P1.*i* 表示 P1 口的任一位），所以可以直接执行读操作。

③ 读—修改—写 分析语句“P1=P1&X”；的执行过程：第一步，将 P1 口当前的状态读入 CPU；第二步，将 8 位数据 X 与 P1 口内容相与；第三步，结果送回 P1 口。

P1 口执行这类的指令时操作特点是：从端口输入（读）信号，在单片机内加以运算（修改）后，再输出（写），即读—修改—写。执行读—修改—写操作的指令还可举几个例子：

```
P1=P1|X;  //8 位数据与 P1 的内容相或，结果送回 P1 口
P1=P1^A;  //P1⊕A→P1
++P1;     // P1+1→P1
--P1;     // P1-1→P1
```

（2）P3口

P3口与P1口相比较增加了第二功能输入输出。P3口用作I/O接口时，工作方式与P1口相同。P3口作第二功能的输入/输出信号见表1-3。

在应用中，如没有设定P3端口各位的第二功能（$\overline{WR}$、$\overline{RD}$端不用设置），则P3端口自动处于第一功能状态，也就是通用I/O端口的工作状态。如果根据应用的需要，把某些位设置为第二功能，而另外的位处于第一功能状态，则P3口的操作应采用位操作指令，而不适合执行字节操作指令。第二功能的详细内容将在相关章节讨论。

表1-3 P3口的第二功能

引 脚	第 二 功 能	
P3.0	RXD	（串行输入口）
P3.1	TXD	（串行输出口）
P3.2	$\overline{INT0}$	（外部中断0请求输入端）
P3.3	$\overline{INT1}$	（外部中断1请求输入端）
P3.4	TD	（定时/计数器0计数脉冲输入端）
P3.5	T1	（定时/计数器1计数脉冲输入端）
P3.6	$\overline{WR}$	（片外数据存储器写选通信号输出端）
P3.7	$\overline{RD}$	（片外数据存储器读选通信号输出端）

（3）P0口

P0口主要作地址/数据分时复用总线，也可作通用I/O接口。

因电路结构原因，P0口作为准双向通用I/O接口使用时应考虑外加10kΩ上拉电阻。

在单片机系统扩展了片外存储器时，P0口要作为地址/数据分时复用总线使用。P0口用作地址/数据总线时是真正的双向口，不必先写“1”后读。P0口用作地址/数据总线时，只能按字节操作，不能再用作通用I/O口。

（4）P2口

P2口可做通用I/O口或高8位地址口。

P2口用作通用I/O口时，也有输出、输入和读—修改—写3种工作方式。

P2口作高8位地址口使用时，P2口和P0口组成16位地址，可以访问64K地址空间。当P2口的几位作地址线使用时，剩下的P2口线不能作I /O口线使用。

归纳四个并行口使用的注意事项如下：

① 如果单片机内部有程序存储器，不需要扩展外部存储器和I/O接口，单片机的四个口均可作I/O口使用。

② 四个口在作输入口使用时，均应先对其写“1”，以避免误读。

③ P0口作I/O口使用时应外接10kΩ的上拉电阻，其他口则可不必。

④ P2口几根线作地址使用时，剩下的线不能作I/O口线使用。

⑤ P3口的某些口线作第二功能时，剩下的口线可以单独作I/O口线使用。

1.1.5 时钟电路与复位电路

1.1.5.1 51单片机的时钟电路

51单片机的时钟电路用来产生时钟信号，以提供单片机片内各种数字逻辑电路工作的时间基准。51 单片机的时钟电路常采用内部振荡方式和外部振荡方式这两种电路形式。

（1）内部振荡方式

单片机内部 XTAL1（19 脚）与 XTAL2（18 脚）之间有一个高增益的反相放大器，在 XTAL1 和 XTAL2 引脚外接作为反馈元器件的晶体后就构成了内部振荡方式的自激振荡器，并能够产生时钟脉冲，如图 1-4 所示。振荡频率由晶振的谐振频率确定，实用系统常选用 12MHz 或 6MHz 频率的晶振。电容器 C_1、C_2 起稳定振荡频率、快速起振的作用，其电容值一般在 5～33pF 内，常取 30pF 或 33pF，装配电路时应将 C_1、C_2 尽量靠近单片机芯片。内部振荡方式电路简单，时钟信号比较稳定，是独立的单片机应用系统的首选。

（2）外部振荡方式

外部振荡方式是把外部的时钟信号引入单片机。这种方式常用于多片单片机系统，以使相互的时钟信号保持同步。外部振荡信号的输入端与芯片的制造工艺有关，对于现在普遍应用的 CHMOS 芯片，外部振荡信号由 XTAL1 端引入，而 XTAL2 端悬浮，电路如图 1-5 所示。对 HMOS 的单片机（8031、8031AH 等）外部时钟信号由 XTAL2 引入。为了提高输入电路的驱动能力，通常使外部信号经过一个带有上拉电阻的反相器缓冲后接入 XTAL1 端。

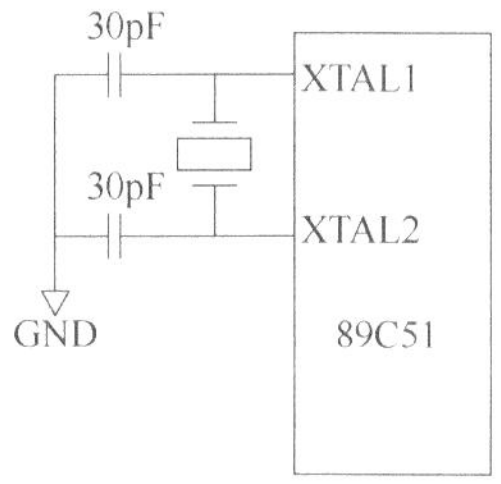

图 1-4　内部振荡方式

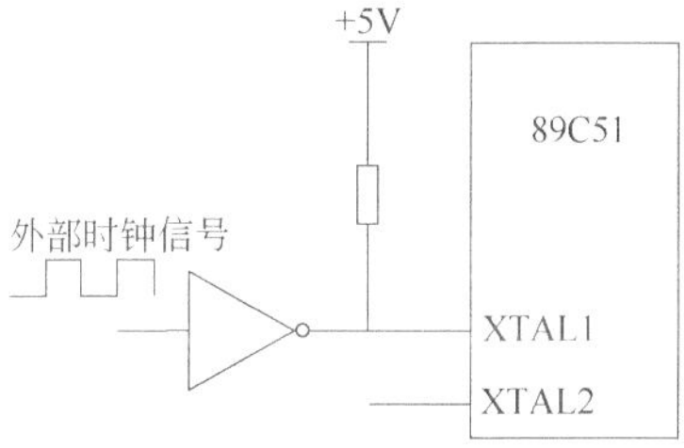

图 1-5　外部振荡方式

（3）51 单片机的基本时序单位

51 单片机的时钟信号波形如图 1-6 所示。晶体振荡器的振荡频率用 f_{osc} 表示，振荡周期用 T_{osc} 表示。振荡周期 T_{osc} 是最小的时序单位，片内的各种微操作都以此周期为时序基准。

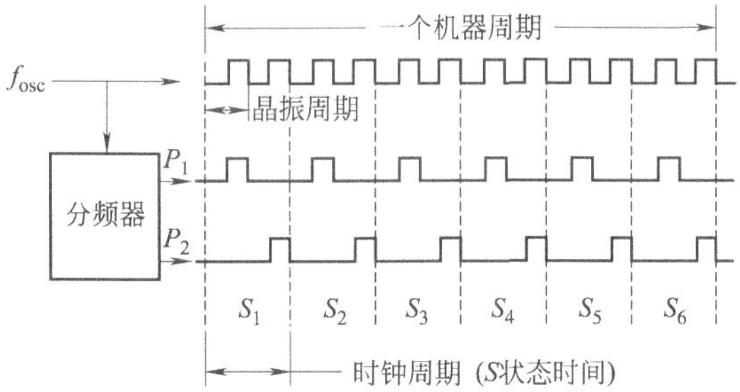

图 1-6　51 单片机的时钟信号波形

振荡频率 f_{osc} 二分频后形成状态周期（S），状态周期也称时钟周期，1 个状态周期包含有 2 个振荡周期，称为 2 个节拍（如：S_1P_1、S_1P_2）。振荡频率 f_{osc}12 分频后形成机器周期 T_{cy}，所以，1 个机器周期包含有 6 个状态周期或 12 个振荡周期。振荡周期和机器周期是计算单片机的其他时间值（例如：波特率、定时器的定时时间等）的基本时序单位。一条指令的执行时间称为指令周期，51 单片机指令周期的长短通常以机器周期为单位衡量。在 51 单片机指令系统中，按指令的执行时间分类，有单周期指令、双周期指令和四周期指令 3 种。

几个常用的基本时序单位之间的换算关系如下：

振荡周期：$T_{osc}=1/f_{osc}$；

状态周期：$T_t=2T_{osc}$；

机器周期：$T_{cy}=6T_t$。

如选用 12MHz 的晶振，则 1 机器周期=1μs；如选用 6MHz 的晶振，则 1 机器周期=2μs。

1.1.5.2 51单片机的复位电路

复位是使单片机的片内电路初始化的操作，复位使单片机从初始状态开始运行。在复位引脚 RST 端（9 脚）输入宽度为 2 个机器周期以上的高电平，单片机就会执行复位操作，如果 RST 持续为高电平，单片机就处于循环复位状态。

（1）复位电路

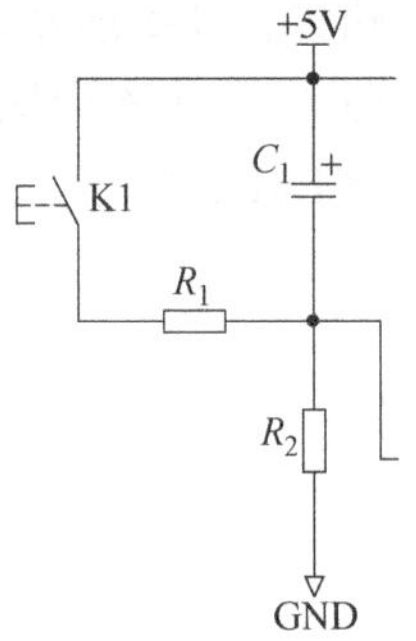

图 1-7 复位电路

在单片机的实用系统中，一般有 2 种复位操作形式：上电复位与开关复位。2 种复位操作的电路形式不同，如图 1-7 所示。

上电复位电路由 C_1 和 R_2 组成，在单片机系统每次通电时，利用电容 C_1 的充电延迟特性，一开始+5V 电压全部降落在电阻 R_2 上，高电平输入 RST 脚，单片机复位操作，当电容 C_1 充电接近结束时，电阻 R_2 上电压趋于 0，RST 脚输入低电平，结束复位操作。R_2 和 C_1 的取值应满足要求：R_2、C_1>2 个机器周期，通常取 C_1=10μF，R_2=10kΩ。

开关复位在系统出现操作错误或程序运行出错时使用。在单片机系统运行过程中，按下复位键 K1，高电平输入 RST 脚，单片机被强制执行复位操作，系统可以退出错误运行状态，恢复正常工作。

单片机的实用系统中 RST 脚输入的复位高电平时间，一般取 10～15ms。

（2）51 单片机复位后的状态

51 单片机 2 种复位操作有所不同。一是电路形式不同；二是单片机冷启动后（上电复位），片内 RAM 为随机值，而运行中的复位操作（开关复位）不改变片内 RAM 区中的内容。2 种复位操作的目的都是要使单片机从初始状态开始运行，这由复位操作的以下功能来保证：

① 单片机的复位操作使程序计数器 PC=0000H，引导程序从 0000H 地址单元开始执行。

② SFR 中的 21 个特殊功能寄存器复位后的状态是确定的，见表 1-4。

表 1-4 特殊功能寄存器复位后的状态

特殊功能寄存器	初始状态	特殊功能寄存器	初始状态
A	00H	TMOD	00H
B	00H	TCON	00H
PSW	00H	TH0	00H
SP	07H	TL0	00H
DPL	00H	TH1	00H
DPH	00H	TL1	00H
P0 ～P3	FFH	SBUF	不定
IP	×××00000B	SCON	00H
IE	0××00000B	PCON	0×××××××B

注：表中符号×表示随机状态。

51 单片机特殊功能寄存器中部分寄存器与单片机系统的初始运行状态有关，它们复位后的状态说明如下：

A=00H，表示累加器已被清零；

PSW=00H，表示默认寄存器 0 组为工作寄存器组；

SP=07H，表示堆栈指针指向片内 RAM 07H 单元；

P0～P3=0FFH，表示已向各并行端口写 1，此时，各端口可直接执行输入操作；

IP=×××00000B，表示各个中断源处于低优先级；

IE=0××00000B，表示各个中断源均被屏蔽；

TMOD=00H，表示 T0、T1 默认设定为工作方式 0，且运行于定时器状态；

TCON=00H，表示 T0、T1 均处于停止状态；

SCON=00H，表示串行口处于工作方式 0，允许发送，不允许接收；

PCON=0×××××××B，表示 SMOD 位为 0，波特率不加倍。

上述这些特殊功能寄存器复位后的状态，决定了单片机的运行初态，在编制应用程序中的初始化部分时，应予以充分考虑。

1.2　51 单片机引脚功能及最小应用系统

1.2.1　51 单片机引脚功能

51 系列单片机芯片通常采用 DIP-40 外形封装，即双列直插式封装，有 40 个引脚，如图 1-8 所示；也有采用方形贴片式封装，DIP-20 等其他封装形式的品种。现将各引脚简单介绍如下：

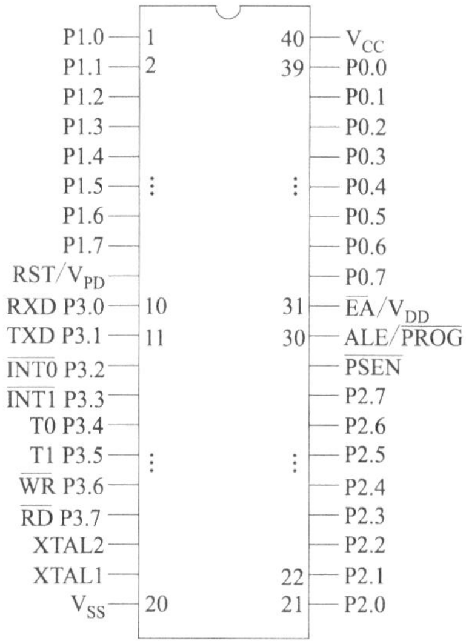

图 1-8　89S51 单片机的引脚

（1）主电源引脚

V_{CC}（40 脚）：+5V 电源输入端。V_{SS}（20 脚）：电源地端。

（2）时钟引脚

XTAL1（19 脚）：片内放大器输入端。

XTAL2（18 脚）：片内放大器输出端。

在采用独立时钟方式或外部时钟方式的不同情况下其连接电路有所不同。

（3）专用控制端口

① ALE/$\overline{\text{PROG}}$（30 脚）：双功能控制端口。

• ALE，地址锁存允许信号输出端。在访问片外存储器期间，每机器周期 ALE 信号出现两次，其下降沿用于锁存 P0 口输出的低 8 位地址。

在不访问片外存储器时，该信号也以 1/6 振荡频率稳定出现，因此可用作对外输出的时钟脉冲。但在访问片外存储器时，ALE 脉冲会有跳空，不适合作为时钟输出。

• $\overline{\text{PROG}}$，对片内含 EPROM 的芯片，在编程期间，此引脚用作编程脉冲 $\overline{\text{PROG}}$ 的输入端。由于现在 51 单片机芯片一般采用 Flash ROM，故一般不使用 $\overline{\text{PROG}}$ 功能。

② $\overline{PSEN}$（29 脚）：片外程序存储器读选通信号输出端，PSEN 信号的频率也是振荡频率的 1/6。在读片外程序存储器期间，每个机器周期该信号两次有效（低电平)。在读片外程序存储器期间若有访问片外数据存储器的操作，则 $\overline{PSEN}$ 信号也有跳空现象。

③ RST/V_{PD}（9 脚）：双功能控制端口。

• RST，作复位信号输入端。当 RST 输入端保持两个机器周期的高电平时，就可以使单片机完成复位操作。

• V_{PD}，第二功能，备用电源输入端。在设有掉电保护的系统中，当主电源 V_{CC} 低于规定低电平时，V_{PD} 线上的备用电源自动投入，以保持片内 RAM 中信息不丢失。

④ $\overline{EA}$/V_{DD}：双功能控制端口。

• $\overline{EA}$，访问片外程序存储器允许端，当接低电平时，CPU 只访问片外 ROM；当接高电时，CPU 优先访问片内 ROM，若访问地址大于 0X0FFF，将自动转去片外 ROM。

• V_{DD}，编程电源输入端，当对片内 ROM（如 8751）写入程序时，由该脚输入编程电源。由于现在 51 单片机芯片一般采用 Flash ROM，在正常工作电压下就可编程，故一般不使用此功能。

（4）输入/输出端口

① P0 口（P0.7～P0.0)：P0 口既可作地址/数据总线使用，又可作为通用的 I/O 口使用。当 CPU 访问片外存储器时，P0 口分时工作，先作地址总线，输出低 8 位地址；后作数据总线，数据可以双向传送。当 P0 口被地址/数据总线占用时，不再作 I/O 口使用。

② P2 口（P2.7～P2.0)：P2 口是一个 8 位准双向 I/O 端口，它即可作为通用 I/O 使用。也可与 P0 口相配合，作为片外存储器的高 8 位地址总线。

③ P1 口（P1.7～P1.0)：P1 口仅作通用准双向 I/O 口使用，主要用于单片机用户系统的控制信号输入/输出。

④ P3 口（P3.7～P3.0)：P3 口可以作为准双向 I/O 接口使用，但是更多时候使用第二功能，P3 口的第二功能详见表 1-3。

1.2.2 51 单片机最小应用系统

由单片机芯片、电源、时钟电路和复位电路组成 51 单片机的最小系统，如图 1-9 所示。外接部分简单的电路就能够独立完成一定的工作任务。

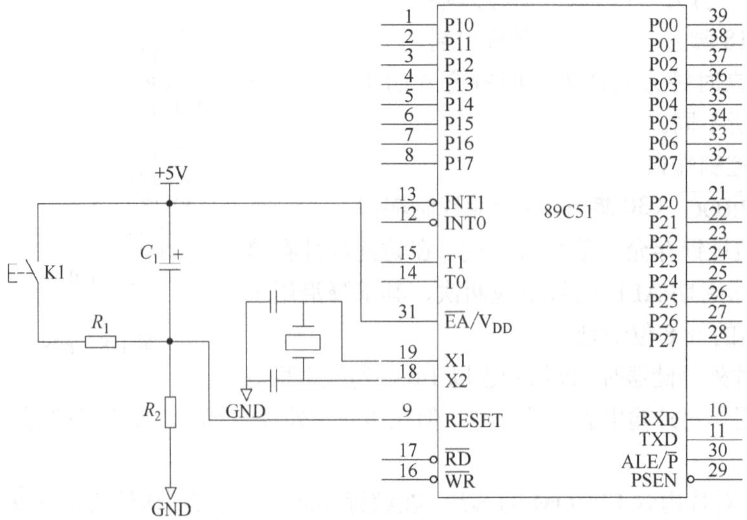

图 1-9 单片机的最小系统电路图

案例1：单片机最小系统的制作

（1）任务及要求描述

根据所学知识，设计一个 51 单片机最小系统，并用实际器件组装好。要求电路能正常工作，元器件参数选择合理；根据所选元器件参数，算出复位时间；组装布局合理，元器件选择正确，元器件整形规范，焊接没有短路、虚焊、毛刺等现象。

（2）要求复习关联知识点

① 了解单片机的封装、引脚功能、内部结构及功能；

② 程序存储器、数据存储器、并行口的结构及应用；

③ 时钟电路与复位电路的结构及工作原理；

④ 单片机最小应用系统的组成。

（3）实训目标

① 掌握单片机最小应用系统的组成；

② 加深对单片机应用系统时钟电路、复位电路的理解；

③ 熟练单片机的封装及引脚功能；

④ 提高动手操作能力、技能与职业素养。

（4）实训内容

① 硬件电路的设计。

② 单片机最小应用系统的组装。

根据所设计的 51 单片机最小应用系统，用万能板或自己设计的 PCB 板进行实际组装，组装布局合理，元器件选择正确，元器件整形规范，焊接没有短路、虚焊、毛刺等现象。

第 2 章　C51 程序设计

2.1　C 语言的特点

C 语言有如下特点：

① 语言简洁、紧凑，使用方便、灵活。程序书写形式自由，主要用小写字母表示。标准 C 语言一共有 32 个关键字，但 C51 针对单片机的结构特点扩展了一些关键字，分别如表 2-1 和表 2-2 所示。

表 2-1　标准 C 语言中的常用关键字

类别	关键字	用　途　简　述
定义变量的数据类型	char	定义字符型变量
	double	定义双精度实型变量
	enum	定义枚举型变量
	float	定义单精度实型变量
	int	定义基本整型变量
	long	定义长整型变量
	short	定义短整型变量
	signed	定义有符号变量
	struct	定义结构型变量
	typedef	定义新的数据类型说明符
	union	定义联合型变量
	unsigned	定义无符号变量
	void	定义无类型变量
	volatile	定义在程序执行中可被隐含地改变的变量
定义变量的存储类型	auto	定义局部变量，是默认的存储类型
	const	定义符号常量
	extern	定义全局变量
	register	定义寄存器变量
	static	定义静态变量

续表

类别	关键字	用 途 简 述
控制程序流程	break	退出本层循环或结束 switch 语句
	case	switch 语句中的选择项
	continue	结束本次循环，继续下一次循环
	default	switch 语句中的默认选择项
	do	构成 do…while 循环语句
	else	构成 if…else 选择语句
	for	for 循环语句
	goto	转移语句
	if	选择语句
	return	函数返回
	switch	开关语句
	while	while 循环语句
运算符	sizeof	用于测试表达式或数据类型所占用的字节数

表 2-2 C51 语言中新增的常用关键字

关键字	用途	说 明
bdata	定义数据存储区域	可位寻址的片内数据存储器（20H～2FH）
code		程序存储器
data		可直接寻址的片内数据存储器
idata		可间接寻址的片内数据存储器
pdata		可分页寻址的片外数据存储器
xdata		片外数据存储器
compact	定义数据存储模式	指定使用片外分页寻址的数据存储器
large		指定使用片外数据存储器
small		指定使用片内数据存储器
bit	定义数据类型	定义一个存在 20H～2FH 区的位变量
sbit		定义一个存在 SFR 区的位变量
sfr		定义一个 8 位的 SFR
sfr16		定义一个 16 位的 SFR
interrupt	定义中断函数	声明一个函数为中断服务函数
reentrant	定义再入函数	声明一个函数为再入函数
using	定义当前工作寄存器组	指定当前使用的工作寄存器组
at	地址定位	为变量进行存储器绝对地址空间定位
-task-	任务声明	定义实时多任务函数

② 运算符丰富。C 语言的运算符包含的范围很广泛，共有 34 种运算符，如图 2-1 所示。

③ 数据结构丰富。C 语言的数据类型如图 2-2 所示，能用来实现各种复杂的数据结构的运算。

C运算符
- 算术运算符：（+ − * / % ++ − −）
- 关系运算符：（< <= == > >= !=）
- 逻辑运算符：（! && ||）
- 位 运 算 符：（<< >> ~ | ^ &）
- 赋值运算符：（= 及其扩展）
- 条件运算符：（?:）
- 逗号运算符：（,）
- 指针运算符：（* &）
- 求 字 节 数：（sizeof）
- 强制类型转换：（类型）
- 分量运算符：（. −>）
- 下标运算符：（[]）
- 其　　他：（( ) −）

图 2-1　C 运算符

- 基本类型
  - 数值类型
    - 整　型
      - 短整型 short
      - 整型 int
      - 长整型long
    - 浮点型
      - 单精度型 float
      - 双精度型 double
  - 字符类型 char
- 构造类型
  - 数组
  - 结构体struct
  - 共用体 union
  - 枚举类型 enum
- 指针类型
- 空类型void
- 定义类型typedef

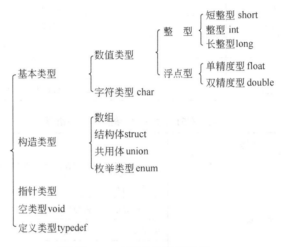

图 2-2　C 语言的数据类型

④ 具有结构化的控制语句。C 语言一共有 9 种控制语句。

```
if( ) …else…                 break
for( ) …                     switch
while( ) …                   goto
do…while( )                  return
continue
```

⑤ 用函数作为程序模块以实现程序的模块化。

⑥ 语法限制不太严格，程序设计自由度大。例如，对数组下标越界不作检查，由程序编写者自己保证程序的正确。对变量的类型使用比较灵活，例如，整型量与字符型数据以及逻辑型数据可以通用。

⑦ C 语言允许直接访问物理地址，能进行位操作，能实现汇编语言的大部分功能，可以直接对硬件进行操作。因此 C 既具有高级语言的功能，又具有低级语言的许多功能，可用来写系统软件。C 语言的这种双重性，使它既是成功的系统描述语言，又是通用的程序设计语言。有人把 C 称为“中级语言”，意为兼有高级和低级语言的特点。

⑧ 生成目标代码质量高，程序执行效率高。一般只比汇编程序生成的目标代码效率低 10%～20%。

⑨ 用 C 语言写的程序可移植性好（与汇编语言比）。基本上不作修改就能用于各种型号的计算机和各种操作系统。

C 语言的以上特点，读者现在也许还不能深刻理解，随着学习和应用 C 语言的深入，就会有比较深的体会。

2.2 C 语言程序的格式和特点

下面先介绍 1 个简单的 C 程序，然后从中分析 C 程序的特点。

【例 2-1】 /* example1.2 calculate the sum of a and b*/←注释

```
#include <stdio.h>   /*  头文件  */
/*  This is the main program  */←注释
main( )      /*  主函数 */
{     int a,b,sum;   /*  定义 a,b,sum 为整型变量 */
      a=10;   /*  给 a 赋值 */
      b=24;   /*  给 b 赋值 */
      sum=add(a,b);   /* 调用 add 函数，将得到的值赋给 sum */
}

/* This function calculates the sum of x and y   */←注释
int add( x,y) /* 定义 add 函数，函数值为整型，x，y 形式参数*/
int x, y; /* 对 x，y 形式参数定义为整型*/
{   int  z; /* add 函数中用到的变量 z 也要加以定义*/
    z=x+y; /* 求和，和赋给 z*/
return(z); /* 将 z 的值返回，通过 add 函数带回调用处*/
}
```

/*………*/表示注释部分，注释是为了人便于理解程序而做的说明，可用汉字表示注释，当然也可以用英语或汉语拼音作注释。注释是给人看的，不编译，也不参与程序的运行。注释可以加在程序中任何位置，如例 2-1 中多处有注释。

#include <stdio.h>的作用是把 stdio.h 文件的内容包含到这程序中来。

main 表示“主函数”，每一个 C 程序都必须有一个 main 函数，函数体由大括号括起来。

int a,b,sum;变量定义部分，说明 a 和 b 为整型（int）变量，每个 C 语句最后必有一分号。

本程序包括两个函数：主函数 main 和被调用的函数 add。add 函数的作用是将 x 和 y 求和，和赋给 z。return 语句将 z 的值返回给主调函数 main。返回值是通过函数名 add 带回到 main 函数的调用处。

main 函数中“sum=add(a,b);”为调用 add 函数，在调用时将实际参数 a 和 b 的值分别传送给 add 函数中的形式参数 x 和 y。经过执行 add 函数得到一个返回值（即 add 函数中变量 z 的值），把这个值赋给变量 sum。

通过以上 C 程序例子可以看到，C 程序具有以下特点：

① C 程序是由函数构成的。一个 C 源程序至少包含一个且只有一个 main 函数，也可以包含一个 main 函数和若干个其他函数。C 程序的这种特点使得容易实现程序的模块化。

② 一个函数由函数说明部分和函数体两部分组成。

a.函数说明部分。包括函数名、函数类型、函数属性、函数参数名、形式参数类型。如例 2-1 中的 add 函数说明部分：

int　　　　max　　　(x,y)
函数类型　　函数名　　函数参数
int　　　　x,y;
形参类型　　形参

一个函数名后面必须跟一对小括号，函数参数可以没有，如 main()。

b.函数体，即函数说明部分下面的大括号{ }。如果一个函数内有多个大括号，则最外层的一对大括号为函数数体的范围。

函数体一般包括：

• 变量定义。如例 2-1 中 main 函数中的“int a,b, sum;”。
• 执行部分。由若干个语句组成。

当然，在某些情况下也可以没有变量定义部分。甚至可以既无变量定义也无执行部分。如：dump( )

```
{       }
```

它是一个空函数，什么也不干，但这是合法的。

③ 一个 C 程序总是从 main 开始执行，在 main 函数中结束，不论 main 函数在整个程序中的位置如何（main 函数可以放在程序最前头，也可以放在程序最后，或在一些函数之前在另一些函数之后），其他函数通过嵌套调用得以执行。

④ 每个语句和数据定义的最后必须有一个分号。分号是 C 语句的必要组成部分。例如：z=x+y。

⑤ C 程序书写格式自由，一行内可以写几个语句，一个语句可以分写在多行上。不使用行号，无程序行概念。习惯用小写字母，大小写有区别。可使用空行和空格。常用锯齿形书写格式，如：

```
main( )
{
      int  i , j ,  sum;
      sum=0;
      for(i=1; i<10;i++)
     {
           for(j=1;j<10;j++)
           {
                 sum+=i*j ;
           }
      }
}
```

⑥ 可以用“/*　　　　*/”或“//” 对 C 程序中的任何部分作注释，但“/*　　　　*/”不能嵌套。用“/*　　　　*/”做的注释可以写多行。用“//”做注释时，如果注释在一行内

写不下，另起一行时，每行都必须以“//”开头。

2.3 数据类型与存储区域的使用

2.3.1 C 语言的数据类型

一个程序应包括数据描述和操作步骤两个方面。C 语言中数据描述是以数据类型形式出现的。C 语言的数据类型如表 2-3 所示。数据类型决定了数据所占内存字节数和数据取值范围。数据类型所占字节数随机器硬件不同而不同，表 2-3 是以 IBM PC 机为例的说明。C 语言中数据有常量与变量之分，它们分别属于图 2-2 所示类型。

表 2-3 数据类型概述

类型	符号	关键字	所占位数	数的表示范围
整型	有	（signed）int	16	–32768～32767
		（signed）short	16	–32768～32767
		（signed）long	32	–2147483648～2147483647
	无	unsigned int	16	0～65535
		unsigned short	16	0～65535
		unsigned long	32	0～4294967295
实型	有	float	32	3.4e–38～3.4e38
	有	double	64	1.7e–308～1.7e308
字符型	有	char	8	–128～127
	无	unsigned char	8	0～255

2.3.1.1 常量

在程序运行过程中，其值不能改变的量称为常量，即常数。常量分为整型常量、实型常量、字符常量。

（1）标识符

用来标识变量名、符号常量名、函数名、数组名、类型名、文件名的有效字符序列称为标识符。简单地说，标识符就是一个名字。

C 语言标识符的组成原则：①只能由字母、数字、下画线组成，且第一个字符必须是字母或下画线。②不能使用关键字。③大写字母和小写字母认为是两个不同的字符，如 sum 和 SUM 表示不同的变量，变量名一般用小写。④标识符长度（字符个数）无统一规定，随系而不同。许多系统取 8 个字符，假如程序中出现的变量名长度大于 8 个字符，则只有前面 8 个字符有效，后面的不被识别。例如，有两个变量 student_name 和 student_number，由于二者的前 8 个字符相同，系统认为这两个变量是一回事而不加区别。因此，在写程序时应了解所用系统对标识符长度的规定，以免出现上面的混淆，这种错误并不反映在编译过程中（即无语法错误），但运行结果显然不对。⑤标识符选择时，应注意“见名知义”，即选有含义的英文单词或其缩写作标识符。

关键字：关键字是 C 语言规定的一批标识符，在源程序中代表固定的含义，不能另作他用。C51 中除了支持 ANSI 标准 C 语言中关键字（见表 2-1）外，还根据 51 系列单片机的结构特点扩展部分关键字，见表 2-2。

预定义标识符：预定义标识符是指 C 语言提供的系统函数名和预编译处理命令，如 include 等。C51 语言语法允许用户把这类标识符另作他用，但将使这些标识符失去系统规定的原意，因此，为了避免误解，建议用户不要把预定义标识符另作他用。

（2）符号常量

在 C 语言中可以用一个标识符代表一个常量，但必须先定义。

定义格式：#define　符号常量　常量

如　#define　PRICE　30

符号常量不同于变量，它的值在其作用域内不能改变，也不能再被赋值。如再用以下赋值语句给 PRICE 赋值是错误的。

PRICE=40;

习惯上，符号常量名用大写，变量用小写，以示区别。

（3）整型常量

整型常量即整常数。C 语言整常数可用以下三种形式表示：

① 十进制整数：由数字 0～9 和正负号表示。如 123，–456,0。

② 八进制整数：由数字 0 开头，后跟数字 0～7 表示。如 0123，011。

③ 十六进制整数：由 0x 开头，后跟 0～9，a～f，A～F 表示。如 0x123，0xff。

整型常量的类型：根据其值所在范围确定其数据类型。一个整常量，如果其值在–32768～+32767 范围内，认为它是 int 型，如果其值超过了上述范围，而在–2147483648～+2147483647 范围内，则认为它是 long int 型。

在整常量后加字母 l 或 L，认为它是 long int 型常量。

（4）实型常量

实型常量又称实数或浮点数。在 C 语言中，实数有两种表示形式，均采用十进制数，默认格式输出时最多只保留 6 位小数。

① 十进制数形式。它由数字和小数点组成（注意必须有小数点）。如 0.123, .123, 123.0, 123.，0.0 都是合法的实型常量。

② 指数形式。小数形式的实数 E[±]整数。如 2.3026 可以写成 0.23026E1,或 23.026E-1。e 或 E 之前必须有数字；指数必须为整数。如：12.3e3 ,123E2, 1.23e4 是合法的，e-5, 1.2E-3.5 是不合法的。

实型常量默认 double 型,如在实型常量后加字母 f 或 F，认为它是 float 型。

（5）字符常量

用单引号括起来的一个 ASCII 字符集中可显示的字符或转义字符称为字符常量。

如：'a'　'A'　'?'　'\n'　'\101'

转义字符：意思是将反斜扛（\）后面的字符转变成另外的意义。如'\n'中的“n”不代表字母 n 而作为“换行”符。常用的转义字符如表 2-4 所示。

（6）字符串常量

字符串常量是用一对双引号括起来的字符序列。如：“How do you do.”，“CHINA”，“a”，“$123.45”都是字符串常量。

表 2-4 转义字符及其含义

转义字符	含义	转义字符	含义
\n	换行	\t	水平制表
\v	垂直制表	\b	退格
\r	回车	\f	换页
\a	响铃	\\	反斜线
\‘	单引号	\“	双引号
\ddd	3位八进制数代表的字符	\xhh	2位十六进制数代表的字符

不要将字符常量与字符串常量混淆。‘a’是字符常量，“a”是字符串常量。

2.3.1.2 变量

其值可以改变的量称为变量。一个变量应该有一个名字，在内存中占据一定的存储单元，在该存储单元中存放变量的值。请注意区分变量名和变量值这两个不同的概念。

在 C 语言中，要求对所有用到的变量作强制定义，也就是必须“先定义，后使用”，变量定义的一般格式：

数据类型 [变量 1，变量 2，…，变量 n];

数据类型：决定程序编译时为变量分配内存单元字节数和数的表示范围。

变量名：必须是合法的标识符。

变量分为整型变量、实型变量、字符变量。

（1）整型变量

整型变量分为有符号型和无符号型。有符号型包括 int、short（int）、long（int）型。无符号型包括 unsigned int、unsigned short、unsigned long 型。它们所占内存单元数及数的范围如表 2-3 所示。无符号型变量只能存放不带符号的整数，如 123、4687 等，而不能存放负数，如–123、–3。无符号型变量在存储单元中全部二进制位用作存放数本身，而不包括符号。

（2）实型变量

实型变量分为单精度型（float）和双精度型（double）。

float：占 4 字节，提供 7 位有效数字

double：占 8 字节，提供 15～16 位有效数字。

（3）字符变量（char）

字符变量用来存放字符常量，注意只能放一个字符，不要以为在一个字符变量中可以放一个字符串。字符变量存放字符 ASCII 码，在内存中占一个字节。

2.3.2 C51 新增数据类型与存储区域的使用

2.3.2.1 C51 中新增的数据类型

C51 中新增了数据类型 bit、sbit、sfr、sfr16。

（1）bit

在 51 系列单片机的内部 RAM 中，可以位寻址的单元主要有两大类：低 128 字节中的位寻址区（20H~2FH），高 128 字节中的可位寻址的 SFR，有效的位地址共 210 个（其中位寻址区 128 个，可位寻址的 SFR 中有 82 个），可参见第 1 章表 1-1 与表 1-2。

关键字bit可以定义存储于位寻址区（20H～2FH）中的位变量。位变量的值只能是0或1。bit型变量的定义格式如下：

```
bit   标识符;
```

【例2-2】 `bit  flag;  //定义一个位变量flag`

```
bit  flag=1;   //定义一个位变量flag并赋初值1
```

对关键字bit的使用有如下限制：

① 不能定义位指针。如

```
bit *p;  //非法定义
```

② 不能定义位数组。如

```
bit  p[8];  //非法定义
```

③ 用“#progma disable”说明的函数和用“using n”明确指定工作寄存器组的函数不能返回bit类型的值。

以上关键字bit的使用限制，读者暂时可能不理解，待学完后续内容后就能理解。

（2）sbit

关键字sbit用于定义存储在可位寻址的SFR中的位变量，为了区别bit型位变量，称用sbit定义的位变量为SFR位变量。SFR位变量有以下3种定义方法：

① sbit　位变量名＝位地址；

② sbit　位变量名＝SFR单元名称^变量位序号；

③ sbit　位变量名＝SFR单元地址^变量位序号；

【例2-3】 下列3种方式均可以定义P1口的P1.2引脚。

```
sbit  P1_2=0x92;// 0x92是P1.2的位地址值

sbit  P1_2=P1^2;//P1.2的序号为2，需要事先定义好特殊功能寄存器P1

sbit  P1_2=0x90^2;// 0x90是P1的单元地址
```

（3）sfr

利用sfr型变量可以访问51系列单片机内部所有的8位特殊功能寄存器。sfr型变量的定义方法如下：

```
sfr  变量名＝某个SFR地址;
```

事实上，Keil C51编译器已经在相关的头文件中对51系列单片机内部的所有sfr型变量和sbit型位变量进行了定义，在编写程序时可以直接引用，例如打开头文件“reg51.h”，可以看到以下内容。

```
/*--------------------------------------------------------------------------
REG51.H

Header file for generic 80C51 and 80C31 microcontroller.
Copyright (c) 1988-2002 Keil Elektronik GmbH and Keil Software, Inc.
All rights reserved.
--------------------------------------------------------------------------*/
```

```
#ifndef __REG51_H__
#define __REG51_H__

/*  BYTE Register  */
sfr P0   = 0x80;//定义 8 位特殊功能寄存器
sfr P1   = 0x90;
sfr P2   = 0xA0;
sfr P3   = 0xB0;
sfr PSW  = 0xD0;
sfr ACC  = 0xE0;
sfr B    = 0xF0;
sfr SP   = 0x81;
sfr DPL  = 0x82;
sfr DPH  = 0x83;
sfr PCON = 0x87;
sfr TCON = 0x88;
sfr TMOD = 0x89;
sfr TL0  = 0x8A;
sfr TL1  = 0x8B;
sfr TH0  = 0x8C;
sfr TH1  = 0x8D;
sfr IE   = 0xA8;
sfr IP   = 0xB8;
sfr SCON = 0x98;
sfr SBUF = 0x99;


/*  BIT Register  */
/*  PSW   */
sbit CY   = 0xD7;//定义 PSW 中的标志位
sbit AC   = 0xD6;
sbit F0   = 0xD5;
sbit RS1  = 0xD4;
sbit RS0  = 0xD3;
sbit OV   = 0xD2;
sbit P    = 0xD0;

/*  TCON  */
sbit TF1  = 0x8F;// 定义 TCON 中的标志位
sbit TR1  = 0x8E;
sbit TF0  = 0x8D;
sbit TR0  = 0x8C;
sbit IE1  = 0x8B;
sbit IT1  = 0x8A;
sbit IE0  = 0x89;
sbit IT0  = 0x88;

/*  IE   */
sbit EA   = 0xAF;// 定义 IE 中的标志位
sbit ES   = 0xAC;
sbit ET1  = 0xAB;
sbit EX1  = 0xAA;
sbit ET0  = 0xA9;
sbit EX0  = 0xA8;

/*  IP   */
sbit PS   = 0xBC;// 定义 IP 中的标志位
sbit PT1  = 0xBB;
sbit PX1  = 0xBA;
sbit PT0  = 0xB9;
sbit PX0  = 0xB8;

/*  P3  */
sbit RD   = 0xB7;// 定义 P3 口引脚的第二功能
sbit WR   = 0xB6;
sbit T1   = 0xB5;
```

```
sbit T0   = 0xB4;
sbit INT1 = 0xB3;
sbit INT0 = 0xB2;
sbit TXD  = 0xB1;
sbit RXD  = 0xB0;

/*  SCON  */
sbit SM0  = 0x9F;// 定义SCON中的标志位
sbit SM1  = 0x9E;
sbit SM2  = 0x9D;
sbit REN  = 0x9C;
sbit TB8  = 0x9B;
sbit RB8  = 0x9A;
sbit TI   = 0x99;
sbit RI   = 0x98;
#endif
```

因此，只要在程序的开头添加了#include<reg51.h>，对 reg51.h 中已经定义了的 sfr 型、sbit 型变量，如无特殊需要则不必重新定义，直接引用即可。值得注意的是，在 reg51.h 中未给出 4 个 I/O 口（P0~P3）的引脚定义。

（4）sfr16

sfr16 可以访问 51 系列单片机内部的 16 位特殊功能寄存器，sfr16 的定义方法与 sfr 类似。

2.3.2.2 存储区域的使用

51 系列单片机应用系统的存储器结构如图 2-3 所示，包括 5 个部分：片内程序存储器（片内 ROM）、片外程序存储器（片外 ROM）、片内数据存储器（片内 RAM）、片内特殊功能寄存器（SFR）、片外数据存储器（片外 RAM）。

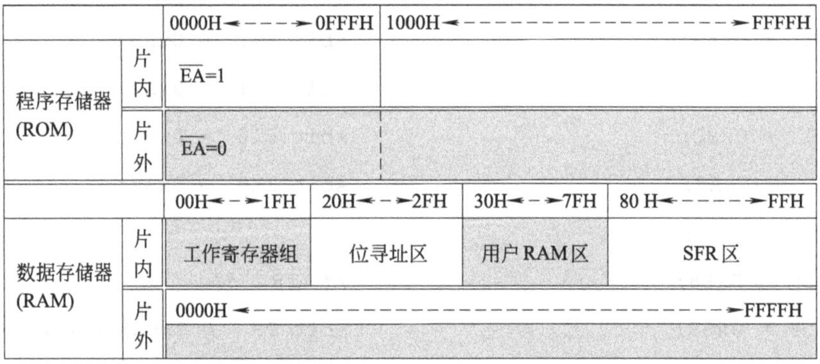

0000H 0FFFH
1000H FFFFH
程序存储器
(ROM)
片内
EA=1
片外
EA=0
00H 1FH
20H 2FH
30H 7FH
80 H FFH
数据存储器
(RAM)
片内
工作寄存器组
位寻址区
用户RAM区
SFR区
片外
0000H FFFFH

图 2-3 51 单片机应用系统的存储器结构

针对 51 系列单片机应用系统存储器的结构特点，C51 编译器把数据的存储区域分为 6 种：data、bdata、idata、xdata、pdata、code，见表 2-5。在使用 C51 语言进行程序设计时，可以把每个变量明确地分配到某个存储区域中。由于对内部存储器的访问比对外部存储器的访问快许多，因此应当将频繁使用的变量存放在片内 RAM 中，而把较少使用的变量存放在片外 RAM 中。

有了存储区域的概念后，变量的定义格式变为：

数据类型 [存储区域] 变量名称；

【例 2-4】 存储区域的使用。

表 2-5 C51 语言中变量的存储区域

存储区域	说　明
data	片内 RAM 的低 128B，可直接寻址，访问速度最快
bdata	片内 RAM 的低 128B 中的位寻址区（20H~2FH），既可以字节寻址，又可位寻址
idata	片内 RAM（256B，其中低 128B 与 data 相同），只能间接寻址
xdata	片外 RAM（最多 64KB）
pdata	片外 RAM 中的 1 页或 256B，分页寻址
code	程序存储区（最多 64KB）

```
#include <reg51.h>
void main( )
{
 unsigned char data x1; //定义无符号字符型变量 x1，使其存储在 data 区，占 1 个字节
 unsigned char bdata x2; //定义无符号字符型变量 x2，使其存储在 bdata 区，占 1 个
                         //字节，可位寻址
 unsigned int bdata x3;  //定义无符号整型变量 x3，使其存储在 bdata 区，占 2 个
                         //字节，可位寻址
  bit flag;          //定义位变量 flag，使其存储在 bdata 区，占 1 个位，可位寻址
  x1=0x1f;
  x2=x1+0xe0;
  x3=x1*x2;
  if(x3^10&&x2^5) flag=1;     // 如果 x3 的第 10 位和 x2 的第 5 位均为 1，则 flag=1
  else flag=0;         // 否则 flag=0
  for( ; ; ) ;         // 原地踏步，目的是完整地观察程序的调试运行结果
}
```

在使用存储区域时，还应该注意以下几点：

① 标准变量和用户自定义变量都可以存储在 data 区中，只要不超过 data 区范围即可。由于 51 系列单片机没有硬件报错机制，当设置在 data 区的内部堆栈溢出时，程序会莫名其妙地复位。为此，要根据需要声明足够大的堆栈空间以防止堆栈溢出。

② C51 编译器不允许在 bdata 区中声明 float 和 double 型的变量。

③ 对 pdata 和 xdata 的操作是相似的。但是，对 pdata 区的寻址要比对 xdata 区的寻址快，因为对 pdata 区的寻址只需装入 8 位地址；而对 xdata 区的寻址需装入 16 位地址，所以要尽量把外部数据存储在 pdata 区中。

④ 程序存储区的数据是不可改变的，编译的时候要对程序存储区中的对象进行初始化，否则就会产生错误。

2.4 运算符与表达式

C语言共有34种运算符，如图2-1所示。表2-6给出了运算符的优先级、运算符功能、运算类型、结合方向。其中，运算类型中的“目”是指运算对象。当只有一个运算对象时，称为单目运算符；当运算对象为两个时，称为双目运算符；当运算对象为三个时，称为三目运算符。

表2-6 运算符的优先级、运算符功能、运算类型、结合方向

<table>
<tr><th>优先级</th><th>运算符</th><th>运算符功能</th><th>运算类型</th><th>结合方向</th></tr>
<tr><td>1</td><td>()
[]</td><td>小括号、函数参数表
数组元素下标</td><td>括号运算符</td><td>从左至右</td></tr>
<tr><td>2</td><td>!
~
++ --
+
-
*
&
（类型名）
sizeof</td><td>逻辑非
按位取反
自增1、自减1
求正
求负
间接运算符
求地址运算符
强制类型转换
求所占字节数</td><td>单目运算符</td><td>从右至左</td></tr>
<tr><td>3</td><td>*、/、%</td><td>乘、除、整数求余</td><td rowspan="2">双目算术运算符</td><td rowspan="10">从左至右</td></tr>
<tr><td>4</td><td>+ -</td><td>加、减</td></tr>
<tr><td>5</td><td><< >></td><td>向左移位、向右移位</td><td>双目移位运算符</td></tr>
<tr><td>6</td><td><、<=、>、>=</td><td>小于、小于等于、大于、大于等于</td><td rowspan="2">双目关系运算符</td></tr>
<tr><td>7</td><td>==、!=</td><td>恒等于、不等于</td></tr>
<tr><td>8</td><td>&</td><td>按位与</td><td rowspan="3">双目位运算符</td></tr>
<tr><td>9</td><td>^</td><td>按位异或</td></tr>
<tr><td>10</td><td>|</td><td>按位或</td></tr>
<tr><td>11</td><td>&&</td><td>逻辑与</td><td rowspan="2">双目逻辑运算符</td></tr>
<tr><td>12</td><td>||</td><td>逻辑或</td></tr>
<tr><td>13</td><td>?:</td><td>条件运算</td><td>三目条件运算符</td><td>从右至左</td></tr>
<tr><td>14</td><td>=
+=、-=、*=、/=、
%=、&=、|=等</td><td>赋值
复合赋值（计算并赋值）</td><td>双目赋值运算符</td><td>从右至左</td></tr>
<tr><td>15</td><td>,</td><td>顺序求值</td><td>逗号运算符</td><td>从左至右</td></tr>
</table>

把参加运算的数据（常量、变量、库函数和自定义函数的返回值）用运算符连接起来的有意义的算式称为表达式。例如：

```
a+b*c
a+cos(x)/y
a!=b
a<<2
```

凡是表达式都有一个值，即运算结果。

当不同的运算符出现在同一表达式中时，运算的先后次序取决于运算符优先级的高低以及运算符的结合性。

① 优先级：运算符按优先级分为 15 级，见表 2-6。

当运算符的优先级不同时，优先级高的运算符先运算。

当运算符的优先级相同时，运算次序由结合性决定。

② 结合性：运算符的结合性分为从左至右、从右至左两种。

例如：
```
a * b /c          // 从左至右
a += a-= a * a    // 从右至左
```

2.4.1 算术运算符与算术表达式

（1）基本的算术运算符

\+ （加法运算符,或正值运算符。如 3+5、+3）

– （减法运算符，或负值运算符。如 5–2、–3）

* （乘法运算符。如 3*5）

/ （除法运算符。如 5/3）

% （模运算符，或称求余运算符。如 7%4）

说明：

① 基本算术运算符的优先级原则是先乘除后加减，先括号内再括号外。从左至右结合。

② 乘法运算符“*”不能省略，也不能写成“×”或“·”。

③ 两个整数相除结果为整数，如 5/3 的结果为 1，舍去小数部分。但是如果除数或被除数中有一个为负值，则舍入方向是不固定的。例如：–5/3 在有的机器上得到结果是–1，有的机器则给出结果–2。多数机器采取向零取整法。如果参加运算的两个数中有一个数为实数，则结果是 double 型，因为所有实数都按 double 型进行运算。例如：2/5 的结果为 0，2.0/5 的结果为 0.400000。

④ %要求两侧均为整型数据。求余运算的结果符号与被除数相同，其值等于两数相除后的余数。例如 1%2 的结果为 1，1%（–2）的结果为 1，（–1）%2 的结果为–1。

【例 2-5】
```
5%2   =1
-5%2  =-1
1%10  =1
5%1   =0
5.5%2（错）
5/2   =2
-5/2.0  =-2.5
```

（2）自增、自减运算符（++、– –）

作用：使变量值加 1 或减 1。

前置：++i，– –i （先执行 i+1 或 i–1，再使用 i 值）。

后置：i++，i– – （先使用 i 值,再执行 i+1 或 i–1）。

【例 2-6】
```
j=3; k=++j;        //k=4,j=4
j=3; k=j++;        //k=3,j=4
```

```
j=3;  printf("%d",++j);      //4
j=3;  printf("%d",j++);      //3
a=3;b=5;c=(++a)*b;           //c=20,a=4
a=3;b=5;c=(a++)*b;           //c=15,a=4
```

说明：

① 自增运算符++、自减运算符--只能用于变量，不能用于常量和表达式，如5++、(a+b)++都是不合法的。因为5是常量，常量的值不能改变。(a+b)++也不可能实现，假如a+b的值为5，那么自增后得到的6放在什么地方呢？无变量可供存放。

② ++和--的结合方向是“自右至左”。而基本算术运算符的结合方向为“自左而右”。如果有-i++，i的左面是负号运算符，右面是自加运算符。如果i的原值等于3，若按左结合性，相当于（-i）++，而（-i）++是不合法的，对表达式不能进行自加自减运算。负号运算符和++运算符同优先级，而结合方向为“自右至左”，即它相当于-（i++）。j+++k相当于（j++）+k。

（3）算术表达式

用算术运算符把参加运算的数据（常量、变量、库函数和自定义函数的返回值）连接起来的有意义的算式称为算术表达式。例如：

```
10/5*3
(x+r)*8-(a+b)/7
sin(x)+sin(y)
```

在C语言中，算术表达式的运算规则和要求如下：

① 在表达式中，可使用多层、配对的小括号。运算时从内层小括号开始，由内向外依次计算表达式的值。

② 在表达式中，按运算符优先级顺序求值。若运算符的优先级相同，则按规定的结合方向运算。

2.4.2 赋值运算符和赋值表达式

（1）简单的赋值运算符

在C语言中，符号“=”称为赋值运算符。由赋值运算符组成的表达式称为赋值表达式。

格式：变量标识符=表达式

作用：将一个数据（常量或表达式）赋给一个变量。先求出“＝”右边表达式的值，然后把此值赋给“=”左边的变量，确切地说，是把数据放入以该变量为标识的存储单元中。

【例2-7】

```
a=3;
d=func();
c=d+2;
```

说明：

① “=”与数学中的“等于号”是不同的，其含义不是等同的关系，而是进行“赋予”的操作。例如：

```
i=i+1
```

是合法的赋值语言表达式。

② “＝”的左侧只能是变量，不能是常量或表达式。例如：

```
a+b=c;
10=a+3;
```

是不合法的赋值表达式。

③ “=”右边的表达式也可以是一个合法的赋值表达式。例如：

```
a=b=7+2;
```

④ 赋值表达式的值为其最左边变量所得到的新值。赋值表达式可嵌套，自右向左结合。例如：

```
a=b=c=5             //表达式值为 5, a,b,c 值为 5
a=(b=5)             // b=5;a=5
a=5+(c=6)           //表达式值 11, c=6,a=11
a=(b=4)+(c=6)       //表达式值 10, a=10,b=4,c=6
a=(b=10)/(c=2)      //表达式值 5, a=5,b=10,c=2
```

⑤ 如果赋值运算符两侧的类型不一致，但都是数值型或字符型时，自动转换成其左边变量的类型。

a.将实型数据（包括单、双精度）赋给整型变量时，舍弃实数的小数部分。例如：

```
int i;
i=3.356; //结果 i 的值为 3
```

b.将整型数据赋给单、双精度变量时，数值不变，但以浮点数形式存储到变量中。例如：

```
float f;
double d;
f=23;   //结果 f=23.00000
d=23;   //结果 d=23.00000000000000
```

c.字符型数据赋给整型变量时，由于字符只占一个字节，而整型变量为 2 个字节，因此将字符数据（8 位）放到整型变量低 8 位中，高 8 位有些系统是补 0，有些系统是补 1。

d.将带符号的整型数据（int 型）赋给 long int 型变量时，要进行符号扩展，如果 int 型数据为正值（符号位为 0），则 long int 型变量的高 16 位补 0；如果 int 型数据为负值（符号位为 1），则 long int 型变量的高 16 位补 1，将整型数的 16 位送到 long int 型低 16 位中，以保持数值不改变。

反之，若将一个 long int 型数据赋给一个 int 型变量，只将 long int 型数据中低 16 位原封不动送到整型变量。

e.将 unsigned int 型数据赋给 long int 型变量时，不存在符号扩展问题，只需将高位补 0 即可。将一个 unsigned 型数据赋给一个占字节数相同的 signed 型数据，或将一个 signed 型数据赋给一占字节数相同的 unsigned 型数据，是连原有的符号位照原样赋值。如：

```
main( )
{  unsigned  a;
   int  b=-1;
   a=b;
```

```
  prinbf("%u",a);
}
```

运行结果为65535。

（2）复合赋值运算符与复合赋值表达式

在赋值符“=”之前加上其他运算符（注意：两个符号之间不可有空格）可以构成复合赋值运算符。由复合运算符组成的表达式称为复合赋值表达式。例如：

```
a+=3    等价于 a=a+3；先使 a 加 3，再赋给 a
x*=y+8  等价于 x=x*(y+8)；先使 x 乘 (y+8)，再赋给 x
x%=3    等价于 x=x%3；先求 x%3，结果再赋给 x
```

凡是二元（二目）运算符，都可以与赋值符一起组合成复合赋值符。C51语言可以使用10种复合赋值运算符。即：+=　–=　*=　/=　%=　<<=　>>=　&=　^=　|=。

【例2-8】　a=12;

a+=a−=a*a; //先进行“a-=a*a”的运算，它相当于a = a-a*a＝12−144＝−132。

//再进行“a+=−132”的运算，相当于a＝a+（−132）＝−132−132＝−264。

【例2-9】　分析下列程序的功能

```
void YanShi( void )
{
    int x=3, y=3, z=3;
    x += y *= z;
    printf( "(1) %d,%d,%d\n", x, y, z );
    x++;
    y++;
    --z;
    printf( "(2) %d,%d,%d\n", x, y, z );
    x=5;
    y=x++;
    x=5;
    z=++x;
    printf( "(3) %d,%d,%d\n", x, y, z );
    --y;
    z=++x * 7;
    printf( "(4) %d,%d,%d\n", x, y, z );
    z=x++ * 8;
    printf( "(5) %d,%d,%d\n", x, y, z );
    x=8;
    printf( "(6) %d,%d,%d\n", x, x++, ++x );
}
```

2.4.3 关系运算符和关系表达式

所谓“关系运算”实际上就是“比较运算”，即将两个数据进行比较，判定两个数据是否符合给定的关系。例如，a>3 是一个关系表达式，大于号（>）是一个关系运算符，如果 a 的值为 5，则满足给定的“a>3”条件，因此关系表达式的值为“真”（即“条件满足”）；如果 a 的值为 2，不满足“a>3”条件，则称关系表达式的值为“假”。关系运算的结果只有“真”和“假”两种，由于 C 语言没有逻辑型数据，因此用整数“1”表示“逻辑真”，用整数“0”表示“逻辑假”。

C 语言提供 6 种关系运算符：

<(小于)，　<=(小于或等于)，　>(大于), >=(大于或等于)，　==(等于)，　!=(不等于)

说明：

① 在 C 语言中，“等于”关系运算符是双等号“= =”，而不是单等号“= ”（赋值运算符），由两个字符组成的关系运算符之间不能有空格。

② 优先级。

a.在关系运算符中，前 4 个优先级相同，后 2 个也相同，且前 4 个高于后 2 个。

b.与其他种类运算符的优先级关系：关系运算符的优先级，低于算术运算符，但高于赋值运算符。

【例 2-10】 c>a+b　　等效于 c>(a+b)

a>b!=c　等效于 (a>b)!=c

a==b<c　等效于 a==(b<c)

a=b>c　等效于 a=(b>c)

用关系运算符将两个表达式（可以是算术表达式或关系表达式、逻辑表达式、赋值表达式、字符表达式）连接起来的式子，称为关系表达式。例如，下面的关系表达式都是合法的：

a>b, a+b>c-d, (a=3)<=(b=5), 'a'>='b', (a>b)= =(b>c)

关系表达式的值——逻辑值（非“真”即“假”）。

2.4.4 逻辑运算符和逻辑表达式

关系表达式只能描述单一条件，例如“x>=0”。如果需要描述“x>=0”、同时“x<10”，就要借助于逻辑表达式了。

（1）逻辑运算符

C51 语言提供三种逻辑运算符：

&&　　逻辑与（相当于“同时”）

||　　逻辑或（相当于“或者”）

!　　逻辑非（相当于“否定”）

运算规则：

① &&：当且仅当两个运算量的值都为“真”时，运算结果为“真”，否则为“假”。

② || ：当且仅当两个运算量的值都为“假”时，运算结果为“假”，否则为“真”。

③ !：当运算量的值为“真”时，运算结果为“假”；当运算量的值为“假”时，运算结果为“真”。

例如，假定 x=5，则(x>=0) && (x<10)的值为“真”，(x<－1) || (x>5)的值为“假”。

逻辑运算符的运算优先级：

① 逻辑非的优先级最高，逻辑与次之，逻辑或最低，即：

!（非） → &&（与） → ||（或）

② 与其他种类运算符的优先关系：

! → 算术运算 → 关系运算 → && → || → 赋值运算

（2）逻辑表达式

所谓逻辑表达式是指用逻辑运算符将1个或多个表达式连接起来进行逻辑运算的式子。在C语言中，用逻辑表达式表示多个条件的组合。

例如，(year%4==0)&&(year%100!=0)||(year%400==0)就是一个判断一个年份是否是闰年的逻辑表达式。

逻辑表达式的值应该是一个逻辑量“真”或“假”。C语言编译系统在给出逻辑运算结果时，以数值1代表真，以0代表假，但在判断一个量是否为“真”时，以0代表“假”，以非0代表“真”。即以一个非零的数值认作为“真”。例如：

① 若a=4，则！a的值为0。因为a的值为非0，被认作“真”，对它进行“非”运算，得“假”，假以0代表。

② 若a=4，b=5，则a&&b的值为1。因为a和b均为非0，被认为是“真”，因此a&&b的值也为“真”，值为1。a||b的值为1，!a||b的值为1。

③ 4&&0||2的值为1。

通过这几个例子可以看出，由系统给出的逻辑运算结果不是0就是1，不可能是其他数值。而在逻辑表达式中作为参加逻辑运算的运算对象（操作数）可以是0（“假”）或任何非0的数值（按“真”对待）。如果在一个表达式中不同位置上出现数值，应区分哪些是作为数值运算或关系运算的对象，哪些作为逻辑运算的对象。例如：

```
5>3&&2||8<4-!0
```

表达式自左至右扫描求解。首先处理“5>3”，在关系运算符两侧的5和3作为数值参加关系运算，“5>3”的值为1。再进行“1&&2”的运算，此时1和2均是逻辑运算对象，均作“真”处理，因此结果为1。再进行“1||8<4-!0”的运算。根据优先次序，先进行“！0”运算得1，因此，要运算的表达式变成：“1||8<4-1”，即“1||8<3”，关系运算符“<”两侧的8和3作为数值参加比较，“8<3”的值为0（“假”）。最后得到“1||0”的结果1。

实际上，逻辑运算符两侧的运算对象不但可以是0和1，或者是0和非0的整数，也可以是任何类型的数据，如可以是字符型、实型或指针型等。系统最终以0和非0来判定它们属于“真”或“假”。例如：‘c’ && ‘d’ 的值为真。

在逻辑表达式的求解中，并不是所有的逻辑运算符都被执行，只是在必须执行下一个逻辑运算符才能求出表达式的解时，才执行该运算符。例如：

① a&&b&&c 只有a为真（非0）时，才需要判别b的值，只有a和b都为真的情况下才需要判别c的值。只要a为假，就不必判别b和c（此时整个表达式已确定为假）。如果a为真，b为假，不判别c。

② a||b||c 只要a为真（非0），就不必判断b和c；只有a为假，才判别b；a和b都为假才判别c。

③ (m=a>b)&&(n=c>d) 当a=1，b=2，c=3，d=4，m和n的原值为1时，由于“a>b”

的值为 0，m=0，而“n=c>d”不被执行，因此 n 的值 不是 0，而仍保持原值 1。

2.5 指针与绝对地址访问

2.5.1 指针

存储区中每一个字节有一个编号，这就是“地址”，它相当于宾馆的房间号。在地址所标志的单元存放数据，这相当于宾馆中各房间中住客人一样。C 语言根据定义的变量类型，编译时给变量分配了相应的存储空间，不仅分配了变量所占字节的多少，还把变量名与字节地址建立了一一对应关系。

一个变量的地址称为该变量的“指针”，如：

```
int  i;
```

假设 i 存储在外部 RAM2000H 与 2001H 单元中，则 2000 为变量 i 的指针。

如果有一个变量专门用来存放另一变量的地址（即指针），则称它为“指针变量”。

① 直接寻址方式：按变量地址存取变量的方式。

② 间接寻址方式：假设我们定义了变量 i_pointer 是存放整型变量的地址的，它被分配为 3010、3011 字节，可以通过下面语句将 i 的地址存放到 i_pointer 中。

```
i_pointer=&i;  //&取地址运算符
```

假若整型变量 i 的起始地址为 2000H，则 i_pointer 的值为 2000。这时，要存取变量 i 的值，可以先找到存放“i 的地址”单元地址（3000、3011），从中取出 i 的地址（2000），然后到 2000、2001 字节取出 i 的值。

Keil C51 中指针变量的定义有如下两种格式：

（1）数据类型　*[存储区域]　变量名；

例如：

```
long *ptr;          // ptr 为一个指向 long 型数据的指针，而 ptr 本身按默认方式存储
char *xdata  Xptr; //Xptr 为一个指向 char 型数据的指针，而 Xptr 本身存放在 xdata 区域中
int *data  Dptr;   // Dptr 为一个指向 int 型数据的指针，而 Dptr 本身存放在 data 区域中
long *code Cptr;   // Cptr 为一个指向 long 型数据的指针，而 Cptr 本身存放在 code 区域中
```

说明：

① 符号“*”表示该变量为指针变量。如上面所定义的，指针变量名是 ptr、Xptr、Dptr、Cptr，而不是*ptr、*Xptr、*Dptr、*Cptr。

② 可以用一个赋值语使一个指针变量指向一个变量，如：

```
int i,j;//定义两个整型变量
int *pointer_1,*pointer_2;//定义两个整型指针变量
pointer_1=&i;//把整型变量 i 的地址赋给指针变量 pointer_1
pointer_2=&j;//把整型变量 j 的地址赋给指针变量 pointer_2
```

③ 用符号“*”表示“指向”，②中所定义的 pointer_1 代表指针变量，而*pointer_1 是 pointer_1 所指向的变量。*pointer_1 也是代表一个变量，它和变量 i 是同一回事。下面两个语句作用相同：

```
i=3;
```

```
*pointer_1=3;
```

④ 一个指针变量只能指向同一类型的变量。例如，Dptr 不能忽而指向一个整型变量，忽而指向一个实型变量。因此必须规定指针变量所指向的变量类型。上面定义中，表示 Dptr 所指向的变量只能是整型变量。

⑤ 指针变量中只能存放地址（指针），不要将一个整型量（或任何其他非地址类型的数据）赋给一个指针变量。下面的赋值是不合法的：

```
Dptr=100; // Dptr为指针变量，100为整数
```

【例 2-11】

```
main( )
{int a ,b;//定义两个整型变量
int *pointer_1,*pointer_2;//定义两个整型指针变量
a=100;
b=10;
pointer_1=&a;//把变量 a 地址赋给 pointer_1
pointer_2=&b;//把变量 b 的地址赋给 pointer_2
printf("%d,%d\n",a,b);// 输出 100, 10
printf("%d,%d\n" *pointer_1,*pointer_2);//输出 100, 10
}
```

对例 2-11 的说明：

① 在开头处虽然定义了两个指针变量 pointer_1 和 pointer_2，但它们并未指向任何一个整型变量。只是提供两个指针变量，规定它们可以指向整型变量。至于指向哪一个整型变量，要在程序语句中指定。程序第 6、7 行的作用就是使 pointer_1 指向 a，pointer_2 指向 b，此时 pointer_1 的值为&a（即 a 的地址），pointer_2 的值为&b。

② 最后一行的*pointer_1 和*pointer_2 就是变量 a 和 b。

③ 程序中有两处出现*pointer_1 和*pointer_2，请区分它们的不同含义。程序第 3 行的*pointer_1 和*pointer_2 表示定义两个指针变量 pointer_1、pointer_2。它们前面的“*”只是表示该变量是指针变量。程序最后一行 printf 函数中的*pointer_1 和*pointer_2 则代表变量，即 pointer_1 和 pointer_2 所指向的变量。

④ 第 6、7 行“pointer_1=&a;”和“pointer_2=&b;”是将 a 和 b 的地址分别赋给 pointer_1 和 pointer_2。注意不应写成“pointer_1=&a;”和“pointer_2=&b;”。因为 a 的地址是赋给指针变量 pointer_1，而不是赋给*pointer_1。

【例 2-12】

```
#include <reg51.h>
char *data c_ptr;        // 定义存储在data区域中的指针变量c_ptr、i_ptr、l_ptr
int *data i_ptr;
long *data l_ptr;

void main ( void )
{
    char data dj;        // 定义存储在data区域中的变量dj、dk、dl
    int  data dk;
```

```
    long data dl;

    char xdata xj;       // 定义存储在 xdata 区域中的变量 xj、xk、xl
    int xdata xk;
    long xdata xl;

    char code cj = 9;    // 定义存储在 code 区域中的变量 cj、ck、cl，并赋初值
    int code ck = 357;
    long code cl = 123456789;

    c_ptr = &dj;         // 将存储在 data 区域的指针指向 data 区域中的变量
    i_ptr = &dk;
    l_ptr = &dl;

    c_ptr = &xj;         // 将存储在 data 区域的指针指向 xdata 区域中的变量
    i_ptr = &xk;
    l_ptr = &xl;

    c_ptr = &cj;         // 将存储在 data 区域的指针指向 code 区域中的变量
    i_ptr = &ck;
    l_ptr = &cl;
}
```

下面对“&”和“*”运算符再做些说明：

① 如果已执行了“pointer_1=&a;”语句，若有&* pointer_1，它的含义是什么？“&”和“*”两个运算符的优先级别相同，但按自右而左方向结合，因此先进行* pointer_1 的运算，它就是变量 a，再执行&运算。因此，&* pointer_1 与&a 相同。如果有“pointer_2＝&* pointer_1;”。它的作用是将&a（a 的地址）赋给 pointer_2，如果 pointer_2 原来指向 b，现在已不再指向 b 而也指向 a 了。

② *&a 的含义是什么？先进行&a 运算，得 a 的地址，再进行*运算。即&a 所指向的变量，*&a 和* pointer_1 的作用是一样的（假设已执行了“pointer_1=&a;”），它们等价于变量 a。即*&a 与 a 等价。

③ （* pointer_1）++相当于 a++。注意括号是必要的，如果没有括号，就成为了*(pointer_1++)，这时先按 pointer_1 的原值进行*运算，得到 a 的值。然后使 pointer_1 的值改变，这样 pointer_1 不再指向 a 了。

【例 2-13】 输入 a 和 b 两个整数，按先大后小的顺序输出 a 和 b。

```
main( )
{
  int *p1,*p2,*p,a,b;
  scanf("%d,%d",&a,&b);
```

```
  p1=&a;p2=&b;
  if(a<b)
   {p=p1;p1=p2;p2=p;}
  printf("a=%d,b=%d\n",a,b);
  printf("max=%d,min=%d\n",*p1,*p2);
}
```

（2）数据类型 [存储区域 1] *[存储区域 2] 变量名;

其中，“存储区域 1”为指针所指向变量的存储区域；“存储区域 2”为指针本身的存储区域。例如：

```
char data * str;// str 指向 data 区域中的 char 型变量
int xdata * data pow; //pow 指向 xdata 区域中的 int 型变量，本身存放在 data 区域中
```

2.5.2 绝对地址的访问

Keil C51 语言允许在程序中指定变量存储的绝对地址，常用的绝对地址的定义方法有两种：采用关键字“_at_”定义变量的绝对地址；采用存储器指针指定变量的绝对地址。

（1）采用关键字_at_

用关键字“_at_”定义变量的绝对地址的一般格式：

数据类型 [存储区域] 标识符 _at_ 地址常数

例如：int xdata FLAG _at_ 0x8000;//int 型变量 FLAG 存储在片外 RAM 中，首地址为 0x8000。

利用“_at_”定义的变量称为“绝对变量”。由于对绝对变量的操作就是对存储区域绝对地址的直接操作，因此在使用绝对变量时应注意以下问题。

① 绝对变量必须是全局变量，即只能在函数外部定义。

② 绝对变量不能被初始化。

③ 函数及 bit 型变量不能用“_at_”进行绝对地址定位。

（2）采用存储器指针

利用存储器指针也可以指定变量的绝对存储地址，其方法是先定义一个存储器指针变量，然后对该变量赋以指定存储区域的绝对地址值。

【例 2-14】 利用存储器指针进行变量的绝对地址定位。

```
#include <reg51.h>
char xdata TMP _at_ 0x1000;
void main( void )
{
    char xdata *cx_ptr;
    char data *cd_ptr;

    cx_ptr = 0x2000;
    cd_ptr = 0x35;

    *cx_ptr = 0xbb;
    *cd_ptr = 0xaa;
    TMP = *cx_ptr;
}
```

2.6 控制语句与程序设计

2.6.1 C 语言语句概述

C 语言的语句用来向计算机系统发出操作指令，一个语句经编译后产生若干条机器指令。一个为实现特定目的的程序应当包含若干语句，C 语句可以分为以下五类。

（1）控制语句

控制语句完成一定的控制功能，C 语言有 9 种控制语句，它们是：

```
if( )…else…            break
for( ) …               switch
while( ) …             goto
do…while( )            return
continue
```

（2）函数调用语句

在 C 语言中，若函数仅进行某些操作而不返回函数值，这时函数的调用可作为一条独立的语句，称为函数调用语句。其一般形式为

函数名（实际参数表）;

例如：DelayTime (1000);

Printf(“hello!\n);

（3）表达式语句

由一个表达式构成一个语句。最典型的是，由赋值表达式构成一个赋值语句。

a=3

是一个赋值表达式，而

a=3;

是一个赋值语句。可以看到一个表达式的最后加一个分号就成了一个语句。一个语句必须在最后出现分号，分号是语句中不可缺少的一部分。例如：

i=i+1（是表达式，不是语句）

i=i+1;（是语句）

任何表达式都可以加上分号而成为语句，例如

i++;

是一语句，作用是使 i 值加 1。又如

x+y;

也是一个语句，作用是完成 x+y 的操作，它是合法的，但是并不把 x+y 的和赋给另一变量，所以它并无实际意义。

（4）空语句

如果一条语句只有语句结束符号“;”则称为空语句。例如

;

空语句在执行时不产生任何动作，但仍有一定的作用。

（5）复合语句

在C语言中，把多条语句用一对大括号括起来组成的语句称为复合语句。其一般格式为

```
{语句 1; 语句 2; ……; 语句 n}
```

例如：

```
{z=x+y;
t=z/100;
printf("%f",t);
}
```

注意：大括号之后不再加分号。

复合语句虽然可有多条语句组，但它是一个整体，相当于一条语句，凡可以使用单一语句的位置都可以使用复合语句。

2.6.2 赋值语句

在任何合法的赋值表达式的尾部加上一个分号就构成了赋值语句。赋值语句的一般形式为

```
变量 = 表达式;
```

例如："a=b+c"是赋值表达式，而"a=b+c;"则是赋值语句。

赋值语句的作用是先计算赋值号右边表达式的值，然后将该值赋给赋值号左边的变量。例如：

```
unsigned int a;   //定义无符号整型变量 a
a=3*5;            //a 的值为 15
a=3*a;            //a 的值为 45
```

赋值语句不可被包括在其他表达式之中，例如

```
if ((a=b)>0)   t=a;
```

在 if 语句中的"a=b"不是赋值语句而是赋值表达式，这样写是合法的。如果写成

```
if ((a=b;)>0)   t=a;
```

就错了。

2.6.3 if 语句

if 语句用来判定所给定的条件是否满足，根据判定的结果（真或假）决定执行给出的两种操作之一。

2.6.3.1 if 语句的三种形式

（1）if 语句形式一

if（表达式）语句；

例如 `if (x>y) max=x;`

其中，if 是C语言的关键字；表达式两侧的小括号不可少，表达式的类型任意，如果表达式的值为非零，按真处理，如果表达式的值为零，按假处理；最后的语句可以是C语言任意合法的语句。

这种 if 语句的执行过程如图 2-4 所示。先计算表达式，如果表达式的值为真（非零），则执行其后的语句；否则，顺序执行 if 语句后的下一条语句。

（2）if 语句形式二

if（表达式）　语句 1；

else　　　　语句 2;

表达式类型任意，语句 1 和语句 2 可以是任意合法的语句。

例如：
```
if (x>y) max=x;
else max=y;
```

这种 if 语句的执行过程如图 2-5 所示。先计算表达式，如果表达式的值为真（非零），则执行语句 1；否则，执行语句 2。

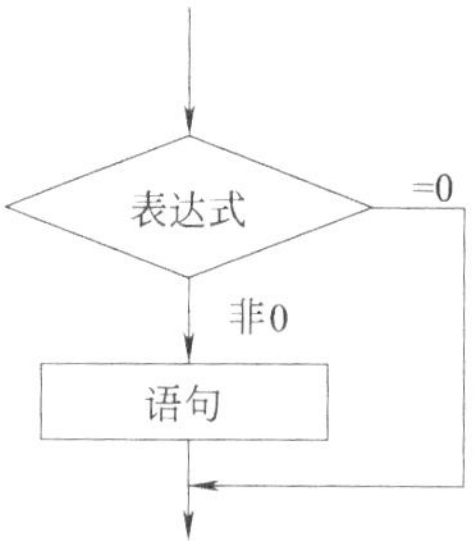

图 2-4　形式一 if 语句执行过程

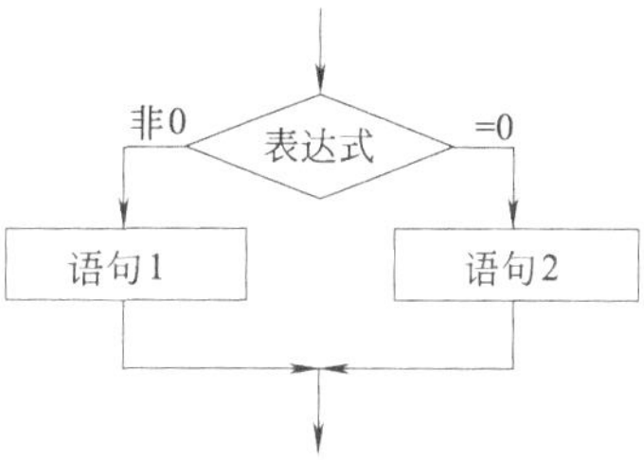

图 2-5　形式二 if 语句执行过程

注意：① 在 else 前面有一分号，这是由于分号是 C 语句中不可缺少的部分，这个分号是 if 语句中的内嵌语句所要求的，如果无此分号，则出现语法错误。但应注意，不要误认为上面是两个语句，它们都属于同一 if 语句。else 子句不能作为语句单独使用，它必须是 if 语句的一部分，与 if 配对使用。

② 在 if 和 else 后面可以只含一个内嵌的操作语句(如上例)，也可以有多个操作语句，此时用大括号“{}”将几个语句括起来成为一个复合语句。如考虑下面程序的输出结果：

```
#include <stdio.h>
 main()
 {   int x,y, z;
     if(x>y)
         {z=x;x=y;   y=z;}
     else
         {x++; y++;}
 }
```

注意在“{}”外面不需要再加分号，因为“{}”内是一个完整的复合语句，不需另附加分号。

(3) if 语句形式三

if (表达式 1)　　　　语句 1;
else if (表达式 2)　　语句 2;
else if (表达式 3)　　语句 3;
......
else　　　　　　　　语句 n;

例如：
```
if (salary>1000)        index=0.4;
```

```
else if (salary>800)    index=0.3;
else if (salary>600)    index=0.2;
else if (salary>400)    index=0.1;
else                    index=0;
```

这种if语句的执行过程如图2-6所示。

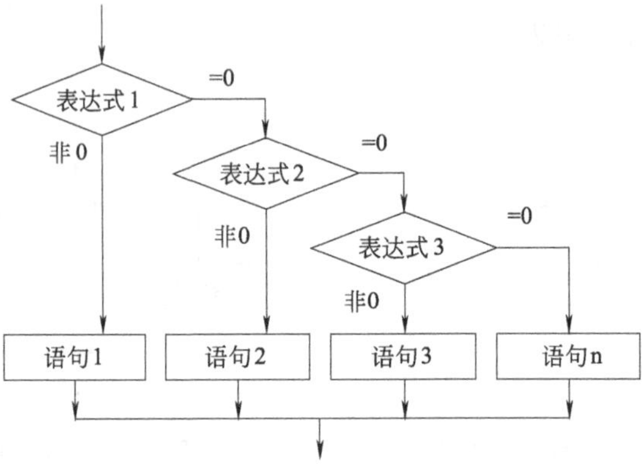

图2-6 形式三if语句执行过程

2.6.3.2 if语句的嵌套

在if语句中又包含一个或多个if语句称为if语句的嵌套，它有如下四种形式：

形式1：

```
if (表达式1)
      if (表达式2)                   ⎫
           语句1;                    ⎬ 内嵌if语句
      else                           ⎪
        语句2;                       ⎭
```

形式2：

```
if (表达式1)
      {if (表达式2)                  ⎫ 内嵌if语句
          语句1}                     ⎭
else
     语句3
```

形式3：

```
if (表达式1)
      语句1
else
       if(表达式2)                   ⎫
           语句3                     ⎬ 内嵌if语句
       else                          ⎪
           语句4                     ⎭
```

形式4：

```
if (表达式1)
        if (表达式2) 语句1   } 内嵌if语句
        else        语句2   }
else
        if(表达式3)  语句3   } 内嵌if语句
        else        语句4   }
```

应当注意if与else的配对关系。从最内层开始，else总是与它上面最近的且未曾配对的if配对。假如写成：

```
if (expr1)
        if (expr2)   语句1          内嵌if语句
else
        if(expr3)    语句3   } 内嵌if语句
        else         语句4   }
```

编程者把else写在与第一个if（外层if）同一列上，希望else与第一个if对应，但实际上else是与第二个if配对，因为它们相距最近。因此最好使内嵌if语句也包含else部分，如内嵌形式4，这样if的数目和else的数目相同，从内层到外层一一对应，不致出错。如果if与else的数目不一样，为实现程序设计者的企图，可以加大括号来确定配对关系。如内嵌形式2。这时“{}”限定了内嵌if语句的范围，因此else与第一个if配对。

2.6.4 switch语句

switch语句的一般形式如下：

```
switch(表达式)
 {case  常量表达式1：语句序列1
  case  常量表达式2：语句序列2
  ……
  case  常量表达式n：语句序列n
default：语句序列n+1
}
```

例如：

```
switch ( grade)
{
case 'A':printf("85~100"\n);
case 'B':printf("70~84"\n);
case 'C':printf("60~69"\n);
case 'D':printf("<60"\n);
default : printf("error"\n);
}
```

说明：

① switch 是关键字，其后面大括号里括起来的部分称为 switch 语句体。要特别注意必须写这一对大括号。

② switch 后（表达式）的运算结果可以是整型、字符型或枚举型表达式等，（表达式）两边的括号不能省略。

③ case 也是关键字，与其后面<常量表达式>合称为 case 语句标号。<常量表达式>的值在运行前必须是确定的，不能改变，因此不能是包含变量的表达式，而且数据类型必须与 switch 后面<表达式>的类型一致。如：

```
int x=3,y=7, z;
switch(z)
 { case 1+2:  /*是正确的*/
   case x+y:  /*是错误的*/
 }
```

④ case 和常量之间要有空格，case 后面的常量之后有“：”。每一个 case 的常量表达式的值必须互不相同，否则就会出现相互矛盾的现象（对表达式的同一个值，有两种或多种执行方案）。

⑤ default 也是关键字，起标号的作用。代表所有 case 标号之外的那些标号。default 可以出现在语句体中任何标号位置上。在 switch 语句体中也可以无 default 标号。

⑥ <语句序列 1>、<语句序列 2>等，可以是一条语句，也可以是若干语句。如果在 case 后面包含若干执行语句，可以不必用大括号括起来，会自动顺序执行本 case 后面所有的执行语句，当然加上大括号也可以。

⑦ 各个 case 的出现次序不影响执行结果，例如，可以先出现“case ‘D’：…”，然后是“case ‘A’： …”。必要时，case 语句标号后的语句可以不写。

⑧ switch 语句的执行过程：switch 语句的执行过程如图 2-7 所示。首先计算 switch 后面表达式的值，当表达式的值与某一个 case 后面的常量表达式的值相等时，就执行此 case 后面的语句，若所有的 case 中的常量表达式的值都没有与表达式的值匹配的，就执行 default 后面的语句。执行完一个 case 后面的语句后，流程控制转移到下一个 case 继续执行。“case 常量表达式”只是起语句标号作用，并不是在该处进行条件判断。在执行 switch 语句时，根据 switch 后面表达式的值找到匹配的入口标号，就从此标号开始执行下去，不再进行判断。例如上面的例子中，若 grade 的值等于‘A’，则将连续输出：

```
85~100
70~84
60~69
<60
error
```

因此，应该在执行一个 case 分支后，使流程跳出 switch 结构，即终止 switch 语句的执行，可以用一个 break 语句来达到此目的，如图 2-8 所示。将上面的 switch 结构改写成如下：

```
switch ( grade)
{
case 'A':printf("85~100"\n);break;
case 'B':printf("70~84"\n); break;
case 'C':printf("60~69"\n); break;
case 'D':printf("<60"\n); break;
```

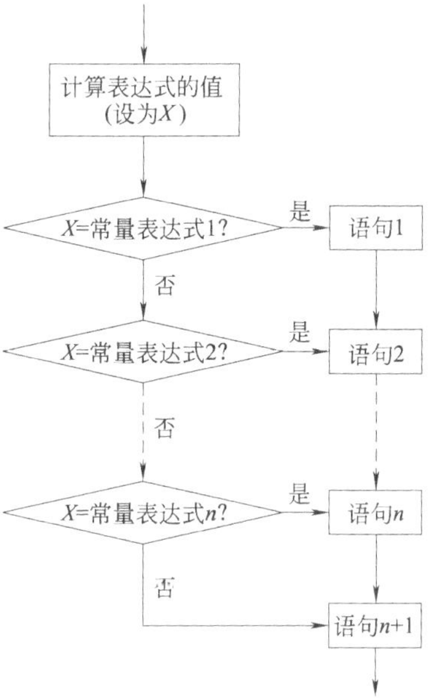

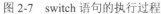

图 2-7 switch 语句的执行过程

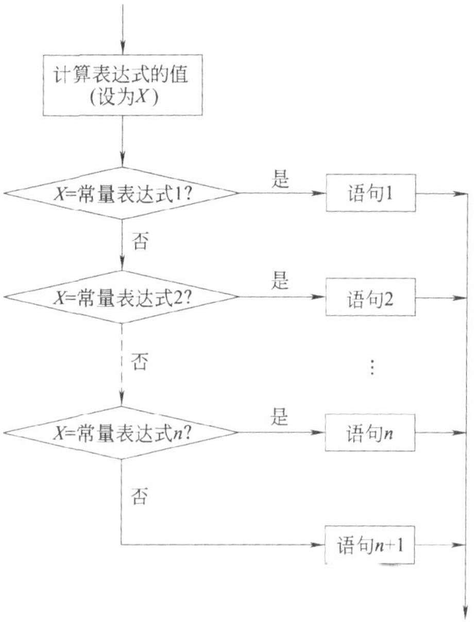

图 2-8 使用 break 语句后 switch 语句的执行过程

```
default : printf("error"\n);
}
```

最后一个分支(default)可以不加 break 语句。如果 grade 的值为‘B’，则只输出“74~84”。

⑨ 多个 case 可以共用一组执行语句，如：

```
switch ( grade)
{
case 'A':
case 'B':
case 'C':printf("60~69"\n); break;
case 'D':printf("<60"\n); break;
default : printf("error"\n);
}
```

grade 的值为‘A’、‘B’、‘C’时都执行同一组语句。

2.6.5 goto 语句以及用 goto 语句构成循环

下面首先来介绍 goto 语句以及用 goto 语句构成循环。goto 语句为无条件转向语句，它的一般形式为：

```
goto    语句标号;
   ……
标号: 语句;
```

说明：

① 语句标号用标识符表示，它的命名规则与变量名相同，即由字母、数字和下画线组

成，其第一个字符必须为字母或下画线。不能用整数来作标号。

② 标号只能出现在 goto 所在函数内,且唯一。

③ 标号只能加在可执行语句前面。

④ 结构化程序设计方法主张限制使用 goto 语句，因为 goto 语句用多了将使程序流程无规律、可读性差。

【例 2-15】用 if 和 goto 语句构成循环，求 1～100 的和。

```
#include <stdio.h>
main()
{     int i,sum=0;
      i=1;       //给循环变量 i 赋初值
loop: if(i<=100) // i 为循环变量, i<=100 为循环条件, 100 为循环终值
      {  sum+=i;                        ┐
      i++;        //循环变量增值          ├      循环体
      goto loop;                        ┘
      }
      printf("%d",sum);
}
```

2.6.6 while 语句与 do-while 语句

2.6.6.1 while 语句

while 语句用来实现“当型”循环结构。其一般形式如下：

```
while(表达式)
    循环体语句;
```

其中“表达式”可以是 C 语言中任意合法的表达式，其作用是控制循环体是否执行；“循环体”是循环语句中需要重复执行的部分，可以是一条简单的可执行语句，也可以是用大括号括起来的复合语句。

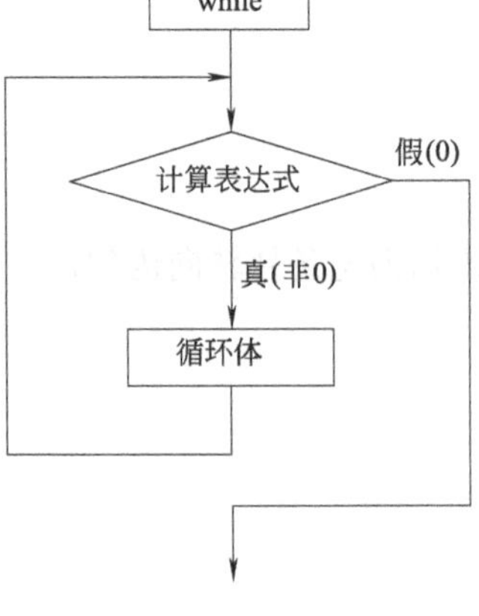

图 2-9 while 语句的执行过程

while 语句的执行过程如图 2-9 所示。①先计算表达式的值；②若表达式的值为非 0，则执行循环体至步骤①；若表达式的值为 0，则退出 while 循环。

说明：

① 循环体如果含有一个以上的语句，应该用大括号括起来，以复合语句形式出现。如果不加大括号，则 while 语句的范围只到 while 后面第一个分号处。

② 要定义循环控制变量。要确定循环变量的初值、终值、增量（步长）、循环结束条件。

③ 要保证每执行一次循环体，循环控制变量的值按增量向终值靠近一些，即避免死循环。

④ 无限循环： `while(1)`

```
        循环体;
```

【例 2-16】用 while 循环求 1～100 的和。

```
/*ch5_2.c*/
#include <stdio.h>
main()
{   int i,sum=0;
    i=1;            //给循环变量 i 赋初值
    while(i<=100)   // i 为循环变量，i<=100 为循环条件，100 为循环终值
    {  sum=sum+i;
       i++;         //循环变量增值        循环体
    }
    printf("%d",sum);
}
```

2.6.6.2 do-while 语句

do-while 语句用来实现“直到型”循环结构。其一般形式为：

```
do
   循环体语句;
while(表达式);
```

其中，“表达式”可以是 C 语言中任意合法的表达式，其作用是控制循环体是否执行；“循环体”可以是 C 语言中任意合法的可执行语句；最后的“;”不可丢，表示 do-while 语句结束。

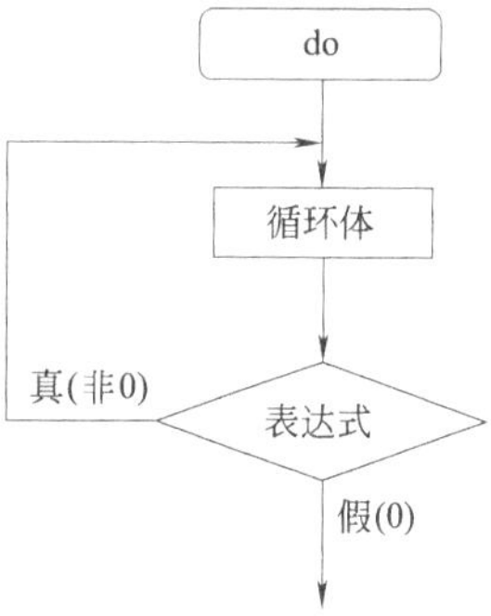

图 2-10 do-while 语句的执行过程

do-while 语句的执行过程如图 2-10 所示。

① 先执行循环体中的语句。

② 计算表达式的值，若表达式的值为真（非 0），则转步骤①；若表达式的值为假（0），则退出 while 循环。

【例 2-17】用 do-while 语句构成循环求 1～100 的和。

```
#include <stdio.h>
main(  )
{
  int i,sum=0;
  i=1;
   do
     {
      sum=sum+i;
      i++;
     }
    while(i<=100);
}
```

2.6.7 for语句

for语句的一般形式如下：

for（表达式1；表达式2；表达式3）循环体

for是关键词，后面的小括号不能省，其中，“表达式1” “表达式2” “表达式3”可以是C51语言中任意合法的表达式，3个表达式之间用“;”隔开，其作用是控制循环体是否执行；循环体可以是C语言中任意合法的可执行语句。

for语句的执行过程如图2-11所示，具体步骤如下：

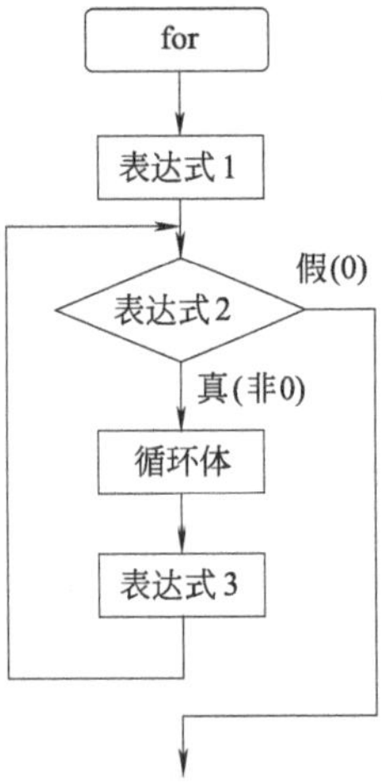

图2-11 for语句执行过程

① 先求解表达式1。

② 求解表达式2，若其值为真（非0），则执行循环体，循环体执行完后，再执行下面第③步。若表达式2的值为假，则结束循环，转到第⑤步。

③ 若表达式2的值为真，执行完循环体后，求解表达式3。

④ 转回一面第②步骤继续执行。

⑤ 执行for语句下面的语句。

for 语句的典型应用形式：

```
for( 循环变量初值; 循环条件; 循环变量增值 ) 循环体
```

例如：`for(i=1;i<=100;i++)  sum=sum+1;`

说明：

① for 语句一般形式中的“表达式 1”可以省略，此时应在for 语句之前给循环变量赋初值。注意省略表达式 1 时，其后的分号不能省略。如：

```
for( ; i<=100;i++)  sum=sum+i;
```

执行时，跳过“求解表达式1”这一步，其他不变。

② 如果表达式 2 省略，但其后面的分号不能省，即不判断循环条件，循环无终止地进行下去。也就是认为表达式2始终为真。如：

```
for(i=1; ; i++)  sum=sum+i;
```

③ 表达式3也可以省略，但此时程序设计者应另外设法保证循环能正常结束。例如：

```
for(sum=0,i=1;i<=100;)
{
   sum=sum+i;
i++;
}
```

本例把i++的操作不放在for语句的表达式3的位置处，而作为循环体的一部分，效果是一样的，都能使循环正常结束。循环体如果不止一个语句，则循环体语句要用大括号括起来，构成复合语句，如上例，如果不用大括号括起来，则循环体只到“sum=sum+i; ”。

④ 可以省略表达式1和表达式3，只有表达式2，即只给循环条件。如：

```
for( ; i<=100; )
{
```

```
  sum=sum+i;
i++;
}
```

⑤ 三个表达式都可省略，如

```
for(;;)  语句
```

即不设初值，不判断条件（认为表达式 2 为真），循环变量不增值，无终止地执行循环体。相当于“while(1)　语句”。

⑥ 表达式 1 可以是设置循环变量初值的赋值表达式，也可以是与循环变量无关的其他表达式。如

```
for (sum=0;i<=100;i++) sum=sum+i;
```

表达式 3 也类似。

表达式 1 和表达式 3 可以是一个简单的表达式，也可以是逗号表达式，即包含一个以上的简单表达式，中间用逗号间隔。如：

```
for (i=0,j=100;i<=j;i++,j--) k=i+j;
```

表达式 1 和表达式 3 都是逗号表达式，各包含两个赋值表达式，即同时设两个初值，使两个变量增值。

2.6.8　break 语句和 continue 语句

（1）break 语句

break 语句的一般形式：

```
break;
```

break 语句的功能是：① 终止所在的 switch 语句；② 跳出本层循环体，从而提前结束本层循环。

说明：

① break 只能终止并跳出最近一层的结构；

② break 不能用于循环语句和 switch 语句之外的任何其他语句之中。

（2）continue 语句

continue 语句的一般形式：

```
continue;
```

continue 语句的功能是：用于循环体内结束本次循环，接着进行下一次循环的判定。

2.7　位运算

所谓位运算是指进行二进制位的运算。C 语言提供如下几种位运算符：

&　按位与

|　按位或

^　按位异或

~　取反

<<　左移

>>　右移

说明：

① 位运算符中除“~”以外，均为二目运算符，即要求两侧各有一个运算量。

② 运算量只能是整型或字符型的数据。

（1）按位与运算符（&）

参加运算的两个运算量，如果两个相应的位都为1，则该位的结果值为1，否则为0，即：

0&0=0；0&1=0；1&0=0；1&1=1

例如：3&5，先把3和5以补码表示，再进行按位与运算。

```
3的补码     00000011
5的补码     00000101
--------------------
&:          00000001
```

它是1的补码，因此3&5=1。

按位与有一些特殊的用途：

① 清零。如果想将一个单元或某一位清零，将其与0进行与运算即可。

② 取一个数中某些指定位。如只想要P1口的低4位，只需将P1和0x0f相与即可。

③ 要想将哪一位保留下来，就与一个数进行与运算，此数在该位取1，其余位取0，例如：有 数01010101，想把其中左面第3、4、5、7、8位保留下来，可以这样：

```
      01010101
(&)   11011100
--------------
      01010100
```

（2）按位或运算符（|）

两个相应位中只要有一个为1，该位的结果值为1。即：

0|0=0；0|1=1；1|0=1；1|1=1

例如：八进制数060|017

```
        00110000
(|)     00001111
----------------
        00111111
```

按位或运算常用来对一个数据的某些位定值为1。

（3）按位异或运算符（^）

也称XOR运算符。它的规则是：参加运算的两个相应位同号，则结果为0；异号则为1。即：

0^0=0;　　0^1=1;　　1^0=1; 1^1=0

```
如：    00111001
(^)     00101010
----------------
        00010011
```

异或运算的应用：

① 使特定位翻转。假设有01111010，想使其低4位翻转，即1变为0，0变为1。可以将它与00001111进行异或运算。即：

```
        01111010
(^)     00001111
----------------
        01110101
```

结果值的低 4 位正好是原数低 4 位的翻转。因为任意位与 0 异或保留原值，与 1 异或取反，故要使哪几位翻转就将与其进行异或运算的数中该几位为 1 即可。

② 交换两个值，不用临时变量。

例：a=3,b=4，想将 a 和 b 的值互换，可以用以下赋值语句实现。

```
a=a^b;
b=b^a;
a=a^b;
```

可以用竖式来说明：

```
          a=  011
(^)       b=  100
-----------------
          a=  111
(^)       b=  100
-----------------
          b=  011
(^)       a=  111
-----------------
          a=  100
```

（4）取反运算符（~）

“~”是一个单目运算符，用来对一个二进制数按位取反，即将 0 变 1，1 变 0。

例：~025 是对八进制数 25（0000000000010101）按位取反。

```
     0000000000010101
~    1111111111101010
```

（5）左移运算符（<<）

假设对一个字节进行左移运算，如图 2-12 所示：

$$\leftarrow a_7 \leftarrow a_6 \leftarrow a_5 \leftarrow a_4 \leftarrow a_3 \leftarrow a_2 \leftarrow a_1 \leftarrow a_0 \leftarrow 0$$

图 2-12 左移运算

高位左移后溢出，舍弃不起作用，右端低位补 0。

“<<”用来将一个数的各二进位全部左移若干位。

例：a=a<<2

将 a 的二进制数左移 2 位，右补 0。若 a=15，即二进制数 00001111，左移 2 位得 00111100，即十进制数 60。

左移 1 位相当于该数乘以 2，左移 2 位相当于该数乘以 4。但此结论只适用于该数左移时被溢出，舍弃的高位中不包含 1 的情况。

（6）右移运算符（>>）

假设对一个字节进行右移运算，如图 2-13 所示：

$$\rightarrow a_7 \rightarrow a_6 \rightarrow a_5 \rightarrow a_4 \rightarrow a_3 \rightarrow a_2 \rightarrow a_1 \rightarrow a_0 \rightarrow$$

图 2-13 右移运算

低位右移后溢出，舍弃不起作用，左端位高补 0。

如：a>>2 表示将 a 的各位二进位右移 2 位。移到右端的低位被舍弃，对无符号数，高位补 0。

如：a=017,

a=00001111,a>>2 为 00000011　　11

此二位舍弃

右移 1 位相当于除以 2。

在右移时，需要注意符号位问题，对无符号数，右移时左边高位移入 0。对有符号的值，如果原来符号位为 0，则左边也是移入 0，如果符号位原来为 1，则左边移入 0 还是 1，要取决于所用的计算机系统。

（7）位运算符与赋值运算符结合

位运算符与赋值运算符结合可以组成扩展的赋值运算符。

如：&= ，|=，　<<=，　>>=，　^=

例：a&=b 相当于 a=a&b

a<<=2 相当于 a=a<<2

【例 2-18】取一个整数 a 从右端开始的 4~7 位。

```
#include  <reg52.h>
 main( )
 {
 unsigned  char a, b,c,d;
 b=a>>4;
 c=~(~0<<4);
 d=b&c;
}
```

（8）循环移位

循环移位有循环左移和循环右移，如图 2-14 所示。

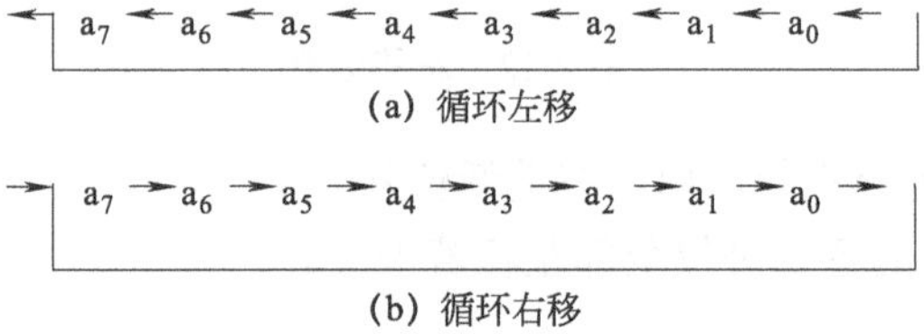

图 2-14　循环移位

在 C 程序中，如需循环移位，可加头文件<intrins.h>，然后调用库函数_crol_（循环左移）和_cror_（循环右移）。

【例 2-19】将 P1 口循环左移 2 位。

```
#include <reg52.h>
#include<intrins.h>   //加了头文件<intrins.h>才能使用库函数_crol_（循环左移）和
                    _cror_（循环右移）
main( )
{
  P1=_crol_(P1,2);
 }
```

2.8 数组

迄今为止，我们使用的都是属于基本类型（整型、字符型、实型）的数据，C 语言还提供了构造类型的数据，它们有：数组类型、结构体类型、共用体类型。构造类型数据是由基本类型数据按一定规则组成的，因此有的书称它们为“导出类型”，本书中只介绍数组。数组是有序数据的集合，数组中的每个元素都属于同一个数据类型，用一个统一的数组名和下标来唯一地确定数组中的元素。有关数组的概念和数学中介绍的是相同的，这里只介绍 C 语言中如何定义和使用数组。

（1）一维数组的定义

一维数组的定义方式为：

类型说明符　　数组名[常量表达式];

例如：`int a[10];`

它表示数组名为 a，此数组有 10 个元素。

说明：

① 数组名命名规则和变量名相同，遵循标识符命名规则。

② 数组名后是用中括号括起来的常量表达式，不能用小括号，下面用法不对：

```
int  a (10);(×)
```

③ 常量表达式表示元素的个数，即数组长度。例如 a[10]中 10 表示 a 数组中有 10 个元素，下标从 0 开始，这 10 个元素是：a[0], a[1], a[2], a[3], a[4], a[5], a[6], a[7], a[8], a[9]。注意不能使用数组元素 a[10]。

④ 常量表达式中可包括常量和符号常量，不能包含变量。也就是说，C 不允许对数组的大小作动态定义，即数组的大小不依赖于程序运行过程中变量的值。例如，下面这样定义数组是不行的：

```
int  n;
scanf(“%d”,&n);
int  a[n]; (×)
```

（2）一维数组元素的引用

数组必须先定义 ，然后使用。C 语言规定只能逐个引用数组元素而不能一次引用整个数组。

数组元素的表示形式为：

数组名[下标]

下标可以是整型常量或整型表达式。如：

```
a[0]=a[5]+a[7]—a[2*3]
```

【例 2-20】

```
main( )
{
  int i,a[10];
  for (i=0;i<=9;i++)
  a[i]=i;
  for (i=9;i>=0;i--)
  printf(“%d”,a[i]);
}
```

运行结果为 9 8 7 6 5 4 3 2 1 0

（3）一维数组的初始化

可以用赋值语句或输入语句使数组中的元素得到初值，但占运行时间。可以使数组在程序运行之前初始化，即在编译阶段使之得到初值。对数组元素的初始化可以用以下方法实现：

① 在定义数组时对数组元素赋以初值。例如：

```
static int a[10]={0,1,2,3,4,5,6,7,8,9};
```

将数组元素的初值依次放在一对大括号内。注意 int 的前面有一个关键字 staic，它是“静态存储”的意思，C51 语言规定只有静态存储（staic）数组和外部存储（extern）数组才能初始化。

经过上面的定义和初始化之后，a[0]=0, a[1]=1，a[2]=2，a[3]=3，a[4]=4，a[5]=5，a[6]=6，a[7]=7，a[8]=8，a[9]=9。

② 可以只给一部分元素赋值。例如：

```
static int a[10]={ 0, 1, 2, 3, 4};
```

定义 a 数组有 10 个元素，但大括号内只提供 5 个初值，这表示只给前面 5 个元素赋初值，后 5 个元素值为 0。

③ 如果想使一个数组中全部元素值为 0，可以写成

```
static int  a[10]={0,0,0,0,0,0,0,0,0,0};
```

不可能写成 `static int  a[10]={0*10};`

其实，对 static 数组不赋初值，系统会对所有数组元素自动赋以 0 值。即

```
static int  a[10];
```

a[0]～a[9]全都被置初值 0。

④ 在对全部数组元素赋初值时，可以不指定数组长度。例如：

```
static int  a[5]={1,2,3,4,5};
```

可以写成 `static int  a[  ]={1,2,3,4,5};`

在第二种写法中，大括号中有 5 个数，系统就会据此自动定义 a 数组的长度为 5。但若被定义的数组长度与提供初值的个数不相同，则数组长度不能省略。例如，想定义数组长度为 10，就不能省略数组长度的定义，而必须写成

```
static int a[10]={1,2,3,4,5};
```

只初始化前 5 个元素，后 5 个元素为 0。

【例 2-21】根据图 2-15 所示电路，写一程序控制发光二极管先依次亮，然后依次灭。

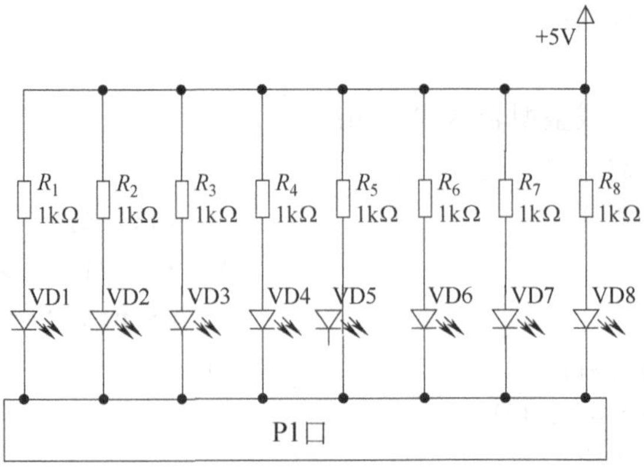

图 2-15　电路

```
#include  <reg52.h>
 void  delay( );
 int code  tabel[8]={0xfe,0xfc,0xf8,0xf0,0xe0,0xc0,0x80,0x00};
void main(     )
{
   int  a;
    for (a=0;a<=7;a++)
   {
    p1=tabel[a];
    delay(   );
   }
for  (a=7;a>=0;a--)
     {
      P1=tabel[a];
      delay(    );
      }
}
    delay(   )
{
    int i, j;
    for (i=100;i>=0;i--)
    for (j=100;j>=0;j--);
}
```

2.9 函数

一个较大的程序一般应分为若干个程序模块，每一个模块用来实现一个特定的功能。所有的高级语言中都有子程序这个概念，用子程序来实现模块的功能。在 C 语言中，子程序的作用是由函数来完成的。一个 C 程序可由一个主函数和若干个子函数构成。由主函数调用其他函数，其他函数也可以互相调用。同一个函数可以被一个或多个函数调用任意多次。图 2-16 是一个程序中函数调用的示意图。

在程序设计中，常将一些常用的功能模块编写成函数，放在函数库中供公共选用。要善于利用函数，以减少重复编写程序段的工作量。

【例 2-22】

```
main( )
{
 printstar( );            /* 调用printstar函数*/
```

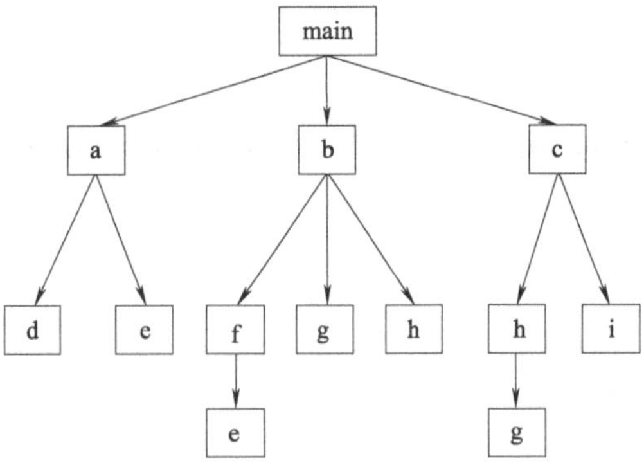

图 2-16　函数调用示意图

```
 print_message(   );      /* 调用 print_message 函数*/
 printstar( );            /* 调用 printstar 函数*/
}
printstar( )              /* printstar 函数*/
{
printf("***************\n");
}
print_message(   )        /* print_message 函数*/
{
printf("How do you do !\n");
}
```

运行情况如下：

* * * * * * * * * * * * * * *

How do you do!

* * * * * * * * * * * * * * *

printstar 和 print_message 都是用户定义的函数名，分别用来输出一排星号和一行信息。

说明：

① 一个源程序文件由一个或多个函数组成。一个源程序文件是一个编译单位，即以源文件为单位进行编译，而不是以函数为单位进行编译。

② 一个C程序由一个或多个源程序文件组成。对较大的程序，一般不希望全放在一个文件中，而将函数和其他内容（如预定义）分别放到若干个源文件中，再由若干源文件组成一个C程序。这样可以分别编写、分别编译，提高调试效率。一个源文件可以为多个C程序公用。

③ C程序的执行从 main 函数开始，调用其他函数后流程回到 main 函数，在 main 函数中结束整个程序的运行。

④ 所有函数都是平行的，即在定义函数时是互相独立的，一个函数并不属于另一函数，即函数不能嵌套定义，但可以互相调用，但不能调用 main 函数。

⑤ 从用户使用的角度看，函数有两种：

a.标准函数，即函数库。这是由系统提供的，用户不必自己定义这些函数，可以直接使用它们。应该说明，每个系统提供的库函数的数量和功能不同，当然有一些基本的函数是共用的。

b.用户自己定义的函数，以解决用户的专门需要。

⑥ 从函数的形式看，函数分两类：

a.无参函数。如例2-22中的printstar和print_message就是无参函数。在调用无参函数时，主调函数并不将数据传送给被调用函数，一般用来执行指定的一组操作。无参函数可以返回或不返回函数值，但一般以不返回函数值的居多。

b.有参函数。在调用函数时，在主调函数和被调用函数之间有参数传递，也就是说，主调函数可以将数据传给被调用函数使用，被调用函数中的数据也可以返回来供主调函数使用。

2.9.1 函数定义的一般形式

① 无参函数的定义形式。

类型标识符　　函数名（　　）

```
{
说明部分
语句
}
```

例2-22中的printstar和print_message函数都是无参函数。用“类型标识符”指定函数值的类型，即函数返回来的值的类型。无参函数一般不需要返回函数值，因此可以不定类型标识符，例2-22就如此。

② 有参函数定义的一般形式。

类型标识符　　函数名（形式参数表列）

形式参数说明

```
{
说明部分
语句
}
```

例如：

```
int max(x,y)
int x,y;    /*形式参数说明*/
{int z;     /*函数体中的说明部分*/
z=x>y?x:y;
return(z);
}
```

这是一个求x和y二者中大者的函数，x和y为形式参数，从主调函数的实际参数把参数值传递给被调用函数中的形式参数x和y。第二行“int x,y;”是对形式参数作类型说明，指定x和y为整型。大括号内是函数体，它包括说明部分和语句部分。请注意，“int z;”必须写在大括号内，而不能写在大括号外，也不能将第二、三行合并写成“int x,y，z;”。形式参数的说明应在函数体外。在函数体的语句中求出z的值（为x与y中较大者），return语句的作用是将z的值作为函数值带回到主调函数中。return后面的括号中的值作为函数带回的值（或称函数返回值）。在函数定义时已指定max函数为整型，在函数体中定义z为整型，二者是一致的，将 z 作为函数 max 的值返回调用函数（见例 2-23）。

③ 可以有“空函数”，它的形式为：

类型说明符　　函数名（　）

```
{   }
```

例如

```
dummy( )
```

调用此函数时，什么工作也不做，没有任何实际作用。在主调函数中写上“dummy(　);”表明“这里要调用一个函数”，而现在这个函数没有起作用，等以后扩充函数功能时补充上。

2.9.2　函数参数和函数的值

2.9.2.1　形式参数和实际参数

在调用函数时，大多数情况下，主调函数和被调用函数之间有数据传递关系。这就是前面提到的有参函数。在定义函数名后面括号中的变量名称为“形式参数”（简称“形参”），在调用函数时，函数名后面括号中的表达式称为“实际参数”（简称“实参”）。

【例 2-23】

```
1 main( )
2 {
3 int a,b,c;
4 scanf("%d,%d",&a,&b);
5 c=max(a,b);
6 printf("max is %d",c);
7 }
8 max (x,y)
9 int x,y;
10 {
11 int z;
12 z=x>y?x:y;
13 return(z);
14 }
```

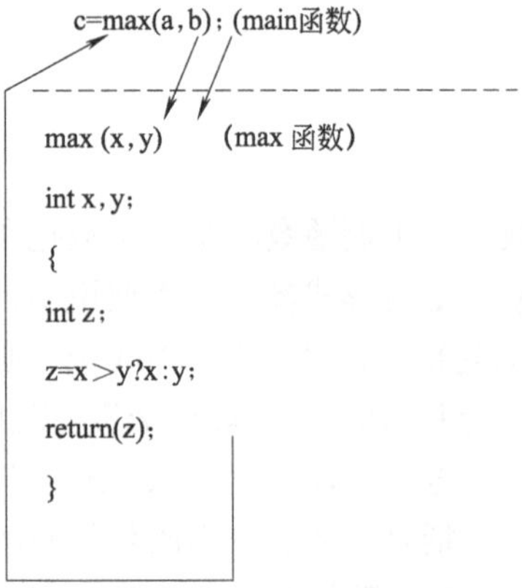

图 2-17　例 2-23 程序中的函数定义

程序中第 8~14 行是一个函数定义（注意第 8 行的末尾没有分号）。第 8 行定义了一个函数名 max 和指定两个形参 x、y。程序第 5 行是一个调用函数语句，max 后面括号内的 a,b 是实参。a 和 b 是 main 函数中定义的变量，x 和 y 是函数 max 中的形式参数变量。通过函数调用，使两个函数中的数据发生联系。见图 2-17。

关于形参与实参的说明：

① 在定义函数中指定的形参变量，在未出现函数调用时，它们并不占内存中的存储单元。只有在发生函数调用时函数 max 中的形参才被分配内存单元。在调用结束后，形参所占的内存单元也被释放。

② 实参可以是常量、变量或表达式，如：

```
max (3,a+b);
```

但要求它们有确定的值。在调用时将实参的值赋给形参变量（如果形参是数组名，则传递的是数组首地址而不是变量的值）。

③ 在被定义的函数中，必须指定形参的类型。

④ 实参与形参的类型一致。例 2-23 中实参与形参都是整型，这是合法的、正确的。如果实参为整型而形参为实型，或者相反，则发生“类型不匹配”的错误。字符型与整型可以互相通用。

⑤ C 语言规定，实参变量对形参变量的数据传递是“值传递”，即单向传递，只由实参传给形参，而不能由形参传回来给实参。在内存中，实参单元与形参单元是不同的单元。如图 2-18 所示。

在调用函数时，给形参分配存储单元，并将实参对应的值传递给形参，调用结束后，形参单元被释放，实参单元仍保留并维持原值。因此，在执行一个被调用函数时，形参的值如果发生改变，并不会改变主调函数的实参的值。例如，若在执行函数过程中 x 和 y 的值变为 10 和 15，而 a 和 b 仍为 2 和 3，见图 2-19。

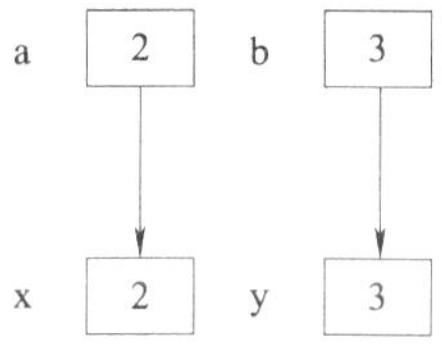

图 2-18　形参和实参（1）

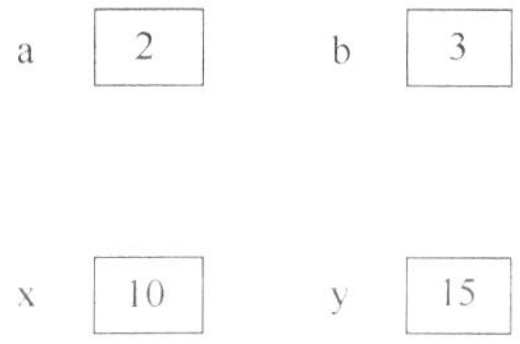

图 2-19　形参和实参（2）

⑥ 允许在列出“形参表列”时，同时说明形参类型。如：

```
int max (int x, int y)
{ … }
```

相当于：

```
int max ( x,y)
int x,y;
{ … }
```

又如：

```
float fun (array,n)
int arrar[10],n;
```

可以写成

```
float fun (int array[10],int n)
```

2.9.2.2 函数的返回值

通常，希望通过函数调用使主调函数能得到一个确定的值，这就是函数的返回值。例如，例 2-23 中，max(2,3)的值是 3，max(5,2)的值是 5。赋值语句将这个函数值赋给变量 C。下面对函数值作一些说明：

① 函数的返回值是通过函数中的 return 语句获得的。return 语句将被调用函数中的一个确定值带回主调函数中去。见图 2-17 中从 return 语句返回的箭头。

如果需要从被调用函数返回一个函数值（供主调函数使用），被调用函数中必须包含return语句。如果不需要从被调用函数返回函数返可以不要return语句。

一个函数中可以有一个以上return语句，执行到哪一个return语句，哪一个语句起作用。

return语句后面的括号也可以不要，如

```
return z;
```

它与“return(z);”等价。

return后面的值可以是一个表达式。例如，例2-23中的函数max可以改写如下：

```
max (x,y)
int x,y;
{
return=(x>y?x:y);
}
```

这样的函数体更为简短，只用一个return语句就把求值和返回都解决了。

② 函数值的类型。既然函数有返回值，这个值当然应属于某一个确定的类型，应当在定义函数时指定函数值的类型。例如：

int max(x,y)　　函数值为整型

char letter(c1,c2)　函数值为字符型

double min(x,y)　函数值为双精度型

读者会问：例2-23中的函数定义并没有说明类型，为什么？C语言规定，凡不加类型说明的函数，一律自动按整型处理。例2-23中的max函数返回值为整型，因此可以不必说明。

在定义函数时对函数值说明的类型一般应该和return语句中的表达式类型一致。例如，例2-23中用隐含方式指定max函数值为整型，而变量z也被指定为整型，通过return语句把z的值作为max的函数值，由max带回主调函数。z的类型与max函数的类型是一致的，是正确的。

③ 如果函数值的类型和return语句中表达式的值不一致，则以函数类型为准。对数值型数据，可以自动进行转换。即函数类型决定返回值的类型。

【例2-24】 将例2-23稍作改动（注意是变量的类型改动）。

```
main( )
{
float a,b;
int c;
scanf("%f,%f",&a,&b);
c=max(a,b);
printf("max is %d\n",c);
}
```

```
max (x,y)
float x,y;
{
float z;
z=x>y?x:y;
return(z);
}
```

函数max定义为整型，而return语句中的z为实型，二者不一致，按上述规定，先将z转换为整型，然后max(x,y)带回一个整型值2给主调函数main。如果将main函数中的c定义为实型，用%f格式符输出，也是输出2.000000。

有时，可以利用这一特点进行类型转换，如在函数中进行实型运算，希望返回的是整型量，可让系统去自动完成类型转换。但这种做法往往使程序不清晰，可读性降低，容易弄错，

而且并不是所有的类型都能互相转换的（如实数与字符类型数据之间），因此建议初学者不要采用这种方法，而应做到使函数类型与 return 返回值的类型一致。

④ 如果被调用函数中没有 return 语句，并不返回一个确定的、用户所希望得到的函数值，但实际上，函数并不是不返回值，而只是不返回有用的值，返回的是一个不确定的值。例如，在例 2-22 程序中，尽管没有要求 printstar 和 print_message 函数返回值，但是如果在程序中出现下面的语句也是合法的：

```
{
int a,b,c;
a=printstar( );
b=print_message(  );
c=printstar(  );
printf("%d,%d,%d\n",a,b,c);
}
```

运行时除了得到例 2-22 一样的结果外，还可以输出 a,b,c 的值（今为 21、20、21）。a,b,c 的值不一定有实际意义（今 printstar 函数输出 21 个字符，今返回值为 21，print_message 输出 20 个字符，返回值为 20）。

⑤ 为了明确表示“不返回值”，可以用“void”定义“无类型”（或称“空类型”）。例如，例 2-22 中的定义可以改为：

```
void printstar( )
{…}
void print_message(  )
{…}
```

这样，系统就保证不使函数返回任何值，即禁止在调用函数中使用被调用函数的返回值。如果已将 printstar 和 print_message 函数定义为 void 类型，则下面的用法就是错误的：

```
a=printstar( );
b=print_message(  );
```

编译时会给出出错信息。

为使程序减少出错，保证正确调用，凡不要求返回函数值的函数，一般应定义为“void”类型。许多 C 语言书的程序中都大量用到 void 类型函数，读者应对此有一定了解。

2.9.3 函数的调用

（1）函数调用的一般形式

函数调用的一般形式为

函数名（实参列表）；

如果是调用无参函数，则实参表列可以没有，但括号不能省略，见例 2-22。如果实参表列包含多个实参，则各参数间用逗号隔开。实参与形参的个数应相等，类型一致。实参与形参按顺序对应，一一传递数据。

【例 2-25】

```
main( )
{                                          int i=2,p;
```

```
p=f(i,++i);
printf("%d",p);
}
int f(a,b)
int a,b;
{
int c;
if (a>b) c=1;
else if(a==b) c=0;
else c=-1;
return(c);
}
```

（2）函数调用的方式

按函数在程序中出现的位置来分，可以有以下三种函数调用方式：

① 函数语句。把函数调用作为一个语句。如例2-22中

```
printstar ( ) ;
```

这时不要求函数返回值，只要求函数完成一定的操作。

② 函数表达式。函数出现在一个表达式中，这种表达式称为函数表达式。这时要求函数返回一个确定的值以参加表达式的运算。例如

```
c=2*max(a,b)
```

函数max是表达式的一部分，它的值乘2再赋给c。

③ 函数参数。函数调用作为一个函数的实参。例如

```
m=max(a,max(b,c));
```

其中max(b,c)是一次函数调用，它的值作为max另一次调用的实参。m的值是a、b、c三者最大的。又如

```
printf("%d,max(a,b));
```

也是把max(a,b)作为printf函数的一个参数。

函数调用作为函数的参数，实质上也是函数表达式形成调用的一种，因为函数的参数本来就是要求是表达式形式。

（3）对被调用函数的说明

在一个函数中调用另一函数（即被调用函数）需要具备哪些条件呢？

① 首先被调用的函数必须是已经存在的函数（是库函数或用户自己定义的函数）。

② 如果使用库函数，一般还应该在本文件开头用#include命令将调用有关库函数时所需用到的信息包含到本文件来。例如，前几章中已经用过的：

#include <reg52.h>　(或写成#include "reg52.h")

其中"reg52.h"是一个"头文件"，.h是头文件所用的后缀，标志头文件。

③ 如果使用用户自己定义的函数，而且该函数与调用它的函数（即主调函数）在同一个文件中，一般还应在主调函数中对被调用函数的返回值的类型作说明。这种类型说明的一般形式为

类型标识符　被调用函数的函数名（　）;

【例2-26】

```
main( )
{float add( );
 float a,b,c;
 scanf("%f,%f",&a,&b);
c=add(a,b);
printf("sum is %f",c);
}
float add(x,y)
float x,y;
```

```
{
float z;
z=x+y;
return(z);
}
```

这是一个很简单的函数调用，函数 add 的作用是求两个实数之和，得到的函数值也是实型。请注意程序第二行："float add( );",是对被调用的函数 add 的返回值作类型说明。注意：对函数的"定义"和"说明"不是一回事。"定义"是指对函数功能的确立，包括指定函数名，函数值类型、形参及类型、函数体等，它是一个完整的、独立的函数单位。而"说明"则是对已定义的函数的返回值进行类型说明（或称"声明"），它只包括函数名、函数类型以及一个空的括号，不包括形参和函数体。对被调用函数进行说明的作用是告诉系统：在本函数中将要用到的某函数是××类型，也就是说明该函数的返回值的类型，以便在主调函数中按此类型对函数值作相应的处理。

读者可能会提出疑问：在例 2-22、例 2-23 中的 main 函数中并未出现类似的对被调用函数的类型说明。C 语言规定，在以下几种情况下可以不在调用函数前对被调用函数作类型说明。

① 如果函数的值（函数的返回值）是整型或字符型，可以不必进行说明，系统对它们自动按整型说明。如例 2-23、例 2-24、例 2-25 都是如此。

② 如果被调用函数的定义出现在主调函数之前，可以不必加以说明。因为编译系统已经先知道了已定义的函数类型，会自动处理的。

如果把例 2-26 改写如下（即把 main 函数放在 add 函数的下面），就不必在 main 函数中对 add 进行说明。

```
float add(x,y)
float x,y;
{
float z;
z=x+y;
return(z);
}
main( )
{float add( );
 float a,b,c;
 scanf("%f,%f",&a,&b);
c=add(a,b);
printf("sum is %f",c);
}
```

也就是说，将被调用的函数的定义放在主调函数之前，就可以不必另加类型说明。

③ 如果已在所有函数定义之前，在文件的开头，在函数的外部已说明了函数类型，则在各个主调函数中不必对所调用的函数再作类型说明。例如：

```
char letter( );     /*以下 3 行在所有函数之前*/
float f( );
int i( );
main( )
{…}                 /*不必说明它所调用的函数的类型*/

char letter(c1,c2) /*定义 letter 函数*/
char c1,c2;
{…}
```

```
float f(x,y)        /*定义 f 函数*/
float  x,y;
{…}

int i(j,k)          /*定义 i 函数*/
float j,k;
{…}
```

除了以上三种情况外，都应该按上述介绍的方法对所调用函数的返回值作类型说明，否则编译时就会出现错误。

（4）函数的嵌套调用

C 语言的函数定义都是互相平行、独立的，也就是说在定义函数时，一个函数内不能包含另一个函数。

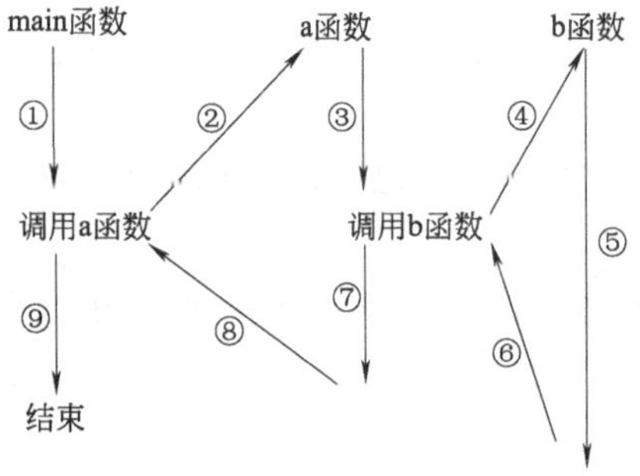

图 2-20　函数的嵌套调用

C 语句不能嵌套定义函数，但可以嵌套调用函数，也就是说，在调用一个函数的过程中，又调用另一个函数。见图 2-20。

图 2-20 表示的是两层嵌套（连 main 函数共 3 层函数），其执行过程是：①执行 main 函数的开头部分；②遇调用 a 函数的操作语句，流程转去 a 函数；③执行 a 函数的开头部分；④遇调用 b 函数的操作语句，流程转去 b 函数；⑤执行 b 函数，如果再无其他嵌套的函数，则完成 b 函数的全部操作；⑥返回调用 b 函数处，即返回 a 函数；⑦继续执行 a 函数中尚未执行的部分，直到 a 函数结束；⑧返回 main 函数中调用 a 函数处；⑨继续执行 main 函数的剩余部分直到结束。

（5）函数的递归调用

在调用一个函数的过程中又出现直接或间接地调用该函数本身，称为函数的递归调用。C 语言的特点之一就在于允许函数的递归调用。例如：

```
int f(x)
int x ;
{int y,z;
⋮
z=f(y);
⋮
return(2*z);
}
```

在调用函数 f 的过程中，又要调用 f 函数，这是直接调用本函数，见图 2-21。下面是间接调用本函数：

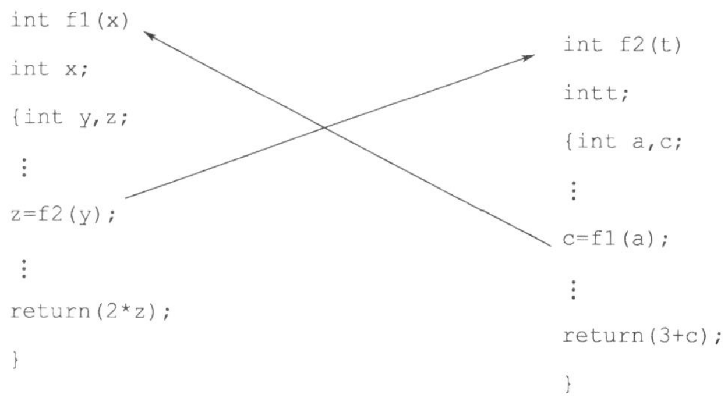

在调用 f1 函数过程中要调用 f2 函数，而在调用 f2 函数过程中又要调用 f1 函数，见图 2-22。

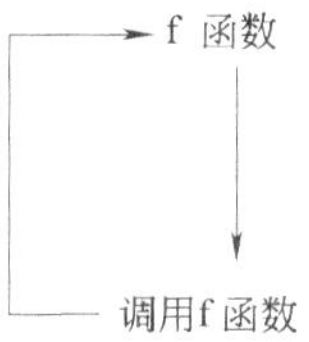

图 2-21 函数的递归调用（1）

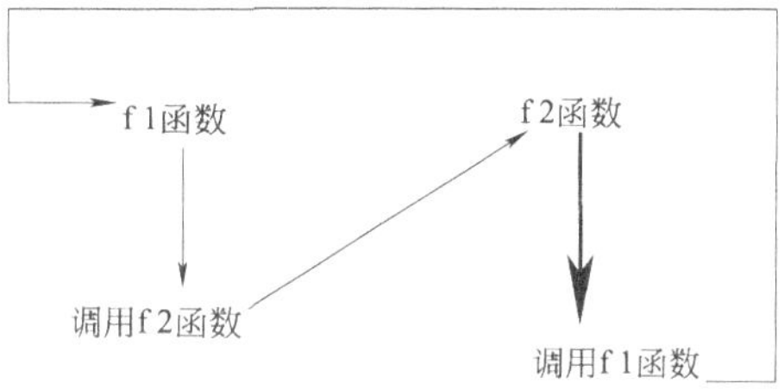

图 2-22 函数的递归调用（2）

从图上可以看到，这两种递归调用都是无终止的自身调用。显然，程序中不应出现这种无终止的递归调用，而只应出现有限次数的、有终止的递归调用，这可以用 if 语句来控制，只有在某一条件成立时才继续执行递归调用，否则就不再继续。

（6）数组作为函数参数

前面已经介绍了可以用变量作函数参数，此外，数组元素也可以作函数实参，其用法与变量相同。数组名也可以作实参和形参，传递的是整个数组。

① 数组元素做函数实参 由于实参可以是表达式形式，数组元素可以是表达式的组成部分，因此数组元素当然可以作为函数的实参，与变量做实参一样，是单向传递，即“值传送”方式。

【例 2-27】有两个数组 a、b。各有 10 个元素，将它们对应地逐个相比（即 a[0]与 b[0]比，a[1]与 b[1]比，……）。如果 a 数组中的元素大于 b 数组中的相应元素的数目多于 b 数组中元素大于 a 数组中相应元素的数目（例如，a[i]>b[i]6 次，b[i]>a[i]3 次，其中 i 每次为不同的值），则认为 a 数组大于 b 数组，并分别统计出两个数组相应元素大于、等于、小于的次数。

程序如下：

```
main( )
{
int a[10],b[10],i,n=0,m=0,k=0;
for(i=0;i<10;i++)
scanf("%d",&a[i]);
for(i=0;i<10;i++)
scanf("%d",&b[i]);
for(i=0;i<10;i++)
{if(large(a[i],b[i])==1)n=n+1;
else if( large(a[i],b[i])==0)m=m+1;
 else k=k+1;}
}
large (x,y)
intx,y;
```

```
{int flag'
 if(x>y)flag=1;
 else if(x<y)flag=-1;
 else flag=0'
 return(flag);
}
```

② 可以用数组名作函数参数　此时实参与形参都应用数组名（或用数组指针）。

【例 2-28】 有一个一维数组 score，内放 10 个学生成绩，求平均成绩。

程序如下：

```
float average(array)
float array[10];
{int i;
 float aver,sum=array[0];
 for(i=1;i<10;i++)
 sum=sum+array[i];
 aver=sum/10;
 return(aver);
}
main( )
{float score[10],aver;
 int i;
 for(i=0;i<10;i++)
 scanf("%f",&score[i]);
 aver=average(score);
}
```

说明：

① 用数组名作函数参数，应该在主调函数和被调函数分别定义数组，例中 array 是形参数组名，score 是实参数名，分别在其所在函数中定义，不能只在一方定义。

② 实参数组与形参数组类型应一致，如不一致，结果将出错。

③ 实参数组和形参数组大小可以一致也可以不一致，C 编译对形参数组大小不作检查，只是将实参数组的首地址传给形参数组。如果要求形参数组得到实参数组全部的元素值，则应当指定形参数组与实参数组大小一致。

形参数组也可以指定大小，在定义数组时在数组名后面跟一个空的中括号，为了在被调用函数中处理数组元素的需要，可以另设一个参数，传递数组元素的个数，例 2-28 可以改写为例 2-29 形式。

【例 2-29】

```
float average(array,n)
int n;
float array[ ];
{int i;
 float aver,sum=array[0];
 for(i=1;i<n;i++)
 sum=sum+array[i];
 aver=sum/n;
 return(aver);
}
main( )
{float score[10],aver;
 int i;
 for(i=0;i<10;i++)
 scanf("%f",&score[i]);
 aver=average(score,10);
}
```

④ 最后应当强调一点：数组名作函数参数时，不是“值传送”，不是单向传递，而是把实参数组的起始地址传递给形参数组，这样两个数组就共占同一段内存单元。见图 2-23。假若 a 的起始地址为 1000，则 b 数组的起始地址也是 1000，显然，a 和 b 同占一段内存单元，a[0]与 b[0]同占一个单元……。这种传递方式叫“地址传送”。由此可以看到，形参数组中各元素的值如发生变化会使实参数元素的值同时发生变化，从图 2-23 很容易理解。这点是与变量做函数参数的情况不相同的，务请注意。在程序设计中可以有意识地利用这一特点改变实

参数组元素的值。

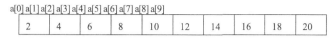

a[0]	a[1]	a[2]	a[3]	a[4]	a[5]	a[6]	a[7]	a[8]	a[9]
2	4	6	8	10	12	14	16	18	20
b[0]	b[1]	b[2]	b[3]	b[4]	b[5]	b[6]	b[7]	b[8]	b[9]

图 2-23 例 2-29 图

【例 2-30】用选择法对数组中 10 个整数按由小到大排序。所谓选择法就是：先将 10 个数中最小的数与 a[0]对换；再将 a[1]～a[9]中最小的数与 a[1]对换；……，每比较一轮，找出一个未经排序的数中最小的一个。共比较 9 轮。

程序如下：

```
void sort (array,n)
int array[  ];
int n;
{int i,j,k,t;
 for(i=0;i<n-1;i++)
 {k=i;
   for(j=i+1;j<n;j++)
   if (array[j]<array[k])
   {k=j;t=array[k];array[k]=array[i];array[i]=t;}
   }
}
main(  )
{int a[10],i;
 for(i=0;i<10;i++)
 scanf("%d",&a[i]);
 sort(a,10);
 for(i=0;i<10;i++)
 printf("%d",a[i]);
}
```

可以看到在执行函数调用语句“sort(a,10);”之前和之后，a 数组中各元素的值是不同的。原来是无序的，执行“sort(a,10);”后，a 数组已经排好序了，这是由于形参数组 array 已用选择法进行排序了，形参数组改变也使实参数组随之改变。

2.9.4 局部变量和全局变量

（1）局部变量

在一个函数内部定义的变量是内部变量，它只在本函数范围内有效，也就是说只有在本函数内才能使用它们，在此函数以外是不能使用这些变量的。这称为“局部变量”。如：

```
float f1(a)           /*函数 f1*/
```

```
int a;
 {int b,c;            a、b、c有效
  ⋮
}
char f2(x,y)         /*函数 f2*/
int x,y;
 {int i,j;            x、y、i、j有效
}
main( )
 {int m,n;           m、n有效
  ⋮
  }
```

说明:

① 主函数main中定义的变量（m，n）也只在主函数中有效，而不因为在主函数中定义而在整个文件或程序中有效。主函数也不能使用其他函数中定义的变量。

② 不同函数中可以使用相同名字的变量，它们代表不同的对象，互不干扰。例如，在f1函数中定义了变量b、c，倘若在f2函数中也定义变量b和c，它们在内存中占不同的单元，互不混淆。

③ 形式参数也是局部变量。例如f1函数中的形参a，也只在f1函数中有效。其他函数不能调用。

④ 在一个函数内部，可以在复合语句中定义变量，这些变量只在本复合语句中有效，这种复合语句也可称为“分程序”或 “程序块”。

```
main( )
{int a,b;
 ⋮
{int c;
 c=a+b;          c在此范围内有效      a、b在此范围内有效
 ⋮
 }
 ⋮
}
```

变量c只在复合语句（分程序）内有效，离开该复合语句该变量就无效，释放内存单元。

（2）全局变量

前已介绍，程序的编译单位是源程序文件，一个源文件可以包含一个或若干个函数。在函数内定义的变量是局部变量，而在函数之外定义的变量称为外部变量，外部变量是全局变量。全局变量可以为本文件中其他函数所共用。它的有效范围为：从定义变量的位置开始到本源文件结束。如：

```
int p=1,q=5;     /*外部变量*/
float f1(a)      /*定义函数 f1*/
int a;
{int b,c;
  ⋮
}
char c1,c2;     /*外部变量*/
char f2(x,y)    /*定义函数 f2*/
int x,y;
 {int i,j;
 ⋮
}
main( )          /*主函数*/
int m,n;
 ⋮
}
```

全局变量 c1、c2 的作用范围（从 char c1,c2; 至程序末尾）

全局变量 p、q 的作用范围（从 int p=1,q=5; 至程序末尾）

p、q、c1、c2 都是全局变量，但它们的作用范围不同，在 main 函数和函数 f2 中可以使用全局变量 p、q、c1、c2，但在函数 f1 中只能使用全局变量 p、q，而不能使用 c1 和 c2。

在一个函数中既可以使用本函数中的局部变量，又可以使用有效的全局变量。

说明：

① 设全局变量的作用是：增加了函数间数据联系的渠道。由于同一文件中的所有函数都能引用全局变量的值，因此如果在一个函数中改变了全局变量的值，就能影响到其他函数，相当于各个函数间有直接的传递通道。由于函数的调用只能带回一个返回值，因此有时可以利用全局变量增加与函数联系的渠道，从函数得到一个以上的函数值。

【例 2-31】 有一个一维数组，内放 10 个学生成绩，写一函数，求出平均分、最高分和最低分。

```
float max=0,min=0;              /*全局变量*/
float average (array,n)         /*定义函数，形参为数组*/
float arrar[ ];
int n;
{int i;
float aver,sum=array[0];
max=min=array[0];
for(i=1;i<n;i++)
{if(array[i]>max) max=array[i];
 else if(array[i]<min) min=array[i];
 sum=sum+array[i];
}
aver=sum/n;
return(aver);
}
main(    )
{float ave,score[10];
int i;
for(i=0;i<10;i+)
scanf("%f",&score[i];
ave=average(score,10);
}
```

此外，C语言规定，外部数组可以赋初值，而局部数组不能赋初值。

② 建议不在必要时不要使用全局变量。因为全局变量在程序的全部执行过程中都占用存储单元，而不是仅在需要时才开辟单元；它使函数的通用性降低了，因为函数在执行时要依赖于其所在的外部变量，如果将一个函数移到另一个文件中，还要将有关的外部变量及其值一起移过去，但若该外部变量与其他文件的变量同名时，就会出现问题，降低了程序的可靠性和通用性；使用全局变量过多，会降低程序的清晰性，人们往往难以清楚地判断出每个瞬时各个外部变量的值，在各个函数执行时都可能改变外部变量的值，程序容易出错。因此要限制使用全局变量。

③ 如果外部变量在文件开头定义，则在整个文件范围内都可以使用该外部变量，如果不在文件开头定义，按上面规定作用范围只限于定义点到文件终点。如果在定义点之前的函数想引用该外部变量，则应该在该函数中用关键字 extern 作“外部变量说明”，表示该变量在函数的外部定义在函数内部可以使用它们。

【例 2-32】
```
int max(x,y)        /*定义max函数*/
int x,y;
{int z;
 z=x>y?x:y;
 return(z);
}
main( )
{extern int a,b; /*外部变量说明*/
  printf("%d",max(a,b));
}
int a=13,b=-8;  /*外部变量定义*/
```
运行结果为13。

由于外部变量定义在函数main之后，因此在main函数引用外部变量a和b之前，应该用extern进行外部变量说明，说明a和b是外部变量。如果不作extern说明，编译时出错，系统不会认为a、b是已定义的外部变量。一般做法是外部变量的定义放在引用它的所有函数之前，这样可以避免在函数中多加一个extern说明。

外部变量定义和外部变量说明并不是同一回事。外部变量的定义只能有一次，它的位置在所有函数之外，而同一文件中的外部变量的说明可以有多次，它的位置在函数之内（哪个函数要用就在哪个函数中说明）。系统根据外部变量的定义（而不是根据外部变量的说明）分配存储单元。对外部变量的初始化只能在 “定义”时进行，而不能在“说明”中进行。所谓“说明”，其作用是：声明该变量是一个已在外部定义过的变量，仅仅是为了引用该变量而作的“声明”。原则上，所有函数都应当对所用的外部变量作说明（用 extern），只是为简化起见，允许在外部变量的定义点之后的函数可以省写这个“说明”。

④ 如果在同一个源文件中，外部变量与局部变量同名，则在局部变量的作用范围内，外部变量不起作用。

【例 2-33】
```
int a=3,b=5;     /*a、b为外部变量*/  a、b作用范围
max(a,b)
```

```
 int a,b;          /*a、b为局部变量*/        }
{int c;                                     } 形参a、b作用范围
 c=a>b?a:b;
 return(c);
 }
main( )                                     }
{int a=8;        /*a为局部变量*/            } 局部变量a作用范围
 printf("%d",max(a,b));                     } 全局变量b的作用范围
}
```

运行结果为 8。

这里故意重复使用 a、b 作变量名，请读者区别不同的 a、b 的含义和作用范围。第一行定义了外部变量 a、b，并使之初始化。第二行开始定义函数 max，a、b 是形参，形参也是局部变量。函数 max 中的 a、b 不是外部变量 a、b，它们的值是由实参传给形参的，外部变量 a、b 在 max 函数范围内不起作用。最后 4 行是 main 函数，它定义了一个局部变量 a，因此全局变量 a 在 main 函数范围内不起作用，而全局变量 b 在此范围内有效。因此 printf 函数中的 max(a,b)相当于 max(8,5)，程序运行后得到结果为 8。

2.9.5 内部函数和外部函数

函数本质上是全局的，因为一个函数要被另外的函数调用，但是，根据函数能否被其他源文件调用，将函数区分为内部函数和外部函数。

（1）内部函数

如果一个函数只能被本文件中其他函数所调用，它称为内部函数。在定义内部函数时，在函数名和函数类型前面加 static。即

static　类型标识符　函数名（形参表）

如　`static int fun(a,b)`

内部函数又称静态函数。使用内部函数，可以使函数只局限于所在文件，如在不同的文件中有同名的内部函数，互不干扰。这样不同的人可以分别编写不同的函数，而不必担心所用函数是否会与其他文件中函数同名，通常把只由同一文件使用的函数和外部变量放在一个文件中，冠以 static 使之局部化，其他文件不能引用。

（2）外部函数

在定义函数时，如果冠以关键字 extern，表示此函数是外部函数。如

```
extern int fun (a,b)
```

函数 fun 可以为其他文件调用，如果在定义函数时省略 extern，则隐含为外部函数。本书前面所用的函数都作为外部函数。

在需用调用此函数文件中，一般要用 extern 说明所用的函数是外部函数。也可用“#include”命令将外部函数包含到某文件中。如在某文件开头加上以下指令：

```
#include<file1.c>
#include<file2.c>
```

这时，在编译时，系统自动将这 2 个文件放到 main 函数的前头，作为一整体编译，而

不是分 3 个文件编译。这时这些函数被认为是在同一文件中，不再是外部函数被其他文件调用了。main 函数中原有的 extern 说明可以不要。

案例 1：用单片机控制一个灯闪烁

（熟练 C 程序格式，for 语句、while 语句应用，延时函数编写，函数调用）

（1）电路图

电路图见图 1。

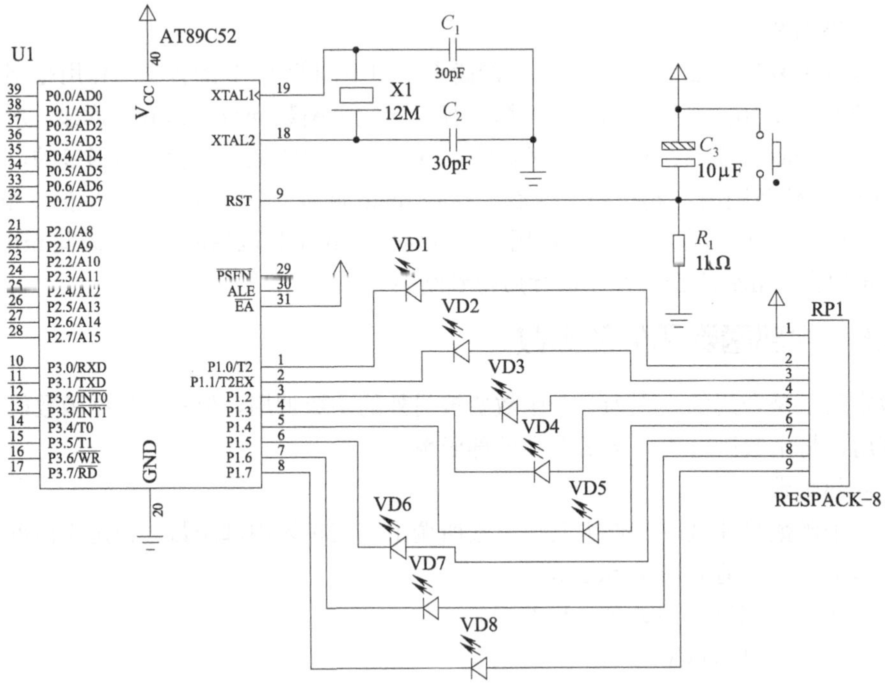

图 1　电路原理图

（2）参考源程序

```
#include<reg51.h>
#define uchar unsigned char
#define uint unsigned int
sbit LED=P1^0;
//延时
void DelayMS(uint x)
{
uchar i;
while(x--)
 {
 for(i=0;i<120;i++);
 }
}
//主程序
void main( )
{
while(1)
 {
 LED=~LED;
 DelayMS(150);
 }
}
```

案例2：单片机控制发光二极管流水灯的设计

（1）电路原理图及工作原理

电路如图1所示，与案例1的电路是一样的，就是单片机最小系统加上P1口接8个发光二极管，当P1口输出低电平时，发光二极管发光，当P1口输出高电平时，发光二极管熄灭。

（2）参考程序

编写一程序控制接在P1口上的8个发光二极管VD1~VD8依次点亮后，再依次熄灭，如此反复循环。每个二极管点亮的时间间隔为100ms。

```
#include<reg52.h>      //加载头文件
voiddelay(void)    //延时函数(100ms)
{
  unsigned char  i, j;
  for(i=0;i<130;i++)
      for(j=0;j<255;j++);
}
void main(void)        //主函数
{

  P1=0xff;             //P1 口置高电平
即所有LED灯熄灭
  while( 1)            //进入死循环
   {
     P1=0xfe;
     delay(   );//延时
     P1=0xfc;
     delay(   );//延时
     P1=0xf8;
     delay(   );//延时
     P1=0xf0;
     delay(   );//延时
     P1=0xe0;
     delay(   );//延时
     P1=0xc0;
     delay(   );//延时
     P1=0x80;
     delay(   );//延时
     P1=0x00;
     delay(   );//延时
     P1=0x80;
     delay(   );//延时
     P1=0xc0;
     delay(   );//延时
     P1=0xe0;
     delay(   );//延时
     P1=0xf0;
     delay(   );//延时
     P1=0xf8;
     delay(   );//延时
     P1=0xfc;
     delay(   );//延时
     P1=0xfe;
     delay(   );//延时
     P1=0xff;
     delay(   );//延时
   }
}
```

案例3：通过对P1口地址的操作流水点亮8位LED

（sfr数据类型应用）

（1）电路原理图及工作原理

电路如图1所示，与案例1的电路是一样的，但程序的编写是先通过sfr定义P1口的地址变量。

（2）参考源程序

```
#include<reg51.h>   //包含单片机寄存器的头文件
sfr x=0x90;   //P1口在存储器中的地址是90H，通过sfr可定义8051内核单片机
          //的所有内部8位特殊功能寄存器，对地址x的操作也就是对P1口的操作
/*****************************************
函数功能：延时一段时间
*****************************************/
void delay(void)
  {
     unsigned char i,j;
      for(i=0;i<250;i++)
        for(j=0;j<250;j++)
         ;                //利用循环等待若干机器周期，从而延时一段时间
     }
/*****************************************
函数功能：主函数
*****************************************/
void main(void)
{
   while(1)
     {
           x=0xfe;   //第一个灯亮
           delay();  //调用延时函数
            x=0xfd;  //第二个灯亮
           delay();  //调用延时函数
            x=0xfb;  //第三个灯亮
           delay();  //调用延时函数
            x=0xf7;  //第四个灯亮
           delay();  //调用延时函数
           x=0xef;   //第五个灯亮
           delay();  //调用延时函数
           x=0xdf;   //第六个灯亮
           delay();  //调用延时函数
           x=0xbf;   //第七个灯亮
           delay();  //调用延时函数
           x=0x7f;   //第八个灯亮
           delay();  //调用延时函数
    }
```

}

案例4:用P0口、P1口分别显示加法和减法运算结果

（1）电路原理图

电路原理图见图2。

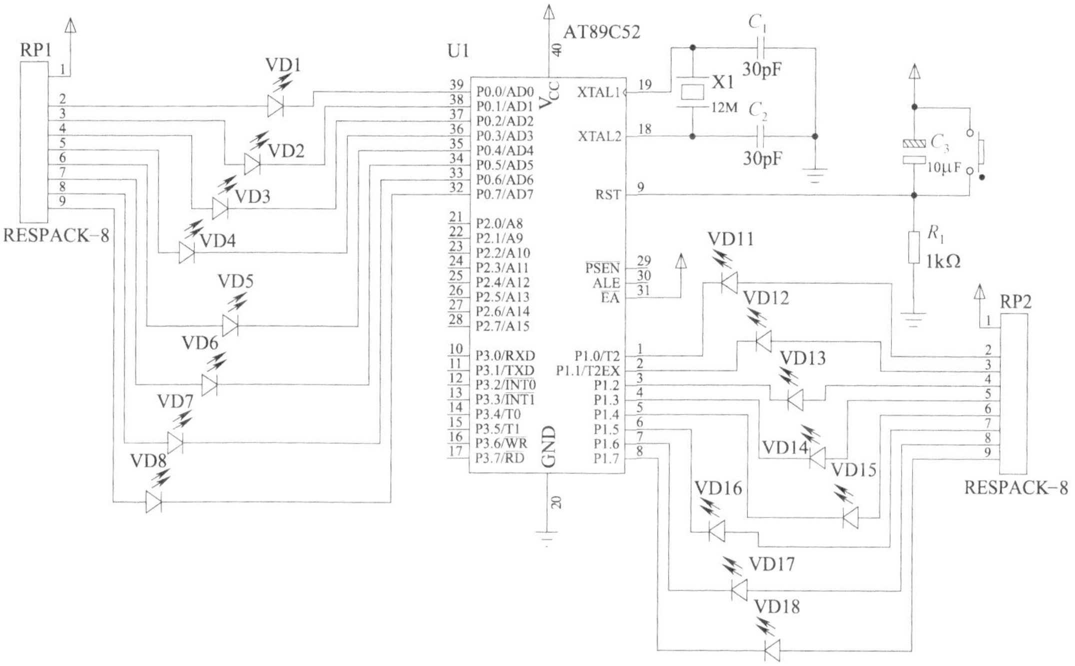

图2　电路原理图

（2）参考源程序

电路如图2所示，通过观察P0口与P1口LED指示灯的变化来查看加法和减法运算结果。

```
#include<reg51.h>
void main(void)
{
  unsigned char m,n;
  m=43;      //即十进制数 2×16+11=43
  n=60;      //即十进制数 3×16+12=60
  P1=m+n;  //P1=103=0110 0111B,结果 P1.3、P1.4、P1.7 口的灯被点亮
  P0=n-m;  //P0=17=0001 0001B,结果 P0.0、P0.4 的灯被熄灭
 }
```

案例5：用P0、P1口显示乘法运算结果

（1）电路原理图

电路原理图如图2所示。

（2）参考源程序

电路如图2所示，通过观察P0口与P1口LED指示灯的变化来查看乘法运算结果。

```
#include<reg51.h> //包含单片机寄存器的头文件
void main(void)
{
  unsigned char m,n;
  unsigned int s;
  m=64;
  n=71;
  s=m*n;      //s=64×71=4544,需要16位二进制数表示，高8位送P1口，低8位送P0口
              //由于4544=17×256+192=H3×16×16×16+H2×16×16+H1×16+H0
              //两边同除以256，可得17+192/256=H3×16+H2+（H1×16+H0）/256
              //因此，高8位十六进制数H3×16+H2必然等于17，即4544除以256的商
              //低8位十六进制数H1×16+H0必然等于192，即4544除以256的余数

  P1=s/256; //高8位送P1口 ，P1=17=11H=0001 0001B，P1.0和P1.4口灭，其余亮
  P0=s%256; //低8位送P0口 ，P3=192=C0H=1100 0000B,P3.1、P3.6、P3.7口灭，其余亮
}
```

案例6：用P1、P0口显示除法运算结果

（1）电路原理图

电路原理图如图2所示。

（2）参考源程序

电路如图2所示，通过观察P0口与P1口LED指示灯的变化来查看除法运算结果。

```
#include<reg51.h>           //包含单片机寄存器的头文件
void main(void)
{
  P1=36/5;                  //求整数
  P0=((36%5)*10)/5;         //求小数
  while(1)
    ;                       //无限循环防止程序“跑飞”
 }
```

案例7:用自增运算控制P1口8位LED流水花样

（1）电路原理图

电路如图1所示，与案例1的电路是一样的。

（2）参考源程序

```
#include<reg51.h>   //包含单片机寄存器的头文件
/*******************************************************
函数功能：延时一段时间
*******************************************************/
void delay(void)
{
   unsigned int i;
    for(i=0;i<20000;i++)
        ;
}
/*******************************************************
函数功能 ：主函数
*******************************************************/
void main(void)
{
  unsigned char i;
  for(i=0;i<255;i++)          //注意i的值不能超过255
   {
      P0=i;                //将i的值送P0口
      delay();             //调用延时函数
    }
}
```

案例8：用P1口显示逻辑“与”运算结果

（1）电路原理图

电路如图1所示，与案例1的电路是一样的。

（2）参考源程序

```
#include<reg51.h>   //包含单片机寄存器的头文件
void main(void)
{
  P1=(4>0)&&(9>0xab);//将逻辑运算结果送P0口
  while(1)
```

```
    ;    //设置无限循环，防止程序"跑飞"
}
```

案例9：用P1口显示按位“异或”运算结果

（1）电路原理图

电路如图1所示，与案例1的电路是一样的。

（2）参考源程序

```
#include<reg51.h>   //包含单片机寄存器的头文件
void main(void)
{
  P1=0xa2^0x3c;//将条件运算结果送 P0 口，P0=8=0000 1000B
  while(1)
    ;    //设置无限循环，防止程序"跑飞"
}
```

案例10：用P1显示左移运算结果

（1）电路原理图

电路如图1所示，与案例1的电路是一样的。

（2）参考源程序

```
#include<reg51.h>   //包含单片机寄存器的头文件
void main(void)
{
  P1=0x3b<<2;//将左移运算结果送 P0 口，P0=1110 1100B=0xec
  while(1)
    ;    //无限循环，防止程序"跑飞"
}
```

案例11：用右移（或左移）运算流水点亮P1口8位LED

（1）电路原理图

电路如图1所示，与案例1的电路是一样的。

（2）参考源程序

① 右移方法1：用右移指令。

```
#include<reg51.h> //包含单片机寄存器的头文件
/******************************
函数功能：延时一段时间
```

```
*****************************/
void delay(void)
{
 unsigned int n;
  for(n=0;n<30000;n++)
      ;
}
/*****************************
函数功能：主函数
*****************************/
void main(void)
{
  unsigned char i;
  while(1)
      {
        P1=0xff;
         delay();
         for(i=0;i<8;i++)//设置循环次数为8
          {
            P1=P1>>1;   //每次循环P1的各二进位右移1位，高位补0
             delay();    //调用延时函数
          }
       }

}
```

② 右移方法2：用循环右移函数_crol_。

```
#include<reg51.h>
#include<intrins.h>
#define uchar unsigned char
#define uint unsigned int
//延时
void DelayMS(uint x)
{
uchar i;
while(x--)
 {
 for(i=0;i<120;i++);
 }
}
//主程序
void main()
{
 P1=0xfe;
 while(1)
 {
 P1=_crol_(P1,1); //P0 的值向左循环移动
 DelayMS(150);
 }
}
```

③ 利用循环移位函数_crol_和_cror_形成来回滚动的效果。

```
#include<reg51.h>
#include<intrins.h>
#define uchar unsigned char
#define uint unsigned int
//延时
void DelayMS(uint x)
{
 uchar i;
 while(x--)
 {
 for(i=0;i<120;i++);
 }
}
//主程序
void main()
{
uchar i;
 P1=0x01;
 while(1)
  {for(i=0;i<7;i++)
   {
    P2=_crol_(P2,1); //P2 的值向左循环移动
    DelayMS(150);
   }
  for(i=0;i<7;i++)
  {
    P2=_cror_(P2,1); //P2 的值向右循环移动
    DelayMS(150);
   }
  }
 }
```

案例12：用if语句控制P1口8位LED的流水方向

（1）电路原理图

电路如图3所示。

（2）参考源程序

```
#include<reg51.h>  //包含单片机寄存器的头文件
sbit K1=P3^0;     //将K1位定义为P3.0
sbit K2=P3^1;     //将K2位定义为P3.1
/******************************
函数功能：主函数
******************************/
void main(void)
{
   while(1)
      {
       if(K1==0)    //如果按键K1按下
         P1=0x0f;  //P1口高四位LED点亮
       if(K2==0)    //如果按键K2按下
         P1=0xf0;  //P1口低四位LED点亮
       }
}
```

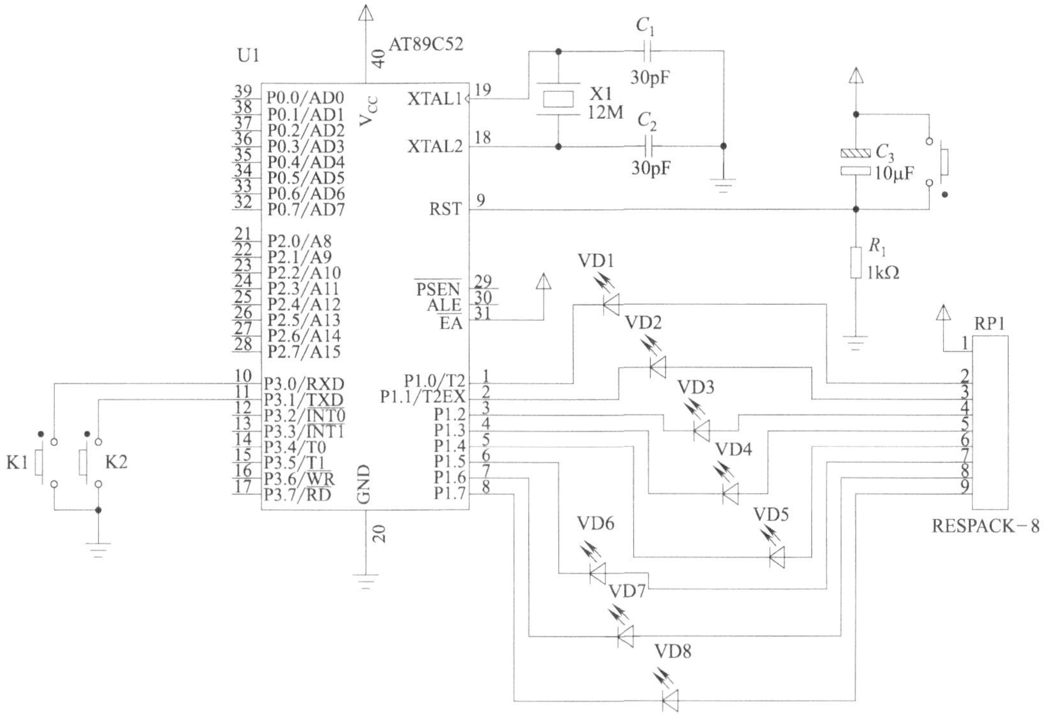

图3 电路原理图

案例13：用swtich语句的控制P1口8位LED的点亮状态

(1) 电路原理图

电路如图3所示。

(2) 参考源程序

```
#include<reg51.h>  //包含单片机寄存器的头文件
sbit K1=P3^0;      //将K1位定义为P3.0
/*****************************
函数功能：延时一段时间
*****************************/
void delay(void)
{
 unsigned int n;
 for(n=0;n<10000;n++)
        ;
}
/*****************************
函数功能：主函数
*****************************/
```

```
void main(void)
{
   unsigned char i;
    i=0;    //将i初始化为0
    while(1)
     {
          if(K1==0)     //如果K1键按下
           {
              delay();  //延时一段时间
              if(K1==0) //如果再次检测到K1键按下
                i++;     //i自增1
              if(i==9)  //如果i=9，重新将其置为1
                i=1;


           }
         switch(i)  //使用多分支选择语句
                 {
                    case 1: P1=0xfe;  //第一个LED亮
                             break;
                    case 2: P1=0xfd;  //第二个LED亮
                          break;
                    case 3:P1=0xfb;   //第三个LED亮
                          break;
                    case 4:P1=0xf7;   //第四个LED亮
                          break;
                    case 5:P1=0xef;   //第五个LED亮
                          break;
                    case 6:P1=0xdf;   //第六个LED亮
                          break;
                    case 7:P1=0xbf;   //第七个LED亮
                        break;
                    case 8:P1=0x7f;   //第八个LED亮
                          break;
                    default:   //缺省值，关闭所有LED
                          P1=0xff;
                 }
         }
}
```

案例14：用for语句控制蜂鸣器鸣笛次数

(1) 电路原理图

电路如图4所示。

(2) 参考源程序

```
#include<reg51.h>  //包含单片机寄存器的头文件
sbit sound=P1^0;  //将sound位定义为P1.0
/*****************************************
函数功能：延时形成1600Hz音频
```

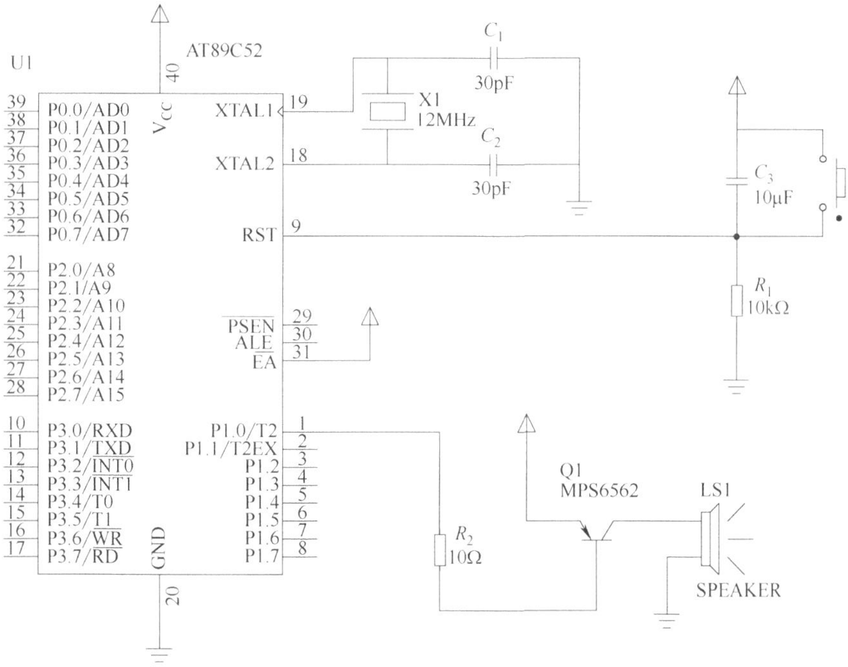

图4 电路原理图

```
*****************************************/
void delay1600(void)
{
 unsigned char n;
   for(n=0;n<100;n++)
        ;
}
/*****************************************
函数功能：延时形成800Hz音频
*****************************************/
void delay800(void)
```

```
{
 unsigned char n;
   for(n=0;n<200;n++)
        ;
}

/*****************************************
函数功能：主函数
*****************************************/
void main(void)
{
  unsigned int i;
     while(1)
    {
       for(i=0;i<830;i++)
        {
        sound=0;  //P1.0 输出低电平
        delay1600();
        sound=1;  //P1.0 输出高电平
        delay1600();
          }
       for(i=0;i<200;i++)
        {
            sound=0;  //P1.0 输出低电平
        delay800();
        sound=1;  //P1.0 输出高电平
        delay800();
          }

      }

}
```

案例15：用while语句控制LED

(1) 电路原理图

电路如图1所示。

(2) 参考源程序

```
#include<reg51.h>  //包含单片机寄存器的头文件
```

```
/****************************************
函数功能：延时约 60ms (3×100×200μs =60000μs)
****************************************/
void delay60ms(void)
{
 unsigned char m,n;
 for(m=0;m<100;m++)
   for(n=0;n<200;n++)
        ;
}
/****************************************
函数功能：主函数
****************************************/
void main(void)
{
  unsigned char i;
    while(1)    //无限循环
     {
        i=0;    //将 i 初始化为 0
          while(i<0xff)   //当 i 小于 0xff (255)时执行循环体
           {
             P1=i;         //将 i 送 P0 口显示
               delay60ms(); //延时
               i++;          //i 自增 1
           }
     }
}
```

案例16：用do-while语句控制P1口8位LED流水点亮

（1）电路原理图

电路如图1所示。

（2）参考源程序

```
#include<reg51.h>  //包含单片机寄存器的头文件
/****************************************
函数功能：延时约 60ms (3×100×200μs =60000μs)
****************************************/
void delay60ms(void)
{
```

```
 unsigned char m,n;
 for(m=0;m<100;m++)
   for(n=0;n<200;n++)
        ;
}
/*****************************************
函数功能：主函数
*****************************************/
void main(void)
{
  do
    {
        P1=0xfe;      //第一个 LED 亮
          delay60ms();
        P1=0xfd;      //第二个 LED 亮
          delay60ms();
          P1=0xfb;      //第三个 LED 亮
          delay60ms();
          P1=0xf7;      //第四个 LED 亮
          delay60ms();
          P1=0xef;      //第五个 LED 亮
          delay60ms();
          P1=0xdf;      //第六个 LED 亮
          delay60ms();
          P1=0xbf;      //第七个 LED 亮
          delay60ms();
          P1=0x7f;      //第八个 LED 亮
        delay60ms();
     }while(1);      //无限循环，使 8 位 LED 循环流水点亮
}
```

案例17：用数组控制P1口8位LED流水点亮

（1）电路原理图

电路如图1所示。

（2）参考源程序

```
#include<reg51.h>  //包含单片机寄存器的头文件
/*****************************************
函数功能：延时约 60ms (3×100×200μs =60000μs)
```

```
****************************************/
void delay60ms(void)
{
 unsigned char m,n;
 for(m=0;m<100;m++)
   for(n=0;n<200;n++)
        ;
}
/****************************************
函数功能：主函数
****************************************/
void main(void)
{
  unsigned char i;
  unsigned char code Tab[ ]={0xfe,0xfd,0xfb,0xf7,0xef,0xdf,0xbf,0x7f}; //
定义无符号字符型数组
  while(1)
  {
      for(i=0;i<8;i++)
      {
        P1=Tab[i];//依次引用数组元素，并将其送P0口显示
        delay60ms();//调用延时函数
        }
     }
}
```

案例18：用P0 、P1口显示整型函数返回值

（1）电路原理图

电路如图2所示。

（2）参考源程序

```
#include<reg51.h>
/*************************************************
函数功能：计算两个无符号整数的和
*************************************************/
unsigned int sum(int a,int b)
{
  unsigned int s;
  s=a+b;
```

```
  return (s);
}
/**********************************************
函数功能：主函数
**********************************************/
void main(void)
{
  unsigned z;
   z=sum(2008,2009);
    P1=z/256;    //取得 z 的高 8 位
    P0=z%256;    //取得 z 的低 8 位
    while(1)
      ;
}
```

案例19：用有参函数控制P1口8位LED流水速度

（1）电路原理图

电路如图1所示。

（2）参考源程序

```
#include<reg51.h>
/**********************************************
函数功能：延时一段时间
**********************************************/
void delay(unsigned char x)
{
  unsigned char m,n;
  for(m=0;m<x;m++)
    for(n=0;n<200;n++)
          ;
}
/**********************************************
函数功能：主函数
**********************************************/
void main(void)
{
  unsigned char i;
  unsigned  char code Tab[ ]={0xFE,0xFD,0xFB,0xF7,0xEF,0xDF,0xBF,0x7F};
                                          //流水灯控制码
```

```
  while(1)
    {
       //快速流水点亮 LED
       for(i=0;i<8;i++) //共 8 个流水灯控制码
          {
            P1=Tab[i];
             delay(100);  //延时约 60ms (3×100×200μs =60000μs)
          }
       //慢速流水点亮 LED
       for(i=0;i<8;i++) //共 8 个流水灯控制码
         {
            P1=Tab[i];
             delay(250);  //延时约 150ms (3×250×200μs =150000μs)
         }
     }
}
```

案例 20：基于延时程序实现的音乐播放器

（1）电路原理图

电路如图 4 所示。

（2）参考源程序

```
/* 名称：播放音乐
说明：程序运行时播放生日快乐歌， 未使用定时器中断，所有频率完全用延时实现
*/
#include<reg51.h>
#define uchar unsigned char
#define uint unsigned int
sbit BEEP=P1^0;
//生日快乐歌的音符频率表，不同频率由不同的延时来决定
uchar code SONG_TONE[]={212,212,190,212,159,169,212,212,190,212,142,159,
212,212,106,126,159,169,190,119,119,126,159,142,159,0};
//生日快乐歌节拍表，节拍决定每个音符的演奏长短
uchar code SONG_LONG[]={9,3,12,12,12,24,9,3,12,12,12,24,
9,3,12,12,12,12,12,9,3,12,12,12,24,0};
//延时
void DelayMS(uint x)
{
uchar t;
```

```
while(x--) for(t=0;t<120;t++);
}
//播放函数
void PlayMusic()
{uint i=0,j,k;
while(SONG_LONG[i]!=0||SONG_TONE[i]!=0)
  { //播放各个音符， SONG_LONG 为拍子长度
for(j=0;j<SONG_LONG[i]*20;j++)
    {
     BEEP=~BEEP;//SONG_TONE 延时表决定了每个音符的频率
     for(k=0;k<SONG_TONE[i]/3;k++);
    }
DelayMS(10);
i++;
  }
}
void main()
{
  BEEP=0;
  while(1)
  {
   PlayMusic(); //播放生日快乐
   DelayMS(500); //播放完后暂停一段时间
  }
}
```

第3章　单片机应用系统仿真开发工具的使用

3.1　Keil C51的使用方法与程序烧写

Keil C51是德国Keil Software公司推出的51系列兼容单片机C语言软件开发系统，它具有丰富的库函数和功能强大的集成开发调试工具，全Windows界面，可以完成从工程建立和管理、编译、链接、目标代码生成、软件仿真调试等完整的开发流程。Keil C51有多个版本，下面以Keil μVision3为例介绍Keil C51的用方法。

3.1.1　Keil 软件的安装

从网上下载Keil μVision3后，打开文件夹，双击C51V818.exe安装文件，弹出图3-1（a）所示界面，单击“Next”，弹出图3-1（b）所示界面，在“I agree to all the terms of the preceding License Agreement”右边的方框中打钩，再单击“Next”，弹出如图3-1（c）所示界面，如果想要改变安装路径，单击“Browse”，设置安装路径，如不想改变安装路径，采用默认安装路径则直接单击“Next”，弹出如图3-1（d）所示界面。在图3-1（d）页面中的“First Name”和“E-mail”栏中输入名字和“E-mail”，单击“Next”开始安装，安装完后，弹出如图3-1（e）所示界面，单击“Finish”，安装完成。

安装完成后，第一次使用时，还要注册，注册方法如下：

① 打开μVision3，单击“File”→“License Management...”，打开“License Management”

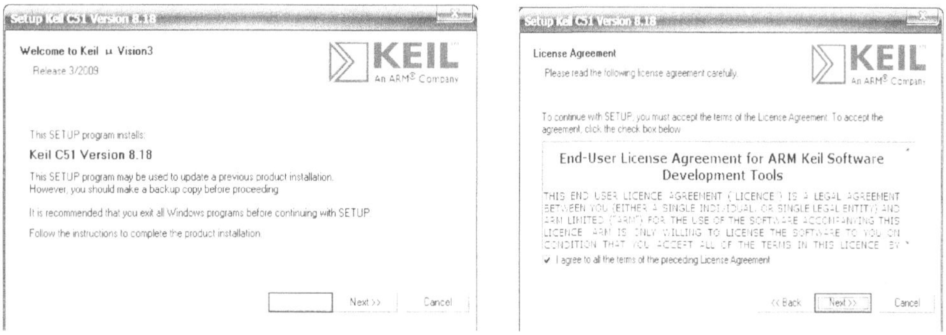

（a）　　　　（b）

图3-1

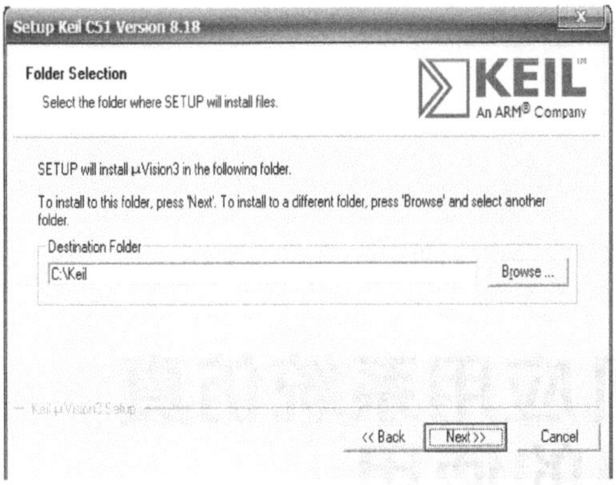

(c)

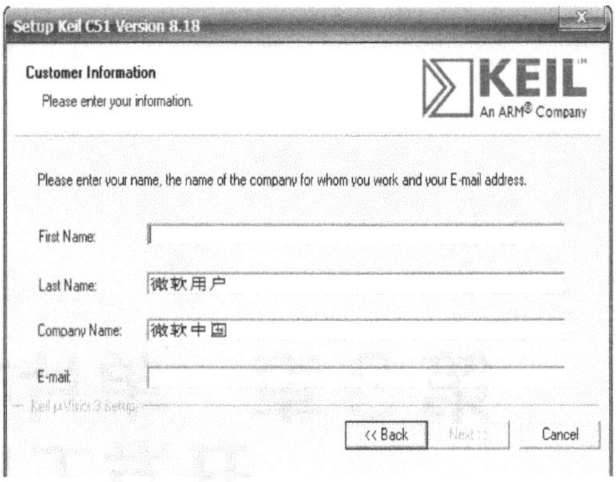

(d)

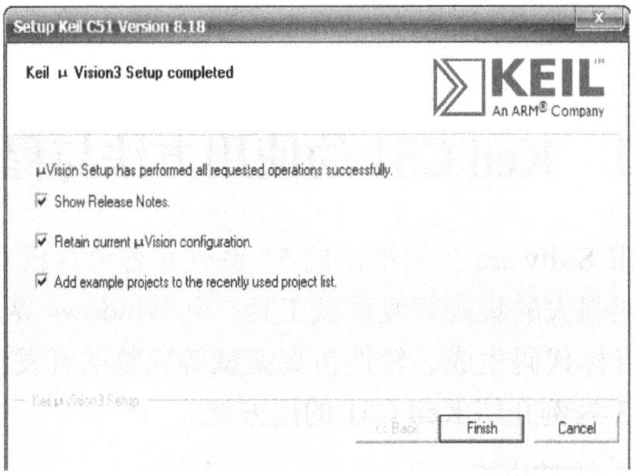

(e)

图 3-1　Keil 软件的安装

窗口，复制右上角的 CID；

② 打开注册机，在 CID 窗口里填上刚刚复制的 CID，其他设置不变；

③ 单击“Generate”生成许可号，复制许可号；

④ 将许可号复制到“License Management”窗口下部的“New License ID Code”，单击右侧的“Add LIC”；

⑤ 若上方的 Product 显示的是“PK51 Prof. Developers Kit”即注册成功，Support Period 为有效期，一般可以到 30 年左右，若有效期较短，可多次生成许可号重新注册。

3.1.2　工程的创建

正确安装 Keil µVision3 后，双击计算机桌面上的 Keil µVision3 运行图标 ，会弹出图 3-2 所示 Keil 启动图标，然后会自动进入 Keil 的开发环境，如图 3-3 所示。

第一步：单击菜单的“Project”，然后单击“New µVision　Project”，弹出“Create New Project”对话框，如图 3-4 所示。

第二步：单击图 3-4 中保存在右边的按钮 ，选择工程的存储路径，最好一个工程建立一个专用的文件夹，将工程中需要的所有文件都存在这个文件夹中,否则可能造成工程管理混乱。在文件名右边框中输入工程名，如“liuliyun”，保存类型默认，然后单击“保存”按钮，

弹出“Select Device for Target”对话框，如图 3-5 所示。

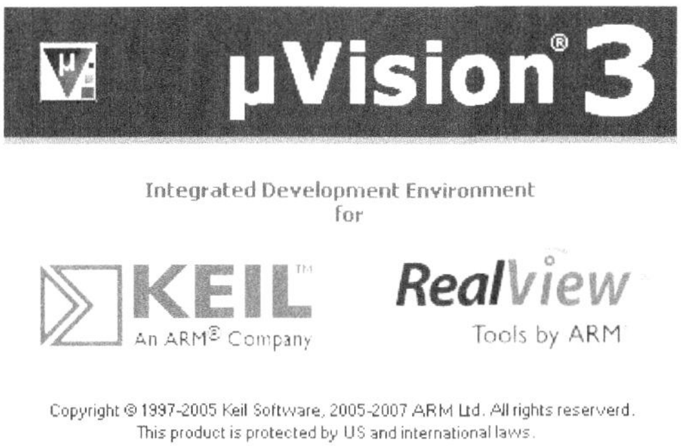

图 3-2 Keil 启动图标

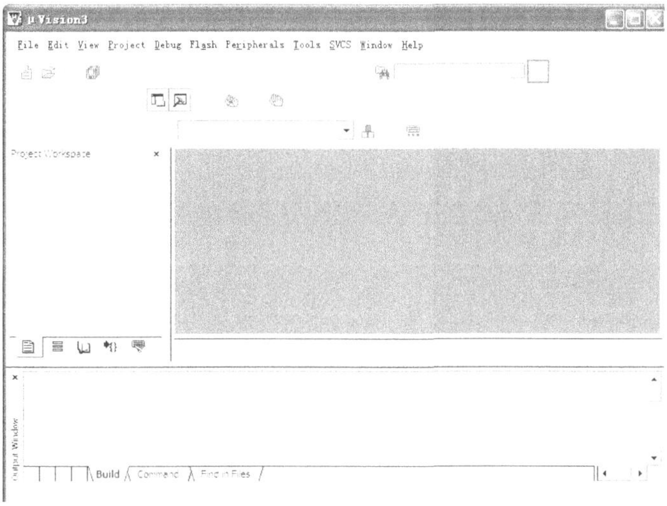

图 3-3 Keil 集成开发环境

图 3-4 新建工程

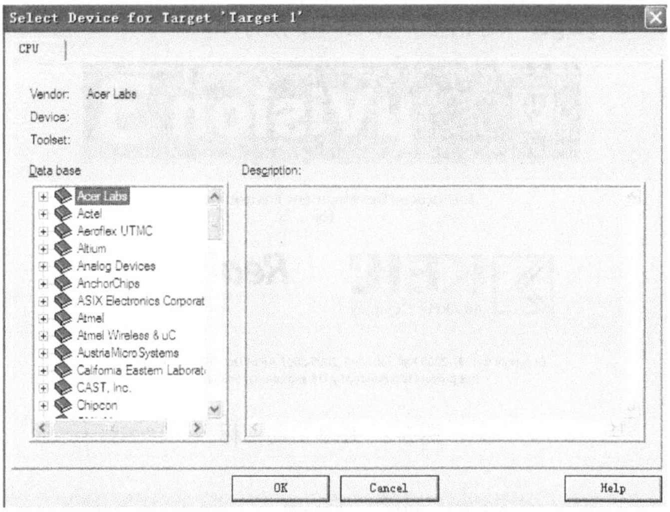

图 3-5 选择设备

第三步：在图 3-5 中按生产厂家分组列出了所有 51 系列单片机。这里选择“Atmel”，然后选择“AT89C52”，如图 3-6 所示。

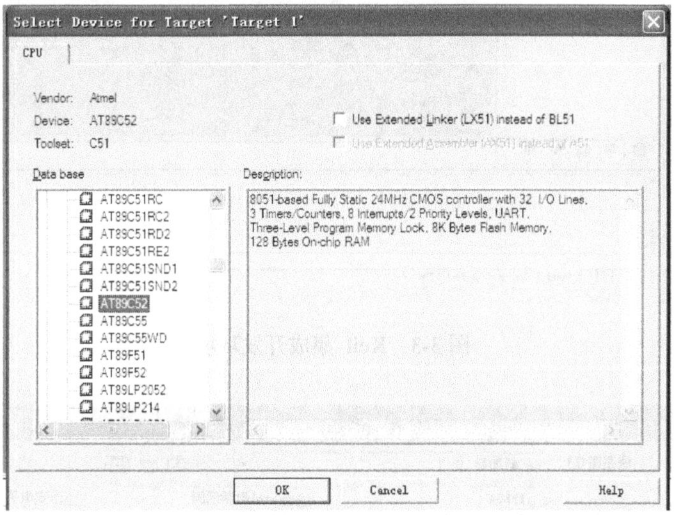

图 3-6 选中“AT89C52”

第四步：单击“OK”按钮，弹出如图 3-7 所示的对话框。

图 3-7 添加引导代码

第五步：单击“是（Y）”按钮，然后开发环境自动为我们建立好一个包含启动代码项目的空文件，该启动代码为“STARTUP.A51”，如图 3-8 所示。“STARTUP.A51”文件主要作用是上电时初始化单片机和跳转到主函数即 main 函数。如果不加载“STARTUP.A51”文件，编译的代码可能会使单片机工作异常。

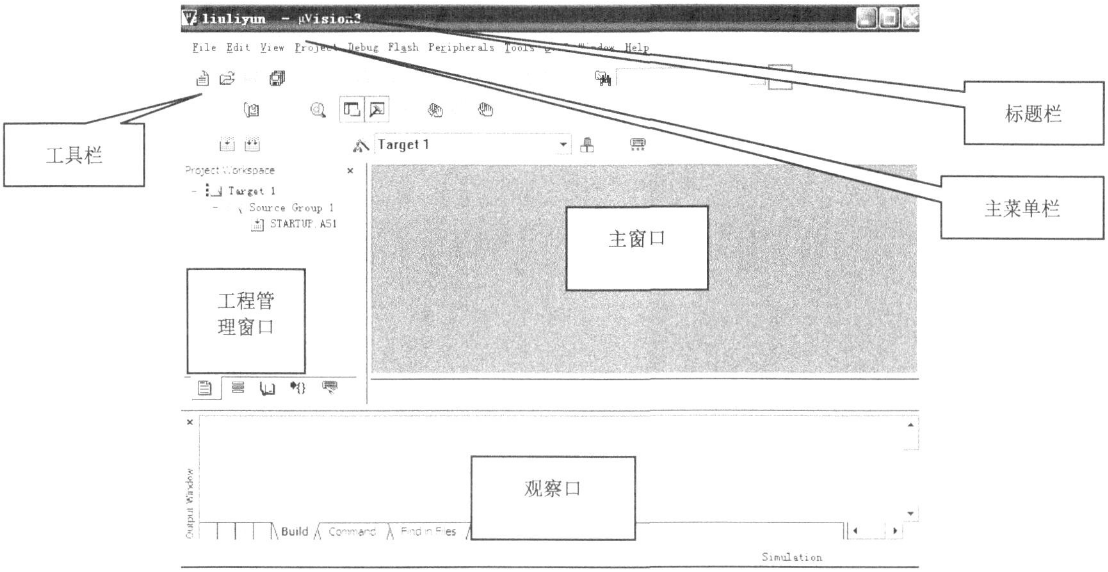

图 3-8　创建工程成功

另外，如果在选择完目标设备后想重新改变目标设备，可以执行菜单命令“Project”→“Select Device for...”，出现图 3-5 所示界面，重新加以选择。由于不同厂家许多型号的单片机性能相同或相近，因此，如果所需要的目标设备型号在 μVision3 中找不到，可以选择其他公司生产的相近型号。

3.1.3　编写程序

工程创建好后，然后要编写程序，按如下步骤操作。

第一步：单击菜单“File”，然后选择“New”，弹出如图 3-9 所示界面，建立了一个名为

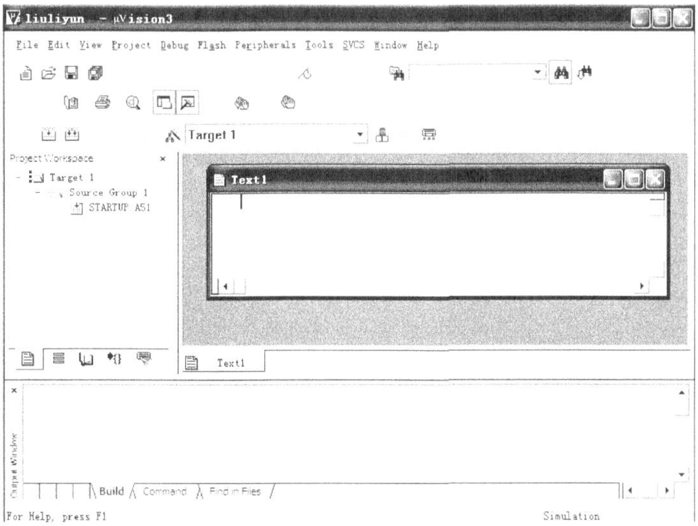

图 3-9　新建文件

“Text1”的文本编辑窗口，光标在其中闪烁。此时便可在文本编辑窗口中输入源程序，但建议先不要输入源程序，因为此时对输入的语法对错没有加亮提示功能，但先保存后，再进行源程序输入，在输入过程中，对语法对错有加亮提示功能。

第二步：单击“保存（Save）”按钮，弹出如图3-10所示对话框，单击图3-10中保存在右边的按钮▼，选择工程的存储路径，在文件名右边框中输入文件名，因为我们用C51语言写程序，所以扩展名必须为.c，如liuliyun.c，然后单击“保存”按钮。如果要建立一个汇编程序，则输入的文件名称应为“liuliyun.asm”。

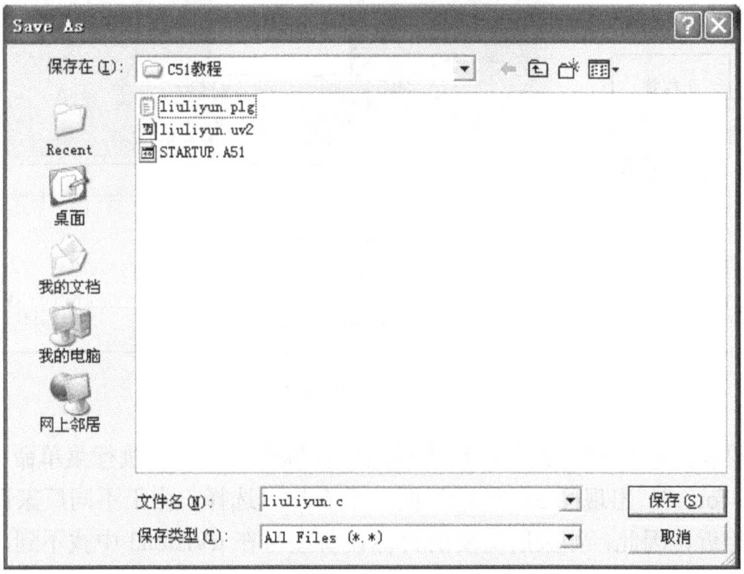

图3-10 保存文件

第三步：在如图3-11所示界面左边的工程窗口中右击“Source Group 1”，选择“Add Files to Group ‘Source Group 1’”，弹出如图3-12所示的对话框。

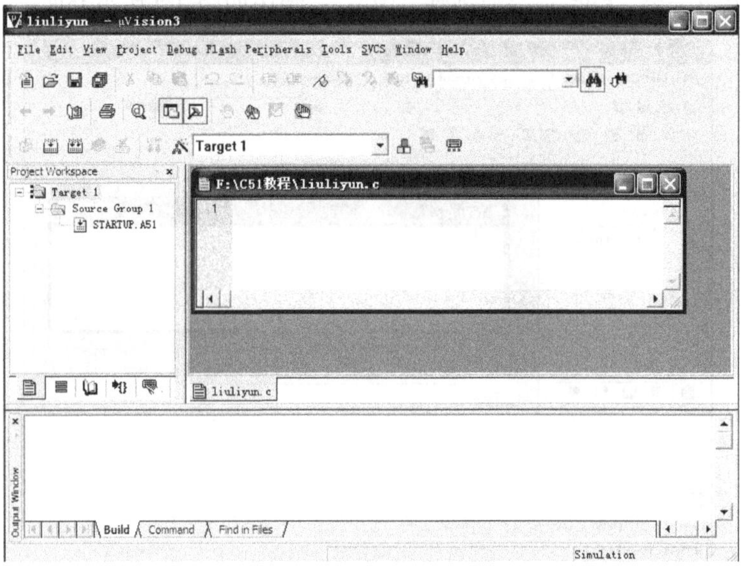

图3-11 文件保存成功

第四步：选择 liuliyun.c 文件，单击“Add”按钮，最后单击“Close”按钮，显示如图3-13 所示界面。

图 3-12　添加文件

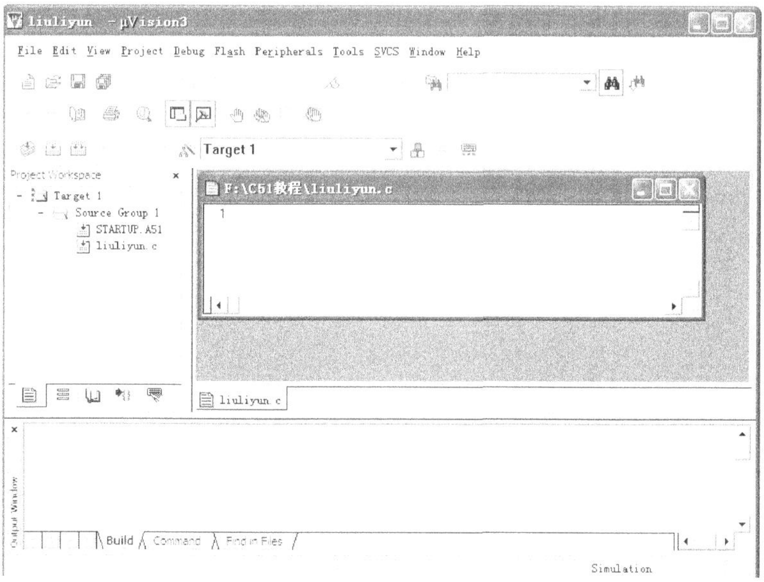

图 3-13　成功添加文件

另外，在 µVision3 中，除了可以向当前工程的组中添加文件外，还可以向当前工程添加组，方法是在图 3-11 中右击“Target 1”，在弹出的快捷菜单中选择“Manage Components”选项，然后按提示操作。

如果想删除已经加入的文件或组，可在图 3-13 所示对话框中，右击要删除的文件或组，在弹出的快捷菜单中选择“Remove File”或“Remove Group”选项，即可将文件或组删除。

但只是从工程中删除，被删除的文件或组仍旧保留在磁盘中。

第五步：开始编辑源程序，如图 3-14 所示。

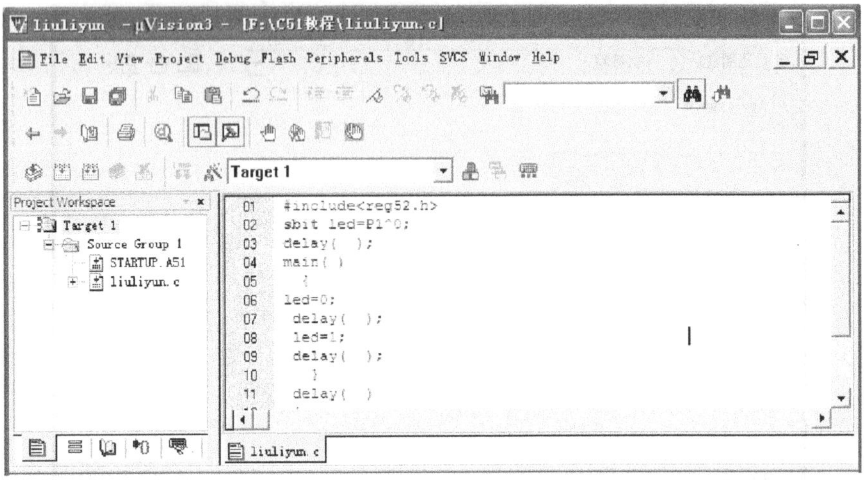

图 3-14 源程序输入

第六步：单击主菜单“Project”→“Rebuild all target files”，最后在输出窗口显示编译信息，如图 3-15 所示。

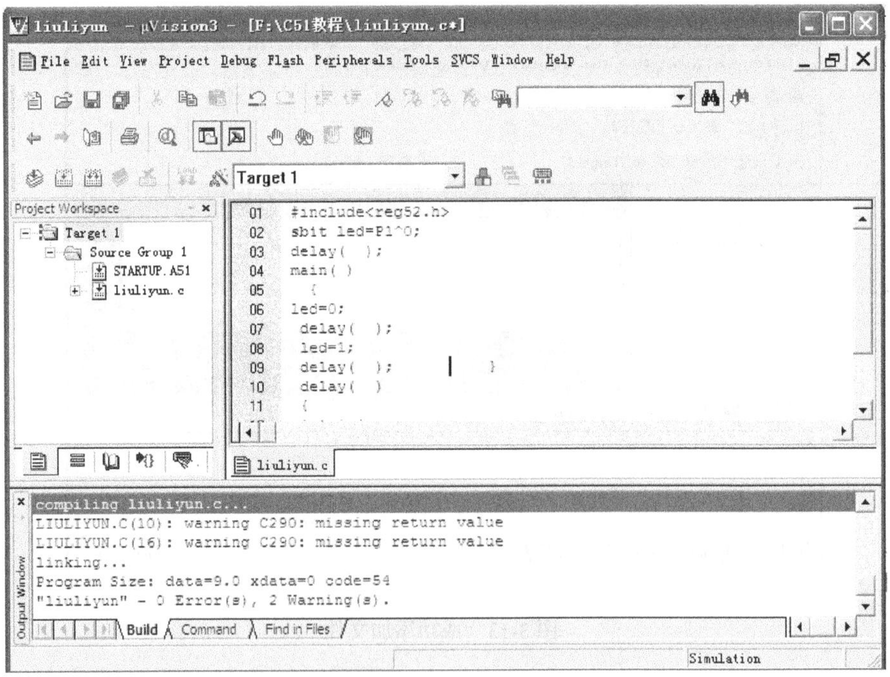

图 3-15 编译信息

编译信息窗口显示“0 个错误、2 个警告”。如果源程序有错误，C51 编译器会在信息输出窗口 Output Window 中给出错误所在的行、错误代码以及错误的原因。如图 3-15 中提示第 10 行和 16 行有警告。

μVision3 中有错误定位功能，在信息输出窗口双击错误提示行，文件中的错误所在行的左侧会出现一个箭头标记，以便用户排错。经过排错后，直到无错误和警告。

到现在为止还没生成单片机所认识的 Hex 文件，默认情况下的 Keil 不会帮我们生成 Hex 文件，Hex 文件用于烧写到单片机里面，单片机没有程序是不能运行的。那么，为了生成 Hex 文件，我们必须勾选“Create Hex”选项，让 Keil 编译代码时生成 Hex 文件。

第七步：右击工程窗口“Target”，然后从右键菜单选中“Options for Target ‘Target 1’”，如图 3-16 所示。

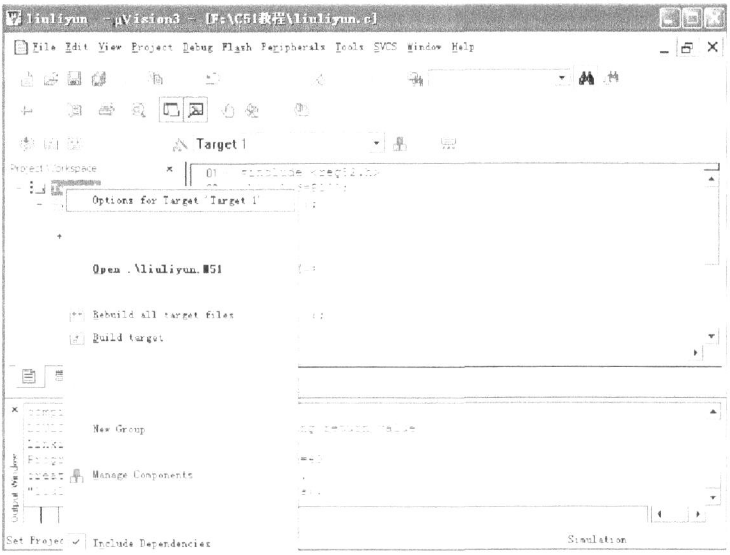

图 3-16 进入设置设备选项

第八步：从弹出的“Options for Target ‘Target 1’”中选中“Output”选项卡，然后勾选“Create HEX File”，如图 3-17 所示。重复第六步，最终生成 Hex 文件。

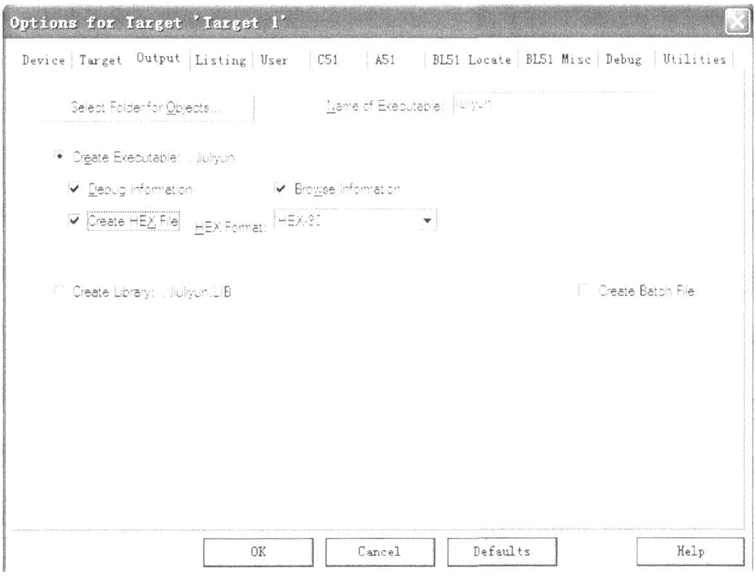

图 3-17 勾选“Create HEX File”

3.1.4 程序烧写

用 Keil 软件生成的 Hex 文件要写入单片机才能运行，下面以 STC 单片机为例说明。程序烧写入 STC 单片机用到专门烧写软件 

，软件名称为 STC-ISP.exe。双击 

图标后，弹出如图 3-18 所示界面。

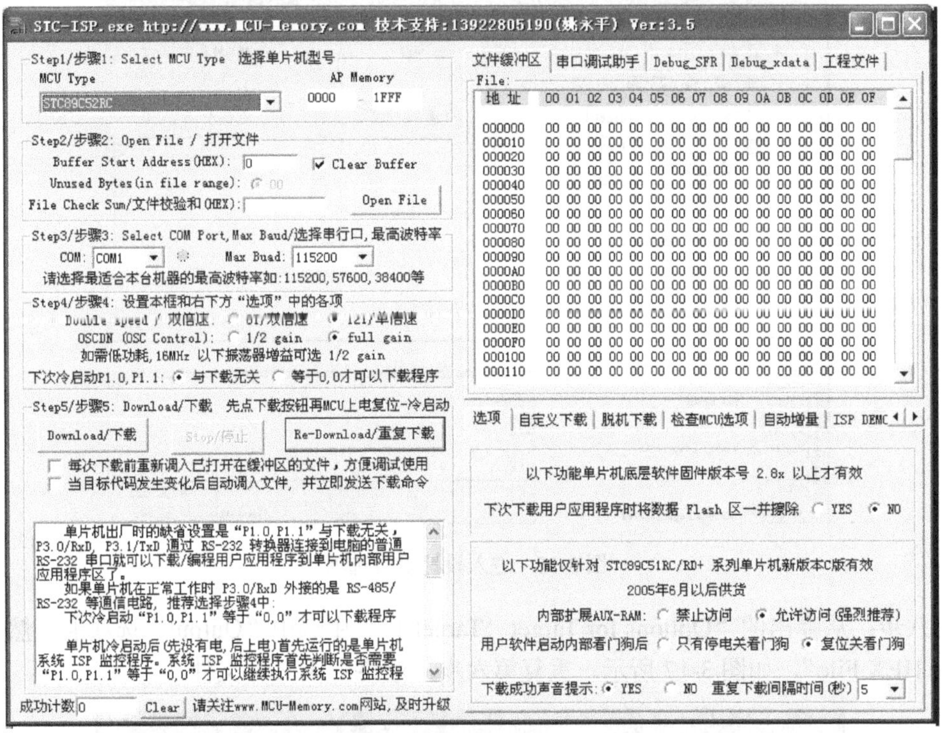

图 3-18 STC 单片机的专门烧写软件

烧写步骤：

① 在烧写前首先断开单片机的电源（注意）。

② 在图 3-18 中首先选中单片机的型号，当前单片机型号为 STC89C52RC。

③ 打开要烧写的文件，如 liuliyun.hex。

④ 选择当前有效的串口，如 COM1。如果不知道下载线插的是哪个串口，可右击桌面“我的电脑”→“设备管理”→“端口”去查看。

⑤ 选择单片机的倍速模式为 12T，振荡放大器增益为 full gain。

⑥ 单击“下载”按钮。

⑦ 出现如图 3-19（a）所示界面后，接通单片要机的电源。

通过上述 7 个步骤进行烧写，会出现烧写进度条、列表框显示烧写信息，如图 3-19（b）所示。

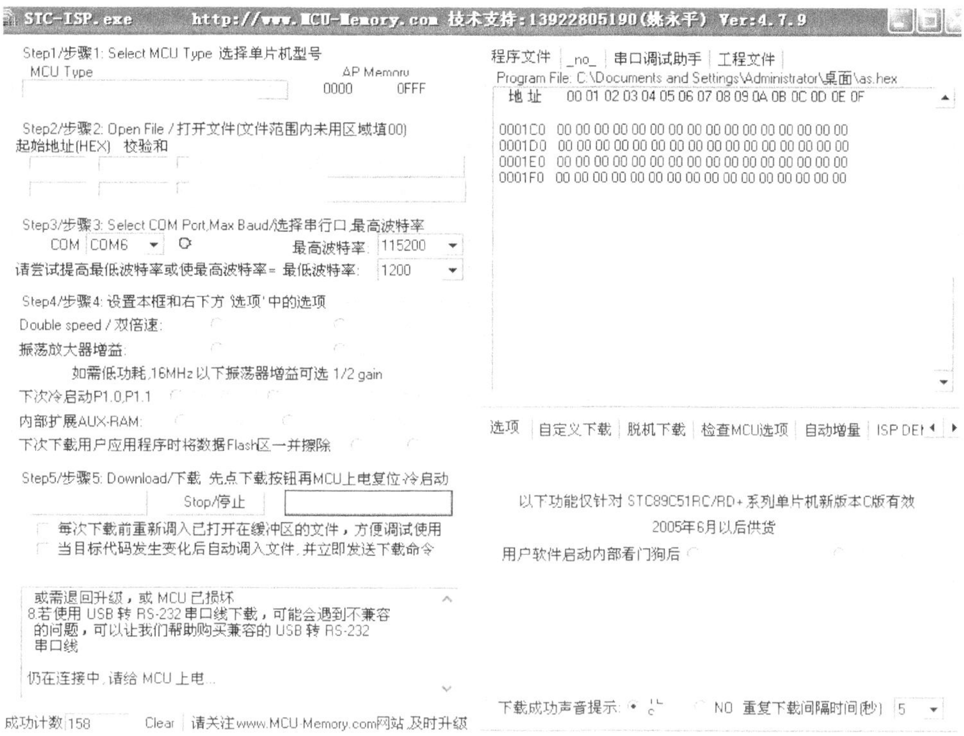

（a）上电提示

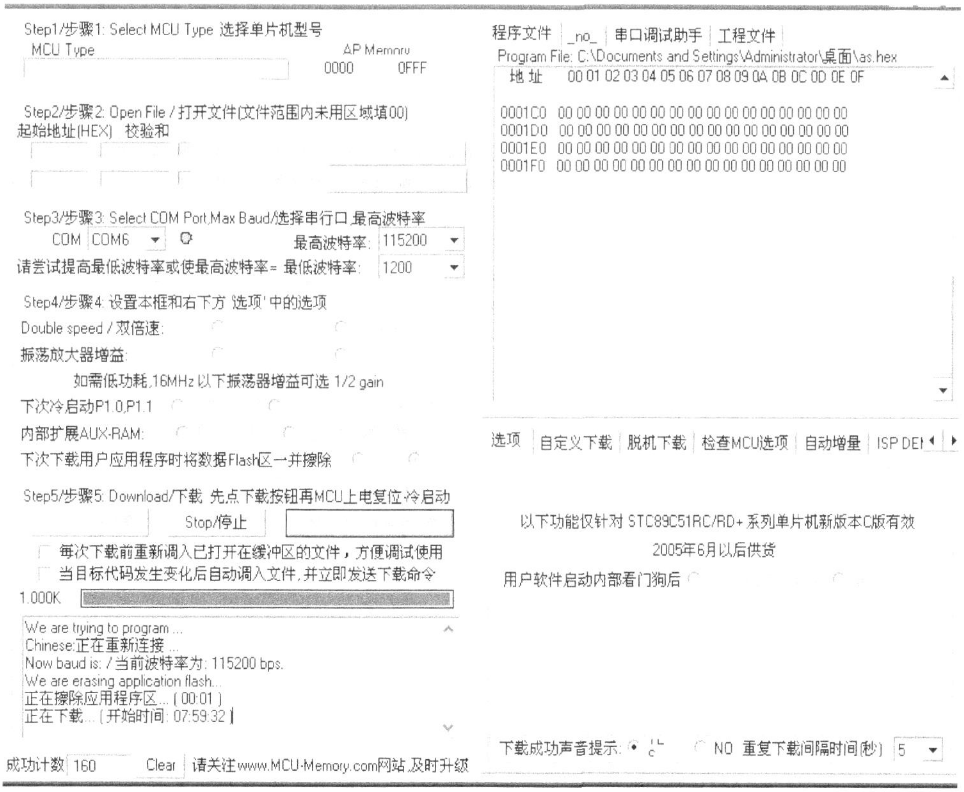

（b）烧写进度信息

图 3-19　烧写信息

烧写流程图如图3-20所示。

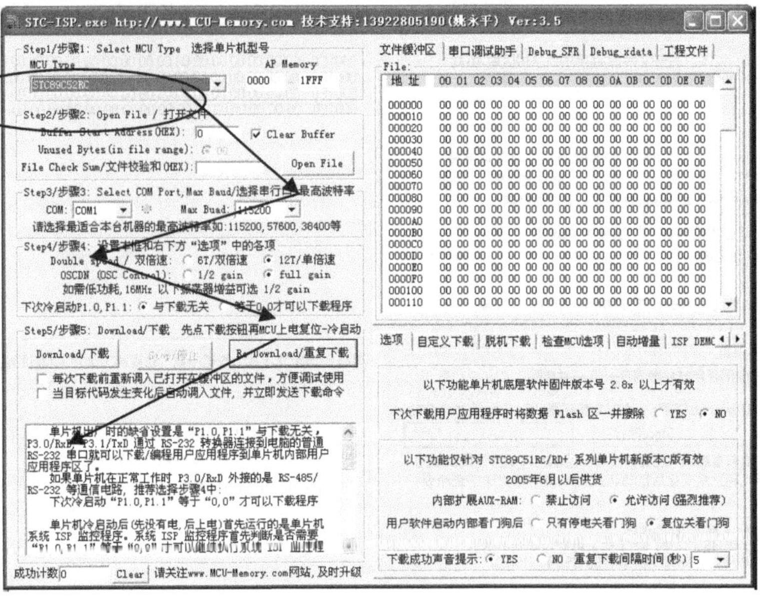

图3-20 烧写流程图

3.1.5 工程软件仿真

所谓软件仿真，是指使用计算机来模拟程序的运行，用户不需要建立硬件平台，就可以快速地得到某些运行结果。

（1）运行程序

编译成功后，单击“启动/停止调试模式”工具按钮或执行“debug”→“Start/Stop debug Session”，便进入软件仿真调试运行模式，如图3-21所示。图中上部为调试工具条（Debug Toolbar），下部为范例程序liuliyun.c，黄色箭头为程序运行光标，指向当前等待运行程序。

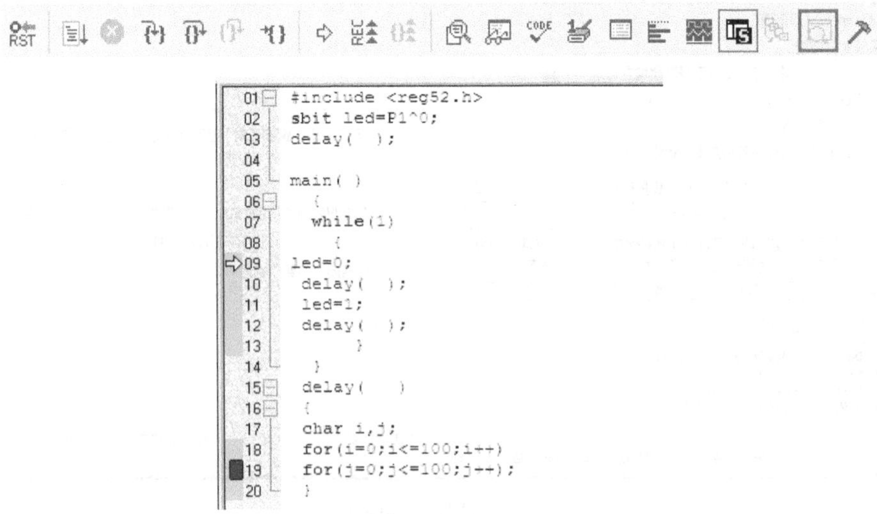

图3-21 源程序的软件仿真运行

在 μVision3 中有 4 种程序运行方式：单步跟踪（Step Into），单步运行（Step Over），运行到光标处（Run to Cursor line），全速运行（GO）。

① 单步跟踪（Step Into） 单步跟踪可以使用“F11”快捷键来启动，也可以使用菜单命令“Debug”→“Step Into”，或单击工具按钮，单步跟踪的功能是每按一下“F11”，最少运行一个 C 语句，图 3-21 中的黄色箭头向下移动一行，包括被调用函数内部的程序行。

② 单步运行（Step Over） 单步运行可以使用“F10”快捷键来启动，也可以使用菜单命令“Debug”→“Step Over”，或单击工具按钮。

单步运行的功能是尽最大的可能执行完当前的程序行。与单步跟踪相同的是单步运行每次至少也要运行一个 C 语句；与单步跟踪不同的是单步运行不会跟踪到被调用函数的内部，而是把被调用函数作为一条 C 语句来执行。在图 3-21 中，每按一次“F10”快捷键，黄色箭头就会向下移动一行，但不包括被调用函数内部的程序行。

③ 运行到光标处(Run to Cursor line) 在图 3-21 所示的状态下，程序指针指在程序行“led=0;”，如果想程序一次运行到程序行“led=1;”，则可以单击程序行“led=1;”，当闪烁光标停留在该行后，右击该行，弹出如图 3-22 所示的快捷菜单，选择“Run to Cursor line”选项。运行停止后，发现程序运行光标已经停留在程序行“led=1;”的左侧。

④ 全速运行 在软件仿真调试运行模式下，有 3 种方法可以启动全速运行：按“F5”、单击图标、执行菜单命令“Debug”→“GO”。

在 μ Vision3 处于全速运行期间，μVision3 不允许查看任何资源，也不接受其他命令。如果用户想终止程序的运行，可以应用以下两种方法：

a.行菜单命令“Debug”→“Stop Running”。

b.单击 图标。

（2）程序复位

在 C 语言源程序仿真运行期间，如果想重新从头开始运行，则可以对源程序进行复位。程序的复位主要有以下两种方法。

① 单击图标。

② 执行菜单命令“Peripherals”→“Reset CPU”。

（3）断点的设置与取消

当需要程序全速运行到某个程序位置停止时，可以使用断点。断点操作与运行到光标处的作用类似，其区别是断点可以设置多个，而光标只有一个。

在 μVision3 的 C 语言源程序窗口中，可以在任何有效位置设置断点，断点的设置/取消操作非常简单。如果想在某一行设置断点，双击该行，即可设置红色的断点标志，如图 3-23 所示。取消断点的操作相同，如果该行已经设置为断点行，双击该行将取消断点。

（4）退出软件仿真模式

如果想退出 μVision3 的软件仿真环境，可以使用下列方法：

① 单击图标 。

② 执行菜单命令“Debug”→“Start/Stop Debug Session”。

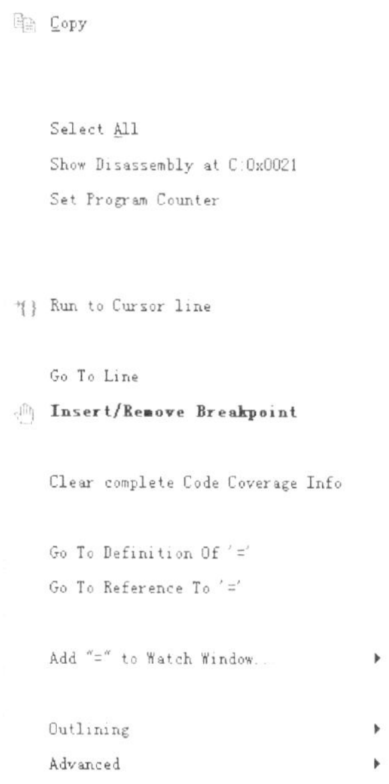

图 3-22 快捷菜单

3.1.6 存储空间资源的查看与修改

在 μVision3 的软件仿真环境中，51 系列单片机的所有有效存储空间资源都可以查看和修改。

（1）部分特殊寄存器的查看

程序编译成功后，单击“debug”→“Start/Stop debug Session”，工程管理窗口将变成如图 3-24 所示。在其中可查看到工作寄存器 r0～r7，特殊功能寄存器 a、b、sp、 dptr、 pc 及 psw 各位的值，其中还有 sec 是统计程序运行的时间。双击它现有的值即进行修改。

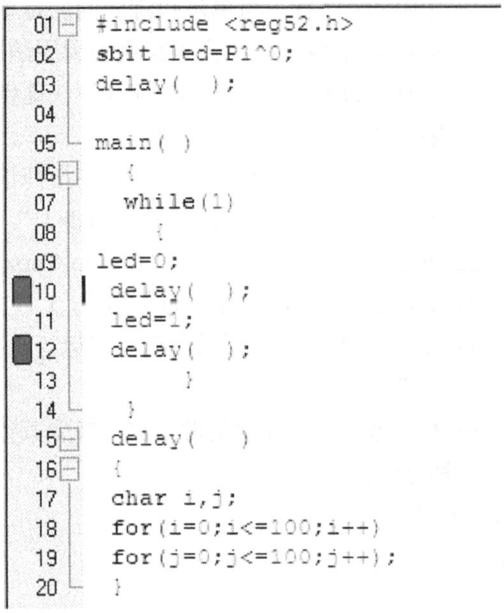

图 3-23 断点设置与断点标志

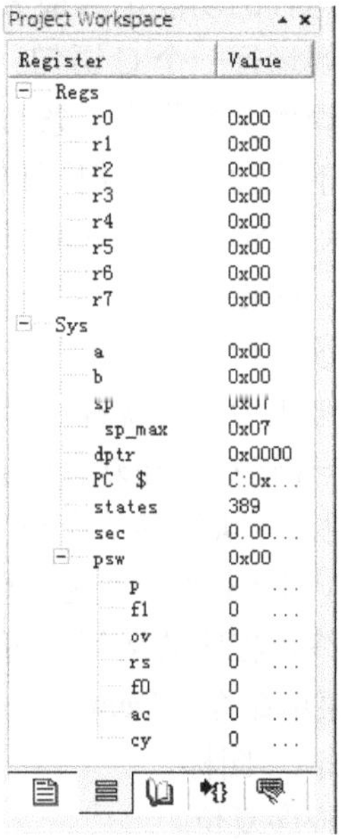

图 3-24 查看部分特殊寄存器

（2）内部可直接寻址 RAM（类型 data，简称 d）

在 51 系列单片机中，可直接寻址空间为 0～0x7F 范围内的 RAM 和 0x80～0xFF 范围内的 SFR（特殊功能寄存器）。在 μ Vision3 中把它们组合成空间连续的可直接寻址的 data 空间。data 存储空间可以使用存储器对话框（Memory）进行查看和修改。

在图 3-21 所示的状态下，执行“View”→“Memory Windows”可以打开存储器对话框显示在屏幕下方，如图 3-25 所示。如果该对话框已打开，则会关闭该对话框。

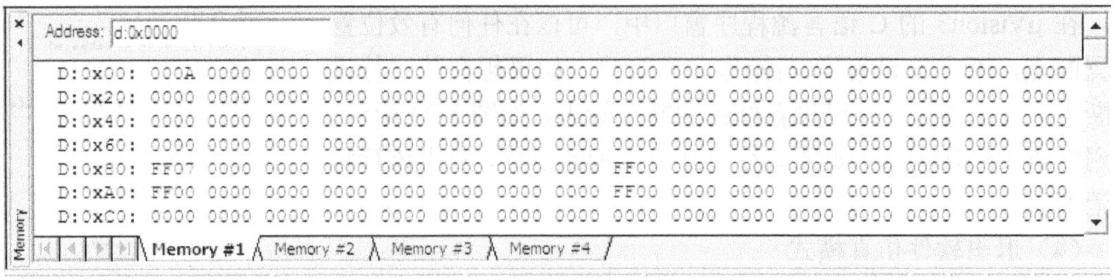

图 3-25 存储器对话框

从存储器对话框中可以看到以下内容。

① 存储器地址输入栏 Address：用于输入存储空间类型和起始地址。图中，d 表示 data 区域，0x0000 表示显示地址。

② 存储器地址栏：显示每一行的起始地址，便于观察和修改，如 D：0x60 和 D：0xA0 等。data 区域的最大地址为 0xFF。

③ 存储器数据区域：数据显示区域。双击数据显示区域的任何数据就可直接修改；在数据显示区域任何地方右击，弹出如图 3-26 所示对话框，如果选择“Decimal”，数据显示区域的数据将以十进制显示；如果选择“Modify Memory at D：0xE6”选项，表示要改动 data 区域 0xE6 地址的数据内容，选择后系统会出现输入栏，输入新的数值后单击“OK”按钮返回。但需要注意的是，有时改动不一定能完成。例如，0xFF 位置的内容改动就不能正确完成，因为 51 在这个位置没有可操作的单元。

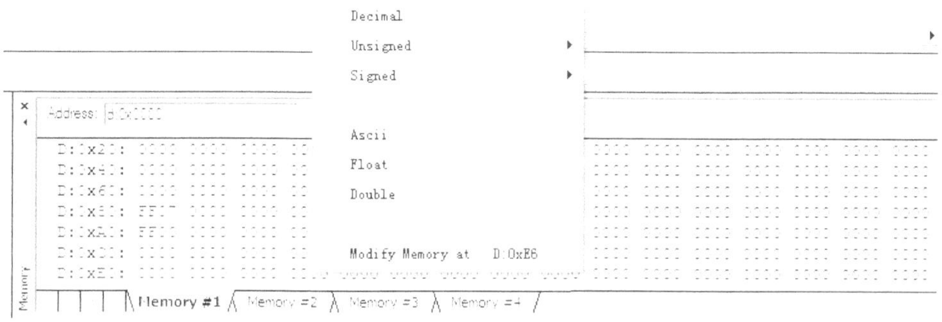

图 3-26 在存储器对话框中修改数据和显示格式

④ 存储器窗口组：分成独立的 4 个组（Memory#1、Memory#2、Memory#3、Memory#4），每个组可单独定义空间类型和起始地址。单击组标签可以在存储器窗口组之间切换。

（3）内部可间接寻址 RAM(类型 idata，简称 i)

在 C51 中，内部可间接寻址空间为 0x00～0xFF 范围内的 RAM。其中，0x00～0x7F 内的 RAM 和 0x80～0xFF 内的 SFR 既可以间接寻址，也可以直接寻址；0x80～0xFF 的 RAM 只能间接寻址。在 μVision3 中把它们组合成空间连续的可间接寻址的 idata 空间。

使用存储器对话框同样可以查看和修改 idata 存储空间，操作方法与 data 空间完全相同，只是在 Address 栏中输入的存储空间类型要变为“i”，如 “i：0x25”。

（4）外部数据空间 XRAM（类型 xdata，简称 x）

在 C51 中，外部可间接寻址 64K 地址范围的数据存储器，在 μVision3 中把它们组合成空间连续的可间接寻址的 xdata 空间。使用存储器对话框查看和修改 xdata 存储空间的操作方法与 data 空间完全相同，只是在“存储器地址输入栏 Address”内输入的存储空间类型要变为“x”。

（5）程序空间 code（类型 code，简称 c）

在 C51 中，程序空间有 64K 的地址范围。程序存储器的数据按用途可分为程序代码（用于程序执行）和程序数据（程序使用的固定参数）。使用存储器对话框查看和修改 code 存储空间的操作方法与 data 空间完全相同，只是在“存储器地址输入栏 Address”内输入的存储空间类型要变为“c”。

3.1.7 变量的查看与修改

在 μVision3 中，使用“观察”对话框（Watches）可以直接观察和修改变量。在图 3-21 所示的状态下，执行菜单命令“View”→“Watch & Call Stack Windows”可以打开“观察”对话框，如图 3-27 所示。如果对话框已经打开，则会关闭该对话框。其中，“Name”栏用于输入变量的名称，其中“type F2 to edit”是提示按“F2”去编辑；“Value”栏用于显示变量的数值，右击弹出如图 3-28 所示下拉菜单，选择“Hex”，数据将以十六进制显示，选择“Decimal”，数据将以十进制显示。

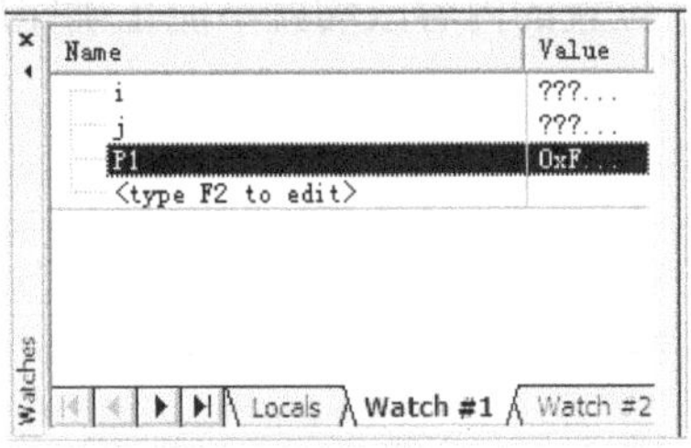

图 3-27 “观察”对话框

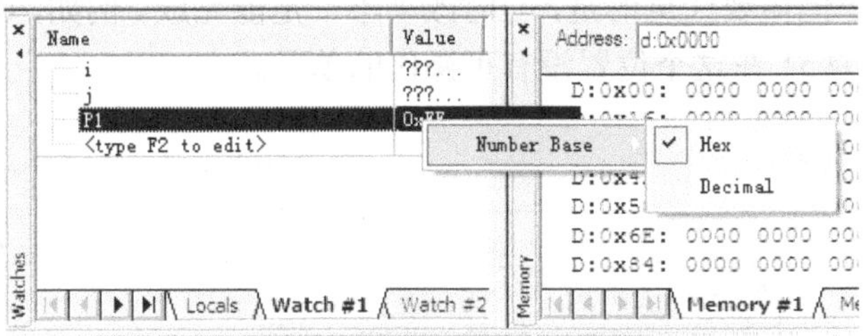

图 3-28 变量数据显示格式更换

在“观察”对话框底部有 4 个标签，其作用如下所述。

① 显示“局部变量观察”对话框“Locals”，自动显示当前正在使用的局部变量，不需要用户自己添加。

②“变量观察”对话框“Watch#1”“Watch#2”，可以根据分类把变量添加到“Watch#1”或“Watch#2”观察对话框中。

③“堆栈观察”对话框“Call Stack”，可观察堆栈的状况。

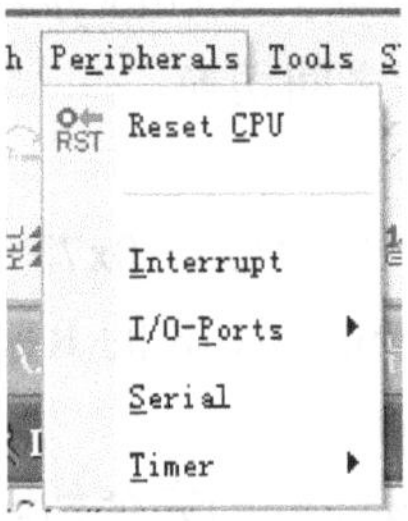

图 3-29 “Peripherals”下拉菜单

3.1.8 外围设备的操作

单击“Peripherals”，弹出如图 3-29 所示下拉菜单。

Reset CPU：复位 CPU。

Interrupt：中断。

I/O-Ports：I/O 口，Port0～Port3。

Serial：串行口。

Timer：定时器。

3.2 Proteus ISIS 的使用

Proteus 软件是英国 Lab Center Electronics 公司研制的 EDA 工具软件。Proteus 包含 ISIS 和 ARES 两个软件，其中 ISIS 是一款电子系统仿真软件，ARES 是电子线路布线软件。Proteus 软件可运行于 Windows 操作系统之上，具有 Windows 的界面和操作风格。利用 Proteus ISIS 软件的 VSM（虚拟仿真技术），用户可以对模拟、数字等各种电路进行仿真。在 Proteus 中配置了各种虚拟仪器，如示波器、逻辑分析仪、频率计、I^2C 调试器等，便于测量和记录仿真的波形、数据。

Proteus 软件可用于单片机系统及其外围接口器件的仿真，如 PIC、AVR、68000、HC11

和 8051 等；ISIS 的调试工具，可对寄存器、存储器实时监测；具有断点调试功能及单步调试功能；具有对显示器、按钮、键盘等外设进行交互可视化仿真的功能。此外，Proteus 可对汇编程序以及 Keil C51μVision3 等开发工具编制的源程序进行调试，可与 Keil C51 实现联调。

Proteus 软件的应用克服了传统的单片机应用系统设计受实验室客观条件限制的局限性，Proteus 与 Keil C51μVision3 配合使用，可以在不需要硬件投入的情况下，完成单片机 C 语言应用系统的仿真开发，从而缩短实际系统的研发周期，降低开发成本。

3.2.1 Proteus ISIS 的编辑界面

使用快捷图标或者开始菜单启动 ISIS 软件之后，系统就进入 ISIS 编辑程序主界面，如图 3-30 所示。可见 Proteus ISIS 软件基本上是一个标准的 Windows 风格软件。ISIS 编辑程序主界面上部排列着菜单选项和快捷功能图标，左侧排列着操作模式选择按钮。主要的显示区域分成三个窗口。其中，编辑窗口用于放置元件、进行连线、绘制原理图。对象选择器中排列操作者选出的元器件名称。预览窗口一般显示全部原理图的缩影，但当从对象选择器中选中一个新的对象时，预览窗口将显示选中对象的图形符号。

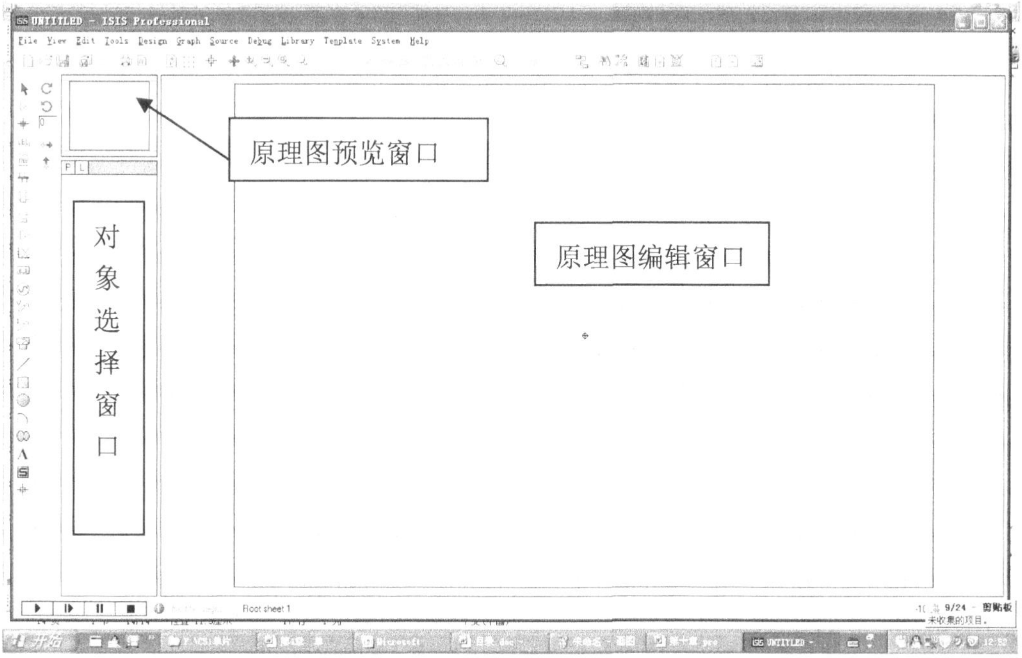

图 3-30 ISIS 编辑程序窗口

3.2.1.1 编辑窗口基本的设置

编辑窗口的界面设置和操作工具如图 3-31 所示。操作工具的功能由左至右依次为：点状栅格显示/隐藏、设置虚拟坐标原点、设置显示中心、图纸放大、图纸缩小、显示全部、区域缩放。

图 3-31 视图工具栏

（1）编辑窗口的点状栅格

在设计电路图时，图纸上的格点有助于定位放置元件和连接线路，也方便图中元件的对齐和排列。

单击工具栏中的点状栅格显示/隐藏图标（或快捷键“G”），可以选择显示或隐藏窗口中的点状栅格。在菜单“View”中也可实现对点状栅格的操作，如图3-32所示。

（2）鼠标的位置和绘图页中心

ISIS编辑窗口的右下方以坐标形式显示鼠标在编辑窗口中的位置，其坐标原点为绘图页中心，如图3-33所示。坐标的计量单位为th（毫英寸，1th=1mil=0.0254mm）。

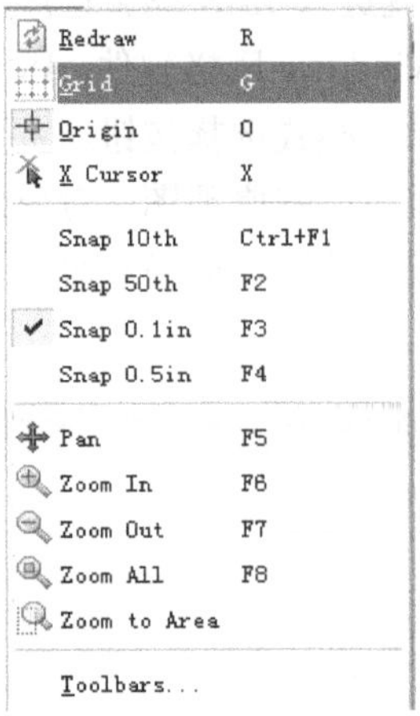

图3-32 “View”下拉菜单

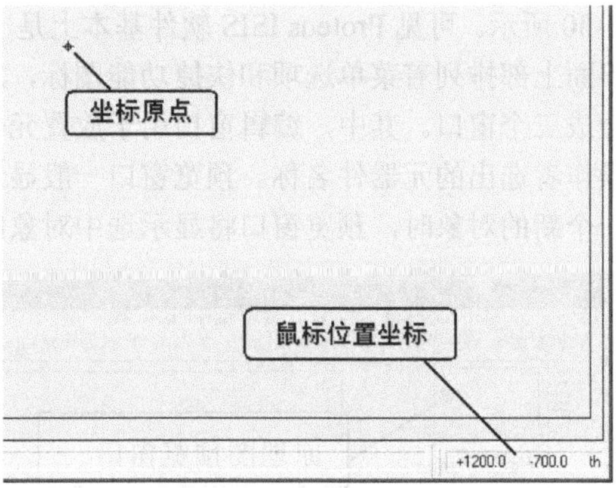

图3-33 坐标原点

3.2.1.2 编辑窗口的基本操作

设计人员在工作过程中，常常需要查看整张电路原理图或者查看某个局部区域直至某个具体的元件，因此经常需要调整显示中心，或对图件进行放大或缩小。ISIS中提供了多种改变显示中心和放大与缩小原理图的方式。

（1）改变显示中心

① 在编辑窗口点击滚轮，然后移动鼠标，此时编辑窗口的显示中心将随着鼠标的移动而移动。当出现期望显示的部分，点击鼠标左键，编辑窗口将显示期望的部分。

② 将鼠标放置在期望显示的部分，按下“F5”键，编辑窗口将显示期望的部分。

③ 在预览窗口，在期望显示的部分点击鼠标左键，即可改变编辑窗口的显示中心。

④ 使用工具栏✚图标改变显示中心。

（2）图件缩放

① 使用鼠标滚轮缩放原理图：向前滚动滚轮，将放大原理图；向后滚动滚轮，将缩小原理图。

② 使用功能键缩放原理图：将鼠标指向想要进行缩放的部分，并按下“F6”（放大），“F7”（缩小），编辑窗口将以鼠标指针的位置为中心缩放显示。

③ 按住“Shift”键，用鼠标左键将期望放大的部分选中，此时选中的部分将会被放大（鼠标可在编辑窗口操作，也可在预览窗口操作）。

④ 使用工具栏：Zoom In（放大）、Zoom Out（缩小）、Zoom All（显示整张图纸，“F8”

键为 Zoom All 的快捷键）或 Zoom Area（区域缩放）。

3.2.1.3 Proteus ISIS 的系统设置

Proteus ISIS 的系统设置分成两部分，一部分在菜单“Template”项下，另一部分在菜单“System”项下。

（1）“Template”（设计文件模板）设置

“Template”项下有 6 个设置选项，如图 3-34 所示。

① Set Design Defaults：默认模板设置。包含纸张颜色、格点颜色、编辑环境的字体、仿真时正负电源、地等位置的颜色等设置项目。

② Set Graph Colours：设置图形颜色。

③ Set Graphics Styles：设置总体图形风格。

④ Set Text Styles：设置总的字体风格。

⑤ Set Graphics Text：设置图形字体格式。

⑥ Set Junction Dots：设置节点的大小和形状。

（2）“System”（系统运行方式）设置

如图 3-35 所示，System 项下有 9 个设置选项，其中用得较多的有：

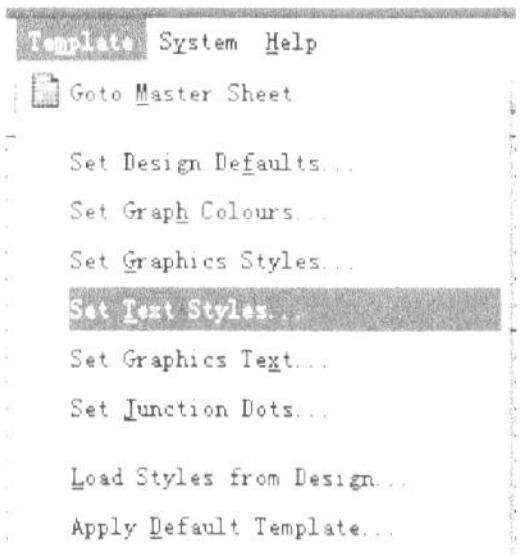

图 3-34 “Template”设置

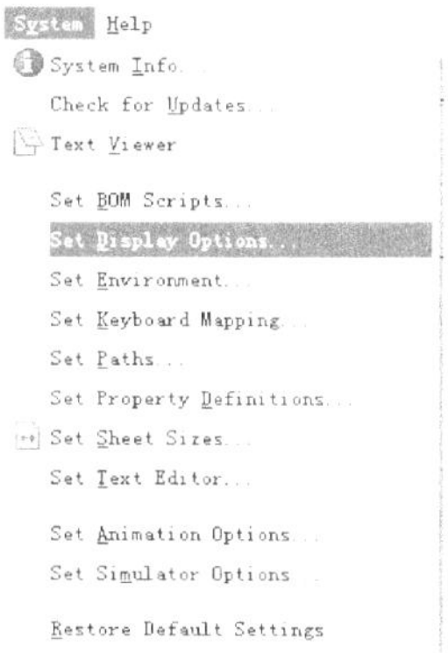

图 3-35 “System”设置

① Set Sheet Sizes：设置图纸规格，其默认值为 A4。

② Set Environment：设置系统运行环境，如自动保存间隔时间、是否实时标注、是否实时捕捉等。

③ Set Paths：设置系统对设计文件路径的管理模式。

④ Set Animation Options：电路仿真方式的设置。如仿真速度、电压/电流的范围等。

以上的设置选项操作均是典型的 Windows 风格，操作者多练习几次就能掌握，一般的设置选择默认就可以了。

3.2.2 设计电路原理图

与其他 EDA 软件类似，用 Proteus ISIS 设计电路原理图的一般步骤是：建立设计文件→放置元器件→连接线路→电气规则检查→修改，直至获得满意的电路原理图。

下面以图 3-36 所示的一个单片机实验电路为例介绍电路原理图的设计过程。

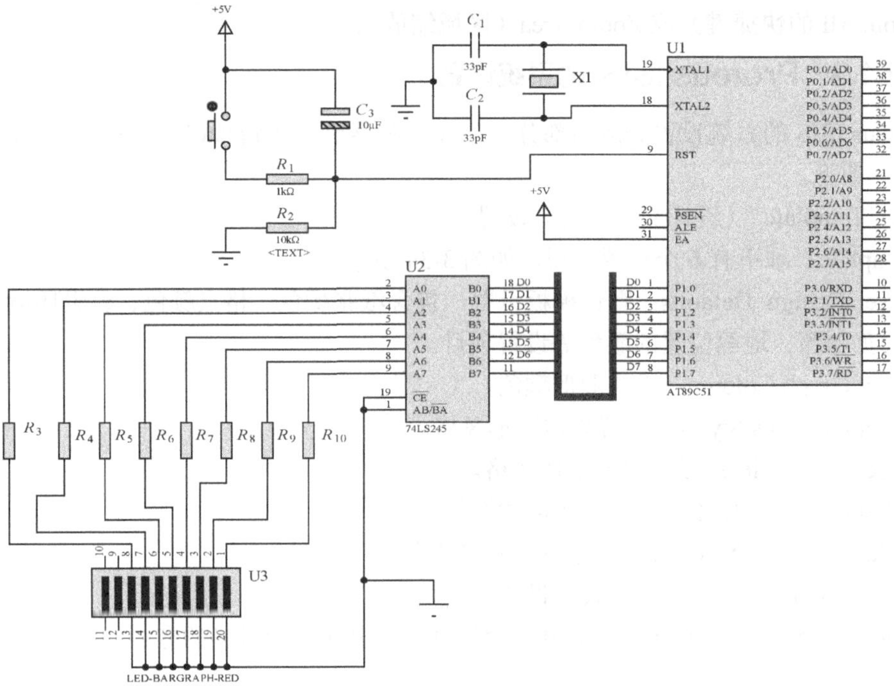

图 3-36 单片机驱动 8 位 LED 实验电路

3.2.2.1 建立设计文件

（1）创建设计文件夹

Proteus 系统默认的新建设计文件的目录如“C:\..\Labcenterlectronics\Proteus7 Professional\TEMPLATES\DEFAULT.DTF”。但在 Proteus 软件使用过程中，系统将会自动产生许多项目文件，建议使用者首先选定期望保存设计文件的硬盘分区，并在其中自行创立专门的文件夹，例如，将文件夹路径设置为“D：\单片机仿真技术\LED 灯”。以后在创建设计文件时，只需将存放目标设置为 LED 灯文件夹，则在 Proteus 软件使用过程中，系统产生的各种项目文件将全部自动地存放在该文件夹中。

（2）建立和保存设计文件

在 ISIS 主界面点选菜单项“File”→“New Design”，弹出图 3-37 所示的对话框，选设计文件模板,默认的选项为“DEFAULT”模板，一般单击“OK”即可。

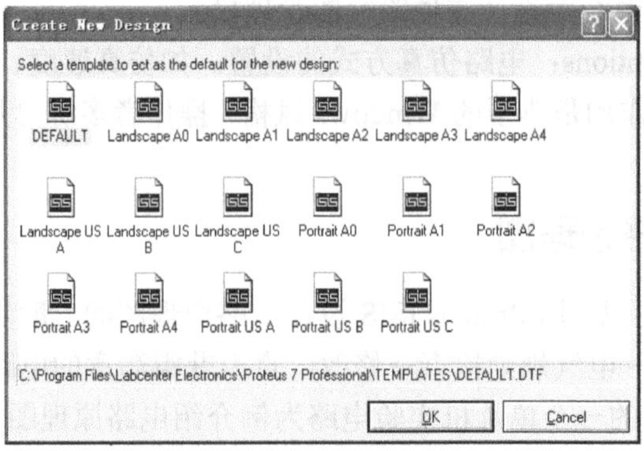

图 3-37 选择设计文件模板

再点选菜单项“File”→“Save Design”，弹出图 3-38 所示的对话框。通过浏览方式在“保存在”下拉列表框中选择文件存放路径（例如：F\C51 单片机原理与应用\LED 指示灯），并在“文件名”框中输入设计文件名称（文件名默认以.DSN 做扩展名），文件保存类型一般直接使用默认的“Design Files”，单击“保存”，完成设计文件的建立和保存。

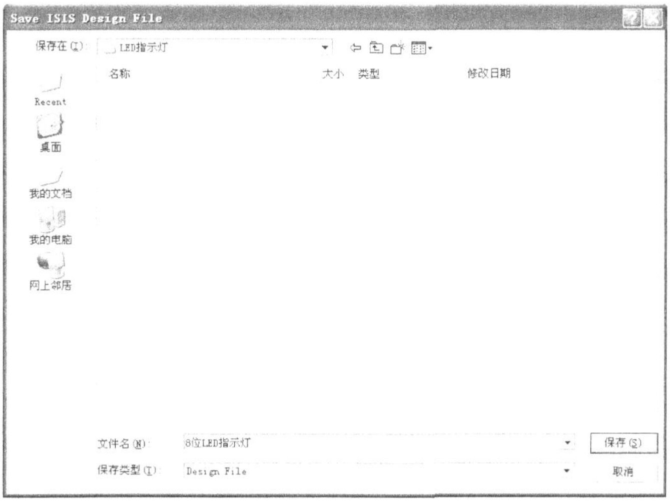

图 3-38　保存设计文件

3.2.2.2　电路原理图设计

（1）打开元件库

设计电路原理图的首要任务是从元件库选取绘制电路所需的元件。Proteus ISIS 提供四种打开元件库的方法：

① 点选对象选择器顶端左侧“P”元件库浏览键，如图 3-39 所示。

② 或使用库浏览的键盘快捷方式“P”（在英文输入法下有效）。

③ 在原理图编辑窗口点击鼠标右键，将弹出右键菜单，选择“Place”→“Component”→“From Libraries”命令。

④ 使用菜单“Library”→“Pick”→“Device/Symbol”。

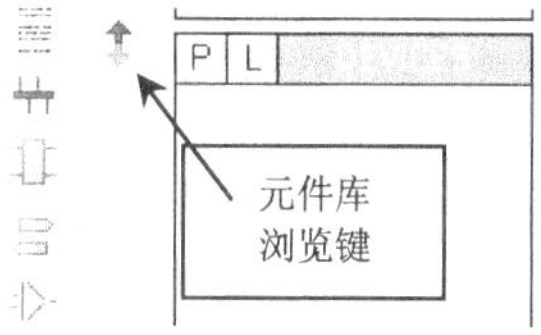

图 3-39　元件库浏览键

执行上述每一操作，都将弹出如图 3-40 所示的“元件库浏览”对话框（Pick Devices）。该对话框从上到下、从左至右分成：关键词、元器件分类列表、元器件子类列表、制造商列表、元器件查找结果列表、元件符号预览、元件外形封装预览和外形封装选择区域。

（2）从元件库查找元件

Proteus ISIS 提供了多种查找元件的方法，我们只介绍一种复合查找方式。例如：查找 1kΩ 电阻。在 Keywords 区域键入“1k”，然后选择“Category”中的“resistors”类，此时，将在“Results”（元件查找结果）列表区出现图 3-41 所示信息。根据这些信息可以快速查找到所需元件：MINRES1K（1kΩ 小型金属膜电阻），单击“OK”，或在结果列表区该元件的条目上双击左键，则该元件的条目将被提取到对象选择器中。

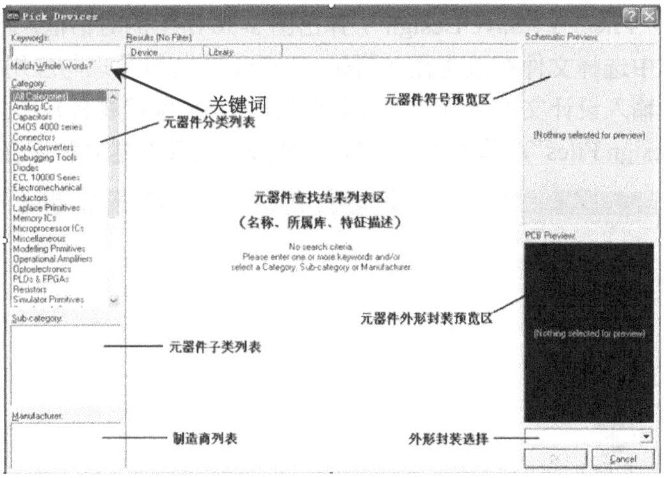

图 3-40 “元件库浏览”对话框

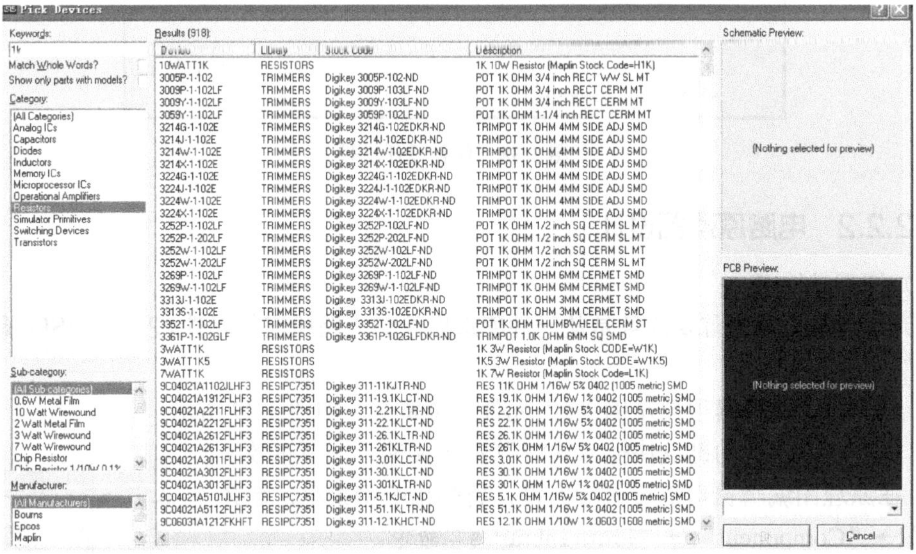

图 3-41 元件查找结果列表

Proteus ISIS 的元件库包含数千种元器件，要从其中迅速地提取出所需的元件，尽可能多了解常用元件的英文名称，及其部分描述的含义是十分必要的。同时，还可以参考元件符号和元件外形封装预览区的图形选择元件。

如图 3-36 中电容器 C_1，30pF，一般选择陶瓷无极性电容,键入关键词“30p”，点击“Capacitor”类，在结果列表区查找，最合乎要求的是“33P Ceramic Capacitor”。

又如 C_3,10μF，键入关键词“10μ”，可找到“10μ 16V Radial Electrolytic capacitor”（10μ/16V 有极性电解电容）。

再如 U3，键入关键词“LED”，在元件分类目录中选择“Optoelectronics”（光电子元件），即可找到“LED-BARGRAPH-RED”（红色条形 LED 显示器）。

（3）放置元件

用以上介绍的方法将电路需要的元件大部分提取到对象选择器中以后，就可以开始放置元件了。如果以后需要增加元件可以用上述的方法继续查找并提取到对象选择器中。

① 工具箱 放置元件是实际绘制电路图的第一步，在绘制电路图时经常要用到 ISIS 编辑程序窗口左边的工具箱，点击工具箱中不同的工具按键后，鼠标的功能相应地发生改变，下面简要介绍工具箱中各个工具的名称和用法。

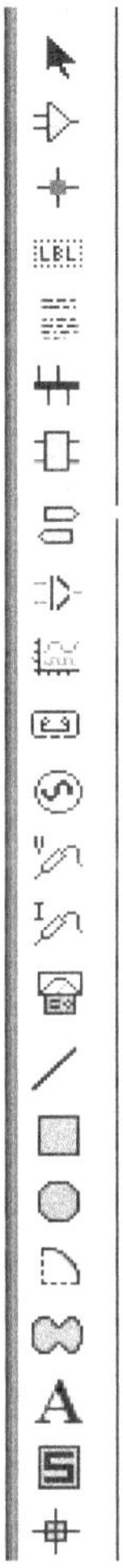

编辑：单击编辑窗口内的元件后，编辑元件的属性。
元件放置：点击后，再点选对象选择器中的元件条目，在编辑窗口内放置元件。
节点放置：在电路中放置节点。
网络标号：给线路命名。
文本编辑：输入文字。
画总线：绘制总线。
画方框图：绘制方框图或子电路块。
端口：点击后，对象选择器中将列出电源、输入和输出等各种终端，供选择放置。
引脚：点击后，对象选择器中将列出多种引脚，供选择放置。
仿真图表：点击后，对象选择器中将列出多种仿真分析用的图表，供选择使用。
磁带记录器：需要对电路分割仿真时，使用此功能。
激励源：点击后，对象选择器中将列出多种激励源，供选择使用。
电压探针：在电路中放置电压探针，仿真时将显示该处的电压。
电流探针：在电路中放置电流探针，仿真时将显示该处的电流。
虚拟仪器：点击后，对象选择器中将列出多种虚拟仪器，供选择使用。
2D 画线工具：点击后，对象选择器中将列出多种画直线的工具，供选择使用。
画方框工具。
画圆工具。
画弧线工具。
画任意图形工具。
文本编辑：用于插入文字说明。
电路符号：点击后，用“P”键可调出符号库，将需要的符号添加到对象选择器中。
标记符号：点击后，对象选择器中将列出多种标记符号，供选择使用。

② 放置元件 点击工具箱的元件放置键，进入元件放置状态，再点选对象选择器中的元件条目，此时，预览窗口将出现所选元件的符号。必要时，可以使用旋转或翻转键调整元件的方向，如图 3-42 所示。将鼠标移动到编辑窗口内单击左键，鼠标下出现该元件的外观，且跟随鼠标移动，再次单击放置该元件。也可以连击左键直接放置该元件。

例如，放置图 3-36 所示电路中的按键开关 K1。在元件放置状态，点选对象选择器中的 BUTTON 条目，预览窗口出现按键开关 K1 的符号，点击逆时针旋转键，调整开关方向后，将 K1 放置到电路的合适位置。

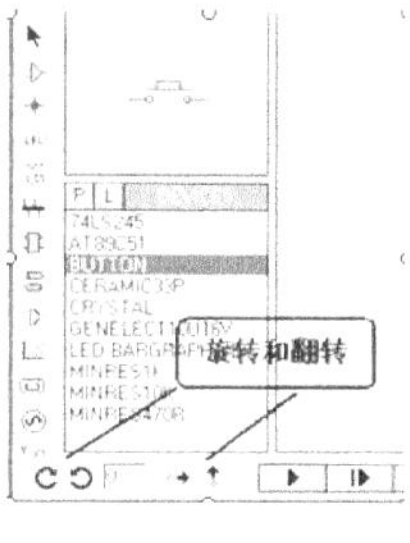

图 3-42 放置元件

③ 元件的选中状态和元件的移动、属性编辑 放置好的元件需要移动或者编辑其属性时首先需要选中相应的元件。要选中单个元件时，

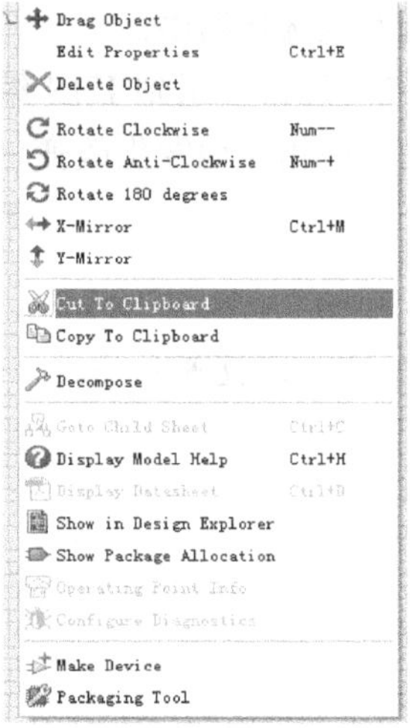

图3-43 下拉菜单

将鼠标移到元件上，元件四周出现虚线框，单击元件，符号变成红色，则该元件处于选中状态。要选中一部分区域的元件时，单击该区域的左上角，按住鼠标，向右下角拖拽出一片区域后松开鼠标，则该区域内的元件全部被选中，符号和导线等变成红色。在空白处单击，则取消选中状态，颜色复原。

单击并保持按住处于选中状态的元件，元件将随鼠标移动；而点击处于选中状态的区域内任一元件时，该区域内的元件将全部随鼠标移动。

单击处于选中状态的元件，或连击元件时出现“Edit Component”（元件属性编辑）对话框，可以修改或隐藏元件的标号和元件值。

右击某个元件，弹出如图3-43所示下拉菜单，可对元件进行删除、旋转等操作。

（4）连线

放置元件完成后的操作是连线。我们可以将全部元件放置到编辑窗口内以后，再开始连线，也可以先放置部分元件，以后边连线边补充元件。

Proteus ISIS的连线操作是智能化的，不管用工具箱选定哪种工作方式，当鼠标靠近元件引脚端头时鼠标立刻自动转变成绿色笔，引脚端头出现方框，提示可以执行连线操作。

如果先后点击两个可连接点，ISIS会自动走线连接两个点；需要指定连线路径时，只要在拐角处单击，分段走线即可；如果某根线画错了，将鼠标移到这根线上并右击，弹出一下拉菜单，选择“Delete Wire”即可删除。元件放置好以后的编辑窗口如图3-44所示。完成走线以后的电路如图3-36所示。

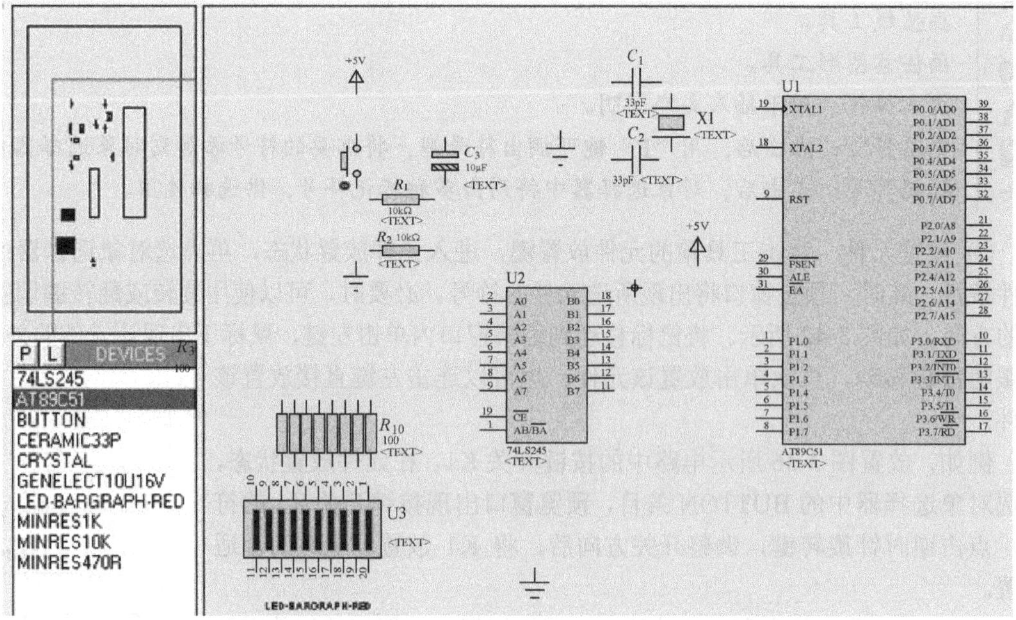

图3-44 放置元件时的对象选择器窗口和编辑窗口

3.2.3 电路测试和材料清单

（1）电路测试

电路图绘制完成后，通常需要进行电气法则测试（Electrical Rule Check）。电气法则测试是利用电路设计软件对用户设计好的电路进行测试，以便能够检查出人为的错误或者疏忽。执行测试后，程序会自动生成报表，报告电路测试结果，提示可能存在的错误，常见的设计错误例如：悬空的引脚、没有连接的电源和地、节点设置等。

在编辑主界面中，点选“Tools”→“Electrical Rule Check”菜单命令后，系统执行电气法则测试，并给出电路测试结果报表。对图 3-36 所示电路执行电路测试后，结果报表如图 3-45 所示。

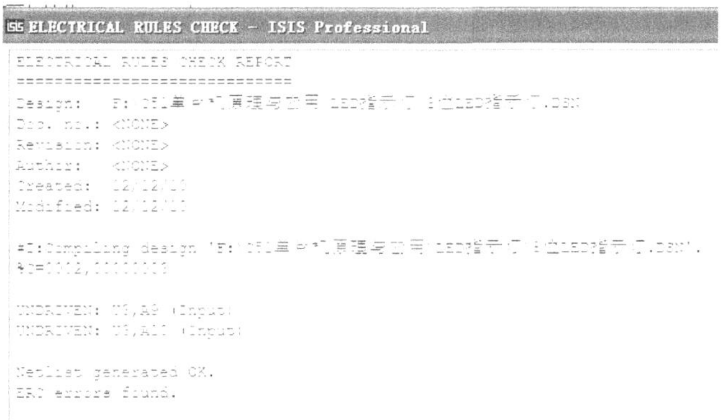

图 3-45 电路测试结果报表

从结果报表可以看出，网络表已经建立，电路存在 ERC 错误。错误的位置和类型：U3 的 A9、A10 未驱动。当然，我们知道 9、10 两个 LED 没使用，电路其他部分没有错误，可以认为：电路检查合格。

（2）材料清单

Proteus ISIS 提供设计电路的材料清单（Bill of Materials）。提取材料清单的操作，使用菜单命令：“Tools”→“Bill of Materials”。

3.2.4 ISIS 的单片机应用系统仿真基本方法

Proteus ISIS 提供的平台，使用户可以在其设计的单片机应用系统电路原理图上直接虚拟运行应用程序。ISIS 提供的单片机模型有 ARM7、PIC、AVR、Motorola HCXX 以及 8051 系列，ISIS 支持这些微控制器的仿真调试。

用户可以对微控制器所有的周围电子器件一起仿真，可以使用动态的键盘、开关、按钮，使用 LED/LCD、RS232、I^2C，SPI 终端等动态外设模型来对设计进行交互仿真，实时观察运行中的输入输出效果。

单片机应用系统仿真，首先必须设计好电路原理图；其次要编写出源程序文件，并将源程序文件编译成目标文件；而后，将目标文件添加到电路的单片机元件的属性中，就可以仿真运行电路了。

电路原理图的设计方法在前面作了较详细的介绍，用 Keil 软件生成 Hex 目标文件的方法在 3.1 节中详细地介绍了，下面我们以图 3-36 所示的电路为例，介绍使用 ISIS 软件，进行单片机应用系统仿真的基本方法。

（1）将目标文件“植入”单片机

在图 3-36 所示 ISIS 的编辑窗口中，左键双击 AT89C51 芯片，将出现“Edit Component”元件属性编辑窗口，见图 3-46。窗口中的 Program File 一栏此时是空白的，单击栏框右侧的文件打开按钮，可以打开文件浏览窗口，见图 3-47。在浏览窗口选中“8 位 Led 灯.hex”,然后单击打开键，编辑窗口退回元件属性编辑窗口，Program File 栏出现文件名：“8 位 Led 灯.hex”，表示目标文件已经“植入”了单片机。点选“OK”键，完成“植入”操作，回到图 3-36 所示的实验电路界面。

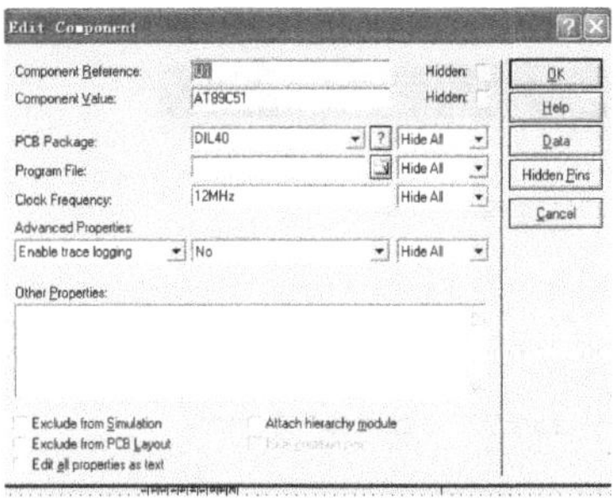

图 3-46　元件属性编辑窗口

图 3-47　文件浏览窗口

（2）仿真运行

编辑窗口左下角布置了一个操作键盘其功能依次为：全速运行、单步运行、暂停、停止。

按下运行键电路开始仿真运行，如图 3-48 所示。这时可以通过显示器件观察输出功能，通过电平指示观察各处的电平。

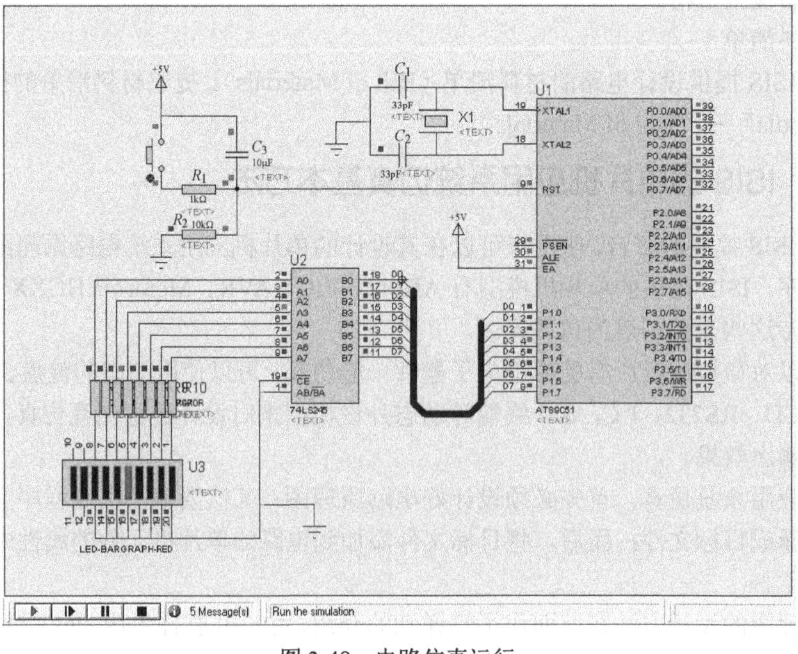

图 3-48　电路仿真运行

案例 1：Keil 软件的使用方法及程序烧写

（1）任务及要求描述

① 熟练 Keil 软件的安装；

② 按从工程创建→编写程序→编译调试→生成 hex 文件→仿真运行→存储空间资源查看与修改→变量查看与修改→外围设备操的步骤熟练 Keil 软件的使用；

③ 熟练程序的烧写操作，运行实际作品并观察运行结果。

（2）实训内容及步骤

① 硬件电路的设计与组装。按图 1 所示电路组装好实际电路板。

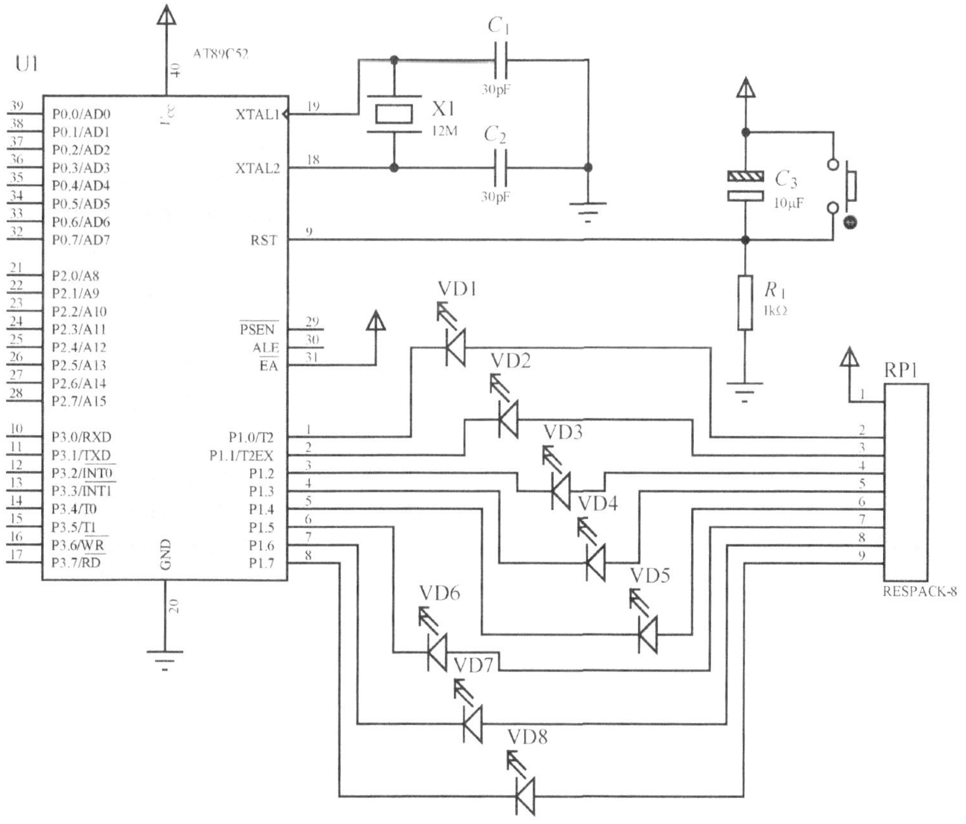

图 1 硬件电路

② 参阅 3.1.1 节安装 Keil 软件。

③ 参阅 3.1 节，利用以下流水灯程序练习 Keil 软件的使用。

④ 参阅 3.1.4 节，利用第 1 步做好的电路板、购买的 STC 单片机下地线、STC 程序烧写软件，练习程序的烧写。

案例2：简易十字路口交通信号灯控制（用Proteus软件仿真）

（1）任务及要求描述

① 熟练Proteus软件的安装；

② 熟练用Proteus软件绘制电路图；

③ 熟练用Proteus软件仿真单片机应用系统的方法。

（2）实训内容及步骤

本案例不要求掌握实训项目电路的工作原理及程序设计，重点是熟练Proteus软件的使用。

① 参阅3.2节，绘制如图2所示电路图。

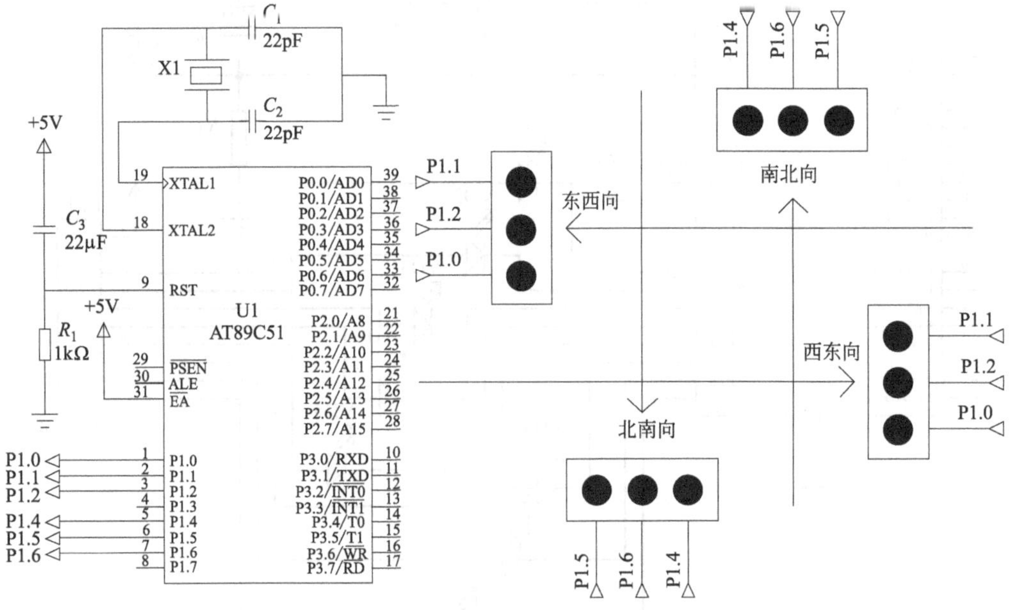

图2　电路图

十字路口交通信号灯的控制是一个比较复杂的问题，既要保证车辆的安全通行，又要考虑紧急情况处理、放行/禁行时间显示、车流量统计以及根据车流量的大小自动调整放行/禁行时间等。简易十字路口交通信号灯控制仅考虑以下简单情况：若东西方向为放行线，则南北方向为禁止线；反之亦然。交通信号灯的变化是固定的，变化规律见表1。

当两个方向（东西方向和南北方向）交替地成为放行线和禁止线时，即可实现简易十字路口交通信号灯控制。放行线——绿灯亮放行 x（s）后，黄灯亮警告 y（s），然后红灯亮禁止（$x+y$）（s）；禁止线——红灯亮禁止（$x+y$）（s），然后绿灯亮放行 x（s）后，黄灯亮警告 y（s）。

表1 简易十字路口交通信号灯的变化规律

状态＼方向	东西方向	南北方向
①东西方向放行	绿灯亮 x（s）	红灯亮（x+y）（s）
②东西方向警告	黄灯亮 y（s）	
③南北方向放行	红灯亮（x+y）（s）	绿灯亮 x（s）
④南北方向警告		黄灯亮 y（s）

在模拟情况下，为了在较短时间内看到控制效果，可以假设 x=4，y=1，即单向放行时间最多为5s。

电路中晶振选用12MHz，信号灯的控制使用P1口。P1.0、P1.1、P1.2分别控制东西方向的红、绿、黄信号灯；P1.4、P1.5、P1.6分别控制南北方向的红、绿、黄信号灯。当P1口有关引脚输出高电平1时，则点亮相应的"信号灯"；当P1口有关引脚输出低电平0时，则熄灭相应的"信号灯"。为了实现交通运行状态的控制要求，P1口输出的控制码有4种，见表2。

表2 不同运行状态时的控制码

项目	南北方向				东西方向			控制码（P1口输出）	运行状态
空	黄灯	绿灯	红灯	空	黄灯	绿灯	红灯		
P1.7	P1.6	P1.5	P1.4	P1.3	P1.2	P1.1	P1.0		
1	0	0	1	1	0	1	0	0x9a	①
1	0	0	1	1	1	0	0	0x9c	②
1	0	1	0	1	0	0	1	0xa9	③
1	1	0	0	1	0	0	1	0xc9	④

② 利用Keil软件编写调试如下简易交通灯程序，直至产生hex文件。

```
#include <reg52.h>
#define fxtime 4
#define jgtime 1
void fx(unsigned char l);//放行函数
void jg(unsigned char w);//警告函数
void delayxs(unsigned char x)  //延时函数
{
unsigned char i,j,k;
for( ; x>0; x--)
  for(i=0;i<20;i++)
    for(j=0;j<200;j++)
      for(k=0;k<250;k++);
}
void main (void)
```

```
    {
P1=0xff;
delayxs(1);
while(1)
      {
     fx(0x9a);  //东西方向放行
     jg(0x9c);  //东西方向警告
     fx(0xa9);  //南北方向放行
     jg(0xc9);  //南北方向警告
    }
    }
    void fx( unsigned char l)
    {
    P1=l;
    delayxs(txtime);
    }
    void jg( unsigned char w)
    {
    P1=w;
    delayxs(jgtime);
    }
```

③ 参阅3.2节，利用Proteus软件仿真运行简易交通灯控制系统。

第 4 章　C51 单片机简单接口应用技术

单片机系统主要应用于测控，其输入和输出的信号可以是开关量也可以是模拟量。输入的开关量有各种开关器件的控制信号，如钮子开关、行程开关和键盘等；输入的模拟量有温度、压力、电机转速等非电量模拟信号，也有电压/电流模拟信号。输出的开关量有灯的开关控制、电机的启动/停止等；输出的模拟量如温度调节信号、电机调速信号等；输出信号还有显示和打印数据等。

单片机的信息输入和输出需要通过各种接口电路，以及与接口电路相匹配的接口程序来实现。单片机应用系统的输入/输出接口方框图如图 4-1 所示。当然，不是每一个单片机系统都需要使用所有的接口，而要根据实际应用系统的功能配置选择合适的接口电路。

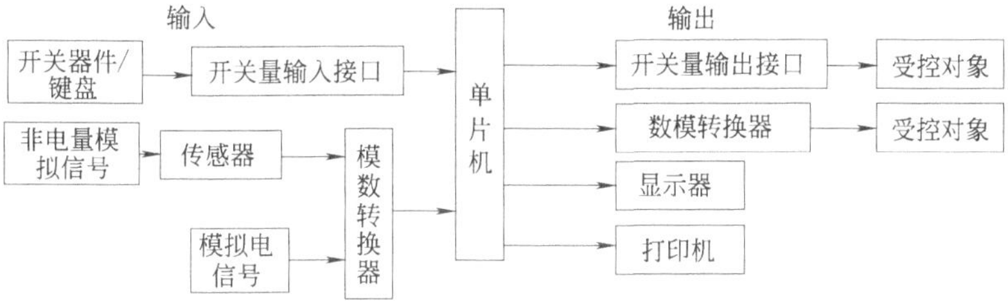

图 4-1　单片机应用系统的输入/输出接口方框图

在单片机应用系统中，为实现人机交互，显示器和键盘是两个不可缺少的功能配置；在过程控制和智能仪器仪表中，常用微控制器进行实时控制及实时数据处理，但是计算机所能加工和处理的信息是数字量，而被控和检测对象的有关参量有的是开关量，有的是一些连续变化的模拟量。因此，开关量的接口和对应于处理模拟量的 A/D 和 D/A 转换接口在很多系统中也是必不可少的（有关集成芯片的扩展接在第 6 章中介绍）。

4.1　开关量接口

开关量是指具有二值状态信息的量，如二极管与三极管的导通和截止，继电器触点的闭合与断开，按钮的按下与松开等。单片机应用系统常常需要开关量信息的获取与控制，如仪器仪表面板上指令的下达、功能的选择、报警与指示以及控制系统中的一些执行机构的操作等，这些都是 CPU 通过对开关量的处理来实现的。开关量的二值状态在计算机的软件中用“0”

和“1”表示，硬件中则用 “低电平”和“高电平”实现。

CPU通过输入接口电路获取物理器件的开关状态；而用开关量控制物理器件则通过输出接口电路实现。下面介绍一些常用物理器件的开关量接口电路与处理方法。

4.1.1 开关量输入接口

常见的开关量输入电气元件有钮子开关、按钮、行程开关等。它们在电气上呈现的“通”或“断”两种状态，必须通过相应的开关量输入接口电路才能传递给CPU。

（1）钮子开关接口

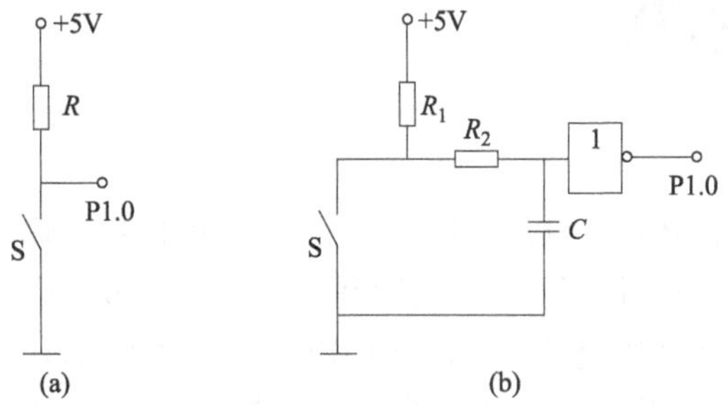

图4-2 钮子开关接口电路

钮子开关是双端开关器件，可以人为操作使两个接点接通或断开。图4-2是钮子开关接口电路，图（a）是简单接口，开关和电阻串联，钮子开关接通时，P1.0为低电平；反之，P1.0为高电平。

电气开关在接通或断开时，经常出现抖动，产生多次操作开关的假象。这种情况，人没有感觉，但计算机能够识别，有可能导致误操作，甚至造成非常严重的后果。因此，使用开关器件时通常需要考虑消抖措施，可以采用硬件消抖，也可以采用软件消抖方式。图4-2（b）加入R_2、C滤波电路和反相器，起消抖的作用。图（b）输出电平和开关状态与图（a）相反。该接口电路也适用于其他开关量输入器件。

图4-3是一个钮子开关接口电路示例。电路中使用的74HC244是8通道3态缓冲器。图4-3 开关接口电路可以采用查询方式编写接口程序。如果省略软件消抖的内容，则有读开关信息及相应操作的程序如下：

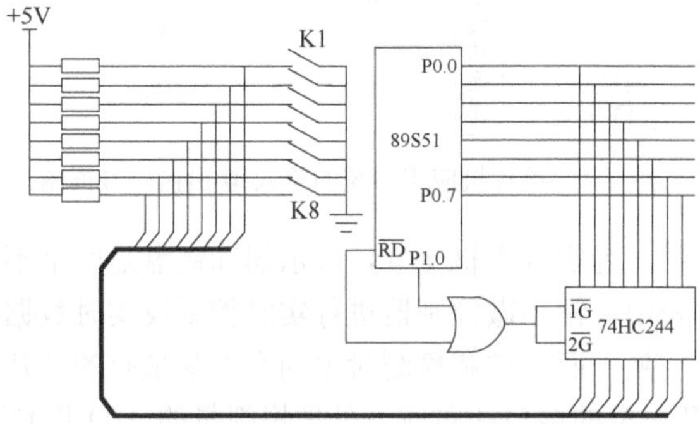

图4-3 开关接口电路示例

```
#include <reg52.h>
sbit clr =P3^7;
sbit k1=P0^0;
sbit k2=P0^1;
sbit k3=P0^2;
sbit k4=P0^3;
sbit k5=P0^4;
```

```
 sbit k6=P0^5;
 sbit k7=P0^6;
 sbit k8=P0^7;
 void KF0( void);
 void KF1( void);
 void KF2( void);
 void KF3( void);
 void KF4( void);
 void KF5( void);
 void KF6( void);
 void KF7( void);
unsigned char a;
  void main(void)
{
 P0=0xff;
 clr=0;        //准备选通 74HC244，读入 K1～K8 状态信息
  a=P0;     //自 P0 口读入 K1～K8 状态信息
 switch (a)
   {
    case  0xfe: KF0(  );break;  //K1 接通转 KF0 函数
    case  0xfd: KF1(  );break;  //K2 接通转 KF1 函数
    case  0xfb: KF2(  );break;
    case  0xf7: KF3(  );break;
    case  0xef: KF4(  );break;
    case  0xdf: KF5(  );break;
    case  0xbf: KF6(  );break;
    case  0x7f: KF7(  );break;
   }
 }
   void KF0( void)
   {;}
   void KF1( void)
   {;}
   void KF2( void)
   {;}
   void KF3( void)
   {;}
   void KF4( void)
   {;}
   void KF5( void)
   {;}
```

```
void KF6( void)
{;}
void KF7( void)
{;}
```

（2）行程（接近）开关接口

行程开关也称限位开关或位置开关，主要用于改变生产机械的运动方向、行程以及限位保护。例如，将行程开关安装于生产机械行程终点处，可限制其行程，当运动物体碰撞行程开关的顶杆或滚轮时，其动断触点断开、动合触点接通。图 4-4 是行程开关的电气图形及文字符号。接近开关又称为无触点行程开关，当运动物体与之接近到一定距离时产生相应的动作，无需接触。

在单片机应用系统中，为了防止现场的强电磁干扰，或输入/输出通道的大电流、高电压干扰脉冲窜入单片机核心控制部分，通常需要采用通道隔离技术。光电耦合器简称光耦，是最常用的隔离器件。光电耦合器由封装在一个管壳内的一个发光二极管和一个光敏三极管组成。光电耦合器以光为媒介传输信号，发光二极管加上正向输入电压（>1.1V）就会发光，光信号作用在光敏三极管基极产生基极光电流，光敏三极管外接合适的电路就会导通，输出电信号。

行程开关常开触点与单片机的接口如图 4-5 所示。在触点断开时送往单片机引脚的是低电平；当触点闭合时，光电耦合器的二极管导通发光，使光敏三极管导通，送往单片机引脚的是高电平。光电隔离电路中发光二极管与光敏三极管回路必须分别供电，且不得共地，以保证电气隔离效果。

如将图 4-5 中行程开关常开触点用继电器常开触点或按钮常开触点代替，电路的工作原理相同。

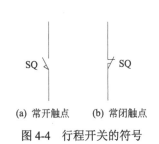

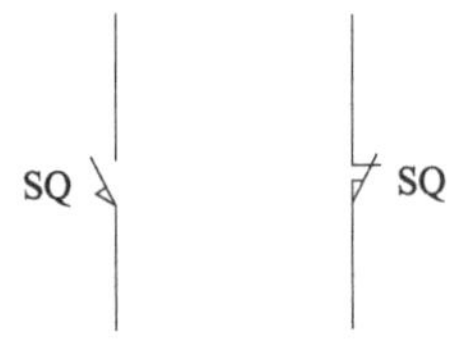

(a) 常开触点　(b) 常闭触点

图 4-4　行程开关的符号

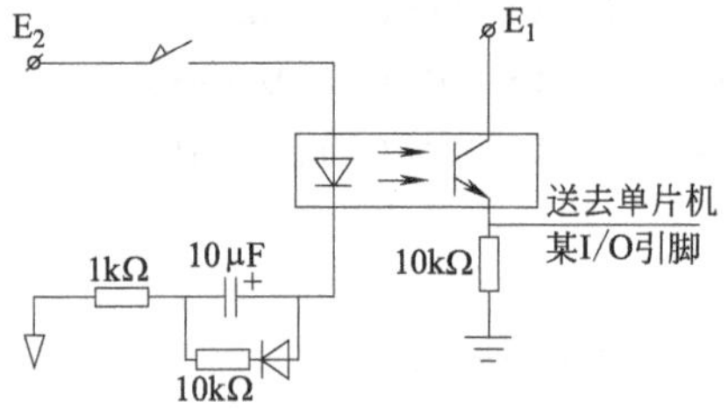

图 4-5　行程开关常开触点与单片机的接口

4.1.2　键盘接口

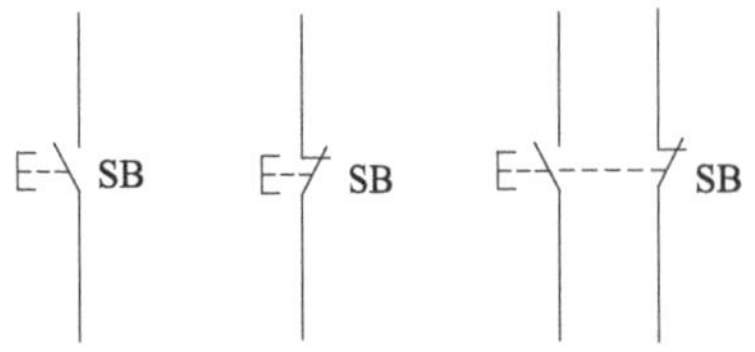

(a) 常开　(b) 常闭　(c) 常开常闭复合

图 4-6　按钮的符号

（1）按钮（按键）

按钮（或称按键）是一种结构简单、使用广泛的用于发送手动指令的电气元件，按键开关还有带自锁和不带自锁的区别。其图形及文字符号如图 4-6 所示。

（2）按合抖动

按键接口需要考虑的问题较多，例如：如何解决按合“抖动”、如何做到“每按键 1 次只响应 1 次”、如何实现“一键多功能”，以及如何编键号、如何防止“两键同按”或“数键同按”等。在实际设计应用按键接口时，需要进一步参阅相关专著，根据具体要求恰当地选择硬件电路和编制相应程序。

按键按合时的抖动现象如图 4-7 所示。硬件消抖是通过硬件电路消除信号抖动的。常用的有滤波消抖电路和双稳态消抖电路，如图 4-8 所示。

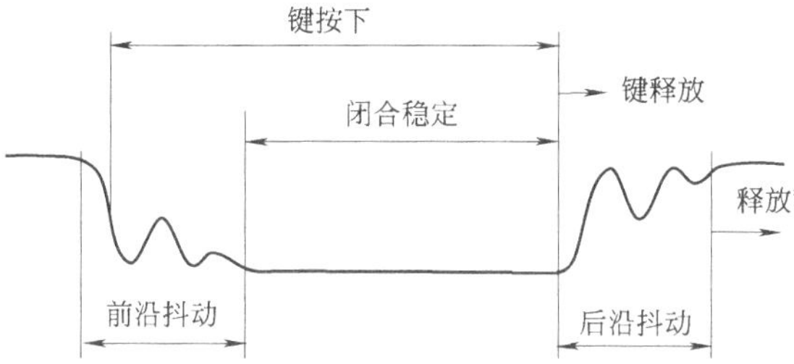

图 4-7 按钮/按键的抖动现象

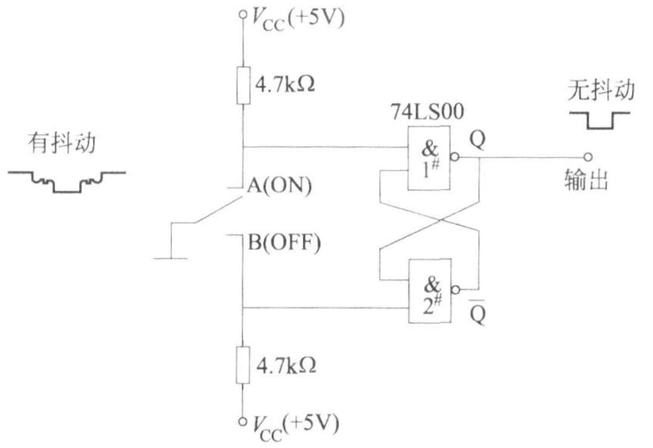

图 4-8 硬件消抖

软件消抖的一般方法是：第一次检测到有按键按下时，先不响应，经过延时，等待抖动过程结束，再次检测，如果确认该按键按下，则执行操作。如果使用不能自锁的按键开关，要保证按键每按下一次，仅执行一次，还必须等待按键释放，再作相应处理。软件消抖方式的程序流程如图 4-9 所示。软件消抖延时时间一般取 10～20ms。

（3）键盘

将多个按键组合在一起，就构成键盘。键盘是单片机应用系统中最常用的输入设备，通过键盘输入数据或命令，可以实现简单的人机对话。键盘有编码键盘和非编码键盘之分。目前，单片机应用系统中普遍采用非编码键盘。按照键开关的排列形式，非编码键盘又分为线性非编码键盘和矩阵非编码键盘两种。

（4）独立式键盘接口

图 4-10 中的 2 个键采用独立式接口。其特点是每个键独自占用一根输入线。这种接口方式的优点是结构简单，编程方便。但随着键数的增多，所占用的 I/O 口线也会增加。在使用键数不多的单片机系统中，这种独立式接口的应用普遍。

图 4-10 所示是个一位计数器接口电路。键盘只有“+1”和“–1”两个键。按键未按下时，输入线都被接成高电平；当任一键按下时，与之相连的输入线被拉成低电平。

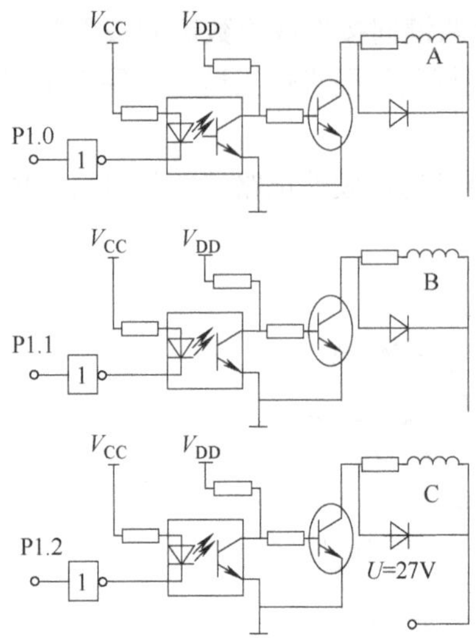

图 4-9 软件消抖

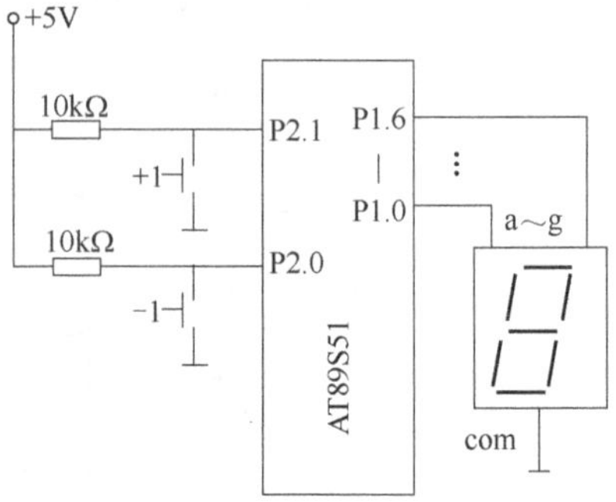

图 4-10 一位计数器接口电路

（5）矩阵式键盘接口

独立式键盘若有 *N* 个键就要占用 *N* 根 I/O 口线。如果采用矩阵连接式键盘，则可以节约 I/O 口线。如图 4-11 所示的 16 键矩阵连接式键盘，只用了 4 根行线、4 根列线，键开关处于行线与列线的交叉点上，每个键开关的一端与行线相连，另一端与列线相连。

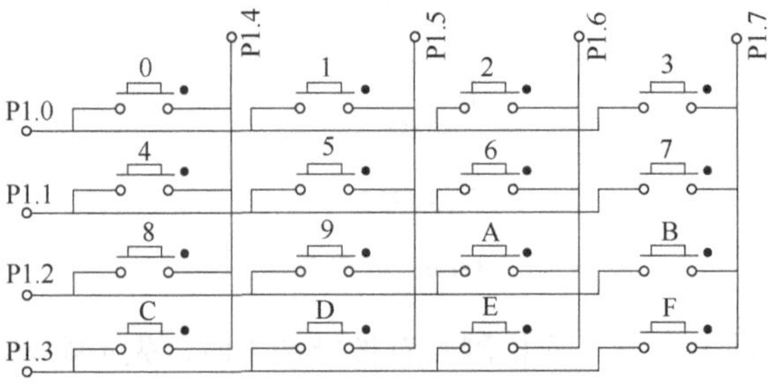

图 4-11 矩阵键盘

单片机监控键盘输入状态的工作过程称为键扫描。矩阵非编码键盘键代码的确定通常采用逐行扫描法，其处理流程如图 4-12 所示。

根据矩阵非编码键盘逐行扫描法处理流程，键盘扫描程序应包括以下内容：

① 查询是否有键被按下 如图 4-11 所示的矩阵式键盘电路中，列线与行线的交叉点处设置有按键，如果行线为低电平，在有按键被按下时会使行线上的低电平引入到列线。首先单片机向行扫描口输出扫描码 0xf0，然后从列检测口读取列检测信号，只要有一列信号不为“1”，即 P1 口的值不等于 0xf0，则表示有键被按下；否则表示无键被按下。

② 按键防抖动处理 当用手按下一个按键时，一般都会产生抖动，即所按下的键会在闭合位置与断开位置之间跳动几下才能达到稳定状态。抖动持续的时间长短不一，通常小于 10ms。若抖动问题不解决，就会导致对闭合键的多次读入。解决的方法是：在发现有键按下后，延时 10ms 再进行扫描。因为键被按下时的闭合时间远远大于 10ms，所以延时后再扫描也不迟。

③ 查询闭合键所在的行列位置 若有键被按下，单片机将得到的列检测信号取反，列检测口中为 1 的位便是闭合键所在的列。列号确定后，还需要进行逐行扫描以确定行号。单

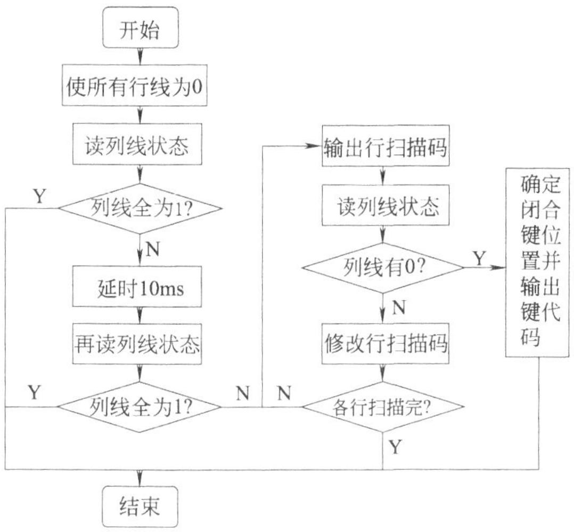

图 4-12 矩阵非编码键盘按键处理流程

片机首先向行扫描口输出第 1 行的扫描码 0xfe，接着读列检测口，若列检测信号全为“1”，则表示闭合键不在第 1 行。接着向行扫描口输出第 2 行的扫描码 oxfd，再读列检测口……。以此类推，直到找到闭合键所在的行，并将该行的扫描码取反保存。如果扫描完所有的行后仍没有找到闭合键，则结束行扫描，判定本次按键是误动作。

④ 对得到的行号和列号进行译码，确定键值　根据图 4-11 所示的硬件电路，1、2、3、4 行的扫描码分别为 0xfe、0xfd、0xfb、0xf7；1、2、3、4 列的列检测数据分别为 0xe0、0xd0、0xb0、0x70。设行扫描码为 HSM，列检测数据为 LJC，键值为 KEY，则有：

$$KEY=\overline{HSM}+\overline{LJC|0x0f}$$

例如，“0”键处在第 1 行第 1 列，其 HSM = 0xfe，LJC = 0xe0，代入上式，可得“0”键的键值为：$KEY=\overline{HSM}+\overline{LJC|0x0f}=\overline{0xfe}+\overline{0xe0|0x0f}=0x01+0x10=0x11$

根据上述算法，可计算出所有按键的键值，见表 4-1。

表 4-1　4×4 矩阵非编码键盘的键值

键　名	键　值	键　名	键　值
0	0x11	8	0x14
1	0x21	9	0x24
2	0x41	A	0x44
3	0x81	B	0x84
4	0x12	C	0x18
5	0x22	D	0x28
6	0x42	E	0x48
7	0x82	F	0x88

为了及时响应键盘的操作，单片机必须监控键盘输入状态，对键盘进行扫描。究竟在何时扫描，可以有不同的安排。键扫描的方式有：

a.程控扫描方式，在主程序循环执行的过程中作为内容之一附带进行；

b.定时扫描方式，用定时/计数器定时中断的方式定时地对键盘进行扫描；

c.外部中断扫描方式，即用键的按下引起外部中断，在中断服务时进行键盘扫描。

键盘扫描的方式一般要根据单片机系统的硬件结构与按键数目的多少来选择。为了提高CPU效率，可以采用中断扫描工作方式，即只有在键盘有键按下时才产生中断请求，进入中断服务程序后对键盘进行扫描，并作相应处理。一个简单的中断扫描方式的键盘接口如图4-13所示（这个电路建议学完中断后再来阅读，中断在后续章节中讲述）。该键盘直接由89S51的P1口的高、低半字节构成4×4行列式键盘。键盘的列线与P1口的低4位相接，键盘的行线通过二极管接到P1口的高4位。因此，P1.4～P1.7作键扫描输出线，P1.0～P1.3作键状态输入线。扫描时，使P1.4～P1.7置零。当有键按下时，$\overline{\text{INT1}}$为低电平，向CPU发出中断申请，在中断服务程序中除完成键识别、键功能处理外，还须有消除键抖动等功能。

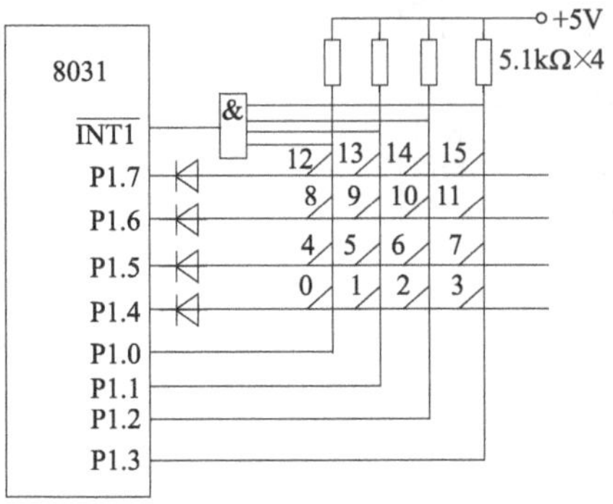

图4-13 中断扫描方式的键盘接口电路

4.1.3 开关量输出接口

有些控制系统往往需要计算机输出开关量控制信息。例如温度控制系统可以控制电加热炉的通、断电的时间来达到调节炉温的目的。而控制通、断电一般采用继电器或晶闸管作为执行器，此类执行器在工作的过程中，需要较大的功率，还会产生较强的电磁干扰，因此采用计算机控制时需要电气隔离和功率驱动，这是开关量输出接口必须要考虑和解决的两个问题。

（1）继电器输出接口

① 常规继电器 常规继电器是电气控制中常用的控制器件之一，一般由电磁线圈和触点（动合或动断）构成。当线圈通电时，由于磁场的作用，使触点闭合（或断开）；当线圈断电后，触点断开（或闭合）。一般线圈可以用直流低压（常用的有9V、12V、24V等）控制，而触点则接在市电（交流220/380V）回路中以控制电器的得电与否。

图4-14是典型的继电器接口电路。图中TIL117是光电隔离器，实现继电器与单片机的电气隔离，起防止干扰和保护单片机的作用。二极管VD起续流保护作用，避免继电器线圈断电时产生高压。

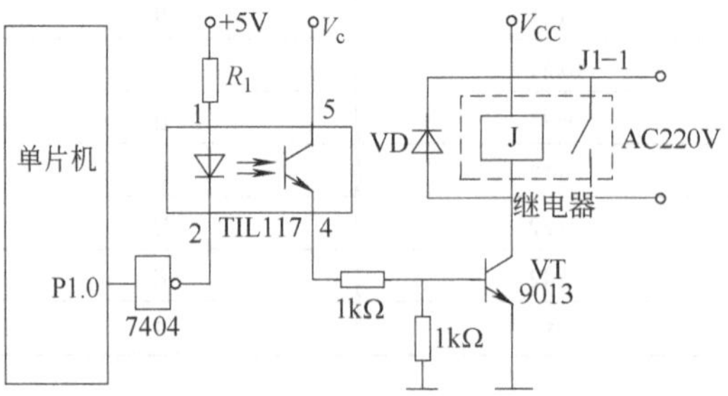

图4-14 继电器接口电路

当P1.0输出高电平时，7404倒向，输出低电平，光电耦合器的发光二极管发光，使光敏三极管饱和导通，进而使起驱动作用的三极管9013饱和导通于是继电器J1线圈得电，继电器的动合触电 J1-1 闭合，从而使负载获得 220V 的交流电源；当 P1.0 输出低电平时，情况与前面相反。

在接口程序中只要安排执行“P1.0＝0;”或“P1.0＝1;” 指令，即可控制图中继电器触点的闭合与断开，使负载得电或断电。

不同的继电器，其线圈驱动电流的大小以及带负载的能力不同。选用时须考虑：

a.继电器线圈额定电压和触点额定电流；

b.触点的对数和种类（动断、动合）；

c.触点释放/吸合时间；

d.体积、封装、工作环境。

② 固态继电器　继电器在动作瞬间，触点易产生火花，且容易氧化，因而影响可靠性。为克服这种接触式继电器的缺点，可以选用非接触式的固态继电器。

固态继电器（简称 SSR）采用晶体管或晶闸管代替常规继电器的触点，并把光电隔离融为一体。因此固态继电器实际上是一种具有光电隔离的无触点开关。它有动作电流低、体积小、无噪声、开关速度快、工作可靠的优点，目前应用广泛。固态继电器有直流型和交流型，两种内部组成不同，应用场合也不同。直流型用于带动直流负载，交流型则用于交流负载。图 4-14 中的继电器可以用一个交流固态继电器代替，不再需要光电隔离和功率驱动。

（2）蜂鸣器接口

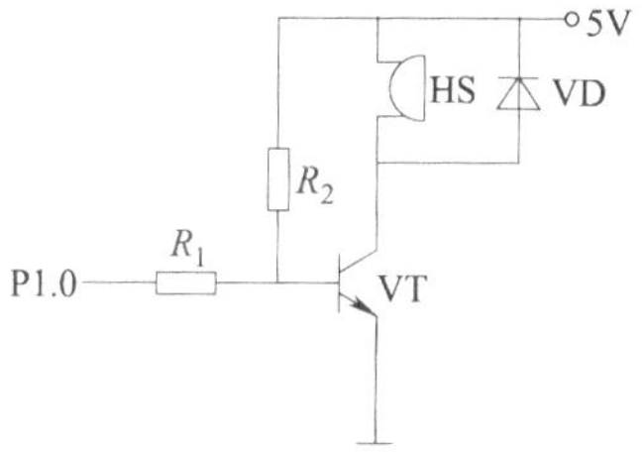

图 4-15　蜂鸣器接口电路

蜂鸣器常用于声音提示或报警。它是双端器件，属于感性负载，需要一定的电流。其接口电路如图 4-15 所示。二极管 VD 和三极管 VT 分别起续流和驱动作用。当 P1.0 输出高电平时，经 R_1 限流，VT 饱和导通，蜂鸣器得电发声；当 P1.0 输出低电平时，VT 截止，蜂鸣器断电无声。控制程序段如下：

```
#include <reg52.h>
 sbit out=P1^0;
 void delay(void);
 void main( )
{
  while(1)
  {
   out=1;
   delay( );
   out=0;
  }
}
void delay( )
{
  unsigned char I,j;
   for (i=100;i>=0;i--)
   for (j=100;j>=0;j--);
}
```

4.2　显示接口

计算机对信息处理的结果存于寄存器或存储器中,人们既看不见也摸不着，只有通过显示器显示才能知道结果，所以显示器是计算机直观输出处理结果的重要设备或器件。单片机应用系统中，常用的显示器件是 LED（发光二极管）、LED 显示器和 LCD 显示器。

4.2.1 LED显示接口

LED（发光二极管）一般仅用于信号指示，其驱动电路与普通二极管基本相同。LED显示器由7～8只发光二极管组合而成，又称LED数码管，能显示数字和几个英文字母，主要应用于只有数值显示的场合。

（1）LED数码管的工作原理

LED数码管通常由8个发光二极管组合而成，称为8段LED数码管。常用的8字形LED数码管如图4-16（a）所示。制造时LED数码管的a、b、c、d、e、f、g做成条形，称为段，按照8字形状放置；dp（或h）为圆点形状，用作小数点。8字形LED数码管有共阴极和共阳极两种结构形式，如图4-16（b）、（c）所示。如果没有dp段，就是7段LED数码管。

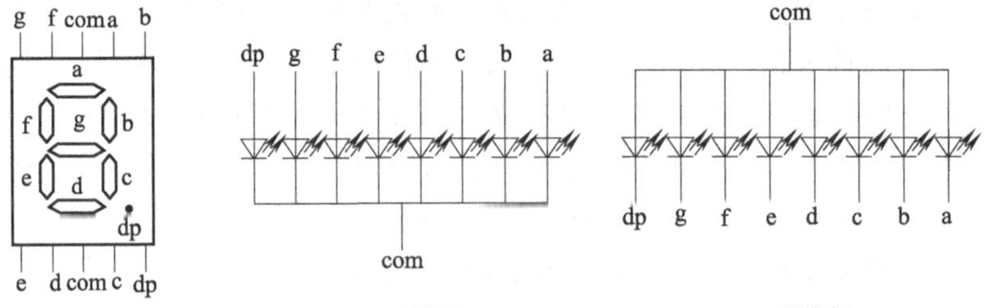

(a) 外形及引脚　(b) 共阴极　(c) 共阳极

图4-16　8字形LED数码管

我们把没有连在一起的端统称为字形端。从电气连接上来看，8段LED数码管有8个字形端，1个公共端，为9端器件。

对于共阴极LED数码管，其公共端必须施加低电平，而在需要点亮段端应施加高电平；对于共阳极LED数码管则与共阴极LED数码管相反。由此可见，施加于公共端的电平决定了数码管能否点亮，称为字位控制；施加于各字形端的电平决定了显示的字形，称为字形控制。

为显示不同的字形，8段LED数码管各段所加的电平也不同，与显示字形对应的电平组合称为字形码。对照图4-16（a）所示字段，字形码的各位定义如下：

D7	D6	D5	D4	D3	D2	D1	D0
dp	g	f	e	d	c	b	a

数据D0与a字段对应，D1与b字段对应……依此类推。如果使用共阳极LED数码管，参考图4-16（a）、（c）可以看出，如要显示“7”字形，a、b、c三段应点亮，所以对应的字形码为11111000B。如要显示“E”，a、f、g、e、d字段应点亮，所以对应的字形码为10000110B。共阴极与共阳极的字形码互为反码。常用的共阳极字形码如表4-2所列。

表4-2　共阳极8段LED数码管字形码表

字符	字形	D7	D6	D5	D4	D3	D2	D1	D0	共阳字形码	共阴字形码
		dp	g	f	e	d	c	b	a		
0	0	1	1	0	0	0	0	0	0	0xc0	0x3f
1	1	1	1	1	1	1	0	0	1	0xf9	0x06

续表

字符	字形	D7	D6	D5	D4	D3	D2	D1	D0	共阳字形码	共阴字形码
		dp	g	f	e	d	c	b	a		
2	2	1	0	1	0	0	1	0	0	0xa4	0x5b
3	3	1	0	1	1	0	0	0	0	0xb0	0x4f
4	4	1	0	0	1	1	0	0	1	0x99	0x66
5	5	1	0	0	1	0	0	1	0	0x92	0x6d
6	6	1	0	0	0	0	0	1	0	0x82	0x7d
7	7	1	1	1	1	1	0	0	0	0xf8	0x07
8	8	1	0	0	0	0	0	0	0	0x80	0x7f
9	9	1	0	0	1	0	0	0	0	0x90	0x67
A	A	1	0	0	0	1	0	0	0	0x88	0x77
B	b	1	0	0	0	0	0	1	1	0x83	0x7c
C	C	1	1	0	0	0	1	1	0	0xc6	0x39
D	d	1	0	1	0	0	0	0	1	0xa1	0x5e
E	E	1	0	0	0	0	1	1	0	0x86	0x79
F	F	1	0	0	0	1	1	1	0	0x8e	0x71
.	.	0	1	1	1	1	1	1	1	0x7f	0x80

LED 显示器的显示方法有静态显示与动态显示两种，下面分别予以介绍。

（2）LED 静态显示接口

静态显示电路一般是将所有 LED 数码管的 com 端接地（共阴极）或接+5V（共阳极），每个数码管的字形端各接独立的输出口，CPU 将显示字形码通过输出口输送至各数码管即可显示。被显示的数据只要输出一次，在显示内容刷新之前不必重复输出。静态显示接口的显示程序比较简单，但占用 I/O 口线可能较多。直接驱动数码管的电路如图 4-17 所示。

I/O 口直接驱动的共阳数码管驱动程序如下：

```
#include  <reg52.h>
#include <intrins.h>
void main ( )
{
    P2=0xa4;
}
```

（3）动态显示接口

动态显示是利用人眼视觉暂留特性和发光二极管的余光效应来实现显示的。实际上，显示器上任何时刻只有一个数码管有显示，由于各数码管轮流显示的节奏较快，人的眼睛反应不过来，加上发光二极管的余光效应，因此看到的是连续显示的现象。为防止闪烁，延时的时间在 2～5ms。不能太长，也不能太短。延时太长，会造成显示不连续；太短，则分辨不清。

在显示器的某个数码管上显示字符的控制过程是：首先将字形码送入字形锁存器锁存，这时所有的数码管都获得同样的字符信号；再将需要显示的位选码送入字位锁存器锁存，于是输出的字符就在位选码指定的数码管上显示。显示器动态显示的控制流程如图 4-18 所示。

图 4-19 是利用单片机的并行口作为字形码锁存器和字位锁存器的四位动态显示接口电

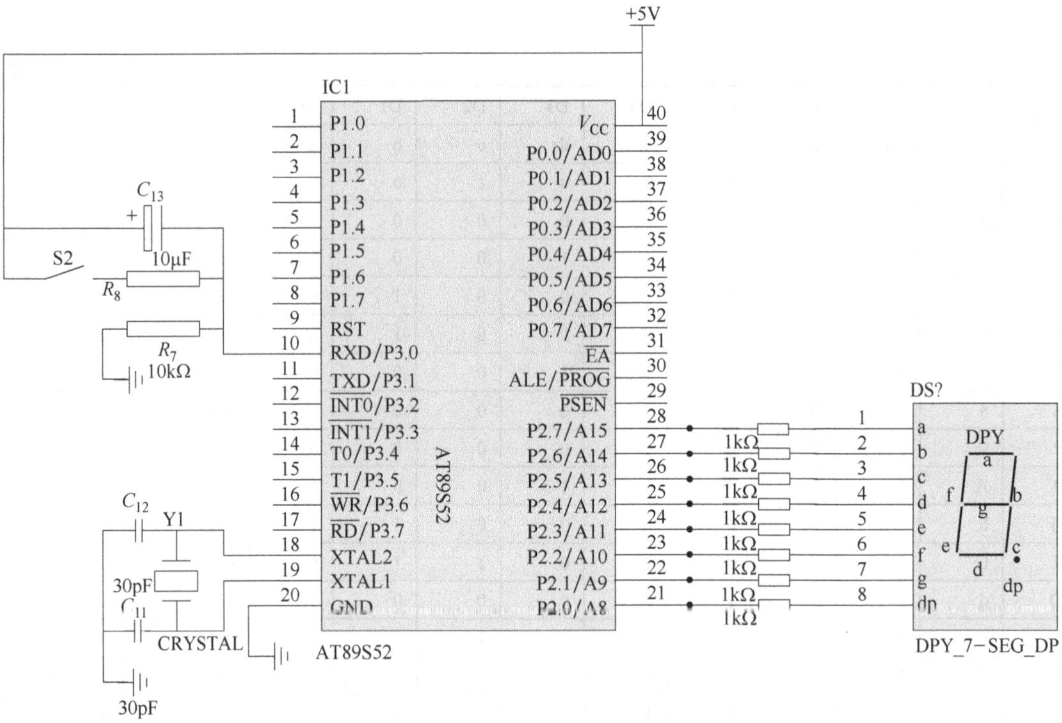

图 4-17 用 I/O 口实现 LED 数码管静态显示

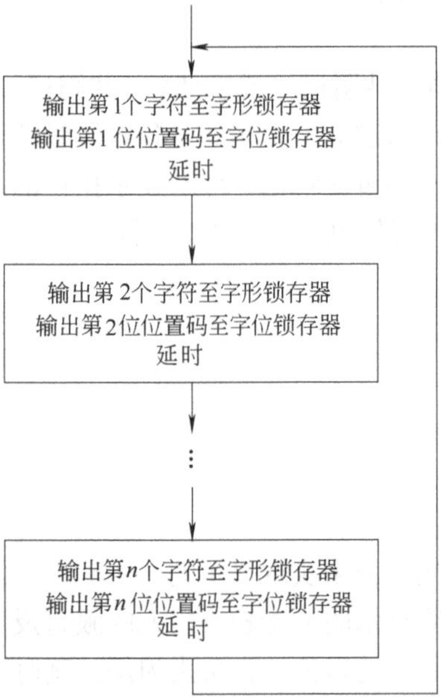

图 4-18 动态显示控制流程

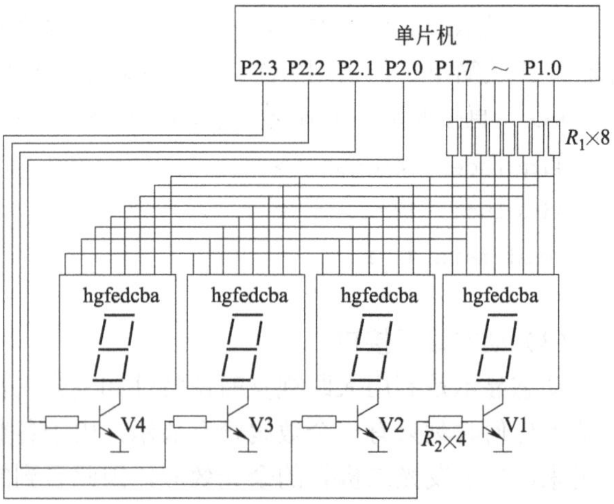

图 4-19 利用单片机并行口的四位动态显示接口电路

路。其中 P1 口为字形锁存器输出显示的字符，P2 口为字位锁存器输出位选码。数码管选用共阴极的，因此，当对应于某位数码的 P2 口线输出高电平时，相应的三极管（起驱动作用）饱和导通，该数码管显示相应的字符；如果输出低电平，则该数码管不显示。于是，从左往右的 4 个数码管的位选码分别是 00000001B（01H）、00000010B（02H）、00000100B（04H）、

00001000B（08H）。

实现显示“1234”的程序如下：

```
#include <reg52.h>
#include <intrins.h>
#define uint  unsigned int
void delay( uint );
void main  ( )
{
while(1)
{
P2=0x01;
P1=0x3f;
delay(  );
-crol-(P2,1);
P1=0x06;
delay  (  );
-crol-(P2,1);
P1=0x5b;
delay  (  );
-crol-(P2,1);
P1=0x4f;
delay  (  );
}
}

void  delay  (  )
{
int x, y;
for(x=200;x>=0;x--)
for(y=200;y>=0;y--);
}
```

动态显示接口的硬件电路比较简单。但是，在动态显示方式，即使显示内容没有变化，CPU 也必须反复执行显示程序，因此，采用动态显示电路时，CPU 的利用效率较低。

4.2.2 LED 数码管点阵显示器

LED 数码显示器能够显示的字符信息有限，为了能够显示更多、更复杂的字符，如汉字，甚至图形信息，常采用点阵式 LED 显示器。LED 点阵显示器的结构如图 4-20 所示，它是由 LED 按矩阵方式排列而成的，在行、列交叉点上接有一只发光二极管，在使用时，只要点亮相应的 LED，LED 点阵显示器即可按要求显示英文字母、阿拉伯数字、图形以及中文字符等。

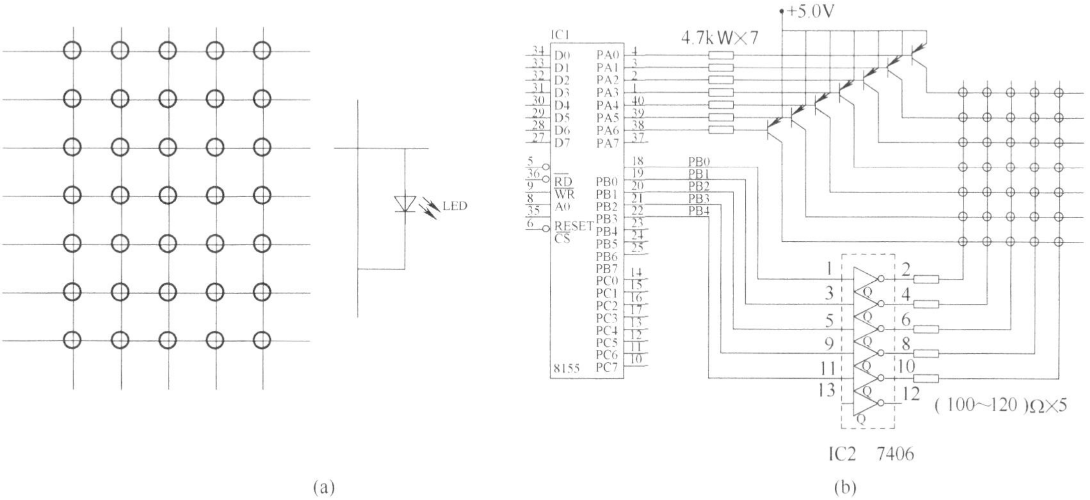

图 4-20 LED 点阵显示器

二极管的数量决定了点阵式LED显示器的分辨率，可分为5×7、5×8、6×8、8×8等多种规格；按照LED发光颜色的变化情况，LED点阵显示器分为单色、双色、三色；按照LED的连接方式，LED显示器又有共阴极、共阳极之分。

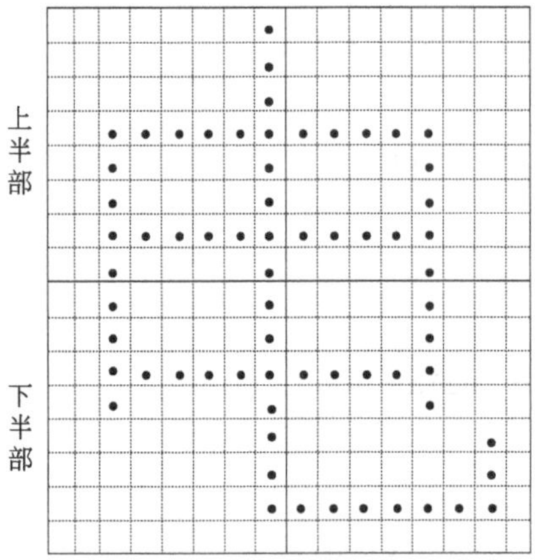

图4-21 “电”的16×16字形点阵示意图

下面以显示汉字为例来说明 LED 点阵显示器的显示原理。由于国标汉字是用16×16点阵（256个像素）来表示的，因此需要用4块8×8的LED点阵显示器组合成16×16LED点阵显示器，才可以完整地显示一个汉字。图4-21所示为汉字“电”的16×16字形点阵示意图。

为了使用8位的51系列单片机控制汉字的显示，通常把一个汉字分成上、下两个部分，如图4-21所示。单片机从上半部左侧开始，扫描完上半部的第1列后，继续扫描下半部的第1列；然后又从上半部的第2列开始扫描，扫描完上半部的第2列后，继续扫描下半部的第2列；……以此类推，直到扫描下半部右侧最后一列为止。汉字“电”的扫描代码为：

第1列		第2列		第3列		第4列		第5列		第6列	
0x00	0x00	0x00	0x00	0x1f	0xf0	0x12	0x20	0x12	0x20	0x12	0x20
第7列		第8列		第9列		第10列		第11列		第12列	
0x12	0x20	0xff	0xfc	0x12	0x22	0x12	0x22	0x12	0x22	0x12	0x22
第13列		第14列		第15列		第16列					
0x1f	0xf2	0x00	0x02	0x00	0x0e	0x00	0x00				

【例4-1】电路如图4-22所示，用单片机I/O口直接驱动一个8×8的LED显示屏，试编写程序实现以间隔1s的速度显示0～9。

```
#include <reg52.h>
#define uint unsigned int
#define uchar unsigned char
 uchar code table_h[] = {
                          0x1C,0x18,0x18,0x18,0x18,0x18,0x18,0x3C,   //1
                          0x7E,0x40,0x40,0x7E,0x02,0x02,0x02,0x7E,   //2
                          0x7E,0x40,0x40,0x7E,0x40,0x40,0x40,0x7E,   //3
                          0x42,0x42,0x42,0x7E,0x40,0x40,0x40,0x40,   //4
                          0x7E,0x02,0x02,0x7E,0x40,0x40,0x40,0x7E,   //5
                          0x7E,0x02,0x02,0x7E,0x42,0x42,0x42,0x7E,   //6
                          0x7E,0x40,0x40,0x40,0x40,0x40,0x40,0x40,   //7
                          0x7E,0x42,0x42,0x7E,0x42,0x42,0x42,0x7E,   //8
```

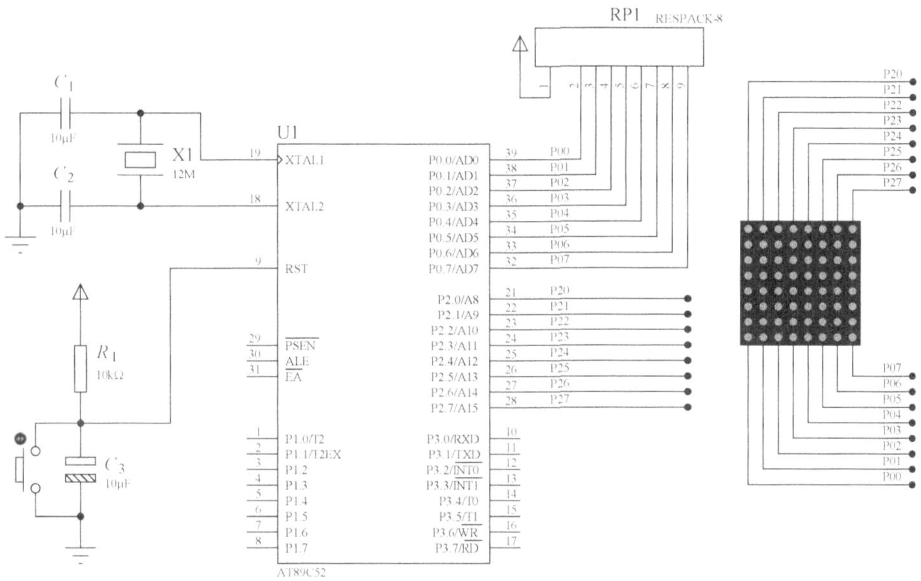

图 4-22 例 4-1 图

```
                    0x7E,0x42,0x42,0x7E,0x40,0x40,0x40,0x7E,   //9
                    0x7E,0x42,0x42,0x42,0x42,0x42,0x42,0x7E,   //0
                };
uchar code table_l[] = {0x01,0x02,0x04,0x08,0x10,0x20,0x40,0x80};//列扫
uchar i= 0,j=0;
void Timer_init();     //定时/计数器子函数
void refresh_led(); //点阵扫描
void main()
{
    Timer_init();   //定时/计数器初始化子函数
    while(1)
    {
    ;
    }
}

void Timer_init()
{
    TMOD = 0X01;     //T0 工作于 16 位定时模式
    TH0 = (65535 - 5000) / 256; //定时时间设置 1ms
    TL0 = (65535 - 5000) % 256;
    ET0 = 1;     //启动定时/计数器溢出中断
    TR0 = 1;     //启动定时/计数器
    EA = 1;      //开启总中断
```

```
}

void Timer0() interrupt 1   //T0 中断子函数（每 3ms 进入一次）
{
    TH0 = (65535 - 3000) / 256; //定时 3 ms
    TL0 = (65535 - 3000) % 256;
    if(i>=112){i=0;}
    refresh_led();
}

void refresh_led()
{

    switch(j)
    {
        case 0: P0 = ~table_l[0];
            break;
        case 1: P0 = ~table_l[1];
            break;
        case 2: P0 = ~table_l[2];
            break;
        case 3: P0 = ~table_l[3];
            break;
        case 4: P0 = ~table_l[4];
            break;
        case 5: P0 = ~table_l[5];
            break;
        case 6: P0 = ~table_l[6];
            break;
        case 7: P0 = ~table_l[7];
            break;
        default:
            break;
    }
    P2 = table_h[i + j];
      i++;
    if(7 == j++)
    {
         j = 0;
```

```
    }
}
```

4.2.3 LCD 液晶显示接口

液晶显示器是一种利用液晶的扭曲——向列效应制成的新型显示器，具有功耗极低、抗干扰能力强、体积小、价廉等优点。目前已广泛应用于各种显示场合，尤其是在袖珍仪表及低功耗系统中，LCD 已成为一种占主导地位的显示器件。LCD 种类繁多，按显示形式及排列形状可分为字段型、点阵字符型、点阵图形型。单片机应用系统中主要使用后两种。

在这里重点介绍 1602 点阵字符型 LCD，16 代表每行可显示 16 个字符；02 表示共有 2 行，即这种 LCD 显示器可同时显示 32 个字符，如图 4-23 所示。

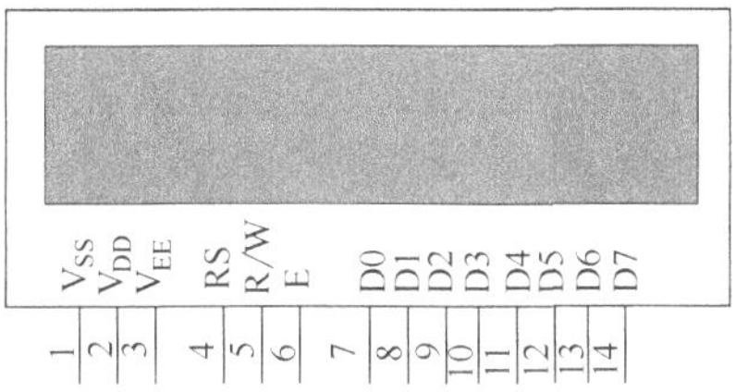

图 4-23 1602 点阵字符型 LCD

（1）主要技术参数

显示容量	16×2 个字符	模块最佳工作电压	5.0V
工作电压	4.8～5.2V	字符尺寸	2.95mm×4.35mm
工作电流	2.0mA（5.0V）	工作温度	0～+50℃
背光源颜色	黄绿	储存温度	−20～+70℃
背光源电流	<100mA		

（2）各引脚的功能

V_{SS}（1）：电源，接地。

V_{DD}（2）：电源，接+5V。

V_{EE}（3）：电源，LCD 亮度调节，电压越低，屏幕越亮。

RS（4）：输入，寄存器选择信号。RS＝1（高电平），选择数据寄存器；RS＝0（低电平），选择指令寄存器。

R/W（5）：输入，读/写。R/W＝1，把 LCM（LCD 显示模块）中的数据读出到单片机上；R/W＝0，把单片机中的数据写入 LCM。

E（6）：输入，使能。E＝1，允许对 LCM 进行读/写操作；E＝0，禁止对 LCM 进行读/写操作。

D0～D7（7～14）：输入/输出，8 位双向数据总线。值得注意的是，LCM 以 8 位或 4 位方式读/写数据，若选用 4 位方式进行数据读/写，则只用 D4～D7。

BLK（15）：背光电源负极。

BLA（16）：背光电源正极。

（3）内部结构

1602点阵字符型LCD显示模块(LCM) 由LCD控制器、LCD 驱动器、LCD显示装置（液晶屏）等组成，主要用于显示数字、 字母、图形符号及少量自定义符号，内部结构如图4-24所示。

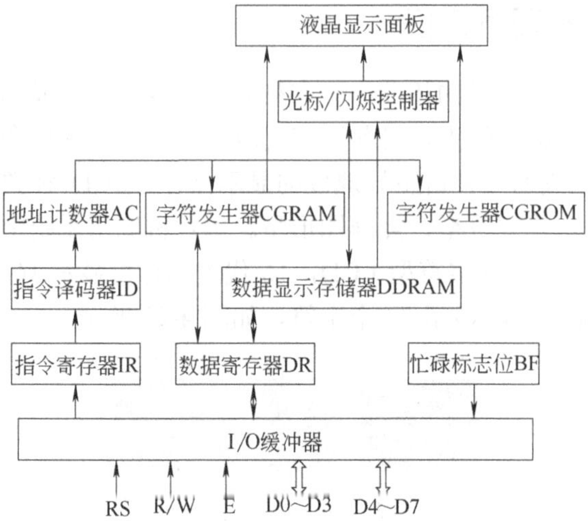

图4-24　1602点阵字符型LCD的内部结构框图

① I/O缓冲器　由LCD引脚送入的信号及数据会存储在这。

② 指令寄存器IR　指令寄存器IR既可以寄存清除显示、光标移位等命令的指令码，又可以寄存DDRAM和CGRAM的地址。指令寄存器IR只能由单片机写入信息。

③ 数据寄存器DR　数据寄存器DR在LCD和单片机交换信息时用来寄存数据。

当单片机向LCD写入数据时，写入的数据首先寄存在DR中，然后才能自动写入DDRAM或CGRAM中。数据是写入DDRAM还是写入CGRAM由当前操作而定。

当从DDRAM或CGRAM读取数据时，DR也用来寄存数据。在地址信息写入IR后，来自DDRAM或CGRAM的相应数据移入DR中，数据传送在单片机执行读DR内容指令后完成。数据传送完成后，来自相应RAM的下一个地址单元内的数据被送入DR，以便单片机进行连续的读操作。

④ 忙碌标志位BF　当BF＝1时，表示LCD正在进行内部操作，不接受任何命令。单片机要写数据或指令到LCD之前，必须先查看BF是否为0，当BF＝0时，LCD才会执行下一个命令。BF的状态由数据线D7输出。

⑤ 地址计数 AC　地址计数器AC的内容是DDRAM或CGRAM单元的地址。当确定地址指令写入IR后，DDRAM或CGRAM单元的地址就送入AC，同时存储器是CGRAM还是DDRAM也被确定下来。当从DDRAM或CGRAM读出数据或向其写入数据后，AC自动加1或减1，AC的内容由数据线DB0～DB6输出。

⑥ 字符发生器CGRAM　字符发生器CGRAM的地址空间共有64个字节，可存储8个自定义的任意5×7点阵字符或图形。

⑦ 字符发生器CGROM　字符发生器CGROM中固化存储了192个不同的点阵字符图形，包括阿拉伯数字、大小写英文字母、标点符号、日文假名等。点阵的大小有5×7、5×10两种。表4-3给出了部分常用的5×7点阵字符代码。CGROM的字形经过内部电路的转换才能传送到显示器上，只能读出不可写入。字形或字符的排列与标准的ASCII码相同。

表 4-3　字符发生器中部分常用的 5×7 点阵字符代码

高 4 位 / 低 4 位	0000 (CGRAM)	0010	0011	0100	0101	0110	0111
0000	(1)		0	@	P	\	p
0001	(2)	!	1	A	Q	a	q
0010	(3)	”	2	B	R	b	r
0011	(4)	#	3	C	S	c	s
0100	(5)	$	4	D	T	d	t
0101	(6)	%	5	E	U	e	u
0110	(7)	&	6	F	V	f	v
0111	(8)	′	7	G	W	g	w
1000	(1)	(	8	H	X	h	x
1001	(2)	)	9	I	Y	i	y
1010	(3)	*	:	J	Z	j	z
1011	(4)	+	;	K	[	k	{
1100	(5)	,	<	L	￥	l	|
1101	(6)	-	=	M	]	m	}
1110	(7)	·	>	N	^	n	→
1111	(8)	/	?	O	—	o	←

例如，字符码 31H 为“1”字符，字符码 41H 为“A”字符。要在 LCD 中显示“A”，就可将“A”的 ASCII 码 41H 写入 DDRAM 中，同时电路到 CGROM 中将“A”的字形点阵数据找出来显示在 LCD 上。

⑧ 数据显示存储器 DDRAM　DDRAM 用来存入 LCD 显示的数据（点阵字符代码）。DDRAM 的容量为 80B，可存储多至 80 个单字节字符代码作为显示数据。没有用上的 DDRAM 单元可被单片机用作一般目的的存储区。

DDRAM 的地址用十六进制数表示，与显示屏幕的物理位置是一一对应的，图 4-25 所示为 1602 点阵字符型 LCD 的显示地址编码。要在某个位置显示数据时，只要将数据写入 DDRAM 的相应地址即可。

列号 / 地址 / 行号	1	2	3	4	5	6	7	8	9	10	11	12	13	14	15	16
1	00	01	02	03	04	05	06	07	08	09	0A	0B	0C	0D	0E	0F
2	40	41	42	43	44	45	46	47	48	49	4A	4B	4C	4D	4E	4F

图 4-25　1602 点阵字符型 LCD 的显示地址编码

注意：第 1 行的地址（00H～0FH）与第 2 行的地址（40H～4F）是不连续的。

⑨ 光标/闪烁控制器　光标/闪烁控制器控制可产生1个光标，或者在DDRAM地址对应的显示位置处闪烁。由于光标/闪烁控制器不能区分地址计数器AC中存放的是DDRAM地址还是CGRAM地址，总认为AC内存放的是DDRAM地址，为避免错误，在单片机和CGRAM进行数据传送时应禁止使用光标/闪烁功能。

（4）基本操作时序

① 读状态：输入，RS=L，RW=H，E=H；输出，D0～D7=状态字。

② 写指令：输入，RS=L，RW=L，D0～D7=指令码，E=高脉冲；输出，无。

③ 读数据：输入，RS=H，RW=H，E=H；输出，D0～D7=数据。

④ 写数据：输入，RS=H，RW=L，D0～D7=数据，E=高脉冲；输出，无。

（5）状态字说明

STA7	STA6	STA5	STA4	STA3	STA2	STA1	STA0
D7	D6	D5	D4	D3	D2	D1	D0

STA0～6	当前数据地址指针的数值	
STA7	读写操作使能	1：禁止；0：允许

（6）指令说明

点阵字符型液晶显示模块是一个智能化的器件，所有的显示功能都是由指令实现的。1602点阵字符型LCD的指令系统共有11条指令。

① 清屏。

控制信号			指令编码							
E	RS	R/W	D7	D6	D5	D4	D3	D2	D1	D0
1	0	0	0	0	0	0	0	0	0	1

指令编码：01H。

指令功能：用字符代码为20H的“空格”刷新屏幕，同时将光标移到屏幕的左上角。

② 光标返回原点。

控制信号			指令编码							
E	RS	R/W	D7	D6	D5	D4	D3	D2	D1	D0
1	0	0	0	0	0	0	0	0	0	×

指令编码：02H或03H。

指令功能：将光标移到屏幕的左上角，同时清零地址计数器AC，而DDRAM的内容不变。“×”表示该位可以为0或1（下同）。

③ 设置字符/光标移动模式。

控制信号			指令编码							
E	RS	R/W	D7	D6	D5	D4	D3	D2	D1	D0
1	0	0	0	0	0	0	0	1	I/D	0

指令编码：04H～07H。

指令功能：I/D=1，表示当读或写完一个数据操作后，地址指针 AC 加 1，且光标加 1（光标右移 1 格）；I/D=0，表示当读或写完一个数据操作后，地址指针 AC 减 1，且光标减 1（光标左移 1 格）。

S=1，表示当写一个数据操作时，整屏显示左移（I/D=1）或右移（I/D=0），以得到光标不移动而屏幕移动的效果；S=0，表示当写一个数据操作时，整屏显示不移动。

④ 显示器开/关控制。

控制信号			指令编码							
E	RS	R/W	D7	D6	D5	D4	D3	D2	D1	D0
1	0	0	0	0	0	0	1	D	C	B

指令编码：08H～0FH。

指令功能：D=0，显示器关闭，DDRAM 中的显示数据保持不变；D=1，显示器打开，立即显示 DDRAM 中的内容。

C=1，表示在显示屏上显示光标；C=0，表示光标不显示。

B=1，表示光标出现后会闪烁；B=0，表示光标不闪烁。

⑤ 光标或字符移位。

控制信号			指令编码							
E	RS	R/W	D7	D6	D5	D4	D3	D2	D1	D0
1	0	0	0	0	0	1	S/C	R/L	×	×

指令编码：10H～1FH。

指令功能：S/C=1，表示显示屏上的画面平移 1 个字符位；S/C=0，表示光标平移 1 个字符位。

R/L=1，表示右移；R/L=0，表示左移。

⑥ 设置功能。

控制信号			指令编码							
E	RS	R/W	D7	D6	D5	D4	D3	D2	D1	D0
1	0	0	0	0	1	DL	N	F	×	×

指令编码：20H～3FH。

指令功能：DL=1，表示采用 8 位数据接口；DL=0，表示采用 4 位数据接口，使用 D7～D4 位，分两次送入 1 个完整的字符数据。

N=1，表示采用双行显示；N=0，表示采用单行显示。

F=1，表示采用 5×10 点阵字符；F=0，表示采用 5×7 点阵字符。

⑦ 设置 CGRAM 地址。

控制信号			指令编码							
E	RS	R/W	D7	D6	D5	D4	D3	D2	D1	D0
1	0	0	0	1	×	×	×	×	×	×

指令编码：40H～7FH。

指令功能：设定下一个要读/写数据的CGRAM地址，地址由（D5～D0）给出，可设定00H～3FH共64个地址。

⑧ 设置DDRAM地址。

控制信号			指令编码							
E	RS	R/W	D7	D6	D5	D4	D3	D2	D1	D0
1	0	0	1	×	×	×	×	×	×	×

指令编码：80H～FFH。

指令功能：设定下一个要读/写数据的DDRAM地址，地址由(D6～D0)给出，可设定00H～7FH共128个地址。当N=0时单行显示（参见⑥：设置功能）。D6～D0的取值范围为00H～0FH；当N=1时双行显示（参见指令⑥：设置功能），首行D6～D0的取值范围为00H～0FH，次行D6～D0的取值范围为40H～4FH。

⑨ 忙碌标志位BF或AC的值。

控制信号			指令编码							
E	RS	R/W	D7	D6	D5	D4	D3	D2	D1	D0
1	0	1	BF	×	×	×	×	×	×	×

忙碌标志位BF用来指示LCD目前的工作情况，当BF=1时，表示正在进行内部数据的处理，不接收单片机送来的指令或数据；当BF=0时，表示已准备接收命令或数据。

当程序读取此数据的内容时，D7表示BF，D6～D0的值表示CGRAM或DDRAM中的地址。至于是指向哪一个地址，则根据最后写入的地址设定指令而定。

⑩ 写数到CGRAM或DDRAM。

控制信号			指令编码							
E	RS	R/W	D7	D6	D5	D4	D3	D2	D1	D0
1	1	0	×	×	×	×	×	×	×	×

先设定CGRAM或DDRAM地址，再将数据写入D7 ～D0中，以使LCD显示出字形，也可以使用户自定义的字符图形存入CGRAM中。

⑪ 从CGRAM或DDRAM中读数。

控制信号			指令编码							
E	RS	R/W	D7	D6	D5	D4	D3	D2	D1	D0
1	1	1	×	×	×	×	×	×	×	×

先设定CGRAM或DDRAM地址，再读取其中的数据。

（7）初始化过程（复位过程）

① 延时15ms。

② 写指令38H（不检测忙信号）。

③ 延时5ms。

④ 指令 38H（不检测忙信号）。

⑤ 延时 5ms。

⑥ 写指令 38H（不检测忙信号）。

⑦ 以后每次写指令、读/写数据操作之前均需检测忙信号。

⑧ 写指令 38H：显示模式设置。

⑨ 写指令 08H：显示关闭。

⑩ 写指令 01H：显示清屏。

⑪ 写指令 06H：显示光标移动设置。

⑫ 写指令 0CH：显示开及光标设置。

【例 4-2】 电路如图 4-26 所示，单片机采用 AT89C51，振荡器频率 f_{osc} 为 12MHz，显示器采用 16×2 的字符型 LCD。试编写程序，让显示器显示两行字符串，第 1 行为“ZhuHai ChengShi”，共 15 个字符；第 2 行为“JiShu XueYuan”，共 14 个字符。

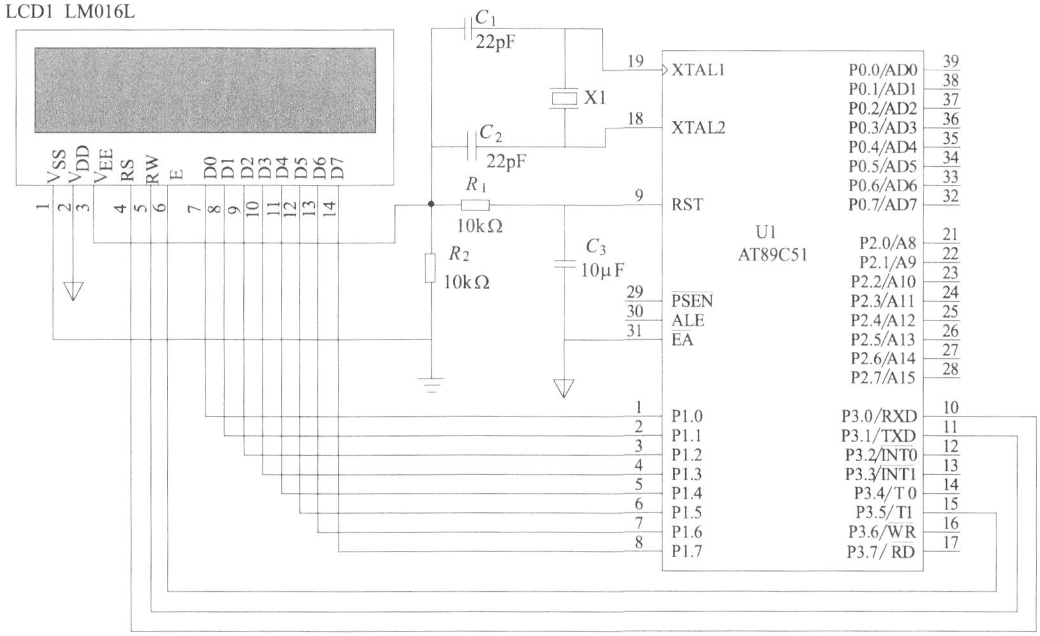

图 4-26 电路图

```
#include <reg51.h>
#define unchar unsigned char
#define unint  unsigned int

sbit   RS = P3^0;          // 定义 LCD 的控制信号线
sbit   RW = P3^1;
sbit   E  = P3^5;

unchar code L1[]= "ZhuHai ChengShi";    // 第 1 行 15 个字符
unchar code L2[]= " JiShu XueYuan" ;    // 第 2 行 14 个字符
```

```
void delayXms( unint x );        // 函数声明
void lcd_init( void );
void write_ir( void );
void write_dr( unchar *ch, unchar n );

void main( void )
{
    unchar *ptr, n;

    while( 1 ){
        lcd_init( );          // LCD 初始化

        P1 = 0x80;        // 第 1 行起始地址：设定字符显示位置
        write_ir( );
        ptr = &L1; n=15;
        write_dr( ptr, n );

        P1 = 0xc0;        // 第 2 行起始地址：设定字符显示位置
        write_ir( );
        ptr = &L2; n=14;
        write_dr( ptr, n );

        P1 = 0xcf;        // 光标最后停留在 LCD 的 0xcf 位置
        write_ir( );
    }
}

void delayXms( unint x )
{
    unint y,z;
    for( ; x>0; x-- )
        for( y=4; y>0; y-- )
            for( z=250; z>0; z--);
}

void lcd_init( void )
{
    P1 = 0x01;  // 清屏指令
    write_ir( );

    P1 = 0x38;  // 功能设定指令：8 位，2 行，5×7 点矩阵
```

```
        write_ir( );

        P1 = 0x0f;  // 开显示指令：显示屏 ON，光标 ON，闪烁 ON
        write_ir( );

        P1 = 0x06;  // 设置字符/光标移动模式：光标右移，整屏显示不移动
        write_ir( );
    }

    void write_ir( void )
    {
        RS = 0;                // 选择 LCD 指令寄存器
        RW = 0;                // 执行写入操作
        E = 0;                 // 禁用 LCD
        delayXms( 50 );
        E = 1;                 // 启动 LCD
    }

    void write_dr( unchar *ch, unchar n )
    {
        unchar i;
        for( i=0; i<n; i++ ){
            P1 = *(ch+i);      // 送字符数据
            RS = 1;            // 选择 LCD 数据寄存器
            RW = 0;            // 执行写入操作
            E = 0;             // 禁用 LCD
            delayXms( 50 );
            E = 1;             // 启动 LCD
        }
    }
```

【例 4-3】电路如图 4-27 所示，单片机采用 AT89C51，振荡器频率 f_{osc} 为 12MHz，显示器采用 16×2 的字符型 LCD。试编写程序，在 LCD 的左上角显示键名，如按“A”键显示字符“A”。

```
#include <reg51.h>
#define unchar unsigned char
#define unint  unsigned int
sbit RS = P3^0;          // 定义 LCD 的控制信号线
sbit RW = P3^1;
sbit E  = P3^4;
unchar  ch, key;         // ch 为显示数据，key 为键值
void delayXms( unint x );  // 函数声明
```

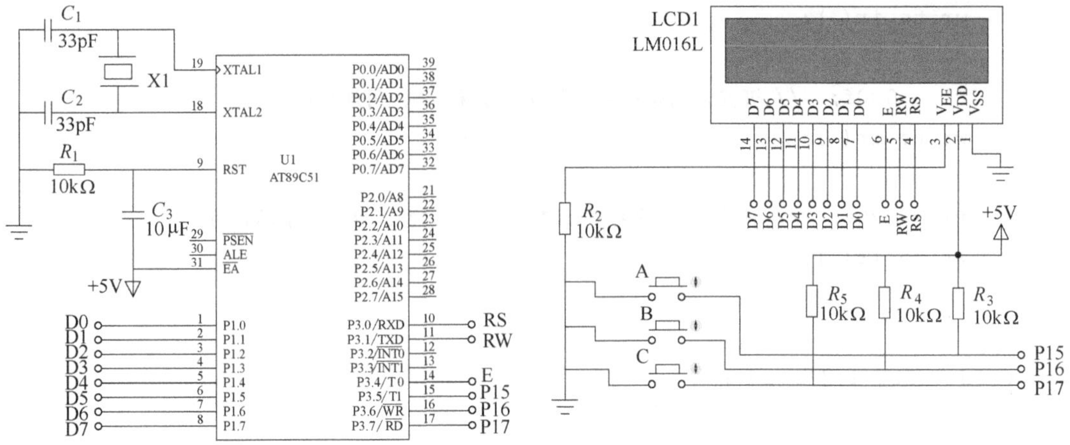

图 4-27 电路图

```
void lcd_init( void );
void write_ir( void );
void write_dr1( uchar ch );

void main( void )
{
   lcd_init( );                    // LCD 初始化
   while( 1 ){
       key = P3&0xe0;
       switch( key ){
           case 0xc0: ch = 'A';
                   P1 = 0x80;     // 在第 1 行起始地址显示 A
                   write_ir( );
                   write_dr1( ch );
                   break;
           case 0xa0: ch = 'B';
                   P1 = 0x80;     // 在第 1 行起始地址显示 B
                   write_ir( );
                   write_dr1( ch );
                   break;
           case 0x60: ch = 'C';
                   P1 = 0x80;     // 在第 1 行起始地址显示 C
                   write_ir( );
                   write_dr1( ch );
                   break;
           default:  P1 = 0x81;     // 光标最后停留在 LCD 的位置
                   write_ir( );
       }
   }
```

```
}

void delayXms( unint x )
{
    unint y,z;
    for( ; x>0; x-- )
        for( y=4; y>0; y-- )
            for( z=250; z>0; z--);
}

void lcd_init( void )
{
    P1 = 0x01;  // 清屏指令
    write_ir( );

    P1 = 0x38;  // 功能设定指令: 8位, 2行, 5×7点矩阵
    write_ir( );

    P1 = 0x0f;  // 开显示指令: 显示屏ON, 光标ON, 闪烁ON
    write_ir( );

    P1 = 0x06;  // 设置字符/光标移动模式: 光标右移, 整屏显示不移动
    write_ir( );
}

void write_ir( void )
{
    RS = 0;             // 选择LCD指令寄存器
    RW = 0;             // 执行写入操作
    E = 0;              // 禁用LCD
    delayXms( 30 );
    E = 1;              // 启动LCD
}
void write_dr1( unchar x )
{
    P1 = x;             // 送字符x
    RS = 1;             // 选择LCD数据寄存器
    RW = 0;             // 执行写入操作
    E = 0;              // 禁用LCD
    delayXms( 30 );
    E = 1;              // 启动LCD
```

}

案例1：无软件消抖的独立式按键输入显示

(1) 电路原理图及功能要求

电路如图1所示，用K1键控制VD1的发光，观察按键无消抖处理时的状况。

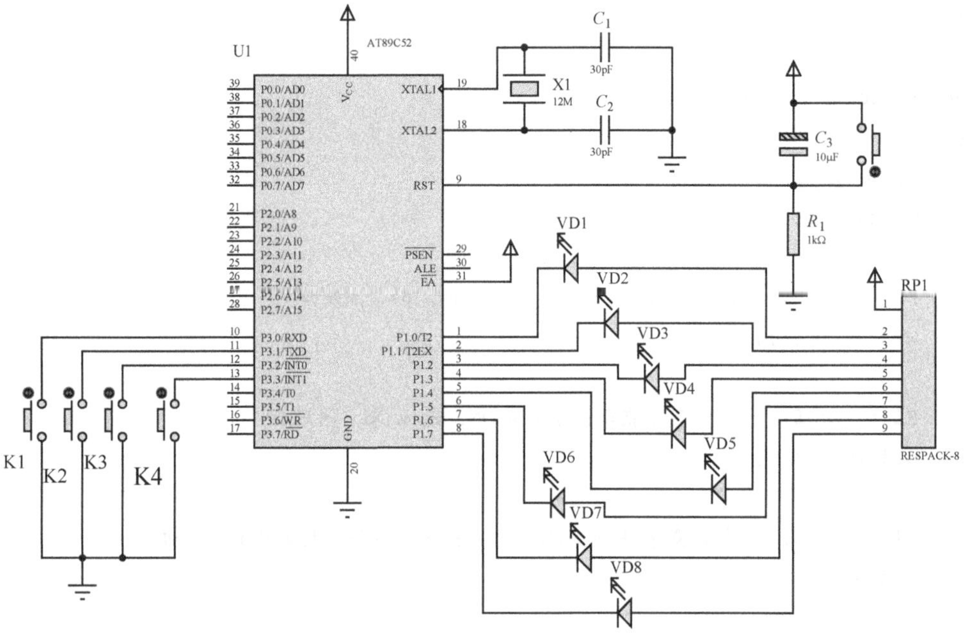

图1 电路原理图

(2) 参考源程序

```
#include<reg51.h>    //  包含51单片机寄存器定义的头文件
Sbit K1=P3^0;         //将K1位定义为P3.0引脚
sbit D1=P1^0;        //将VD1位定义为P1.0引脚
void main(void)  //主函数
{
  D1=0;        //P1.0引脚输出低电平
while(1)
   {
        if(K1==0)   //按键K1被按下，P3.0引脚为低电平
        D1=!D1;  //P1.0引脚取反


     }
}
```

案例 2：软件消抖的独立式按键输入显示

（1）电路原理图及功能要求

电路如图 1 所示，用 K1 键控制 VD1 的发光，观察按键有软件消抖处理时的状况。

（2）参考源程序

```
#include<reg51.h>    //  包含 51 单片机寄存器定义的头文件
sbit K1=P3^0;        //将 K1 位定义为 P3.0 引脚
sbit D1=P1^0;       //将 VD1 位定义为 P1.0 引脚
/**************************************************
函数功能：延时约 30ms
**************************************************/
void delay(void)
{
   unsigned char i,j;
     for(i=0;i<100;i++)
       for(j=0;j<100;j++)
         ;
}
/**************************************************
函数功能：主函数
**************************************************/
void main(void)  //主函数
{
  D1=0;        //P1.0 引脚输出低电平
while(1)
   {
         if(K1==0)   //按键 K1 被按下，P3.0 引脚为低电平
         {
           delay(); //延时一段时间再次检测
            if(K1==0)   // 按键 K1 的确被按下
              D1=!D1;  //P1.0 引脚取反
          }
     }
}
```

案例 3：开关控制 LED

（1）电路原理图及功能要求

电路如图 2 所示，开关 S1 和 S2 分别控制 LED1 和 LED2。

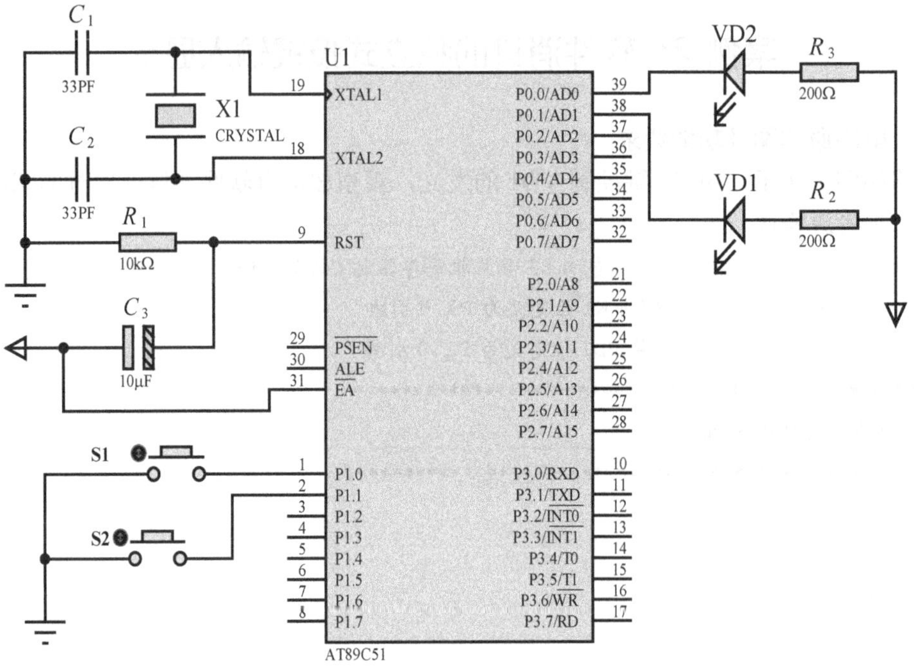

图 2 电路图

(2) 参考源程序

```
#include<reg51.h>
sbit S1=P1^0;
sbit S2=P1^1;
sbit LED1=P0^0;
sbit LED2=P0^1;
//主程序
void main()
{
 while(1)
  {
   LED1=S1;
   LED2=S2;
  }
}
```

案例 4：继电器控制照明设备

(1) 电路原理图及功能要求

电路如图 3 所示，按下 K1 灯点亮，再次按下时灯熄灭。

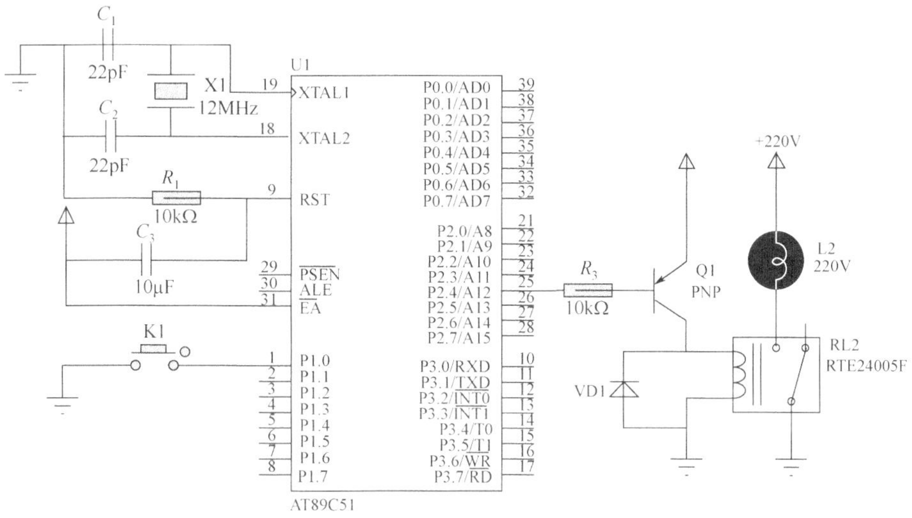

图 3　继电器控制照明设备电路图

(2) 参考源程序

```
#include<reg51.h>
#define uchar unsigned char
#define uint unsigned int
sbit K1=P1^0;
sbit RELAY=P2^4;
//延时
void DelayMS(uint ms)
{
 uchar t;
 while(ms--)for(t=0;t<120;t++);
}
//主程序
void main()
{
  P1=0xff;
  RELAY=1;
  while(1)
  {
  if(K1==0)
   {
    while(K1==0);
    RELAY=~RELAY;
   DelayMS(20);
   }
  }
}
```

案例 5：按键状态显示

(1) 电路原理图及功能要求

电路如图 4 所示，K1、K2 按下时 LED 点亮，松开时熄灭，K3、K4 按下并释放时 LED 点亮，再次按下并释放时熄灭。

(2) 参考源程序

```
#include<reg51.h>
#define uchar unsigned char
#define uint unsigned int
sbit LED1=P0^0;
sbit LED2=P0^1;
sbit LED3=P0^2;
sbit LED4=P0^3;
sbit K1=P1^0;
```

```
sbit K2=P1^1;
sbit K3=P1^2;
sbit K4=P1^3;
//延时
void DelayMS(uint x)
{
 uchar i;
 while(x--) for(i=0;i<120;i++);
}
//主程序
void main()
{
  P0=0xff;
  P1=0xff;
  while(1)
  {
      LED1=K1;
      LED2=K2;
      if(K3==0)
      {
       while(K3==0);
       LED3=~LED3;
      }
     if(K4==0)
     {
      while(K4==0);
      LED4=~LED4;
     }
   DelayMS(10);
  }
}
```

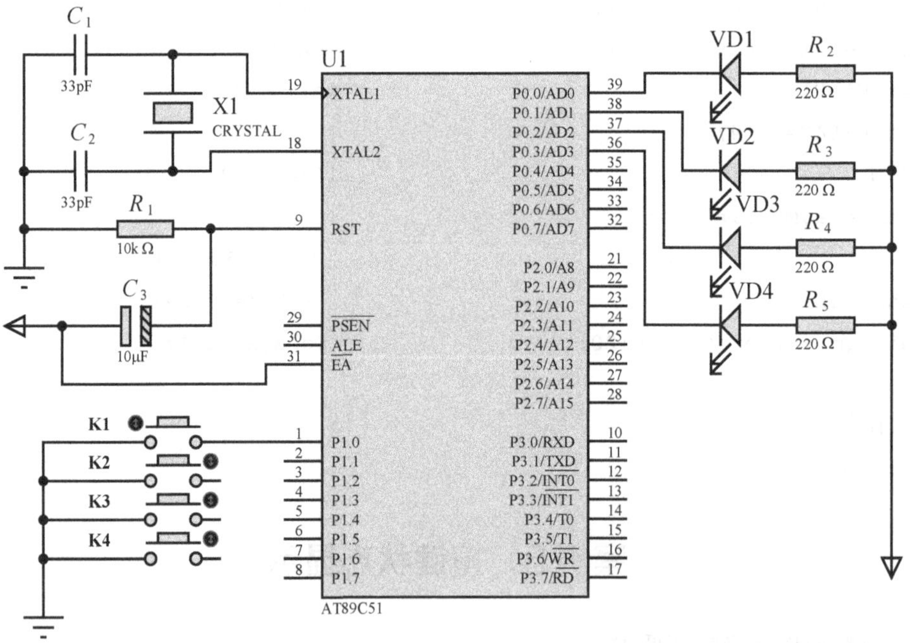

图4 按键状态显示电路图

案例6：按键控制彩灯的设计

（1）硬件电路及功能要求

按键控制彩灯电路原理图如图5所示，编制程序运行实现如下功能，当按下K1时，8段发光二极管闪烁发光，当按下K2时，发光二极管奇偶交替闪烁，当按下K3时，高4位与低 4 位交替闪烁，当按下 K4 时，全部熄灭。

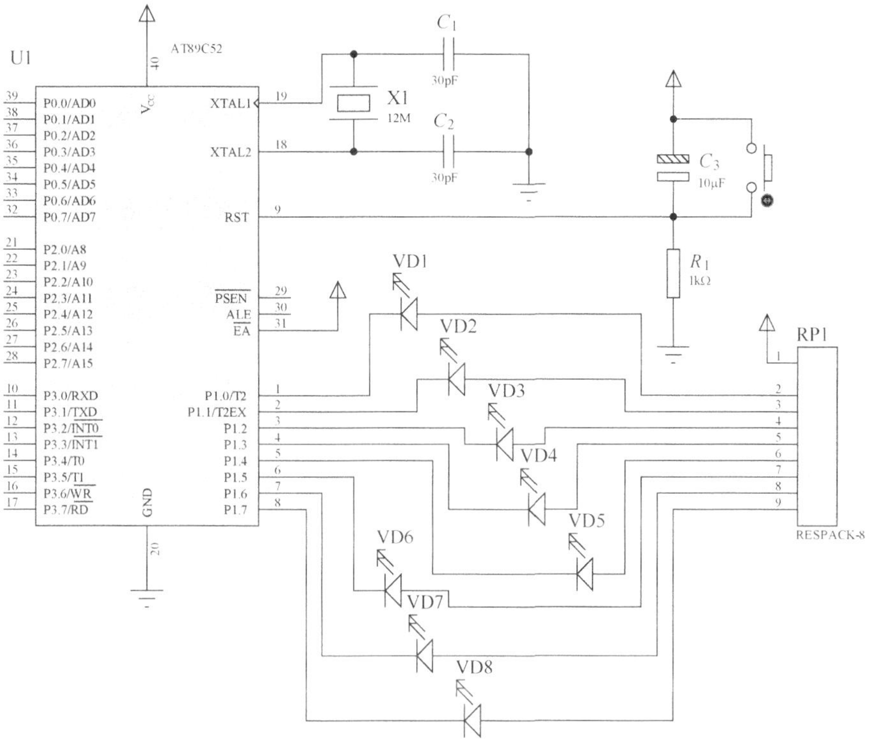

图 5 按键控制彩灯原理图

(2) 程序流程图及参考源程序

程序流程图如图 6 所示。

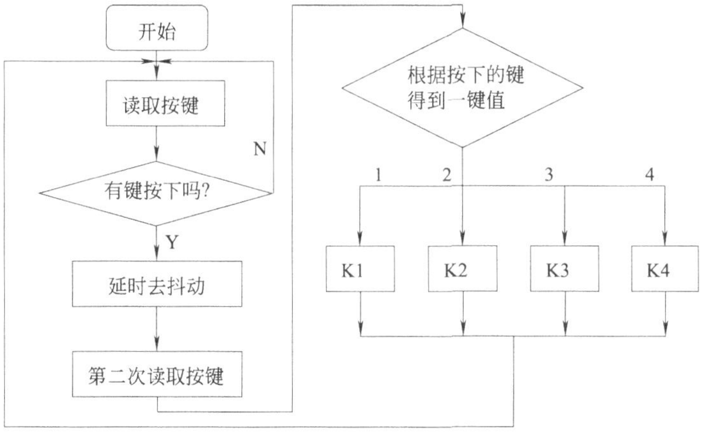

图 6 程序流程图

```
#include <reg52.h>
typedef unsigned int uint;
typedef unsigned char uchar;
uchar temp,value;
void Delay_ms(uint ms); //延时函数
```

```
void Key_scanf();  //按键扫描函数
void Show_one();  //K1 按下时的显示函数
void Show_two();  //K2 按下时的显示函数
void Show_three();  //K3 按下时的显示函数
void Show_four();  //K4 按下时的显示函数
void main()
{
    while(1)
    {
        Key_scanf();
        switch(value)
        {
            case 1: Show_one();
                break;
            case 2: Show_two();
                break;
            case 3: Show_three();
                break;
            case 4: Show_four();
                break;
        }
    }
}

void Delay_ms(uint ms)
{
    uint x,y;
    for(x=0;x<ms;x++)
        for(y=0;y<110;y++);
}
void Key_scanf()
{
    temp = P3;  //读键值
    temp = temp & 0x0f;//取 P3 的低 4 位
    if(temp != 0x0f)   //判断是否有键按下，如果有键按下，延时一定时间，用于去抖
    {
        Delay_ms(5);
        temp = P3;  //第二次读键值
        temp = temp && 0x0f; //取 P3 的低 4 位
        switch(temp)  //根据按下键得到一个键值
        {
            case 0x0e:  value = 1;
```

```
                break;
                case 0x0d:  value = 2;
                break;
                case 0x0b:  value = 3;
                break;
                case 0x07:  value = 4;
                break;
            }
        }
}
void Show_one()
{
    P1 = 0x00;
    Delay_ms(500);
    P1 = 0xff;
    Delay_ms(500);
    Delay_ms(500);
}
void Show_two()
{
    P1 = 0xaa;
    Delay_ms(150);
    P1 = 0x55;
    Delay_ms(150);
}
void Show_three()
{
    P1 = 0x0f;
    Delay_ms(100);
    P1 = 0xf0;
    Delay_ms(100);
}
void Show_four()
{
    P1 = 0xff;
}
```

案例 7：按键控制数码管加 1 减 1 显示

（1）硬件电路及功能要求

电路如图 7 所示。按键操作功能的定义：每按一次“+1”键，一位数码管显示器显示数值增1，增至9时，再按一次“+1”键，数码显示回0；每按一次“-1”键，显示器显示数值减1，减至0时，再按一次“-1”键，数码显示回9。

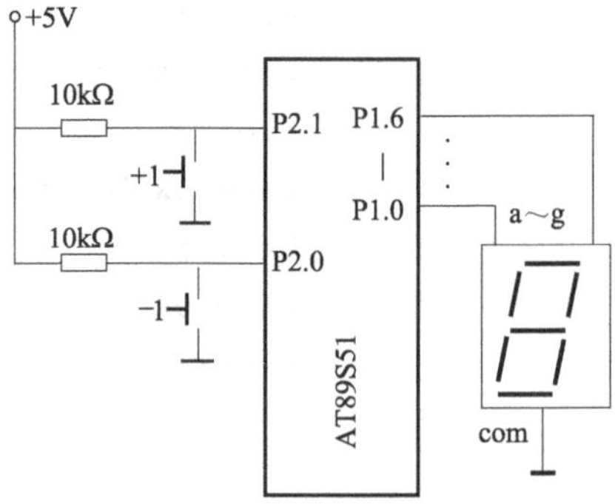

图7 一位计数器接口电路

（2）参考源程序

```
#include<reg52.h>
            unsigned a=0;
            void delay(  );
           //延时函数
            void display( );
           //显示函数
            void main (void)
               {
                  P1=0x3f;                  //显示"0"
                  if (P2^1==0)              //"+1"键按下去没有?
                  {
                   delay( );                //"+1"键按下去了，延时去抖
                   if (P2^1==0)             //再次判断"+1"键是否按下去
                       {
                          delay( );         //等待键释放
                          a=++a;            //键值加1
                          if (a<=9) display( );      //如果数小于或等于9，显示
                          else a=0;                  //如果大于9，回0
                       }
                     display( );
                  }

                  if (P2^0==0)                       //"-1"键按下去没有?
                  {
                   delay( );                         //"-1"键按下去了，延时去抖
                   if (P2^0==0)                      //再次判断"-1"键是否按下去
                       {
                          delay( );                  //等待键释放
                          a=--a;                     //键值减1
                          if (a>=0) display( );      //如果数大于或等于0，显示
                          else a=9;                  //如果小于0，回9


                       }
                     display( );
                  }
```

```
            }
            void delay(void)
            {
            unsigned char i,j;
            for(i=0;i<=12;i++)
            for(j=0;j<255;j++);
            }
           void display( )
            {
    Unsigned char tabel[10]={0x3f,0x06,0x5b,0x4f,0x66,0x6d,0x7d,0x07,0x7f,
0x6f};
             P1=tabel[a];

            }
```

程序首先让显示器显示“0”，然后是键功能处理。键状态监测采用扫描方式，不断依次检测两个键的电平信号，发现有键按下，延时 10ms 消抖后再看该键是否确实按下，确认后进行该键的功能处理——加 1 或减 1，并显示结果。

案例 8：单只数码管显示 0~9

（1）硬件电路及功能要求

电路如图 8 所示，用程序控制接在 P0 口的数码管循环显示 0～9。

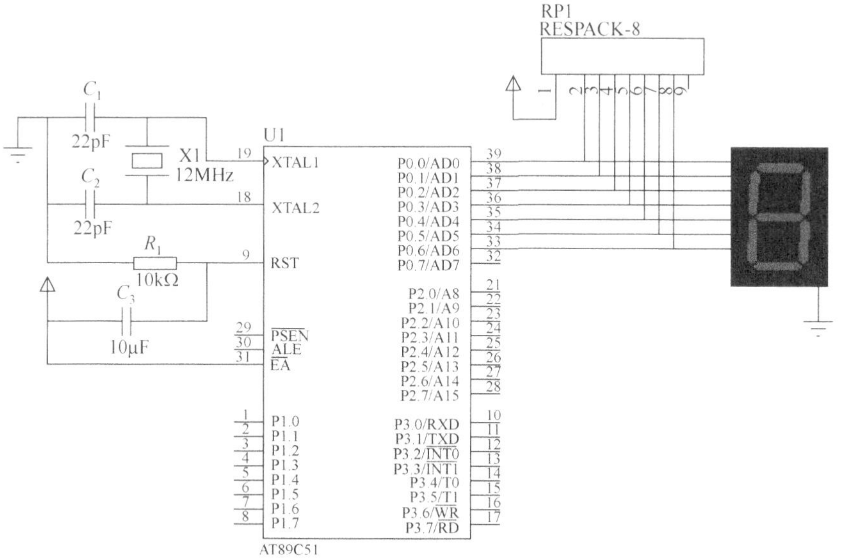

图 8 单只数码管显示 0～9 电路图

（2）参考源程序

```
#include<reg51.h>
#include<intrins.h>
#define uchar unsigned char
#define uint unsigned int
uchar code DSY_CODE[]={0xc0,0xf9,0xa4,0xb0,0x99,0x92,0x82,0xf8,0x80,0x90,
0xff};
//延时
void DelayMS(uint x)
{
uchar t;
while(x--) for(t=0;t<120;t++);
}
//主程序
void main()
{
 uchar i=0;
 P0=0x00;
 while(1)
   {
    P0=~DSY_CODE[i];
    i=(i+1)%10;
    DelayMS(300);
   }
}
```

案例9：8只数码管动态显示数字

（1）硬件电路及功能要求

电路如图9所示，数码管从左到右依次滚动显示0～7，程序通过每次循环选通一只数码管。

（2）参考源程序

```
#include<reg51.h>
#include<intrins.h>
#define uchar unsigned char
#define uint unsigned int
uchar code DSY_CODE[]={0xc0,0xf9,0xa4,0xb0,0x99,0x92,0x82,0xf8,0x80,0x90};
```

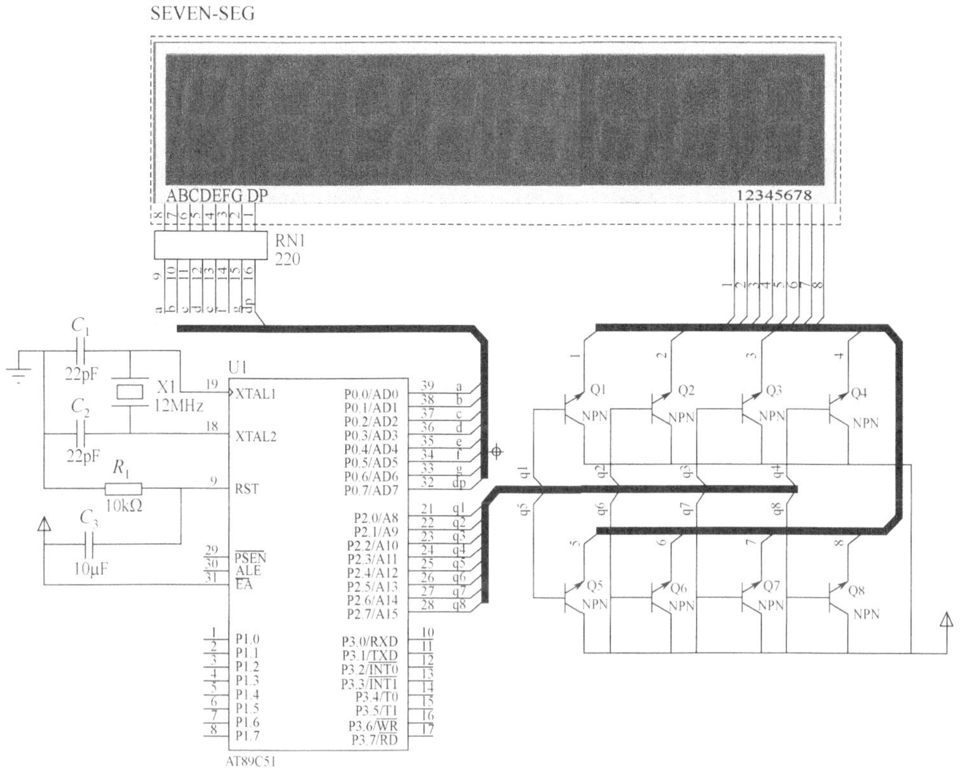

图 9　8 只数码管动态显示数字电路图

```
//延时
void DelayMS(uint x)
{
 uchar t;
 while(x--)  for(t=0;t<120;t++);
}
//主程序
void main( )
{
  uchar i,wei=0x80;
  while(1)
  {
   for(i=0;i<8;i++)
     {
     P2=0xff; //关闭显示
     wei=_crol_(wei,1);
     P0=DSY_CODE[i]; //发送数字段码
     P2=wei; //发送位码
    DelayMS(300);
```

```
        }
      }
    }
```

案例10：步进电机驱动控制设计

（1）步进电机及其工作方式

步进电机也称为脉冲电机，用单片机输出的数字脉冲，可以控制电机的旋转角度和速度。

步进电机有如下特点：给步进脉冲电机就转，称为移步，不给步进脉冲电机就不转，称为锁步；步距角在0.36°～90°之间，可以精确控制；步进脉冲的频率越高，步进电机转得越快；改变各相的通电方式，可以改变电机的运行方式；改变通电顺序，可以控制步进电机的正、反转。三相步进电机有以下3种工作方式：

① 单相三拍工作方式，其电机控制绕组A、B、C相的正转通电顺序为：A→B→C→A；反转通电顺序为：A→C→B→A。

② 三相六拍工作方式，正转的绕组通电顺序为：A→AB→B→BC→C→CA→A；反转的通电顺序为：A→AC→C→CB→B→BA→A。

③ 双三拍工作方式，正转的绕组通电顺序为：AB→BC→CA→AB；反转的通电顺序为：AB→AC→CB→BA。

（2）步进电机的驱动控制电路

步进电机的驱动电路需要根据步进电机的功率大小采用不同的驱动元件，最小的可以直接由单片机I/O口驱动，较大的常用晶体管驱动，还可以用大功率的场效应管，达林顿管等作为驱动元件。

步进电机常用的驱动方式是全电压驱动，即在电机移步与锁步时都加载额定电压，为防止电机过流及改善驱动特性，需加限流电阻。由于步进电机锁步时，限流电阻要消耗大量的功率，因此限流电阻要有较大的功率容量，并且开关也要有较高的负载能力。全电压驱动适用于小功率步进电机，图10是利用晶体管全电压驱动三相步进电机的控制原理图。

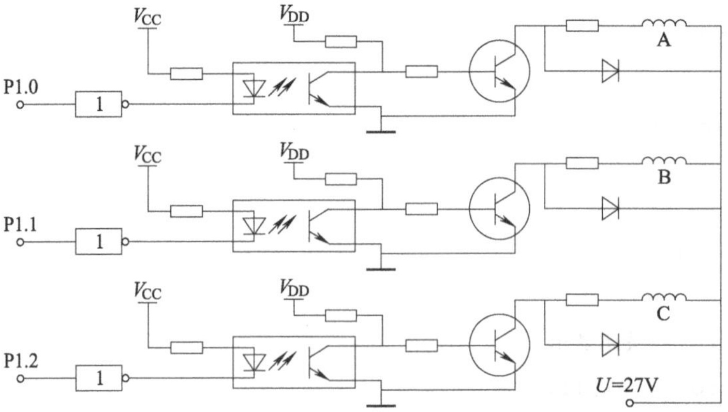

图10　全电压驱动三相步进电机的控制原理图

当P1.0输出低电平时，对应的光电耦合器不导通，呈高电平输出，与之连接的晶体管获得正向偏置而导通，步进电机A相得电；当P1.0输出高电平时，将使步进电机A相断电。

P1.1 和 P1.2 分别控制 B、C 两相，只要通过 P1.0~ P1.2 输出高低电平就可以控制三相步进电机的运行。下面是使步进电机按三相六拍方式单向运行 *n* 步的控制程序。

（3）参考源程序

```
#include <reg52.h>
unsigned char data i _at_ 0x30;// 定义一个变量 i 存储在数据存储器 0x30 单元
unsigned char data j _at_ 0x31;//  定义一个变量 j 存储在数据存储器 0x31 单
                                 //元，用于存放步进电机旋转的步数，这里
                                 //假设为 10 步
unsigned char b=0;
unsigned char code A[  ]={0xfe,0xfc,0xfd,0xf9,0xfb,0xfa};//模式代码
void delay(void);
void main(void)
{
   while(1)
  {
    for (i=0;i<6;i++)
      {
       P1=A[i];
       b++;
      if( b==j)  break;
delay(  );
       }
     if( b==j)  break;
  }
while(1);
}
void  delay( void  )
{
  unsigned char l,s;
   for (l=100;l>0;l--)
    for (s=100;s>0;s--);
}
```

案例 11：数码管显示 4×4 矩阵键盘按键号

（1）硬件电路及功能要求

如图 11 所示是 4×4 矩阵非编码键盘与单片机的典型连接方式。4 根行线分别与单片机 P1 口的 P1.0～P1.3 引脚相连，称为行扫描口；4 根列线分别与单片机 P1 口的 P1.4 ～P1.7 引脚相连，称为列检测口。16 个按键的键名分别为 0 ～ 9、A～F。试编写程序，用 7 段数码管显示矩阵非编码键盘的键名。例如，按“1”键则显示“1”。

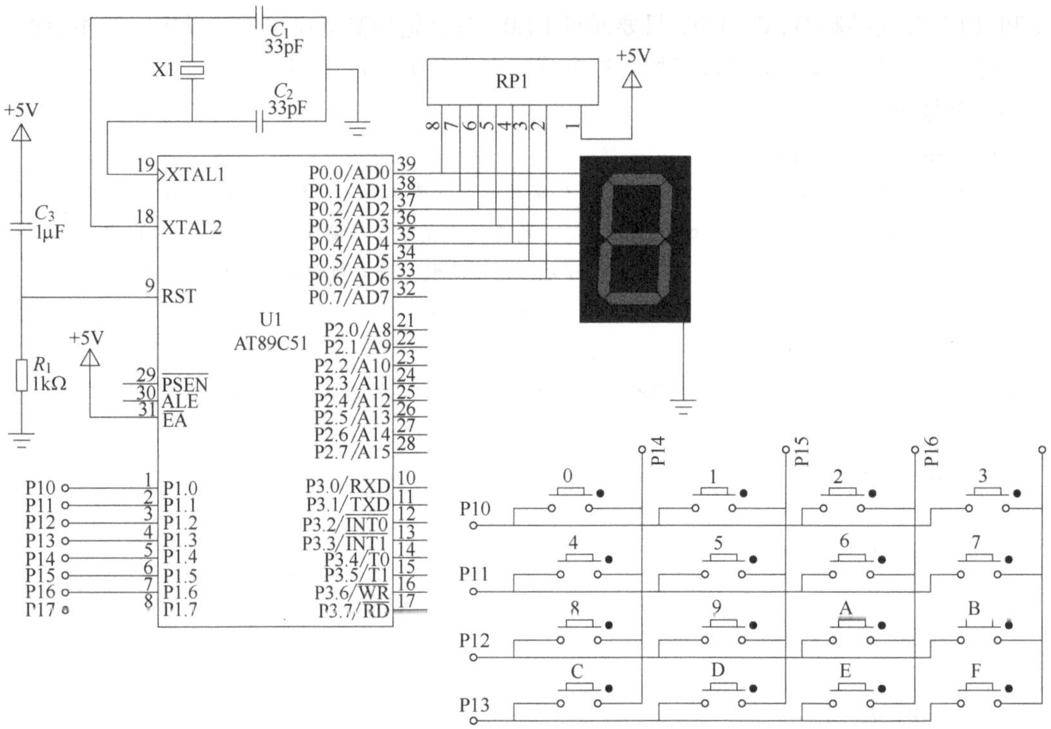

图 11 4×4 矩阵非编码键盘的应用

(2) 参考源程序

```
#define unchar unsigned char
#define unint  unsigned int
unchar HSM,LJC,keyvalue;    // HSM为行扫描码,LJC为列检测数据,keyvalue为键值
unchar tmp;                 // 用于主函数中接收键值
void delayXms( unint x );
unchar keyscan( void );
void main( void )
{
    while( 1 ){
        tmp = keyscan( );
        switch( tmp ){
            case 0x11:  P0 = 0x3f;  break;  // 0
            case 0x21:  P0 = 0x06;  break;  // 1
            case 0x41:  P0 = 0x5b;  break;  // 2
            case 0x81:  P0 = 0x4f;  break;  // 3
            case 0x12:  P0 = 0x66;  break;  // 4
            case 0x22:  P0 = 0x6d;  break;  // 5
            case 0x42:  P0 = 0x7d;  break;  // 6
            case 0x82:  P0 = 0x07;  break;  // 7
            case 0x14:  P0 = 0x7f;  break;  // 8
```

```
            case 0x24:  P0 = 0x6f;  break;  // 9
            case 0x44:  P0 = 0x77;  break;  // A
            case 0x84:  P0 = 0x7c;  break;  // b
            case 0x18:  P0 = 0x39;  break;  // C
            case 0x28:  P0 = 0x5e;  break;  // d
            case 0x48:  P0 = 0x79;  break;  // E
            case 0x88:  P0 = 0x71;  break;  // F
            default:    P0 = 0x00;
        }
        delayXms( 100 );
    }
}
void delayXms( unint x )
{
    unchar y, z;
    for( ; x>0; x-- )
        for( y=0; y<4; y++ )
            for( z=0; z<250; z++ )  ;
}
unchar keyscan( void )
{
    P1 = 0xf0;                          // 行线全为低电平，列线全为高电平
    LJC = P1&0xf0;                      // 第 1 次读列检测状态
    if( LJC != 0xf0 ){
        delayXms( 10 );                 // 若有键被按下，则延时 10ms
        LJC = P1&0xf0;                  //第 2 次读列检测状态：0xe0，0xd0，0xb0，0x70
        if( LJC != 0xf0 ){              // 若有闭合键，则逐行扫描
            HSM = 0xfe;                 // 扫描码分别为 0xfe,0xfd,0xfb,0xf7
            while((HSM&0x10)!=0){       // 若扫描码为 0xef，则结束扫描
                P1 = HSM;               // 输出行扫描码
                LJC = P1&0xf0;          // 读列检测数据：0xe0， 0xd0， 0xb0， 0x70
                if( LJC != 0xf0 ){      // 本行有闭合键
                    keyvalue = ( ~HSM )+( ~(LJC|0x0f) );   // 计算键值
                    return( keyvalue );     // 返回键值
                }
                else HSM = (HSM<<1)|0x01;  // 行扫描码左移 1 位，准备扫描下一行
            }
        }
    }
    return( 0x00 );
}
```

案例12：点阵显示屏的应用设计

（1）点阵的结构

在点阵式 LED 显示屏中，行、列交叉点对应一个发光二极管（正极接行线，负极接列线，或正极接列线，负极接行线），二极管的数量决定了点阵式LED显示屏的分辨率。图12所示的点阵式LED显示屏由8×8个发光二极管组成。将若干小块点阵式LED显示屏的行线或列线连接一起，就可构成更多点阵的LED点阵显示屏。

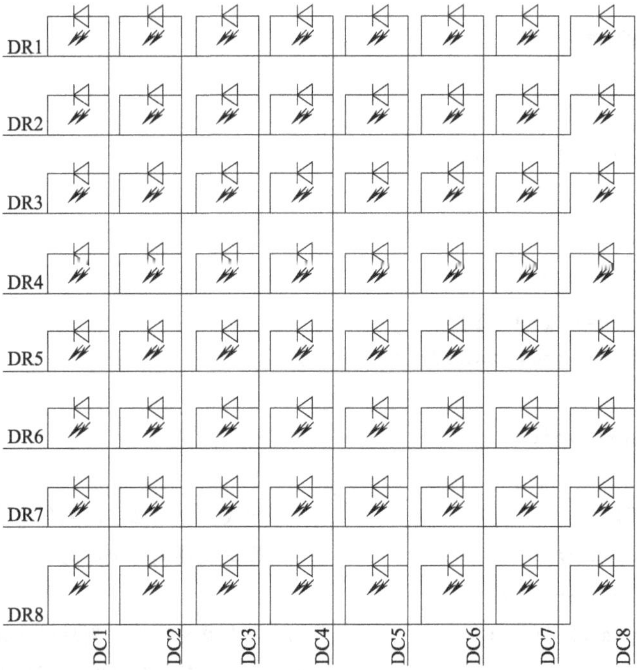

图12　8×8点阵式LED显示屏结构

（2）点阵显示汉字（图形）原理

我们以UCDOS中文宋体字库为例，每一个字由16行16列的点阵组成显示，即国标汉字库中的每一个字均由256点阵来表示。我们可以把每一个点理解为一个像素，而把每一个字的字形理解为一幅图像。事实上这个汉字屏不仅可以显示汉字，也可以显示在256像素范围内的任何图形。

我们以图13所示显示汉字“大”为例来说明其原理。在UCDOS中文宋体字库中，每一个字由16行16列的点阵组成显示，如果用8位的AT89C51单片机控制，由于单片机的总线为8位，一个字需要拆分为2个部分。一般我们把它拆分为上部和下部，上部由8×16点阵组成，下部也由8×16点阵组成。

在本例中单片机首先显示的是左上角的第一列的上半部分，即第0列的P00～P07口，方向为P00～P07，显示汉字“大”时，P05点亮,由上往下排列，为P00灭，P01灭，P02灭，P03灭，P04灭，P05亮，P06灭，P07灭，即二进制00000100，转换为16进制为04H。上半部第一列完成后，继续扫描下半部的第一列，为了接线的方便，我们仍设计成由上往下扫描，即从P27向P20方向扫描，从图13可以看到，这一列全部为不亮，即为00000000，十六进制则为00H。

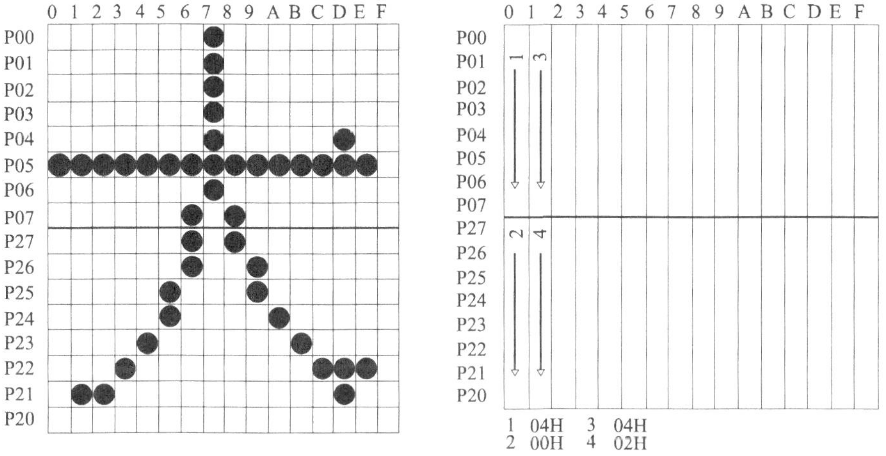

图13 点阵显示汉字（图形）原理

然后单片机转向上半部第二列，仍为P05点亮，为00000100，即十六进制04H。这一列完成后继续进行下半部分的扫描，P21点亮，为二进制00000010，即十六进制02H。依照这个方法，继续进行下面的扫描，一共扫描32个8位，可以得出汉字“大”的扫描代码为：

04H,00H,04H,02H,04H,02H,04H,04H

04H,08H,04H,30H,05H,0C0H,0FEH,00H

由这个原理可以看出，无论显示何种字体或图像，都可以用这个方法来分析出它的扫描代码从而显示在屏幕上。

（3）点阵屏的驱动

点阵式LED显示屏驱动一般采用动态扫描方式，例如图14所示的点阵式LED显示屏，采用列扫描方式，每次显示一列；显示信息由行线输入，扫描码由列线输入。从P1口输出

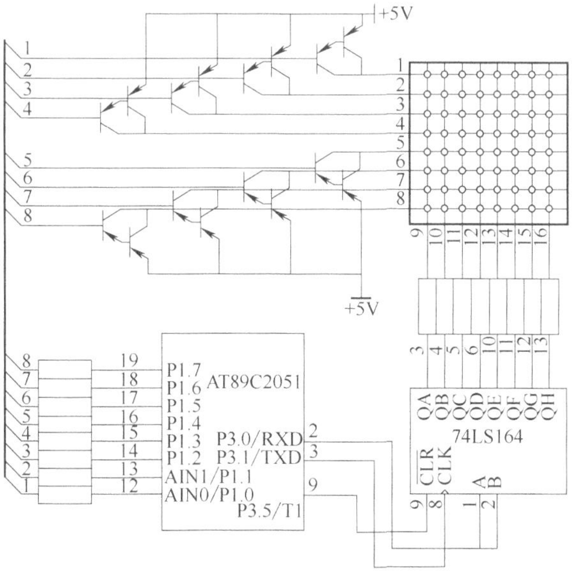

图14 点阵屏的驱动电路

显示数据代码，从P3口输出列扫描数据，送给74LS164从输出端接点阵显示的列线。

LED工作电流较大，而单片机P1～P3口的I/O引脚驱动负载能力仅为四个TTL门电路，因此不能直接驱动许多LED发光二极管，必须使用三极管或IC芯片驱动，如图14使用采用复合管驱动显示的LED点阵显示模块。当单片机输出低电平，三极管导通，电流通过发射结流入集电极，通过点阵显示模块的行连接到内部二极管正极，经过限流电阻流入到74LS164。这时有电压加在发光二极管上面就会发光。

（4）8×8点阵屏显示案例

① 电路原理图如图15所示。

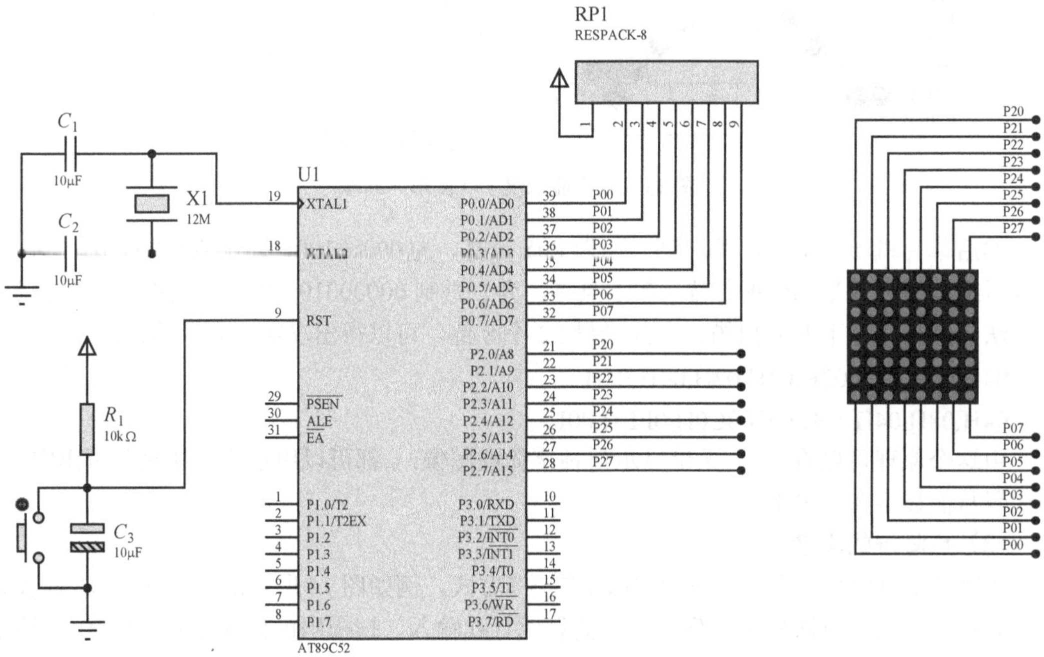

图15 8×8点阵屏显示案例电路

② 8×8点阵屏显示1、2、3、4、5、6、7、8、9、0参考程序。

```
#include <reg52.h>
#define uint unsigned int ;
#define uchar unsigned char ;

 uchar code table_h[] = {
                    0x1C,0x18,0x18,0x18,0x18,0x18,0x18,0x3C,    //1 字形码

                    0x7E,0x40,0x40,0x7E,0x02,0x02,0x02,0x7E,    //2

                    0x7E,0x40,0x40,0x7E,0x40,0x40,0x40,0x7E,    //3

                    0x42,0x42,0x42,0x7E,0x40,0x40,0x40,0x40,    //4
```

```
                    0x7E,0x02,0x02,0x7E,0x40,0x40,0x40,0x7E,    //5
                    0x7E,0x02,0x02,0x7E,0x42,0x42,0x42,0x7E,    //6
                    0x7E,0x40,0x40,0x40,0x40,0x40,0x40,0x40,    //7
                    0x7E,0x42,0x42,0x7E,0x42,0x42,0x42,0x7E,    //8
                    0x7E,0x42,0x42,0x7E,0x40,0x40,0x40,0x7E,    //9
                    0x7E,0x42,0x42,0x42,0x42,0x42,0x42,0x7E,    //0
                      };
uchar  code table_1[] = {0x01,0x02,0x04,0x08,0x10,0x20,0x40,0x80};//列扫描
uchar i= 0,j=0;
void Timer_init();  //定时/计数器子函数
void refresh_led(); //点阵扫描

void main()
{
    Timer_init();   //定时/计数器初始化子函数
    while(1)
    {
    ;
    }
}

void Timer_init()
{
    TMOD = 0X01;    //T0 工作于 16 位定时模式
    TH0 = (65535 - 5000) / 256; //定时时间设置 1ms
    TL0 = (65535 - 5000) % 256;
    ET0 = 1;    //启动定时/计数器溢出中断
    TR0 = 1;    //启动定时/计数器
    EA = 1;     //开启总中断
}
```

```
void Timer0() interrupt 1   //T0 中断子函数（每 3ms 进入一次）
{
    TH0 = (65535 - 3000) / 256; //定时 3ms
    TL0 = (65535 - 3000) % 256;
    if(i>=112){i=0;}
    refresh_led();
}

void refresh_led()
{

    switch(j)
    {
        case 0: P0 = ~table_l[0];
            break;
        case 1: P0 = ~table_l[1];
            break;
        case 2: P0 = ~table_l[2];
            break;
        case 3: P0 = ~table_l[3];
            break;
        case 4: P0 = ~table_l[4];
            break;
        case 5: P0 = ~table_l[5];
            break;
        case 6: P0 = ~table_l[6];
            break;
        case 7: P0 = ~table_l[7];
            break;
        default:
            break;
    }
    P2 = table_h[i + j];
      i++;
    if(7 == j++)
    {
         j = 0;
```

```
    }
}
```

（5）16×16点阵显示案例

① 电路原理图及功能说明　用4块8×8的LED点阵显示器构成1块16×16的LED电子广告屏，用来显示图形和汉字字符。开机以卷帘出的形式出现一个笑脸，然后以左跑马的形式出现“零五智能电子班是最棒的！”，再以下滚屏的形式出现“零五智能电子是最棒的！”。最后再以卷帘入的形式出现另一个笑脸。接着不断循环上面的步骤。如图16所示。

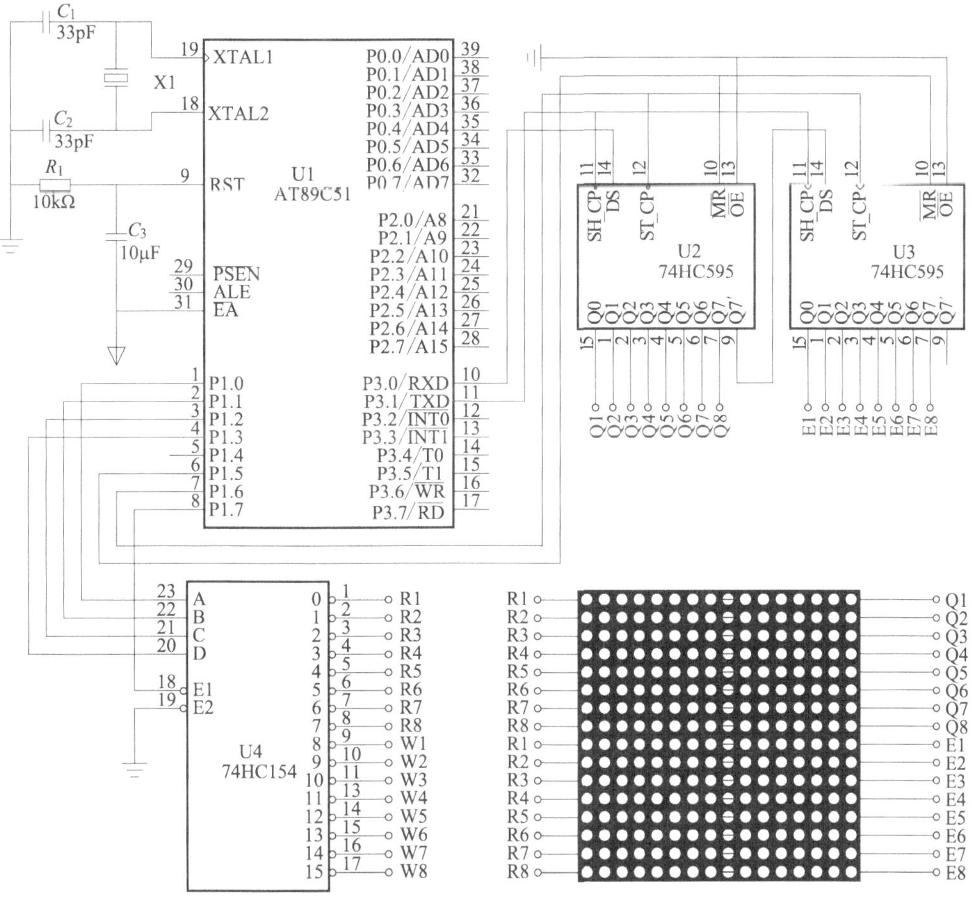

图16　16×16点阵显示图

② 程序流程图及源程序　程序流程图如图17所示。

```
#include<reg51.h>
#define blkn 2                      // 一列数据由两块8×8的LED点阵显示器显示
sbit EN74154 = P1^7;                // 74154片选线
sbit ST_CP74595 = P1^6;             // 74595内部输出控制
sbit CLEAR74595 = P1^5;             // 74595移位寄存器清零
unsigned char data DDRAM[32];       // 显示数据缓冲数组
unsigned char code SJM[][32]={
 {   0x00, 0x20, 0x30, 0x20, 0x20, 0x20, 0xAA, 0x50,// 零, 0 (字形码)
```

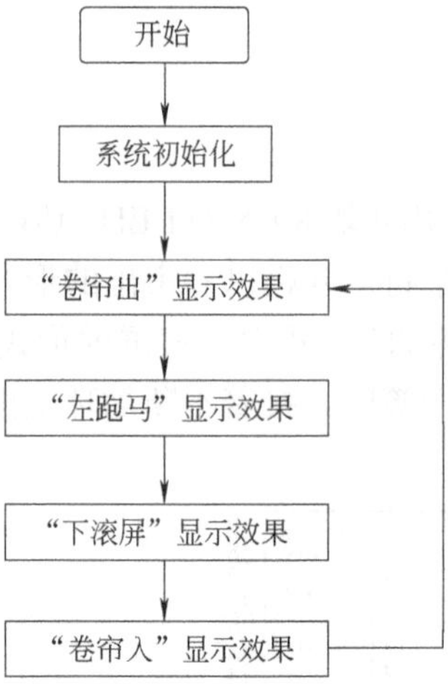

图 17 16×16 点阵显示程序流程图

```
      0xAA, 0x50, 0xAA, 0x90, 0xA1, 0x54, 0xFE, 0x33,
      0xA1, 0x11, 0xAA, 0x98, 0xAA, 0x90, 0xAA, 0x40,
      0xA0, 0x60, 0x30, 0x40, 0x20, 0x40, 0x00, 0x00     },

{     0x00, 0x04, 0x40, 0x04, 0x41, 0x04, 0x41, 0x04,// 五, 1
      0x41, 0x04, 0x41, 0xFC, 0x7F, 0x04, 0x41, 0x04,
      0x41, 0x04, 0x41, 0x04, 0x43, 0xFC, 0x41, 0x04,
      0x40, 0x04, 0x00, 0x0C, 0x00, 0x04, 0x00, 0x00     },

{     0x08, 0x00, 0x28, 0x80, 0xC8, 0x80, 0x49, 0x00,// 智, 2
      0x7E, 0xFF, 0x4C, 0x92, 0x4A, 0x92, 0x49, 0x92,
      0x00, 0x92, 0x3E, 0x92, 0x22, 0x92, 0x22, 0xFF,
      0x22, 0x00, 0x3E, 0x00, 0x00, 0x00, 0x00, 0x00     },

{     0x08, 0x00, 0x1D, 0xFF, 0xE9, 0x50, 0x49, 0x50,// 能, 3
      0x09, 0x52, 0x29, 0x51, 0x1D, 0xFE, 0x08, 0x00,
      0x00, 0x00, 0xFE, 0xFC, 0x12, 0x22, 0x12, 0x22,
      0x22, 0x42, 0x2E, 0x4E, 0x04, 0x04, 0x00, 0x00     },

{     0x00, 0x00, 0x00, 0x00, 0x1F, 0xF0, 0x12, 0x20,// 电, 4
      0x12, 0x20, 0x12, 0x20, 0x12, 0x20, 0xFF, 0xFC,
      0x12, 0x22, 0x12, 0x22, 0x12, 0x22, 0x12, 0x22,
      0x1F, 0xF2, 0x00, 0x02, 0x00, 0x0E, 0x00, 0x00     },

{     0x00, 0x80, 0x00, 0x80, 0x40, 0x80, 0x40, 0x80,// 子, 5
      0x40, 0x80, 0x40, 0x82, 0x40, 0x81, 0x47, 0xFE,
      0x48, 0x80, 0x50, 0x80, 0x60, 0x80, 0x40, 0x80,
```

```
    0x00, 0x80, 0x01, 0x80, 0x00, 0x80, 0x00, 0x00     },

{   0x42, 0x08, 0x42, 0x08, 0x7F, 0xF0, 0x42, 0x11,// 班, 6
    0x42, 0x92, 0x07, 0x04, 0x00, 0x18, 0xFF, 0xE0,
    0x00, 0x04, 0x42, 0x04, 0x42, 0x04, 0x7F, 0xFC,
    0x42, 0x04, 0x42, 0x04, 0x42, 0x04, 0x00, 0x00     },

{   0x01, 0x00, 0x01, 0x02, 0x01, 0x04, 0x01, 0x08,// 是, 7
    0x7D, 0x70, 0x55, 0x08, 0x55, 0x04, 0x55, 0xFC,
    0x55, 0x22, 0x55, 0x22, 0x55, 0x22, 0x7D, 0x22,
    0x01, 0x22, 0x01, 0x02, 0x01, 0x02, 0x00, 0x00     },

{   0x02, 0x04, 0x02, 0x04, 0x03, 0xFC, 0xFA, 0xA8,// 最, 8
    0xAA, 0xA8, 0xAA, 0xA8, 0xAB, 0xFF, 0xAA, 0x12,
    0xAA, 0xC4, 0xAA, 0xA8, 0xAA, 0x90, 0xFA, 0xA8,
    0x02, 0xC4, 0x02, 0x86, 0x02, 0x04, 0x00, 0x00     },

{   0x08, 0xC0, 0x0B, 0x00, 0xFF, 0xFF, 0x0A, 0x00,// 棒, 9
    0x09, 0x40, 0x22, 0x50, 0x2A, 0x90, 0x2B, 0x50,
    0x2E, 0x50, 0xFA, 0xFF, 0x2B, 0x50, 0x2A, 0xD0,
    0x2A, 0x90, 0x22, 0x50, 0x02, 0x40, 0x00, 0x00     },

{   0x00, 0x00, 0x1F, 0xFE, 0x31, 0x08, 0xD1, 0x08,// 的, 10
    0x11, 0x08, 0x1F, 0xFC, 0x02, 0x00, 0x0C, 0x00,
    0xF1, 0x00, 0x10, 0xC0, 0x10, 0x64, 0x10, 0x02,
    0x10, 0x04, 0x1F, 0xF8, 0x00, 0x00, 0x00, 0x00     },

{   0x00, 0x00, 0x00, 0x00, 0x00, 0x00, 0x0F, 0xFA,// ！, 11
    0x00, 0x00, 0x00, 0x00, 0x00, 0x00, 0x00, 0x00,
    0x00, 0x00, 0x00, 0x00, 0x00, 0x00, 0x00, 0x00,
    0x00, 0x00, 0x00, 0x00, 0x00, 0x00, 0x00, 0x00     },

{   0x07, 0xE0, 0x1F, 0xF8, 0x28, 0x0C, 0x6C, 0x04,// 笑脸, 12
    0xEC, 0x22, 0xEC, 0x12, 0xC8, 0x0B, 0xC1, 0x89,
    0xC1, 0x89, 0xC8, 0x0B, 0xEC, 0x12, 0xEC, 0x22,
    0x6C, 0x04, 0x28, 0x0C, 0x1F, 0xF8, 0x07, 0xE0     }
};

void delay( unsigned int ); // 延时函数声明
```

```
void TIME0( void );   // T0 中断服务函数

void main( void )
{
 register unsigned char i, j, k, l;

    SCON=0x00;    // 串行口以方式 0 工作，用作同步移位寄存器，波特率为 fosc/12，禁止接收
 TMOD=0x01;  // 定时器 T0 以方式 1 工作，由 TR0 控制启停
   TH0 = 0xF8;    // 计数初值，定时 2ms
   TL0 = 0x30;
 IE=0x82;     // 允许 T0 申请中断
 TR0=1;       // 启动定时器 T0

 P1=0x3F;     // EN74154=0, ST_CP74595=0, CLEAR74595=1
 while(1){

         delay( 1000 );
     for( i=0; i<32; i++ ){
         for( j=0; j<13; j++ ){
                 DDRAM[i] = SJM[j][i];
             if( i%2 )  delay( 10 );
             }
     }

         delay( 1000 );
         for( i=0; i<13; i++) {
         for( j=0; j<16; j++ ){
             for( k=0; k<15; k++ ){
             DDRAM[k*blkn] = DDRAM[(k+1)*blkn];
             DDRAM[k*blkn+1] = DDRAM[(k+1)*blkn+1];
                 }
         DDRAM[30] = SJM[i][j*blkn];
         DDRAM[31] = SJM[i][j*blkn+1];
         delay( 100 );
     }
     }

     delay( 3000 );
     for( i=0; i<13; i++ ){
```

```
        for( j=0; j<2; j++ ){
                for( k=1; k<9; k++ ){
                    for( l=0; l<16; l++ ){
                DDRAM[l * blkn] = DDRAM[l * blkn] << 1 |
                            DDRAM[l * blkn+1] >> 7;
                DDRAM[l*blkn+1] = DDRAM[l * blkn+1] << 1 |
                            SJM[i][l*blkn+j] >> (8-k);
                }
            delay( 100 );
            }
        }
    }

    delay( 3000 );
    for( i=0; i<32; i++ ){
            DDRAM[i] = 0x00;
            if( i%2 )   delay( 100 );
    }
 }
}

void delay( unsigned int dt )  //延时函数
{
    register unsigned char bt;
    for( ; dt; dt-- )
        for ( bt=0; bt<250; bt++ )  ;
}

void TIME0( void ) interrupt 1 using 1  // T0 中断服务函数
{
    register unsigned char i, j=blkn;
    TH0 = 0xF8;             // 重装计数初值
    TL0 = 0x30;
    i = P1;                 // 读 P1 口
    i = ++i & 0x0f;
    do{
        j--;
        SBUF = DDRAM[ i*blkn+j ];   // 开始发送数据
        while( !TI )  ;     // 等待发送结束
```

```
        TI = 0;                    // 清发送中断标志位
        }while( j );
        EN74154 = 1;               // 禁止行数据输出
        P1 &= 0xf0;
        ST_CP74595 = 1;            // 允许列数据输出
        P1 |= i;
        ST_CP74595 = 0;            // 禁止列数据输出
        EN74154 = 0;               // 允许行数据输出
    }
```

（6）64×16点阵显示案例

电路图及点阵屏扩展图如图18所示。

```
#include <reg52.h>
#include <intrins.h>
#define uchar unsigned char
#define uint unsigned int
  sbit le=P1^0;//高电平使能
  sbit stcp=P3^2;//上升沿有效
   void displayled(uchar x);//显示函数
  uchar code ziku[][16]=
  {
{0xFF,0xFF,0xFF,0xFF,0xFF,0xFF,0xFF,0xFF,0xFF,0xFF,0xFF,0xFF,0xFF,0xFF,0xF
F,0xFF},// 0 (字形码)

{0xFF,0xFF,0xFF,0xFF,0xFF,0xFF,0xFF,0xFF,0xFF,0xFF,0xFF,0xFF,0xFF,0xFF,0xF
F,0xFF},// 1

{0xFF,0xFF,0xFF,0xFF,0xFF,0xFF,0xFF,0xFF,0xFF,0xFF,0xFF,0xFF,0xFF,0xFF,0xF
F,0xFF},// 2

{0xFF,0xFF,0xFF,0xFF,0xFF,0xFF,0xFF,0xFF,0xFF,0xFF,0xFF,0xFF,0xFF,0xFF,0xF
F,0xFF},// 3

{0xFF,0xFF,0xFF,0xFF,0xFF,0xFF,0xFF,0xFF,0xFF,0xFF,0xFF,0xFF,0xFF,0xFF,0xF
F,0xFF},// 4

{0xFF,0xFF,0xFF,0xFF,0xFF,0xFF,0xFF,0xFF,0xFF,0xFF,0xFF,0xFF,0xFF,0xFF,0xF
F,0xFF},// 5

{0xFF,0xFF,0xFF,0xFF,0xFF,0xFF,0xFF,0xFF,0xFF,0xFF,0xFF,0xFF,0xFF,0xFF,0xF
F,0xFF},// 6
```

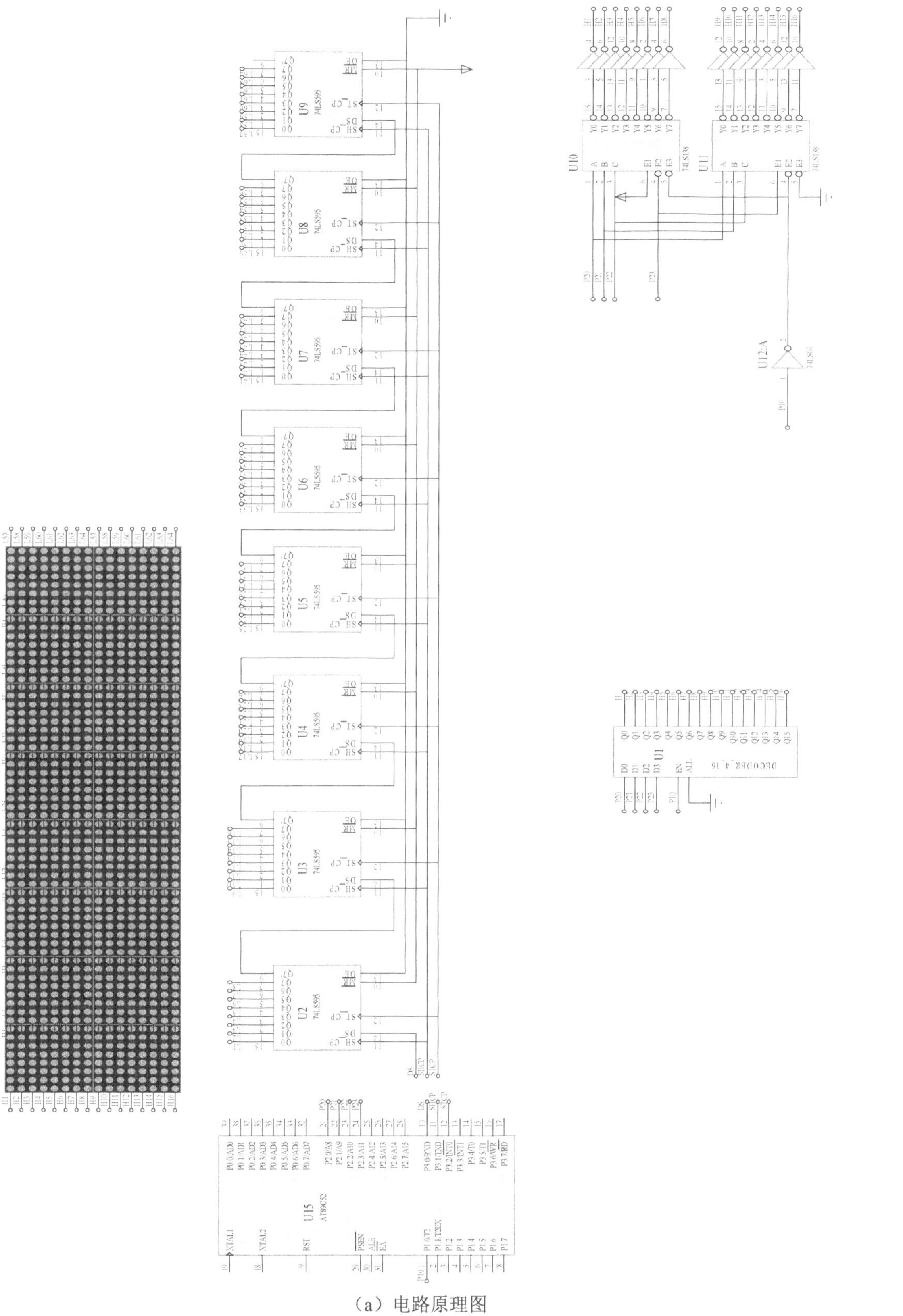

（a）电路原理图

图 18

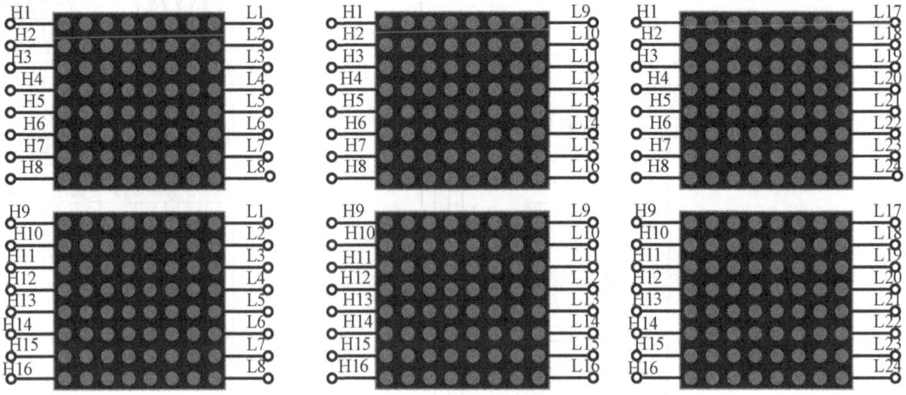

（b）点阵屏扩展图

图18 电路图及点阵屏扩展图

```
{0xFF,0xFF,0xFF,0xFF,0xFF,0xFF,0xFF,0xFF,0xFF,0xFF,0xFF,0xFF,0xFF,0xFF,0xFF,0xFF},// 7

{0xFE,0xFE,0xFE,0xFA,0xE6,0xF6,0xF0,0xC7,0xF5,0xF3,0xC7,0x34,0xE7,0xF7,0xFF,0xFF},
{0xFF,0xFF,0xDF,0xEF,0xFF,0x8F,0x7F,0x6F,0x5F,0xBF,0x3F,0xDB,0xEB,0xF3,0xFB,0xFF},//我 0

{0xFF,0xF7,0xF6,0xEF,0xED,0xCD,0xAD,0x6D,0xED,0xED,0xED,0xED,0xED,0xEF,0xFF,0xFF},
{0xFF,0xFF,0xFF,0x47,0xF7,0xF7,0xF7,0xF7,0xF7,0xF7,0xF7,0xF7,0xE7,0xF7,0xFF,0xFF},//们 1

{0xFF,0xFF,0xDF,0xE8,0xFF,0xCF,0x2E,0xDD,0xDB,0xDF,0xEF,0x03,0xFC,0xFF,0xFF,0xFF},
{0xFF,0xFF,0x87,0x3F,0x7F,0x7F,0x5F,0x67,0x77,0x7F,0x7F,0xFF,0x01,0xC7,0xFF,0xFF},//还 2

{0xFE,0xFE,0xFD,0x80,0xFB,0xFB,0xF0,0xEB,0xD8,0xBB,0x78,0xFB,0xFB,0xFB,0xFB,0xFF},
{0xFF,0xFF,0x83,0x7F,0xFF,0x1F,0xDF,0xDF,0x5F,0xDF,0x5F,0xDF,0xDF,0x5F,0xBF,0xFF},//有 3

{0xFF,0xF7,0xF6,0xEE,0xDE,0xB6,0xF6,0xEE,0xCE,0xAE,0x6E,0xEE,0xEE,0xEE,0xFF,0xFF},
{0xFF,0x1F,0xDF,0xDF,0x5F,0xDF,0x37,0xEF,0x5F,0xBF,0xCF,0xA1,0x7F,0xFF,0xFF,0xFF},//很 4
```

```
{0xFE,0xFC,0xFB,0xE7,0xFA,0xFD,0xFB,0xE6,0xFD,0xF3,0xFD,0xFE,0xFD,0xF3,0x8
F,0xFF},
{0xFF,0x1F,0xBF,0x7F,0xFF,0xFF,0x7F,0x0F,0xDF,0xBF,0x7F,0xFF,0xFF,0xFF,0xF
F,0xFF},//多 5

{0xFF,0xF7,0xF7,0xF0,0x87,0xE2,0xD5,0xB7,0xFD,0xF8,0xF3,0xED,0xFE,0xF9,0xC
7,0xFF},
{0xBF,0xBF,0x87,0x3F,0x1F,0xA7,0xB9,0xBF,0xFF,0x3F,0xBF,0x7F,0xFF,0xFF,0xF
F,0xFF},//梦 6

{0xFF,0xDE,0xED,0xFD,0xFD,0xBD,0xDB,0xFE,0xED,0xEE,0xDF,0xDE,0xB1,0xFF,0xF
F,0xFF},
{0xFF,0x3F,0xBF,0xBF,0xBF,0xC7,0xFF,0x3F,0xBF,0xBF,0x7F,0xBF,0xCF,0xE1,0xF
F,0xFF},//没 7

{0xFF,0xEB,0xEB,0xEB,0xD8,0xC3,0x9B,0x5B,0xD8,0xD6,0xD6,0xD1,0xDE,0xDF,0xF
F,0xFF},
{0xFF,0xDF,0xDF,0xDF,0xB3,0x8F,0x6F,0x6F,0xAF,0xDF,0xAF,0x77,0xF1,0xFF,0xF
F,0xFF},//做 8

{0xFF,0xFF,0xFF,0xFF,0xFF,0xFF,0xFF,0xFF,0xFF,0xFF,0xCF,0xCF,0xEF,0xDF,0xF
F,0xFF},
{0xFF,0xFF,0xFF,0xFF,0xFF,0xFF,0xFF,0xFF,0xFF,0xFF,0xFF,0xFF,0xFF,0xFF,0xF
F,0xFF},//, 9

{0xFF,0xFF,0xDF,0xE8,0xFF,0xCF,0x2E,0xDD,0xDB,0xDF,0xEF,0x03,0xFC,0xFF,0xF
F,0xFF},
{0xFF,0xFF,0x87,0x3F,0x7F,0x7F,0x5F,0x67,0x77,0x7F,0x7F,0xFF,0x01,0xC7,0xF
F,0xFF},//还 10

{0xFE,0xFE,0xFD,0x80,0xFB,0xFB,0xF0,0xEB,0xD8,0xBB,0x78,0xFB,0xFB,0xFB,0xF
B,0xFF},
{0xFF,0xFF,0x83,0x7F,0xFF,0x1F,0xDF,0xDF,0x5F,0xDF,0x5F,0xDF,0xDF,0x5F,0xB
F,0xFF},//有 11

{0xFF,0xF7,0xF6,0xEE,0xDE,0xB6,0xF6,0xEE,0xCE,0xAE,0x6E,0xEE,0xEE,0xEE,0xF
F,0xFF},
{0xFF,0x1F,0xDF,0xDF,0x5F,0xDF,0x37,0xEF,0x5F,0xBF,0xCF,0xA1,0x7F,0xFF,0xF
```

```
F,0xFF},//很 12

    {0xFE,0xFC,0xFB,0xE7,0xFA,0xFD,0xFB,0xE6,0xFD,0xF3,0xFD,0xFE,0xFD,0xF3,0x8
F,0xFF},
    {0xFF,0x1F,0xBF,0x7F,0xFF,0xFF,0x7F,0x0F,0xDF,0xBF,0x7F,0xFF,0xFF,0xFF,0xF
F,0xFF},//多 13

    {0xFF,0xFF,0xE3,0x9B,0xBB,0x8B,0xBB,0xBB,0x83,0xBB,0xFE,0xFE,0xFD,0xFB,0xF
7,0xFF},
    {0xFF,0xC7,0x37,0x77,0x17,0x77,0x77,0x17,0x77,0x77,0xF7,0xF7,0xD7,0xE7,0xF
F,0xFF},//明 14

    {0xFF,0xFE,0xE1,0xFD,0xFD,0xFC,0xC1,0xFD,0xFA,0xFB,0xF7,0xEF,0xDF,0x3F,0xF
F,0xFF},
    {0xFF,0x3F,0xFF,0xFF,0xFF,0x1F,0xFF,0xFF,0xFF,0x7F,0xBF,0xDF,0xE7,0xF1,0xF
F,0xFF},//天 15

    {0xFF,0xFE,0xF1,0xFB,0xE0,0xEB,0xE8,0xF5,0xFC,0x03,0xFB,0xFC,0xFB,0xC7,0xF
F,0xFF},
    {0xFF,0x3F,0x7F,0x0F,0x6F,0x6F,0x1F,0xFF,0x01,0xBF,0x7F,0xFF,0x3F,0xCF,0xE
F,0xFF},//要 16

    {0xFE,0xFE,0xFE,0xFE,0xF0,0xFE,0xFE,0x80,0xF6,0xF6,0xEA,0xDC,0xBF,0x7F,0xF
F,0xFF},
    {0xFF,0xFF,0xFF,0x1F,0xFF,0xFF,0x0F,0xFF,0x1F,0xFF,0xFF,0xFF,0x3F,0x81,0xF
F,0xFF},//走 17

    {0xFF,0xFF,0xFF,0xFF,0xFF,0xFF,0xFF,0xFF,0xFF,0xFF,0xCF,0xCF,0xEF,0xDF,0xF
F,0xFF},
    {0xFF,0xFF,0xFF,0xFF,0xFF,0xFF,0xFF,0xFF,0xFF,0xFF,0xFF,0xFF,0xFF,0xFF,0xF
F,0xFF},//, 18

    {0xFF,0xFE,0xF1,0xFB,0xE0,0xEB,0xE8,0xF5,0xFC,0x03,0xFB,0xFC,0xFB,0xC7,0xF
F,0xFF},
    {0xFF,0x3F,0x7F,0x0F,0x6F,0x6F,0x1F,0xFF,0x01,0xBF,0x7F,0xFF,0x3F,0xCF,0xE
F,0xFF},//要 19

    {0xFF,0xFF,0xEF,0xF7,0xFF,0xFF,0xC7,0x37,0xEF,0xED,0xEB,0xE7,0xE8,0xFF,0xF
F,0xFF},
```

```
{0xFF,0xBF,0xBF,0xBF,0xBF,0xA7,0x9F,0xBF,0xBF,0xBF,0xBF,0x83,0x7F,0xFF,0xFF,0xFF},//让 20

{0xFF,0xFF,0xFE,0xFE,0xEE,0xEE,0xEE,0x00,0xEE,0xEE,0xEF,0xEF,0xE0,0xEF,0xFF,0xFF},
{0xFF,0xDF,0xDF,0xDF,0xDF,0xDF,0x01,0xDF,0xDF,0x3F,0xFF,0xFF,0x07,0xFF,0xFF,0xFF},//世 21

{0xFF,0xE0,0xEE,0xE8,0xF6,0xF0,0xFB,0xF7,0xEB,0xDB,0x3B,0xFB,0xF7,0xEF,0xFF,0xFF},
{0x1F,0xDF,0x5F,0xDF,0x3F,0xFF,0x7F,0xBF,0x4F,0x61,0x7F,0x7F,0x7F,0x7F,0x7F,0xFF},//界 22

{0xFF,0xFF,0xFE,0xC6,0xB6,0xB6,0xB6,0x8E,0xFE,0xFD,0xFD,0xFB,0xF7,0xFF,0xFF,0xFF},
{0xFF,0xCF,0x3F,0xFF,0xFF,0xE3,0x1F,0xDF,0xDF,0xDF,0xDF,0xDF,0xDF,0xDF,0xDF,0xFF},//听 23

{0xFF,0xFC,0xF3,0xF5,0xF5,0xF5,0xF5,0xF5,0xFC,0xFA,0xF6,0xEE,0xDE,0x3F,0xFF,0xFF},
{0xFF,0x3F,0xBF,0xBF,0xBF,0xBF,0xBF,0xBF,0xFF,0xFF,0xFD,0xFD,0xFD,0x03,0xFF,0xFF},//见 24

{0xFE,0xFE,0xFE,0xFA,0xE6,0xF6,0xF0,0xC7,0xF5,0xF3,0xC7,0x34,0xE7,0xF7,0xFF,0xFF},
{0xFF,0xFF,0xDF,0xEF,0xFF,0x8F,0x7F,0x6F,0x5F,0xBF,0x3F,0xDB,0xEB,0xF3,0xFB,0xFF},//我 25

{0xFF,0xF7,0xF6,0xEF,0xED,0xCD,0xAD,0x6D,0xED,0xED,0xED,0xED,0xED,0xEF,0xFF,0xFF},
{0xFF,0xFF,0xFF,0x47,0xF7,0xF7,0xF7,0xF7,0xF7,0xF7,0xF7,0xF7,0xE7,0xF7,0xFF,0xFF},//们 26

{0xFF,0xFF,0xF7,0xF7,0xEF,0xD3,0x8A,0xB9,0x8B,0xBB,0xBB,0xC3,0xDB,0xFF,0xFF,0xFF},
{0xFF,0xDF,0xDF,0xBF,0xA7,0x17,0xF7,0x77,0xB7,0xB7,0xF7,0xF7,0xD7,0xEF,0xFF,0xFF},//的 27

{0xFF,0xF0,0x8D,0xE5,0xD5,0xCD,0xF0,0x0D,0xFD,0xC5,0xD5,0xCC,0xF9,0xFD,0xF
```

```
F,0xFF},
    {0xDF,0xDF,0xDF,0xBF,0x83,0x77,0xBF,0xBF,0xBF,0x9F,0x6F,0xF3,0xF9,0xFF,0xF
F,0xFF},//歌 28

    {0xFF,0xFF,0xE7,0xE7,0xE7,0xE7,0xE7,0xE7,0xE7,0xFF,0xFF,0xE7,0xE7,0xFF,0xF
F,0xFF},
    {0xFF,0xFF,0xFF,0xFF,0xFF,0xFF,0xFF,0xFF,0xFF,0xFF,0xFF,0xFF,0xFF,0xFF,0xF
F,0xFF},//! 29

    {0xFF,0xFF,0xFF,0xFF,0xFF,0xFF,0xFF,0xFF,0xFF,0xFF,0xFF,0xFF,0xFF,0xFF,0xF
F,0xFF},// 16

    {0xFF,0xFF,0xFF,0xFF,0xFF,0xFF,0xFF,0xFF,0xFF,0xFF,0xFF,0xFF,0xFF,0xFF,0xF
F,0xFF},// 17

    {0xFF,0xFF,0xFF,0xFF,0xFF,0xFF,0xFF,0xFF,0xFF,0xFF,0xFF,0xFF,0xFF,0xFF,0xF
F,0xFF},// 18

    {0xFF,0xFF,0xFF,0xFF,0xFF,0xFF,0xFF,0xFF,0xFF,0xFF,0xFF,0xFF,0xFF,0xFF,0xF
F,0xFF},// 19

    {0xFF,0xFF,0xFF,0xFF,0xFF,0xFF,0xFF,0xFF,0xFF,0xFF,0xFF,0xFF,0xFF,0xFF,0xF
F,0xFF},// 20

    {0xFF,0xFF,0xFF,0xFF,0xFF,0xFF,0xFF,0xFF,0xFF,0xFF,0xFF,0xFF,0xFF,0xFF,0xF
F,0xFF},// 21

    {0xFF,0xFF,0xFF,0xFF,0xFF,0xFF,0xFF,0xFF,0xFF,0xFF,0xFF,0xFF,0xFF,0xFF,0xF
F,0xFF},// 22

    {0xFF,0xFF,0xFF,0xFF,0xFF,0xFF,0xFF,0xFF,0xFF,0xFF,0xFF,0xFF,0xFF,0xFF,0xF
F,0xFF},// 23
    {0xFF,0xFF,0xFF,0xFF,0xFF,0xFF,0xFF,0xFF,0xFF,0xFF,0xFF,0xFF,0xFF,0xFF,0xF
F,0xFF},// 0

    {0xFF,0xFF,0xFF,0xFF,0xFF,0xFF,0xFF,0xFF,0xFF,0xFF,0xFF,0xFF,0xFF,0xFF,0xF
F,0xFF},// 1

    {0xFF,0xFF,0xFF,0xFF,0xFF,0xFF,0xFF,0xFF,0xFF,0xFF,0xFF,0xFF,0xFF,0xFF,0xF
```

```
F,0xFF},// 2

    {0xFF,0xFF,0xFF,0xFF,0xFF,0xFF,0xFF,0xFF,0xFF,0xFF,0xFF,0xFF,0xFF,0xFF,0xF
F,0xFF},// 3

    {0xFF,0xFF,0xFF,0xFF,0xFF,0xFF,0xFF,0xFF,0xFF,0xFF,0xFF,0xFF,0xFF,0xFF,0xF
F,0xFF},// 4

    {0xFF,0xFF,0xFF,0xFF,0xFF,0xFF,0xFF,0xFF,0xFF,0xFF,0xFF,0xFF,0xFF,0xFF,0xF
F,0xFF},// 5

    {0xFF,0xFF,0xFF,0xFF,0xFF,0xFF,0xFF,0xFF,0xFF,0xFF,0xFF,0xFF,0xFF,0xFF,0xF
F,0xFF},// 6

    {0xFF,0xFF,0xFF,0xFF,0xFF,0xFF,0xFF,0xFF,0xFF,0xFF,0xFF,0xFF,0xFF,0xFF,0xF
F,0xFF},// 7


     };

    /****************************************************/
    void delay(uint xms)   //延时函数
      {
        uint j;uchar i;
         for(j=xms;j>0;j--)
          for(i=0;i<250;i++)
          {
           _nop_();
          }
       }
    /****************************************************/
          void main( )
          {
            SCON=0X00;   //串口初始化
                 le=0;
             while(1)
              {

               displayled(29);
```

```
            }
        }
/*****************************************************/
/****************************************
 点阵大小为：64×16   同时显示4个汉字
/******************************************/
   void displayled(uchar x) //需要显示X个汉字
  {
 uchar a,b,c,d,buf,buf1,kk;
   for(b=0;b<x;b++)//b表示显示的字数移位
   {
    for(c=0;c<2;c++)//当C为0移出的是左半字节为1移出的是右半字节
          {
            for(d=0;d<8;d++)//每个字节需移8次才能够移完
               {
                 for(kk=0;kk<2;kk++) //每帧显示次数
                  {
                for(a=0;a<16;a++)
                  {
                   P2=a;

                //P2=1;

/**********************发送 显示的第4个汉字*********/
 //如果移出的是第一个字的左半字节，先发送的是第四个字的右半字节
//移入的是第五个字的左半字节，依次发送第四个字的左半字节
//第三个字的右半字节，第三个字的左，第二个字的右，第二个字的左
                          //第一个字的右，第一个字的左
                   if(c==0)
                   {
                 buf=ziku[(b+3)*2+1][a]; //屏幕第4个字的右半字节
                  buf1=ziku[(b+4)*2][a]; //屏幕第5个字的左半字节移入
                   buf=buf<<d+1;//移位操作
                    buf1>>=8-(d+1);
                    buf=buf|buf1;
                    SBUF=buf;while(TI==0);TI=0; //发送

                 buf1 = ziku[(b+3)*2+1][a];//第四个字的右半字节数据
                                                 //暂存buf1
```

```
buf  =  ziku[(b+3)*2][a];//第 4 个字的左半字节
buf=buf<<d+1;
buf1>>=8-(d+1);
buf=buf|buf1;
SBUF=buf; while(TI==0);TI=0; //发送

buf=ziku[(b+2)*2+1][a];//第 3 个字右屏
buf1=  ziku[(b+3)*2][a];
    buf=buf<<d+1;
buf1>>=8-(d+1);
buf=buf|buf1;
SBUF=buf; while(TI==0);TI=0; //发送


buf=ziku[(b+2)*2][a];//第 3 个字左屏
buf1=ziku[(b+2)*2+1][a];
buf=buf<<d+1;
buf1>>=8-(d+1);
buf=buf|buf1;
SBUF=buf; while(TI==0);TI=0; //发送

buf=ziku[(b+1)*2+1][a];//第 2 个字右屏
buf1=ziku[(b+2)*2][a];
 buf=buf<<d+1;
buf1>>=8-(d+1);
buf=buf|buf1;
SBUF=buf; while(TI==0);TI=0; //发送

buf=ziku[(b+1)*2][a];//第 2 个字左屏
buf1=ziku[(b+1)*2+1][a];
buf=buf<<d+1;
buf1>>=8-(d+1);
buf=buf|buf1;
SBUF=buf; while(TI==0);TI=0; //发送

buf=ziku[b*2+1][a];//第一个字右屏
buf1=ziku[(b+1)*2][a];
 buf=buf<<d+1;
buf1>>=8-(d+1);
```

```
        buf=buf|buf1;
        SBUF=buf; while(TI==0);TI=0; //发送

      buf=ziku[b*2][a];//第一个字左屏
        buf1=ziku[b*2+1][a];
         buf=buf<<d+1;
        buf1>>=8-(d+1);
        buf=buf|buf1;
        SBUF=buf; while(TI==0);TI=0; //发送

        }

/****************************************/
   if(c==1)//移出的是右半字节     移入的是第5个字的右半字节
            {
    buf=ziku[(b+4)*2][a]; //右半屏发送屏幕第5个字的左半字节
     buf1=ziku[(b+4)*2+1][a]; //屏幕第5个字的右半字节移入
     buf=buf<<d+1;//移位操作
      buf1>>=8-(d+1);
      buf=buf|buf1;
      SBUF=buf;while(TI==0);TI=0; //发送
   buf1=ziku[(b+4)*2][a];//第5个汉字的左半屏
      buf  =  ziku[(b+3)*2+1][a];//第4个字的右半字节
      buf=buf<<d+1;
      buf1>>=8-(d+1);
      buf=buf|buf1;
      SBUF=buf; while(TI==0);TI=0; //发送


       buf=ziku[(b+3)*2][a];//第3个字右屏
        buf1=  ziku[(b+3)*2+1][a];
           buf=buf<<d+1;
        buf1>>=8-(d+1);
        buf=buf|buf1;
        SBUF=buf; while(TI==0);TI=0; //发送


        buf=ziku[(b+2)*2+1][a];//第3个字左屏
        buf1=ziku[(b+3)*2][a];
```

```
buf=buf<<d+1;
buf1>>=8-(d+1);
buf=buf|buf1;
SBUF=buf; while(TI==0);TI=0; //发送

buf=ziku[(b+2)*2][a];//第 2 个字右屏
buf1=ziku[(b+2)*2+1][a];
 buf=buf<<d+1;
buf1>>=8-(d+1);
buf=buf|buf1;
SBUF=buf; while(TI==0);TI=0; //发送

buf=ziku[(b+1)*2+1][a];//第 2 个字左屏
buf1=ziku[(b+2)*2][a];
buf=buf<<d+1;
buf1>>=8-(d+1);
buf=buf|buf1;
SBUF=buf; while(TI==0);TI=0; //发送

buf=ziku[(b+1)*2][a];//第一个字右屏
buf1=ziku[(b+1)*2+1][a];
 buf=buf<<d+1;
buf1>>=8-(d+1);
buf=buf|buf1;
SBUF=buf; while(TI==0);TI=0; //发送

buf=ziku[b*2+1][a];//第一个字左屏
buf1=ziku[(b+1)*2][a];
 buf=buf<<d+1;
buf1>>=8-(d+1);
buf=buf|buf1;
SBUF=buf; while(TI==0);TI=0; //发送

   }

 stcp=0;
 stcp=1;
 le=1;
  delay(1);
```

```
                    le=0;

                  }
                }
             }
           }
         }
       }
```

案例13：单片机控制LCD（1602）显示电路及程序设计

（1）电路原理图及功能要求

电路如图19所示，试编写程序，让1602 LCD显示器显示两行字符串，第1行为“Hunald Zyjshuxy”，第2行为“2016 01 25ldzy”。

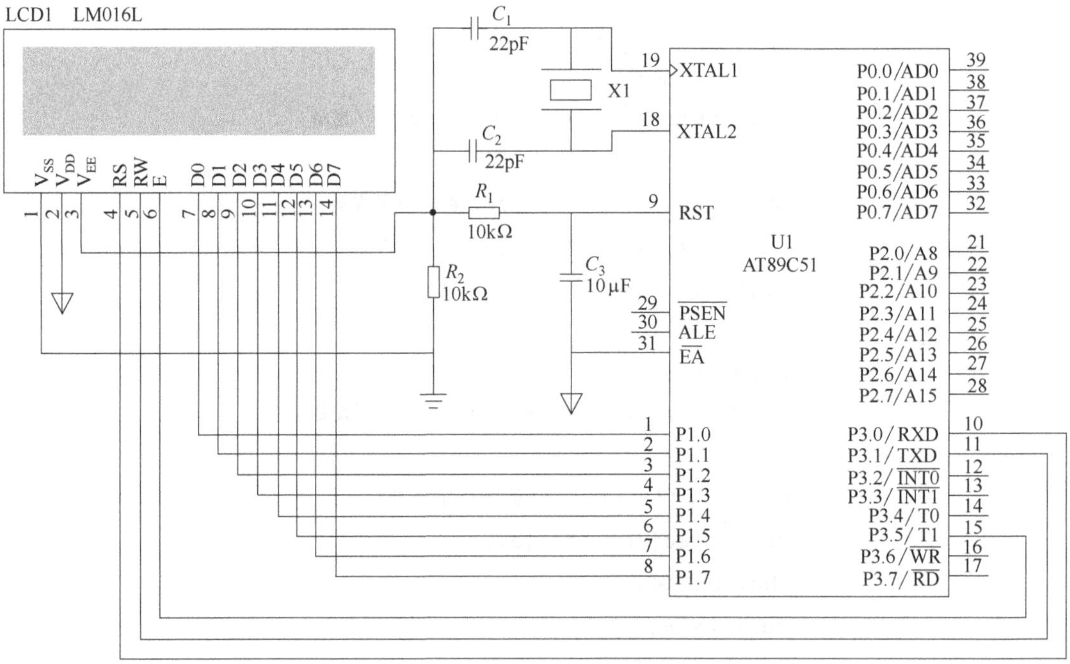

图19 1602 LCD显示控制电路

（2）参考源程序

```
#include <reg51.h>
#define unchar unsigned char
#define unint  unsigned int

sbit    RS = P3^0;           // 定义LCD的控制信号线
sbit    RW = P3^1;
```

```
sbit    E  = P3^5;

unchar code L1[]= "Hunald Zyjshuxy";    // 第 1 行 15 个字符
unchar code L2[]= "2016 01 25ldzy" ;    // 第 2 行 14 个字符

void delayXms( unint x );        // 函数声明
void lcd_init( void );
void write_ir( void );
void write_dr( unchar *ch, unchar n );

void main( void )
{
    unchar *ptr, n;

    while( 1 ){
        lcd_init( );          // LCD 初始化

        P1 = 0x80;       // 第 1 行起始地址: 设定字符显示位置
        write_ir( );
        ptr = &L1; n=15;
        write_dr( ptr, n );

        P1 = 0xc0;       // 第 2 行起始地址: 设定字符显示位置
        write_ir( );
        ptr = &L2; n=14;
        write_dr( ptr, n );

        P1 = 0xcf;       // 光标最后停留在 LCD 的 0xcf 位置
        write_ir( );
    }
}

void delayXms( unint x ) //延时 x
{
    unint y,z;
    for( ; x>0; x-- )
        for( y=4; y>0; y-- )
            for( z=250; z>0; z--);
}
```

```
void lcd_init( void ) //LCD初始化
{
    P1 = 0x01;  // 清屏指令
    write_ir( );

    P1 = 0x38;  // 功能设定指令：8位，2行，5×7点矩阵
    write_ir( );

    P1 = 0x0f;  // 开显示指令：显示屏ON，光标ON，闪烁ON
    write_ir( );

    P1 = 0x06;  // 设置字符/光标移动模式：光标右移，整屏显示不移动
    write_ir( );
}

void write_ir( void ) //写指令到LCD指令寄存器
{
    RS = 0;                 // 选择LCD指令寄存器
    RW = 0;                 // 执行写入操作
    E = 0;                  // 禁用LCD
    delayXms( 50 );
    E = 1;                  // 启动LCD
}

void write_dr( unchar *ch, unchar n )// 写数据到LCD数据寄存器
{
    unchar i;
    for( i=0; i<n; i++ ){
        P1 = *(ch+i);          // 送字符数据
        RS = 1;             // 选择LCD数据寄存器
        RW = 0;             // 执行写入操作
        E = 0;              // 禁用LCD
        delayXms( 50 );
        E = 1;              // 启动LCD
    }
}
```

案例 14：单片机控制 LCD（12864）显示电路及程序设计

（1）硬件电路及功能要求

电路如图 20 所示，开机显示图 21，按左右按键选择确认或取消，选择确认或取消后，按确认键，然后显示图 22，同样的按左右按键选择确认或取消，选择确认或取消后，按确认键，又切换到图 21，如此循环。

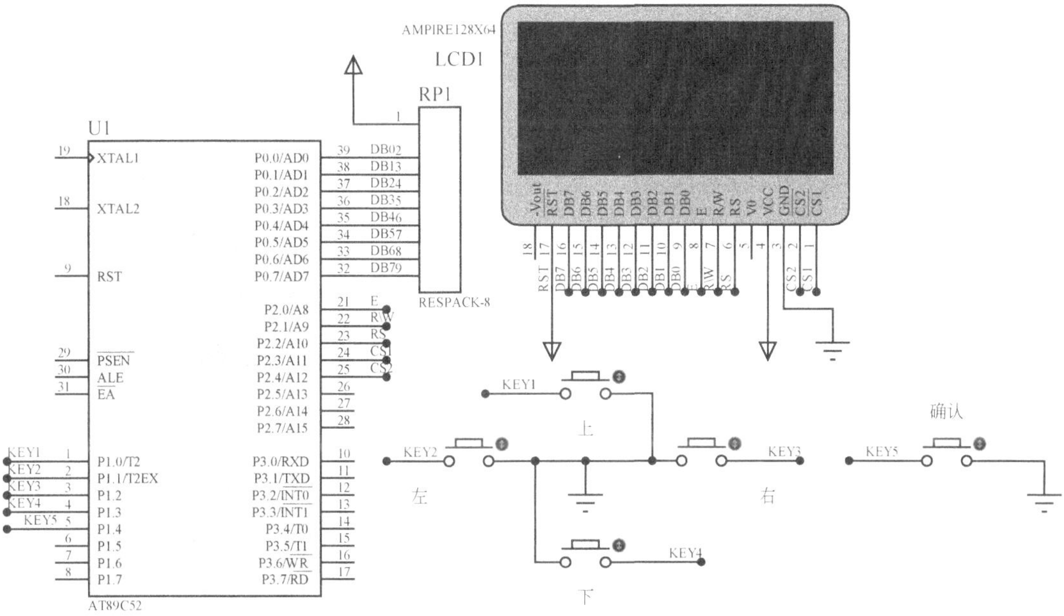

图 20　12864 显示控制电路

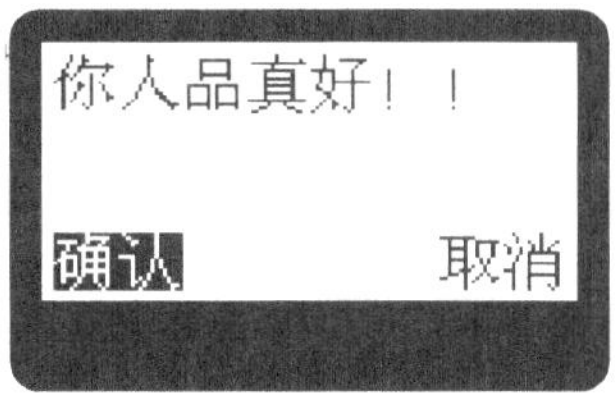

图 21　开机显示

图 22　左右按键确认或取消

（2）参考源程序

```
#include <reg52.h>
#include "12864.h"
#include <math.h>
#include <stdio.h>
#include <keyscan.h>
#include <menu_init.h>
#define uchar unsigned char
#define uint unsigned int
```

```
#define setbyte(DATT,ZZON)  DATT|=1<<ZZON
#define clrbyte(DATT,ZZON)  DATT&=~(1<<ZZON)
#define PI 3.14159 //定义圆周率

     void delay(unsigned int xms)//
 {
   unsigned int i,j;
     for(i=xms;i>0;i--)
      for(j=110;j>0;j--);
 }

void main()
{
 uchar dddd;
   LCD_init();//LCD 初始化
   is_ok_display(2);
 while(1)
 {
           dddd=panduan(1);
           if(dddd==1)
           {
           is_ok_display(1);
           }
             else
              if(dddd==2)
             {
              is_ok_display(2);
             }
          do
           {
          keyscan_();
           }
          while(jian==5);
  }
}

#ifndef  __12864_h
   #define  __12864_h
   #include <intrins.h>
```

```
#define lcddat P0 //定义 12864 总线

extern void delay(unsigned int xms);

sbit RS=P2^2; // 数据\指令 选择
sbit RW=P2^1; // 读\写 选择
sbit E=P2^0; // 读\写使能
sbit CS1=P2^3; // 片选 1
sbit CS2=P2^4; // 片选 2

/*********************************************
 对 12864 检忙
 判断 BF 的状态
 BF X X X   X X X X
 BF 为 1，表示液晶正忙，BF 为 0，表示液晶当前不忙
*********************************************/
 void check_lcd_BF()
  {
   unsigned int a=5000;//防止死循环
  RS=0;//指令模式
  RW=1;//读
  lcddat=0x80;
  E=1;//高时可以读数据
   while((lcddat&0x80==0x80)&&a--);//10000000,BF 为 1 表示 LCD 正忙
  E=0;//让数据稳定
  }

/*****************************************
 写 12864
 biao 为 1 写数据  biao 为 0 写指令
 date 为数据或者指令
*****************************************/
 void write_lcd(unsigned char date,bit biao)
   {
    check_lcd_BF();//写前读忙
    RS=biao;
    RW=0;//写
    lcddat=date;
```

```
    E=1;
    E=0;//下降沿写入
   }
/*****************************************
  从 LCD 读取数据
  在 E 的下降沿后拉高 E 再读取数据
  date  返回数据
*****************************************/
 unsigned char read_lcd()
 {
   unsigned char date;
    check_lcd_BF();//读前检忙
    lcddat = 0xff;//预读先高，请将本句放在检忙之后
     RS = 1;
     RW=1;
    E =1;
     E = 0;//一个下降沿后，再拉高 E 从而可以正常读取数据
     E = 1;
   date = lcddat;
   E=0;
   return date;
  }
/*****************************************
 左右半屏选择
 入口参数:    0 全屏  1 左屏  2 右屏
***************************************/
  void setcs(unsigned char k)//设置左右屏
    {
     switch(k)
      {
        case 0: //全屏
         CS1=0;
         delay(1);
         CS2=0;
         delay(1);
         break;
         case 1://左屏
         CS1=0;
         delay(1);
```

```
        CS2=1;
        delay(1);
        break;
        case 2://右屏
       CS1=1;
        delay(1);
        CS2=0;
        delay(1);
        break;
        default:CS1=0;CS2=0;delay(1);
      }
    }

/***************************************************
  设置液晶要显示的页，理解为整个屏幕
  分成 8 个大的行条，每个行条的一列由 128×8 个像素组成
  12864 分成了 8 页
***************************************************/
  void setye(unsigned char kk) //设置页
  {
    kk=kk+0xb8;//页的首地址是 1011 1xxx
    write_lcd(kk,0);
  }
/****************************************************
设置行数（精细）
12864 有 128 列 64 行
****************************************************/
 void setline(unsigned char yy)//设置行
    {
      yy=0xc0+yy;//行的首地址是 11xx xxxx
      write_lcd(yy,0);
    }
/****************************************************
 //设置列
 12864 有 128 列，128 列被分成了两半，每半有 64 列，
 地址都是从 0～63 ，选择哪一半由 CS1 和 CS2 引脚的状态决定
****************************************************/
  void setlie(unsigned char lie)//设置列
    {
```

```
        lie=0x40+lie;//列的首地址是 01xx xxxx
        write_lcd(lie,0);
    }
/************清屏函数************************************
  可以选中全屏操作，这样快速擦除数据
*********************************************************/
    void cler_lcd()//清屏
     {
        unsigned char z,h;
         setcs(0); //左右两片同时清零

        for(z=0;z<8;z++)//一共有 8 页
          {
           setye(z);//设置页
            setlie(0);//列地址归零
               for(h=64;h>0;h--)//每一页有 64 字节
                {
               write_lcd(0x00,1);//写 0
                 }
          }
      }

 /*********************************************************
      初始化操作
 ********************************************************/
    void LCD_init()//LCD 初始化
    {
    lcddat =0;
    _nop_();
    write_lcd(0x3f,0);//开显示
    delay(5);
   cler_lcd();//清屏
    setcs(1);//全屏选中
    setye(0);//设置成第一个行条显示（共有 8 条）
    setline(0);//起始行为 0
    setlie(0);
    }
#endif
  #ifndef __KEYSCAN_H
```

```
#define __KEYSCAN_H
sbit left  = P1^1;//左
sbit right = P1^2;//右
sbit up    = P1^0; //上
sbit down  = P1^3;//下
sbit ok    = P1^4; //确认

extern void delay(unsigned int xms);
 unsigned char jian=0; //定义一个全局变量用于键盘控制
  void keyscan_()
 {

   if(left==0)
    {
        delay(10);
        if(left==0)
         {
           while(!left);
           jian = 1;
         }
     }
      else
       if(right==0)
         {
           delay(10);
           if(right==0)
           {
             while(!right);
              jian=2;
           }
         }
          else
           if(up==0)
            {
              delay(10);
              if(up==0)
              {
                while(!up);
                jian = 3;
```

```
            }
          }
          else
            if(down==0)
            {
               delay(10);
                if(down==0)
                {
                while(!down);
                 jian =4;
                }
            }
              else
               if(ok==0)
                {
                 delay(10);
                   if(ok==0)
                   {
                    while(!ok);
                     jian = 5;
                   }
                 }
}


#endif

    #ifndef __MENU_INIT_H
  #define __MENU_INIT_H

  #include "12864.h"
   #define YES(NN) setye(NN);setlie(0)
   #define  OK setye(6);setlie(96)
  unsigned char code menu[][16] =
  {

{0x00,0x84,0xE4,0x5C,0x44,0xC4,0x10,0xF8,0x97,0x92,0xF2,0x9A,0x96,0xF2,0x
```

```
00,0x00},
    {0x01,0x00,0x3F,0x08,0x88,0x4F,0x30,0x0F,0x04,0x04,0x3F,0x44,0x84,0x7F,0x0
00,0x00},//确",0

    {0x40,0x41,0x42,0xCC,0x04,0x00,0x00,0x00,0x80,0x7F,0x80,0x00,0x00,0x00,0x
00,0x00},
    {0x00,0x00,0x00,0x7F,0x20,0x90,0x60,0x18,0x07,0x00,0x03,0x0C,0x30,0xC0,0x
40,0x00},//认",1


    {0x02,0x02,0xFE,0x92,0x92,0x92,0xFE,0x02,0x02,0x7C,0x84,0x04,0x84,0x7C,0x
04,0x00},
    {0x10,0x10,0x0F,0x08,0x08,0x04,0xFF,0x04,0x22,0x10,0x09,0x06,0x09,0x30,0x
10,0x00},//取",0

    {0x08,0x30,0x01,0xC6,0x30,0x00,0xE4,0x38,0x20,0x3F,0x20,0x30,0x28,0xE4,0x
00,0x00},
    {0x04,0x04,0xFF,0x00,0x00,0x00,0xFF,0x09,0x09,0x09,0x09,0x49,0x89,0x7F,0x
00,0x00},//消",1
    };


     unsigned char code isok[][16]=
     {
    {0x00,0x80,0x40,0xF0,0x0E,0x00,0x40,0x30,0x2E,0xA0,0x10,0x50,0x30,0x00,0x
00,0x00},
    {0x01,0x00,0x00,0x3F,0x00,0x08,0x06,0x10,0x20,0x3F,0x00,0x02,0x04,0x0C,0x
00,0x00},//你",0

    {0x00,0x00,0x10,0xD0,0x70,0xC8,0x08,0xF0,0xA8,0xE6,0x54,0x1C,0xF0,0x00,0x
00,0x00},
    {0x04,0x02,0x01,0x03,0x02,0x21,0x18,0x07,0x02,0x1F,0x01,0x10,0x3F,0x00,0x
00,0x00},//确",1

    {0x40,0x40,0x20,0xE2,0x04,0x00,0x00,0x00,0xFE,0x00,0x00,0x00,0x00,0x00,0x
00,0x00},
    {0x00,0x00,0x18,0x0F,0x14,0x0A,0x04,0x03,0x00,0x01,0x02,0x0C,0x18,0x10,0x
10,0x00},//认",0
```

```
    {0x00,0x00,0x80,0x80,0x82,0x9E,0xAA,0xAA,0xA1,0x5D,0x43,0x40,0x00,0x00,0x
00,0x00},
    {0x20,0x20,0x10,0x08,0x06,0x04,0x08,0x1F,0x12,0x22,0x22,0x20,0x20,0x20,0x
20,0x00},//是",3

    {0x00,0x00,0x10,0x48,0x47,0x4C,0xC4,0xF8,0xA4,0x27,0x2A,0x02,0x02,0x00,0x
00,0x00},
    {0x00,0x08,0x08,0x04,0x0A,0x09,0x08,0x7F,0x04,0x05,0x02,0x04,0x0C,0x08,0x
08,0x00},//笨",4

    {0x80,0x80,0x40,0x24,0x3C,0x24,0x24,0xBE,0x52,0x52,0x46,0x82,0x80,0x80,0x
80,0x00},
    {0x00,0x00,0x20,0x20,0x2E,0x2A,0x2A,0x1F,0x15,0x1D,0x13,0x60,0x00,0x00,0x
00,0x00},//蛋",5


    {0x00,0x00,0x00,0xFC,0xFC,0x00,0x00,0x00,0x00,0x00,0x00,0x00,0x00,0x00,0x
00,0x00},
    {0x00,0x00,0x00,0x19,0x19,0x00,0x00,0x00,0x00,0x00,0x00,0x00,0x00,0x00,0x
00,0x00},//! ",0

    {0x00,0x00,0x00,0xFC,0xFC,0x00,0x00,0x00,0x00,0x00,0x00,0x00,0x00,0x00,0x
00,0x00},
    {0x00,0x00,0x00,0x19,0x19,0x00,0x00,0x00,0x00,0x00,0x00,0x00,0x00,0x00,0x
00,0x00},//! ",1


      };
      unsigned char code  isnot[][16]=
      {

        {0x80,0x40,0xF0,0x2C,0x43,0x20,0x98,0x0F,0x0A,0xE8,0x08,0x88,0x28,0x1
C,0x08,0x00},
        {0x00,0x00,0x7F,0x00,0x10,0x0C,0x03,0x21,0x40,0x3F,0x00,0x00,0x03,0x1
C,0x08,0x00},//你",0

        {0x00,0x00,0x00,0x00,0x00,0x00,0xC0,0x3F,0xC2,0x00,0x00,0x00,0x00,0x0
0,0x00,0x00},
```

```
        {0x00,0x40,0x20,0x10,0x0C,0x03,0x00,0x00,0x01,0x06,0x0C,0x18,0x30,0x6
0,0x20,0x00},//人",1

        {0x00,0x00,0x00,0x00,0x7E,0x22,0x22,0x22,0x22,0x22,0x22,0x7E,0x00,0x0
0,0x00,0x00},
        {0x00,0x7F,0x21,0x21,0x21,0x21,0x7F,0x00,0x7F,0x21,0x21,0x21,0x21,0x7
F,0x00,0x00},//品",2

        {0x00,0x04,0x04,0x04,0xF4,0x54,0x5C,0x57,0x54,0x54,0x54,0xF4,0x04,0x0
6,0x04,0x00},
        {0x10,0x90,0x90,0x50,0x5F,0x35,0x15,0x15,0x15,0x35,0x55,0x5F,0x90,0x9
0,0x10,0x00},//真",3

        {0x10,0x10,0xF0,0x1F,0x10,0xF0,0x80,0x82,0x82,0x82,0xF2,0x8A,0x86,0x8
2,0x80,0x00},
        {0x80,0x43,0x22,0x14,0x0C,0x73,0x20,0x00,0x40,0x80,0x7F,0x00,0x00,0x0
0,0x00,0x00},//好",4

        {0x00,0x00,0x00,0xF0,0x00,0x00,0x00,0x00,0x00,0x00,0x00,0x00,0x00,0x0
0,0x00,0x00},
        {0x00,0x00,0x00,0x5F,0x00,0x00,0x00,0x00,0x00,0x00,0x00,0x00,0x00,0x0
0,0x00,0x00},//! ",5

        {0x00,0x00,0x00,0xF0,0x00,0x00,0x00,0x00,0x00,0x00,0x00,0x00,0x00,0x0
0,0x00,0x00},
        {0x00,0x00,0x00,0x5F,0x00,0x00,0x00,0x00,0x00,0x00,0x00,0x00,0x00,0x0
0,0x00,0x00},//! ",0

        {0x00,0x00,0x00,0xF0,0x00,0x00,0x00,0x00,0x00,0x00,0x00,0x00,0x00,0x0
0,0x00,0x00},
        {0x00,0x00,0x00,0x5F,0x00,0x00,0x00,0x00,0x00,0x00,0x00,0x00,0x00,0x0
0,0x00,0x00},//! ",1



  };
/*****************************

入口参数: biy =0,表示不被选中该选项
```

```
            biy =1，表示选中该选项

*******************************/
 void menu__init(unsigned char biy)
 {
    unsigned char i,j;
     unsigned char b;
   /***********确认按钮************************/
   setcs(1);
      setye(6);//初始化地址
      setlie(0);
          for(j=0;j<2;j++)
          {
               for(i=0;i<16;i++)
                {
                  if(biy==1)
                   b= ~menu[j][i];//黑底白字
                   else
                      if(biy==2)
                     {
                      b=menu[j][i];//白底黑字
                     }
                   write_lcd(b,1);
                }
               for(i=0;i<16;i++)
                {
                if(biy==1)
                   b= ~menu[j+2][i];//黑底白字
                   else
                     if(biy==2)
                     {
                      b=menu[j+2][i];//白底黑字
                     }
                  write_lcd(b,1);
                }
                   setye(7);//初始化地址
                   setlie(0);
            }
/****************取消按钮*********************************/
```

```
        setcs(2);//必须先设置页
        setye(6);//初始化地址
        setlie(32);
        for(j=0;j<2;j++)
        {
            for(i=0;i<16;i++)
             {
               if(biy==1)
                b= menu[j+4][i];
                else
                  if(biy==2)
                  {
                   b=~menu[j+4][i];
                  }
                write_lcd(b,1);
             }
            for(i=0;i<16;i++)
             {
             if(biy==1)
                b= menu[j+2+4][i];
                else
                  if(biy==2)
                  {
                   b=~menu[j+2+4][i];
                  }
               write_lcd(b,1);
             }
               setye(7);
               setlie(32);
        }
}

/******************************************
     入口参数：biao=1,对菜单判断
            biao=0,无效
******************************************/
 unsigned char panduan(bit biao)
 {
   bit flag;
```

```
  unsigned char dis;
  unsigned char yy;
 flag = biao;
 if(flag)
 {
  jian=1;//初始化
 }
   while(flag)
{
if(jian==1)//这里必须要用判断，否则无法抗干扰键，do-while语句是每//次都会被执行的
{
    menu__init(jian); //jian=1,确认模式
    do
    {
    yy=jian;//保存键值，当出现其他干扰键时用于还原键的状态
    keyscan_();

    }
      while(jian==1);//等待按键 退出确认模式
}
  else
    if(jian==2)
    {
      menu__init(jian);//jian = 2,取消模式

       do
       {
        yy=jian;
        keyscan_();
       }
         while(jian==2); //等待按键 退出取消模式
    }

 keyscan_();//扫描
   if(jian==5)//表示确认功能键
    {
     flag=0;//退出该模式
      cler_lcd();//清屏
    }
   if((jian==3)&&(jian!=5)&&(jian==4))
   {
```

```
        jian=yy;//这里用来排除无关键的干扰
      }
   }
     return yy;
   }
/*****************************************
 如果选择的确认按键显示的内容
*****************************************/
 void is_ok_display(unsigned char flag_1)//点击确认按钮显示的内容
 {
      unsigned char i,j,a;
          for(a=0;a<2;a++)
          {      setcs(1);
                 setye (a);//先选中左屏
                 setlie(0);
                 for(i=0;i<7;i++)
                 {
                    if(i==4) //换屏显示
                     {
                      setcs(2);
                      setye(a);
                      setlie(0);
                     }
                   for(j=0;j<16;j++)
                     {
                      if(a==0)
                       {
                          if(flag_1==1)
                      write_lcd(isok[i*2][j],1);
                           else
                             write_lcd(isnot[i*2][j],1);
                       }
                       else
                         if(a==1)
                         {
                           if(flag_1==1)
                         write_lcd(isok[i*2+1][j],1);
                           else
                             write_lcd(isnot[i*2+1][j],1);
                         }
                     }
```

```
            }
        }
}
#endif
```

案例 15：电子数字密码锁

（1）硬件电路及功能要求

电路原理图如图 23 所示。实际电子数字密码锁功能较多，这里介绍的仅模拟一部分功能，具体要求如下：

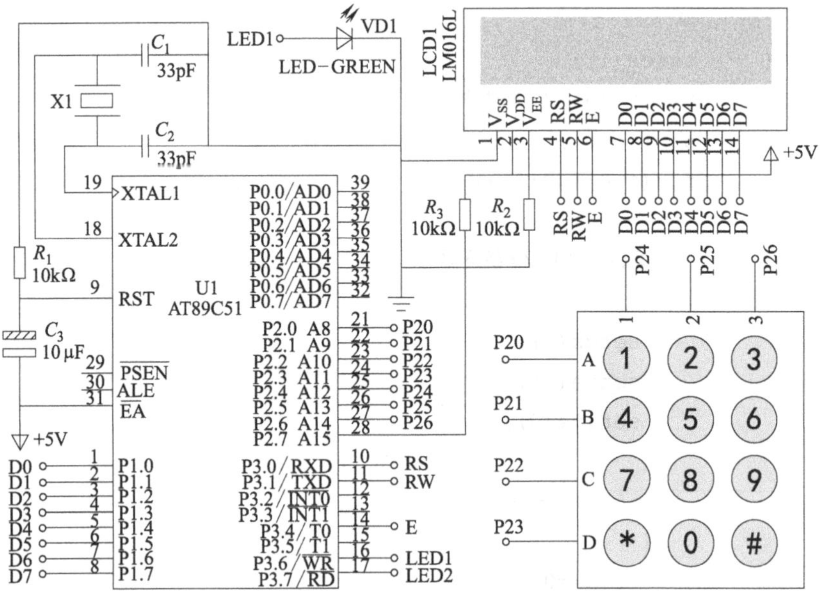

图 23 电子数字密码锁电路原理图

① 用 1 只绿色发光二极管的亮/灭来表示输入密码是否正确。

② 显示器采用 1602 点阵字符型 LCD。

③ 键盘采用 4×3 矩阵非编码键盘，各键的键值见表 1。

表 1 4×3 矩阵非编码键盘的键值

键 名	键 值	键 名	键 值
1	0x11	7	0x14
2	0x21	8	0x24
3	0x41	9	0x44
4	0x12	*	0x18
5	0x22	0	0x28
6	0x42	#	0x48

④ 控制流程。

a.开机显示如图 24 所示，其中，■为闪烁光标。

			P	A	S	S			W	O	R	D			
■															

图 24　开机显示画面

b.密码输入。在图 24 所示的状态下，直接按 0～9 数字键即可。密码长度为 8 个字符（默认为 12345678，可在程序中修改）。在密码输入时显示“*”，如图 25 所示。

			P	A	S	S			W	O	R	D			
*	*	*	*	*	*	*	*	■							

图 25　密码输入

输入完毕后按“#”键确定。若正确则绿色指示灯亮 50ms，表示开门；若不正确则出现如图 26 所示的画面，此时按“*”键，即可返回图 24 所示的状态。

			P	A	S	S			W	O	R	D			
E	R	R	O	R	!	!	!	■							

图 26　密码输入不正确

重复上述过程直至密码输入成功为止。

（2）参考源程序

```
#include <reg51.h>
#define unchar unsigned char
#define unint  unsigned int

sbit RS = P3^0;                 // 定义 LCD 的控制信号线
sbit RW = P3^1;
sbit E  = P3^4;
sbit LED1 = P3^6;               // 绿色指示灯

unchar code L1[]= "PASS  WORD"; // 第 1 行常显字符
unchar code L21[]= "        " ;  // 16 个空格,用于清屏显示器的第 2 行
unchar code L23[]= "ERROR!!!   " ; // 第 2 行错误提示字符, 共 16 个
unchar mima1[8]="12345678";     // 内置密码
unchar mima2[8];                // 用于存储输入密码
unchar *PTR;                    // 指向字符数组的首地址
unchar CH;                      // 单个字符
unchar  n;                      // 字符数组中字符的个数
unchar HSM, LJC, keyvalue;      // HSM 为行扫描码,LJC 为列检测数
                                // 据,keyvalue 为键值
```

```
unchar tmp;                         // 用于主函数中接收键值
unchar CNT = 0;                     // 输入数据的个数

void delayXms( unint x );           // 函数声明
void lcd_init( void );
void write_ir( void );
void write_dr( unchar *ch, unchar n );
void write_dr1( unchar ch );
unchar keyscan( void );
void mm_cmp( void );
/*****************************************************************
函数功能：主函数，在指定的位置显示指定的字符串
*****************************************************************/
void main( void )
{
    LED1 = 0;               // 绿色指示灯灭
    lcd_init( );                // LCD 初始化
    while( 1 ){
        tmp = keyscan( );

        switch( tmp ){
            case 0x11:  // 1
                CNT++;
                if( CNT==9 ){
                    CNT = 0;
                    break;
                }
                else{
                    CH = '*';
                    mima2[CNT-1] = '1';
                    write_dr1( CH );
                }
                break;
            case 0x21:  // 2
                CNT++;
                if( CNT==9 ){
                    CNT = 0;
                    break;
                }
```

```
        else{
            CH = '*';
            mima2[CNT-1] = '2';
            write_dr1( CH );
        }
        break;
    case 0x41:  // 3
        CNT++;
        if( CNT==9 ){
            CNT = 0;
            break;
        }
        else{
            CH = '*';
            mima2[CNT-1] = '3';
            write_dr1( CH );
        }
        break;
    case 0x12:  // 4
        CNT++;
        if( CNT==9 ){
            CNT = 0;
            break;
        }
        else{
            CH = '*';
            mima2[CNT-1] = '4';
            write_dr1( CH );
        }
        break;
    case 0x22:  // 5
        CNT++;
        if( CNT==9 ){
            CNT = 0;
            break;
        }
        else{
            CH = '*';
            mima2[CNT-1] = '5';
```

```
            write_dr1( CH );
        }
        break;
    case 0x42:  // 6
        CNT++;
        if( CNT==9 ){
            CNT = 0;
            break;
        }
        else{
            CH = '*';
            mima2[CNT-1] = '6';
            write_dr1( CH );                                    }
        break;
    case 0x14:  // 7
        CNT++;
        if( CNT==9 ){
            CNT = 0;
            break;
        }
        else{
            CH = '*';
            mima2[CNT-1] = '7';
            write_dr1( CH );
        }
        break;
    case 0x24:  // 8
        CNT++;
        if( CNT==9 ){
            CNT = 0;
            break;
        }
        else{
            CH = '*';
            mima2[CNT-1] = '8';
            write_dr1( CH );
        }
        break;
    case 0x44:  // 9
```

```
        CNT++;
        if( CNT==9 ){
            CNT = 0;
            break;
        }
        else{
            CH = '*';
            mima2[CNT-1] = '9';
            write_dr1( CH );
        }
        break;
    case 0x18:  // *
        CNT = 0;
        P1 = 0xc0;  // 第 2 行起始地址
        write_ir( );
        PTR = &L21;
        n=16;
        write_dr( PTR, n );

        P1 = 0xc0;  // 光标最后停留在 LCD 的 0xc0 位置
        write_ir( );
        break;
    case 0x28:  // 0
        CNT++;
        if( CNT==9 ){
            CNT = 0;
            break;
        }
        else{
            CH = '*';
            mima2[CNT-1] = '0';
            write_dr1( CH );                              }
        break;
    case 0x48:  // #
        mm_cmp( );
        break;
    default:    LED1 = 0;
}
delayXms( 1 );
```

```
    }

}
/***********************************************************
函数功能：延时xms，振荡器频率为12MHz
***********************************************************/
void delayXms( unint x )
{
    unint y,z;
    for( ; x>0; x-- )
        for( y=4; y>0; y-- )
            for( z=250; z>0; z--);
}
/***********************************************************
函数功能：LCD初始化，显示开机画面
***********************************************************/
void lcd_init( void )
{
    P1 = 0x01;        // 清屏指令
    write_ir( );

    P1 = 0x38;        // 功能设定指令：8位，2行，5×7点矩阵
    write_ir( );

    P1 = 0x0c;        // 开显示指令：开显示屏，不显示光标
    write_ir( );

    P1 = 0x06;        // 设置字符/光标移动模式：光标右移，整屏显示不移动
    write_ir( );

    P1 = 0x83;        // 第1行起始地址，开机画面
    write_ir( );
    PTR = &L1;        // L1[]= "PASS  WORD";
    n=10;
    write_dr( PTR, n );

    P1 = 0x0f;        // 开显示指令：开显示屏，显示光标，光标闪烁
    write_ir( );
    P1 = 0xc0;        // 光标最后停留在LCD的0xc0位置
```

```
    write_ir( );
}
/**********************************************************
函数功能：写指令到 LCD 指令寄存器
**********************************************************/
void write_ir( void )
{
    RS = 0;             // 选择 LCD 指令寄存器
    RW = 0;             // 执行写入操作
    E = 0;              // 禁用 LCD
    delayXms( 50 );
    E = 1;              // 启动 LCD
}
/**********************************************************
函数功能：写字符串数据到 LCD 数据寄存器。指针 ch 指向字符串数据的首地址，n 为数据个数
**********************************************************/
void write_dr( unchar *ch, unchar n )
{
    unchar i;
    for( i=0; i<n; i++ ){
        P1 = *(ch+i);    // 送字符数据
        RS = 1;         // 选择 LCD 数据寄存器
        RW = 0;         // 执行写入操作
        E = 0;          // 禁用 LCD
        delayXms( 50 );
        E = 1;          // 启动 LCD
    }
}

/**********************************************************
函数功能：键盘扫描及键值确定
**********************************************************/
unchar keyscan( void )
{
    P2 = 0xf0;                  // 行线全为低电平，列线全为高电平
    LJC = P2&0xf0;              // 第 1 次读列检测状态
    if( LJC != 0xf0 ){
        delayXms( 10 );         // 若有键被按下，则延时 10ms
        LJC = P2&0xf0;          // 第 2 次读列检测状态：0xe0, 0xd0, 0xb0, //0x70
```

```
        if( LJC != 0xf0 ){  // 若有闭合键,则逐行扫描
            HSM = 0xfe; // 扫描码分别为 0xfe, 0xfd, 0xfb, 0xf7
            while((HSM&0x10)!=0){    // 若扫描码为 0xef, 则结束扫描
                P2 = HSM;    // 输出行扫描码
                LJC = P2&0xf0;  // 读列检测数据: 0xe0, 0xd0, 0xb0, //0x70
                if( LJC != 0xf0 ){  // 本行有闭合键
                    keyvalue = ( ~HSM )+( ~(LJC|0x0f) );    // 计算键值
                    return( keyvalue );            // 返回键值
                }
                else HSM = (HSM<<1)|0x01;    // 行扫描码左移1位, 准备扫描下一行
            }
        }
    }
    return( 0x00 );
}
/****************************************************************
函数功能: 将字符数据x写到LCD数据寄存器
****************************************************************/
void write_dr1( unchar x )
{
    P1 = x;           // 送字符"x"
    RS = 1;           // 选择LCD数据寄存器
    RW = 0;           // 执行写入操作
    E = 0;            // 禁用LCD
    delayXms( 50 );
    E = 1;            // 启动LCD
}
/****************************************************************
函数功能: 密码比较, 相同则绿色指示灯亮, 不同则显示"ERROR!"
****************************************************************/
void mm_cmp( void )
{
    unchar x;
    bit flag = 1;
    for( x=0; x<8; x++ ){
        if( mima1[x]==mima2[x] )    continue;
        else{
            flag = 0;
            break;
```

```
        }
    }
    if( flag ){
        LED1 = 1;        // 绿色指示灯亮 50ms
        delayXms( 50 );
    }
    else{
        P1 = 0xc0;       // 第 2 行起始地址
        write_ir( );
        PTR = &L23;      // L23[]= "ERROR!!!" ;
        n=16;
        write dr( PTR, n );
        P1 = 0xc8;       // 光标最后停留在 LCD 的 0xc8 位置
        write_ir( );
    }
}
```

第5章 C51单片机中断系统与定时/计数器

5.1 中断系统

5.1.1 中断概述

（1）中断的概念

当人们看书的时候，忽然电话响了，这时就暂停看书去接电话，接完电话后，又从刚才被打断的地方继续往下看。在看书时被打断过一次的这一过程称为中断，而引起中断的原因，即中断的来源就称为中断源。在计算机中，中断指的是在计算机执行程序的过程中，如果外界或内部发生了紧急事件，请求CPU处理时，CPU暂停当前程序的执行，转去处理所发生的事件，待处理完毕后，再返回来执行原来被暂停的程序。计算机中断过程如图5-1所示。

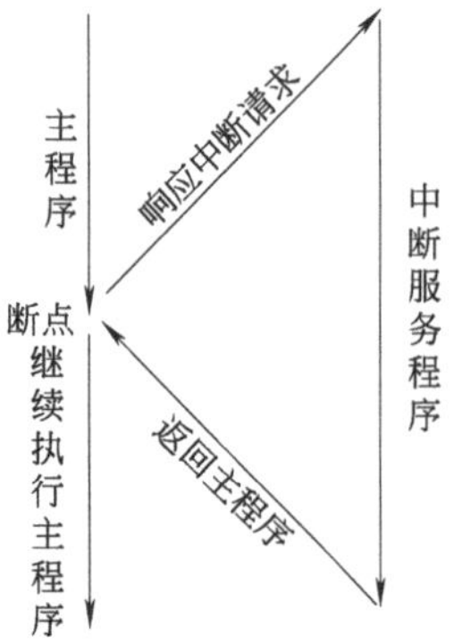

图5-1 中断过程示意图

由于中断而要求CPU暂停的正在运行的程序称为主程序（主函数）；向CPU提出中断申请的设备称为中断源；由中断源向CPU所发出的请求中断信号称为中断请求；CPU在满足条件的情况下，接受中断申请，终止现行程序的执行转而为申请中断的对象服务称为中断响应；为服务对象服务的程序称为中断服务程序（中断服务函数）；现行程序（函数）被中断处的地址称为断点地址，简称断点；中断服务程序结束后，返回到原来程序的断点处称为中断返回。

保护断点和恢复断点指的是：当CPU响应中断请求，在转入中断服务程序之前，把断点也就是把程序计数器PC的当前值保存起来，以便中断服务程序执行结束后，断点地址可以被送回程序计数器PC，CPU返回到主程序，从断点处继续执行主程序。

保护现场指的是：CPU在执行中断服务程序时，可能要使用主程序中使用过的寄存器或标志位，为了使这些存储单元的数据在中断服务程序中不被冲掉，在进入中断服务程序前，要将有关存储单元的内容保护起来。恢复现场指的是：在中断服务程序执行完毕时，再将有关存储单元的内容复原。

保护现场和恢复现场是通过在中断服务程序中采用堆栈操作指令实现的，而保护断点、恢复断点是由 CPU 在响应中断和中断返回时自动完成的。

（2）中断的作用

① 实现并行操作 在 CPU 与外设交换信息时，存在着一个快速的 CPU 与慢速的外设间的矛盾，有了中断功能，就可以使 CPU 和外设同时工作。CPU 在启动外设工作后，就继续执行主程序，同时外设也在工作，当外设把数据准备好后，发出中断申请，请求 CPU 中断它的程序，执行输入输出（中断服务），处理完以后，CPU 恢复执行主程序，外设也继续工作。CPU 可以利用中断功能，同时指挥多个外设同时工作，这样就大大提高了 CPU 的利用率。

② 实现实时处理 现场的各个参数、信息测控设备，可以在任何需要的时候发出中断申请，要求 CPU 处理；CPU 可以根据预先设定的中断处理优先级别，作出响应和处理。

③ 故障处理 计算机在运行过程中，往往会出现事先预料不到的情况或出现一些故障，计算机就可以利用中断系统先自行处理，再停机或给出警示报告。

5.1.2 中断系统的结构及其工作原理

C51 单片机的中断系统有 5 个中断源、2 个优先级，可实现二级中断服务嵌套。由片内特殊功能寄存器中的中断允许寄存器 IE 控制 CPU 是否响应中断请求；由中断优先级寄存器 IP 安排各中断源的优先级；同一优先级的各个中断源同时提出中断请求时，由内部的查询逻辑确定其响应次序。

C51 单片机的中断系统由中断请求标志位、中断允许寄存器 IE、中断优先级寄存器 IP 及内部硬件查询电路组成。中断系统逻辑结构方框图如图 5-2 所示。

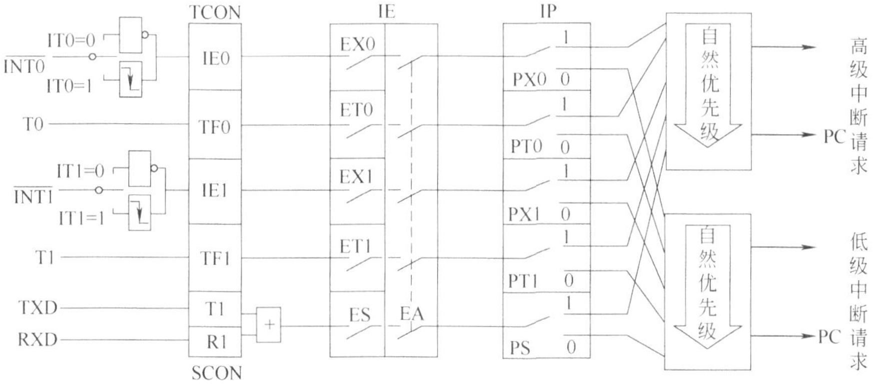

图 5-2 中断系统逻辑结构框图

（1）中断源

C51 单片机有 5 个中断源，分别是：

$\overline{INT0}$ ：来自 P3.2 引脚上的外部中断请求（外部中断 0）；

$\overline{INT1}$ ：来自 P3.3 引脚上的外部中断请求（外部中断 1）；

T0 ：片内定时/计数器 0 溢出中断请求；

T1 ：片内定时/计数器 1 溢出中断请求；

串行口（TXD 或 RXD）：片内串行口完成一帧数据发送或接收时的中断请求。

由于 C51 单片机有 5 个中断源，当几个中断源同时向 CPU 发出中断请求时，CPU 应优先响应最紧急的中断请求。为此需要规定各个中断源的优先级，使 CPU 在多个中断源同时发

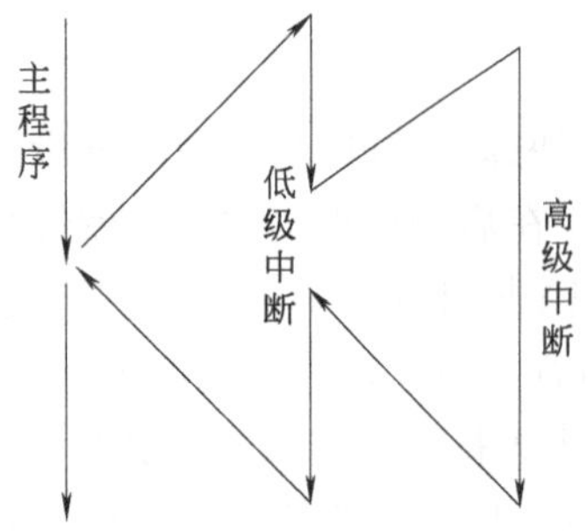

图 5-3 中断嵌套示意图

出中断请求时能够按照优先级的高低，安排响应中断请求的次序，在优先级高的中断请求处理完了以后，再响应优先级低的中断请求。当 CPU 正在为一个中断源服务时，如果另一个优先级比它高的中断源发出中断请求，CPU 会暂停正在执行的服务程序，转去处理优先级高的中断请求，待处理完以后，再返回去处理原来的低级中断服务程序，这种高级中断源能中断低级中断源的中断处理方法称为中断嵌套，如图 5-3 所示。

（2）中断请求标志

在中断系统中，应用哪种中断，采用哪种触发方式，要由定时/计数器的控制寄存器 TCON 和串行接口控制寄存器 SCON 的相应位进行设定。TCON 和 SCON 都属于特殊功能寄存器，字节地址分别为 88H 和 98H，可进行位寻址。

① TCON 寄存器　定时器控制寄存器 TCON 有两个作用，即除了控制定时/计数器 T0、T1 的启停和锁存 T0、T1 的溢出中断标志外，还控制外部中断的触发方式和锁存外部中断请求标志。其格式及各位的作用及含义如下：

TF1	TR1	TF0	TR0	IE1	IT1	IE0	IT0

IT0：外部中断 0（$\overline{\text{INT0}}$）触发方式控制位。

如果 IT0 为 1，则外部中断 0 为跳变（边沿）触发方式，如果在前一个周期中采样到 P3.2 为高电平，在后一个周期中采样到 P3.2 为低电平，则硬件使 IE0 置 1，向 CPU 请求中断。对于跳变触发方式的外部中断，要求输入的负脉冲宽度至少保持 12 个振荡周期，以确保检测到引脚上的电平跳变。

如果 IT0 为 0，则外部中断 0 为电平触发方式。采用电平触发时，输入到 $\overline{\text{INT0}}$（P3.2）的外部中断信号必须一直保持低电平，直到该中断被响应，同时在中断返回前必须使电平变高，否则将再次产生中断。由于外部中断引脚在每个机器周期内被采样一次，因此中断引脚上的电平应至少保持 12 个振荡周期，以保证电平信号能被采样到。

IE0：外部中断 0 中断请求标志位。如果 IE0 为 1，表明外部中断 0 向 CPU 有中断请求，在 CPU 响应外部中断 0 的中断请求后，由硬件使 IE0 复位。

IT1：外部中断 1（$\overline{\text{INT1}}$）触发方式控制位。其含义与 IT0 相同。

IE1：外部中断 1 的中断请求标志位。其含义与 IE0 相同。

TR0、TR1：分别为定时/计数器 T0、T1 的启停控制位，其具体含义在定时/计数器一节中讲述。

TF0：片内定时/计数器 T0 溢出中断请求标志位。定时/计数器的核心为加法计数器，当定时/计数器发生定时或计数溢出时，由硬件置位 TF0，向 CPU 申请中断，CPU 响应中断后，由硬件自动对 TF0 清零。

TF1：片内定时/计数器 T1 溢出中断请求标志位，其功能与 TF0 相同。

② SCON 寄存器　串行口控制寄存器 SCON 与中断有关的只有 TI 和 RI 这 2 位。SCON 的格式如下：

SM0	SM1	SM2	REN	TB8	RB8	TI	RI

RI：串行端口接收中断请求标志位。在串行端口允许接收时，每接收完一帧数据，由硬件自动将 RI 位置 1。但当 CPU 转入串行口中断服务程序时硬件不能复位 RI，必须在中断服务程序中由软件使 RI 清 0。

TI：串行端口发送中断请求标志位。CPU 将一个数据写入发送缓冲器 SBUF 时，就启动发送，每发送完一帧串行数据后，由硬件置位 TI。但 CPU 响应中断时，并不清除 TI，必须在中断服务程序中由软件对 TI 清 0。

在中断系统中，将串行端口的接收中断 RI 和发送中断 TI 经逻辑或后作为内部的同一个中断源。当 CPU 响应串行端口的中断请求时，CPU 并不清楚是接收中断还是发送中断请求，所以用户在编写串行端口的中断服务程序时，在程序中必须识别是 RI 还是 TI 产生的中断请求，从而执行相应的中断服务程序。

（3）中断允许和禁止

在 51 单片机的中断系统中，中断允许或禁止是由特殊功能寄存器 IE 控制的。IE 的字节地址为 0A8H，可位寻址。其格式和各位的含义如下：

EA	—	—	ES	ET1	EX1	ET0	EX0

EA：总中断允许控制位。当 EA 位为 0 时，CPU 禁止所有的中断；当 EA=1 时，CPU 打开中断，这时，5 个中断源的中断请求是允许还是被禁止，还需由各自的允许位确定，即由 IE 的低 5 位控制。

ES：串行口中断允许控制位。ES= 0，禁止串行口中断；ES=1，允许串行口中断。

ET1：定时/计数器 T1 的溢出中断允许控制位。ET1= 0，禁止 T1 的溢出中断；ET1=1，允许 T1 的溢出中断。

EX1：外部中断 1 中断允许控制位。EX1= 0，禁止外部中断 1 中断；EX1=1，允许外部中断 1 中断。

ET0：定时/计数器 T0 的溢出中断允许控制位。ET0= 0，禁止 T0 的溢出中断；ET0=1，允许 T0 的溢出中断。

EX0：外部中断 0 中断允许控制位。EX0= 0，禁止外部中断 0 中断；EX0=1，允许外部中断 0 中断。

（4）中断优先级控制

C51 的中断系统提供两个中断优先级，每一个中断源都可以设定为高优先级或低优先级中断源，以便实现二级中断嵌套。中断优先级是由片内的中断优先级寄存器 IP 控制的，IP 的字节地址为 0B8H，既可以按字节访问，又可以按位访问，其格式及各位的含义如下：

—	—	—	PS	PT1	PX1	PT0	PX0

PX0、PT0、PX1、PT1 和 PS 分别为 $\overline{INT0}$、T0、$\overline{INT1}$、T1 和串行端口中断优先级控制位。当相应的位置 0 时，所对应的中断源定义为低优先级，置 1 则定义为高优先级。

同一优先级中的各中断源同时请求中断时，由片内逻辑查询顺序来决定响应次序。片内逻辑查询顺序称为自然优先权，其优先级排列如下：

中断源	自然优先权
外部中断 0	最高
定时/计数器 0 溢出中断	↓
外部中断 1	↓
定时/计数器 1 溢出中断	↓
串行口中断	最低

从以上叙述可知，通过编程对 TCON 中的 IT0、IT1 置位或复位，可设定 $\overline{INT0}$、$\overline{INT1}$ 的中断触发方式；通过编程对 IE 寄存器各位置位或清 0，可设置其各位对应的中断源允许中断或禁止中断；通过编程对 IP 寄存器各位置位或清 0，可设置其各位对应的中断源为高优先级或低优先级。

5.1.3 中断处理过程

中断处理可分为三个阶段，即中断响应、中断处理和中断返回。

（1）中断响应

C51 单片机的 CPU 在每一个机器周期内顺序查询每一个中断源。当有中断源申请中断时，先将这些中断请求锁存在各自的中断标志位中，在下一个机器周期这些被置位的中断标志位将会被查到。如果中断允许总控制位 EA 为 1，申请中断的中断源所对应的分允许控制位也为 1，中断系统先判断其中断优先级高低；然后修改程序计数器 PC 的当前值，CPU 转入执行相应的中断服务程序。但下列三个条件中的任何一个都能封锁 CPU 对中断的响应。

① CPU 正在处理同级的或高一级的中断。

② 当前指令未执行完。

③ 当前正在执行的指令是中断返回指令或是对 IE 或 IP 寄存器进行读/写的指令。

上述三个条件中，第二条是保证把当前指令执行完，第三条是保证如果正在执行的是中断返回指令或是对 IE、IP 访问的指令，则必须至少再执行完一条指令之后才会响应中断。

（2）中断处理

如果一个中断被响应，则按下列过程进行处理：

① 置相应的优先级触发器状态为 1，以封锁同级和低级的中断请求，但是允许高级的中断请求。

② 在硬件控制下，将被中断的程序的断点地址（PC 的当前值）压入堆栈进行保护，即保护断点，以便从中断服务程序返回时能继续执行该程序。

③ 根据中断源的类别，在硬件的控制下，程序的执行转到相应的中断入口地址，即将被响应的中断入口地址送入 PC 中，开始执行中断服务程序，并清除中断源的中断请求标志（TI 和 RI 必须由指令清除）。与各中断源对应的中断入口地址见表 5-1。

表 5-1 中断源的入口地址

中断源	入口地址
外部中断 0（$\overline{INT0}$）	0003H
定时/计数器 0	000BH
外部中断 1（$\overline{INT1}$）	0013H
定时/计数器 1	001BH
串行口	0023H

由于这 5 个中断源的中断入口地址之间，相互仅间隔 8 个字节单元，一般情况下，8 个字节单元是不足以存放一个中断服务程序的。因此，通常在中断入口处安排一条跳转指令，以跳转到存放在其他地址空间的中断服务程序入口处。

（3）中断返回

中断服务程序的最后一条指令必须是中断返回指令。CPU 执行中断返回指令时，对响应中断时所置位的优先级状态触发器清零，然后从堆栈中弹出栈顶上的两个字节到 PC 中，恢复断点。CPU 从断点处重新执行被中断的程序。如果进行中断处理需要保护现场，那么应该在中断服务程序的开头部分用指令把有关存储单元的内容压入堆栈，在中断返回前，再用指令从堆栈中弹出相应存储单元的内容，以完成恢复现场操作。

（4）中断响应时间

外部中断 $\overline{\text{INT0}}$ 和 $\overline{\text{INT1}}$ 的电平在每个机器周期的 S_5P_2 时被采样并锁存在 IE0 和 IE1 中，这个置入到 IE0 和 IE1 的状态在下一个机器周期才被查询电路查询。如果产生了一个中断请求，而且满足响应的条件，CPU 响应中断，由硬件生成一条长调用指令转到相应的服务程序入口（执行这条指令占用 2 机器周期）。因此，从中断请求有效到执行中断服务程序的第一条指令的时间间隔至少需要三个完整的机器周期。

如果中断请求被前面所述的三个条件之一所封锁，将需要更长的响应时间。若一个同级的或高优先级的中断已经在进行，则延长的等待时间显然取决于正在处理的中断服务程序的长度；如果正在执行的是一条主程序的指令，但还没有进行到最后一个机器周期，则所延长的等待时间不会超过 3 个机器周期，这是因为 51 单片机的指令系统中最长的指令也只有 4 个机器周期；假若正在执行的是中断返回指令或者是访问 IE 或 IP 指令，则延长的等待时间不会超过 5 个机器周期（完成正在执行的指令还需要一个周期，加上完成下一条指令所需要的最长时间——4 个周期）。因此，在系统中只有一个中断源的情况下，响应时间总是在 3～8 个机器周期之间。

5.1.4 中断服务函数

中断服务函数的格式如下：

```
funcname( )  interrupt i  [using n]
```

各参数含义如下：

funcname：函数名。

interrupt i：中断函数。

using n：内部 RAM 中的工作寄存器使用哪一块空间。

（1）工作寄存器的选择

51 单片机内部 RAM 最低端的 32 个字节称为工作寄存器，被分为 4 个不同的块，每块 8 个字节。程序可以通过 R0～R7 来访问这些字节。R0~R7 具体为哪一块中的内容，则通过程序控制字（PSW）来控制。寄存器的块功能在中断处理函数或者实时操作系统中尤其有用，因为 CPU 可以通过切换到一个不同的块来执行程序而不需要对若干寄存器进行保存。

在中断服务函数中，using 关键字用来选择哪一个寄存器块供函数使用。例如：

```
void rb_function(void) using 3
{
⋮
}
```

using 关键字只可以带一个 0～3 之间的整数作为参数。该关键字对代码的影响如下：

① 当前选定的寄存器块被存储到堆栈中；

② 指定的寄存器块被设置；

③ 函数退出时，从前的内容被恢复。

由于函数退出前必须恢复原PSW内容，因此using关键字不可用在有返回值的函数中。使用using关键字的时候一定要小心，否则有可能得到不正确的结果。

一般来说，using关键字一般在不同的优先级别的中断函数中很有用，这样可以不用在每次中断的时候都对所有寄存器进行保存。

（2）interrupt关键字

对中断函数应该有interrupt关键字。中断函数不可以有输入或者返回值，例如：

```
unsigned int interruptpcnt;
unsigned char second;
void timer0(void) interrupt 1 using 2
{
if(++interruptcnt==4000){              //计数到4000
second++;                              //秒计数
interruptcnt=0;                        //清空中断计数
  }
}
```

interrupt关键字后所带的数字为51单片机的中断入口号。标准51单片机的基本中断如表5-1所示，表5-2列出了基本中断中的中断号和入口地址。

表5-2　中断号和入口地址

中断号	入口地址	中断号	入口地址
0	0003H	3	001BH
1	000BH	4	0023H
2	0013H		

在使用interrupt关键字时，编译器有可能会进行以下操作：

① 函数被激活的时候，如果有需要，将会把ACCB、DPH、DPL以及PSW中的内容压入堆栈中进行保存。

② 所有正在使用的寄存器都会被推入堆栈中进行保存，除非使用了using关键字。

③ 在函数退出时，所有使用的寄存器，及特殊功能寄存器，都会被推出堆栈，以恢复函数执行前的状态。

④ 函数结束时会调用51的RETI指令（RETI是中断返回指令）。

在使用interrupt关键字时，还应该注意下面的问题：

① 中断函数一定不能有入口参数或者返回值，否则就会编译出错。

② 中断函数不能直接在程序中调用，因为该函数在编译以后是使用RETI命令返回的，而不是普通的返回指令。

③ 编译器会为每一个中断函数生成一个中断向量。不过，中断向量的产生可以被NOINTVECTOR控制指令禁止掉，所以在使用interrupt关键字的时候要注意这些设置。

④ C51编译器允许中断号为0～31，但我们在表5-2中只列出了0～4号对应的地址。

5.1.5　中断系统的应用

【例 5-1】试编写一段对中断系统初始化的程序，使之允许 $\overline{\text{INT1}}$、T0 中断；$\overline{\text{INT1}}$ 定为边沿触发方式，低优先级；T0 溢出中断定为高优先级。

所谓中断系统初始化就是编写指令，设置特殊功能寄存器 TCON、IE 和 IP 有关位的状态。

【解】

```
#include <reg51.h>
void main( void  )
{
   IT1=1;
   IE=0x86;
   IP=0x02;
       ⋮
}
```

【例 5-2】图 5-4 为单片机控制的数据采集系统示意图。将 P1 口设置为数据输入口，外围设备每准备好一个数据时，发出一个选通信号（正脉冲），使 D 触发器 Q 端置 1，经非门向 $\overline{\text{INT1}}$ 送入一个低电平中断请求信号，因 $\overline{\text{INT1}}$ 采用电平触发方式，外部中断请求标志位 IE1 在 CPU 响应中断后不能由硬件自动清除。因此，在响应中断后，要设法撤除 $\overline{\text{INT1}}$ 的低电平。系统中撤除 $\overline{\text{INT1}}$ 的方法是将 P2.6 线与 D 触发器复位端相连，因此只要在中断服务程序中由 P2.6 输出一个低电平信号，就能使 D 触发器复位（Q=0），$\overline{\text{INT1}}$ 输入高电平，从而清除 IE1 标志。

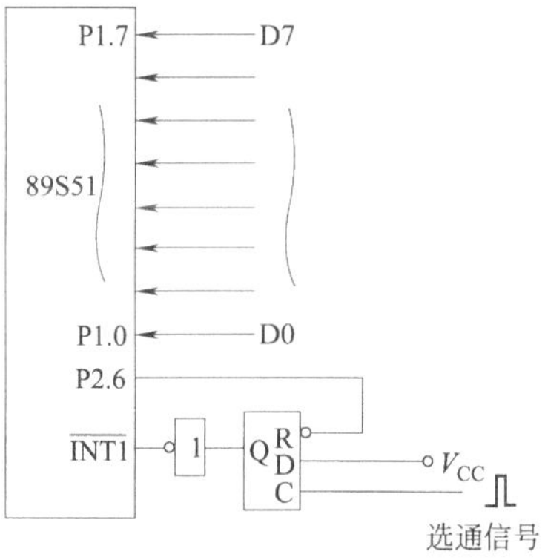

图 5-4　单片机数据采集系统

【解】程序清单如下：

```
#include <reg51.h>
sbit P26 = P2^6;
int  xdata *datain;  //定义一个指针变量 data
void int1sever(void);
void main( void )
{
datain=0x2000;  //指针变量指向外部
                //RAM2000 单元
P1=0xff;        //P1 口设为输入口
IT1=0;          //外部中断 1 设为电平触发
IE=0x84;        //开中断
while (1);      //等待中断
}
//中断服务 函数
void int1sever(void)  interrupt 2 using 1
```

```
{
int a=5000;
IE1=0;              //关外部中断 1
P2=0xbf;            //由 P2.6 输出 0 撤销
while(a--);         //延时
P2=0x40;            //由 P2.6 恢复 1
*datain=P1;         //输入数据
datain++;           //数据指针指向下一个单元
}
```

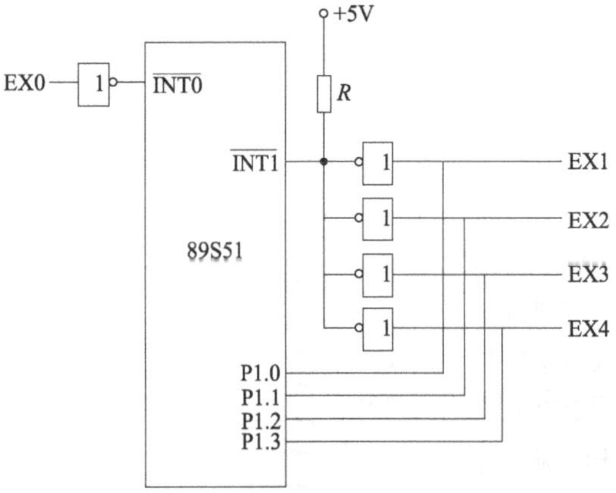

图 5-5　查询法扩展外部中断源

【例 5-3】 采用查询法扩展外部中断源。

C51 单片机有 $\overline{\text{INT0}}$ 和 $\overline{\text{INT1}}$ 两个外部中断源，为了使它能和更多外部设备联机工作，其中断源有时需要加以扩展。借用定时器溢出中断扩展外部中断源和采用查询法扩展外部中断源是两种常用的方法。采用查询法来扩展外部中断源需要必要的支持硬件和查询程序。

图 5-5 是采用查询法扩展外部中断源的一种硬件设计方案。其中 EX0 的优先级别最高，而 EX1、EX2、EX3、EX4 通过或非门共用一个中断请求通道，只要 EX1~EX4 这 4 个中断源当中有一个以上发出请求信号（高电平）就会输出一个低电平作为 $\overline{\text{INT1}}$ 的中断请求信号，向 CPU 请求中断。为了识别 $\overline{\text{INT1}}$ 中断请求的真实来源，还要通过查询的方法来判断。为此，4 个中断源分别连接到 P1.0~P1.3 各引脚上，其优先级别则取决于查询的顺序。下面给出 $\overline{\text{INT1}}$ 的中断服务参考程序：

```
#include <reg51.h>
void sever1(void );
void sever2( void );
void sever3( void );
void sever4(void );
 unsigned char a=0;
main( )
{
IP=0x01;            //外部中断 0 设为高优先级，其余的设为低优先级

⋮
while(1);
}
void int0sever( void ) interrupt 0 using 0   //外部中断 0 服务函数
```

```
{
;
}
void int1sever( void ) interrupt 2 using 2  //外部中断1服务函数
{
P1=0x0f;                                    //P1口低4位置1,准备查询输入
a=P1;
switch (a)
 {case 0x0e: sever1( );break;               //查询
  case 0x0d: sever2( );break;
  case 0x0b: sever3( );break;
  case 0x07: sever4( );break;
  }
}
 void sever1(void  )
{
;

}
 void sever2(void  )
{
;

}
 void sever3( void )
{
 ;

}
void sever4( void )

{
;

}
```

5.2 定时/计数器

51单片机内有两个16位可编程的定时/计数器，即定时器T0和定时器T1，它们都具有定时和事件计数功能，可用于定时控制，延时，对外部事件计数和检测等场合。与软件延时

相比较，用定时器延时，可以使 CPU 与时钟并行工作，有不影响 CPU 工作效率的优点。

5.2.1 定时/计数器的结构及其工作原理

每一个定时/计数器实际上是一个具有加 1 计数器功能的 16 位特殊功能寄存器，由高 8 位和低 8 位两个寄存器组成，T0 由 TH0 和 TL0 组成，T1 由 TH1 和 TL1 组成。这些寄存器用于存放定时/计数值或定时/计数初值。TMOD 是两个定时/计数器的工作方式控制寄存器，由它设置定时/计数器的工作方式和功能。TCON 是两个定时/计数器的控制寄存器，用于控制 T0、T1 的启停以及设置溢出标志等。定时/计数器的基本结构如图 5-6 所示。

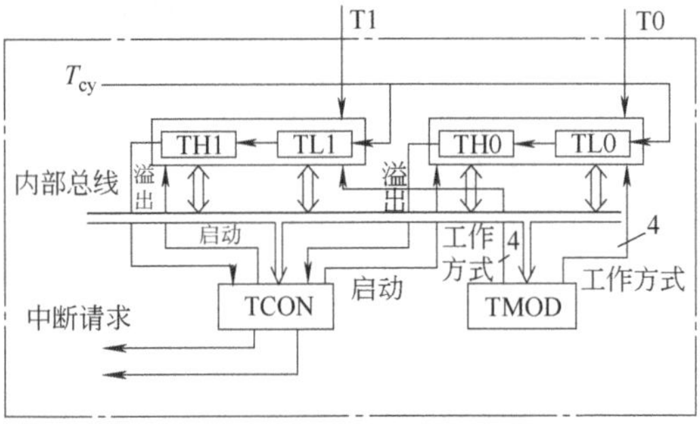

图 5-6 定时/计数器结构

定时/计数器的核心部件是加 1 计数器，输入加 1 计数器的计数脉冲源有两个。在作定时器使用时，输入的是机器周期信号。故其频率为晶振频率的 1/12。如果晶振频率为 12MHz，则定时器每接收一个输入脉冲的时间为 1μs。

当它用作对外部事件计数时，输入的是 T0（P3.4）或 T1（P3.5）的外部脉冲。在这种情况下，当检测到输入引脚上的电平由高跳变到低时（前一个机器周期检测到输入引脚为高电平，后一个机器周期检测到输入引脚为低电平），计数器加 1。由于它需要两个机器周期识别一个从“1”到“0”的跳变，故最高计数频率为晶振频率的 1/24。这就要求输入信号的电平要在跳变后至少在一个机器周期内保持不变，以保证在电平再次变化之前至少被采样一次。

可见每输入一个脉冲，计数器自动加 1，当加到计数器为全 1 时，再输入一个脉冲就使计数器溢出为零，且溢出脉冲使 TCON 中计数器溢出标志位 TF0 或 TF1 置 1，向 CPU 发出中断请求信号，如果定时/计数器工作于定时方式，则表示定时时间到；若工作于计数方式，则表示计数值满。可见，由溢出时的计数值减去计数初值才是加 1 计数器的计数值，因此可以根据要求来设置初值大小。

5.2.2 定时/计数器的控制

51 单片机对内部定时/计数器的控制是通过方式寄存器 TMOD 和控制寄存器 TCON 两个特殊功能寄存器来实现的。

（1）定时/计数器方式控制寄存器 TMOD

定时/计数器方式寄存器 TMOD 用于控制 T0 和 T1 的工作方式，其字节地址为 89H，不能进行位寻址，CPU 可以通过 8 位数据传送指令来设定 TMOD 中各位状态。复位时 TMOD 所有各位均被清零。TMOD 格式如下：

GATE	$C/\overline{T}$	M1	M0	GATE	$C/\overline{T}$	M1	M0
→	T1 方式字段		←	→	T0 方式字段		←

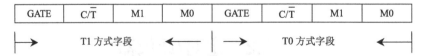

其中高 4 位 D7~D4 用于 T1，低 4 位 D3~D0 用于 T0，各位的意义如下：

① M1、M0：工作方式选择位。

定时/计数器有四种工作方式，由 M1、M0 决定，如表 5-3 所示。

② $C/\overline{T}$：定时/计数功能选择位。

$C/\overline{T}$=0 时，为定时器方式， $C/\overline{T}$=1 时，为计数器方式。

③ GATE：门控位。

表 5-3 定时/计数器方式选择

M1	M0	工作方式	功 能 描 述
0	0	方式 0	13 位定时/计数器：TH0(8 位)+TL0(低 5 位)
0	1	方式 1	16 位定时/计数器：TH0(8 位)+TL0(8 位)
1	0	方式 2	自动重装初值的 8 位定时/计数器，TH0 保存初值，TL0 作计数器
1	1	方式 3	T0 为两个 8 位定时/计数器，此时 T1 只可工作于方式 0、1、2

GATE=0 时，由软件启动定时/计数器，此时只要将 TCON 中的 TR0 或 TR1 置 1 即可启动定时/计数器工作。

GATE=1 时，只有 $\overline{INT0}$ 或 $\overline{INT1}$ 引脚为高电平，且 TR0 或 TR1 为 1 时，才能使相应的定时/计数器开始工作。

【例 5-4】将 T0 设定为计数器方式，软件启动，按方式 0 工作；T1 设定为定时器方式，软件启动，按方式 1 工作。请写出对 TMOD 编程的指令。

【解】根据题目要求得出控制字为 14H，利用字节传送指令将控制字 14H 写入到 TMOD 中即可。

即： TMOD=0x14;

（2）定时/计数器控制寄存器 TCON

TCON 的地址为 88H，可以进行位寻址，CPU 可以通过 8 位数据传送指令来设定 TCON 中各位状态，也可通过位操作指令对其置位或清零。单片机复位时，TCON 所有各位均被清零。定时/计数器控制字寄存器 TCON 格式如下：

TF1	TR1	TF0	TR0	IE1	IT1	IE0	IT0

TCON 中被用作中断标志的各位已在 5.1.2 节中讨论过，这里只讨论定时/计数器的启动、停止控制位 TR0 和 TR1。

① TR0：定时/计数器 0 运行控制位，可以由软件设置为 0 或 1。

② TR1：定时/计数器 1 运行控制位，其作用与 TR0 类似。

门控位 GATE 与运行控制位 TR0 的状态，及其与 T0 启停的关系如表 5-4 所示。

表 5-4 GATE、TR0 与 T0 启停的关系表

GATE=0 由软件控制定时/计数器启停	TR0=1		T0 开始计数
	TR0=0		T0 停止计数
GATE=1 由外部控制定时/计数器启停	TR0=1	$\overline{INT0}$=1	T0 开始计数
	TR0=0	$\overline{INT0}$=1	T0 停止计数
	TR0=1	$\overline{INT0}$=0	
	TR0=0	$\overline{INT0}$=0	

5.2.3 定时/计数器的工作方式及其应用

如前所述，51 单片机片内的定时/计数器可以通过对特殊功能寄存器 TMOD 中的控制位 $C/\overline{T}$ 的设置来选择定时器方式或计数器方式；通过对 M1、M0 两位的设置来选择四种工作方式。现以 T0 为例加以说明。

（1）方式 0 及应用

当 M1M0=00 时，定时/计数器工作于方式 0。在方式 0 下，由 TH0 的 8 位和 TL0 的低 5 位构成 13 位定时/计数器。TL0 的高 3 位没有使用，低 5 位作为整个 13 位定时/计数器的低 5 位，TH0 的 8 位作为 13 位定时/计数器的高 8 位。当 TL0 的低 5 位溢出时向 TH0 进位，而 TH0 溢出时则将定时/计数器溢出标志位 TF0 置 1。如果允许中断，T0 将向 CPU 发出中断请求；如果不允许中断，可以通过查询 TF0 的状态判断 T0 的工作是否结束。图 5-7 为方式 0 的逻辑结构图。

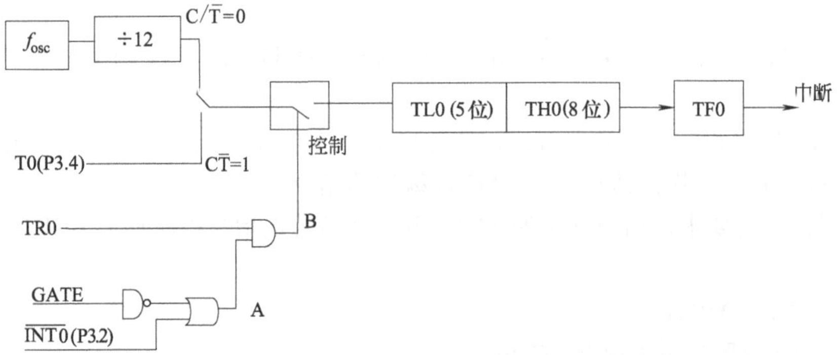

图 5-7 T0 方式 0 的逻辑结构

当 $C/\overline{T}=0$ 时，输入为振荡器 12 分频输出端，T0 对机器周期计数，即定时器工作方式。定时时间由下式决定：

$$T=（2^{13}-\text{T0 初值}）T_{cy}（\mu s）$$

而定时初值：　　　　　$\text{T0 初值}=2^{13}-T/T_{cy}$

如果晶振频率为 12MHz，则 $T_{cy}=1\mu s$，当初值为 0 时。最长的定时时间为

$$T_{max}=2^{13}=8.192ms$$

当 $C/\overline{T}=1$ 时，输入为外部引脚 T0（P3.4），计数器 T0 对来自引脚 P3.4 的输入脉冲计数，当外部信号电平发生由 1 到 0 的跳变时，计数器加 1，这时，T0 成为外部事件计数器。

当 GATE=0 时，或门输出恒为 1，使外部中断输入引脚 $\overline{INT0}$ 信号失效，同时又打开与门，由 TR0 控制定时器 T0 的开启和关断。若 TR0=1，接通控制开关，启动定时器 T0 工作，计数器开始计数。若 TR0=0，则断开控制开关，停止计数。

当 GATE=1 时，与门的输出由 $\overline{INT0}$ 的输入电平和 TR0 位的状态来控制。若 TR0=1，则打开与门，外部信号电平通过 $\overline{INT0}$ 引脚直接开启或关断定时器 T0。当 $\overline{INT0}$ 为高电平时，允许计数，否则停止计数。这种工作方式可用来测量外部信号的脉冲宽度等。

定时器 T1 的工作情况与上述相同。

51 单片机的定时/计数器是可编程的，因此在利用定时/计数器进行定时或计数之前。需通过软件对其进行初始化。初始化的步骤如下：

① 确定工作方式，对 TMOD 寄存器赋值。

② 设置定时/计数器初值。初值按下列原则计算：

设计数器的最大值为 M（在不同的工作模式中 M 可以为 2^{13}、2^{16} 和 2^{8}），初值为 X。

计数方式时：　　$X=M-$计数值

定时方式时：

因为　　$(M-X)\times T_{cy}=$定时值

所以　　$X=M-$定时值$/T_{cy}$

③ 若设置中断，则需对中断允许寄存器 IE 置初值。

④ 启动定时/计数器。

对 T0：　TR0=1；

对 T1：　TR1=1。

启动后，计数器即按规定的工作方式和初值进行定时或计数。

【例 5-5】 利用 T0 方式 0 产生 1ms 的定时，在 P1.0 引脚上输出周期 2ms 的方波。设单片机晶振频率 $f_{osc}=12\text{MHz}$。

【解】 要在 P1.0 输出周期为 2ms 的方波只要 P1.0 每隔 1ms 取反一次即可，具体操作如下：

① 取 T0 的方式字为：TMOD＝00H。即：

TMOD.1，TMOD.0：M1M0＝00，T0 为方式 0；

TMOD.2：$C/\overline{T}=0$，T0 为定时状态；

TMOD.3：GATE＝0，表示计数不受 $\overline{\text{INT0}}$ 控制；

TMOD.4～TMOD.7：可为任意值，因 T1 不用，各位均取为 0。

② 计算 T0 定时 1 ms 的初值。

机器周期为 1μs，设 T0 的计数初值为 X，则：

$$(2^{13}-X)\times 1\times 10^{-6}=1\times 10^{-3}$$

$$X=2^{13}-(1\times 10^{-3})/(1\times 10^{-6})$$

$$=8192-1000=7192\text{D}$$

$$=11100000\quad 11000\text{B}$$

高 8 位：0E0H　　　　低 5 位：18H

那么，TH0 初值应为 0E0H，TL0 初值为 18H。采用查询 TF0 状态的方式来控制 P1.0 输出，程序如下：

```
#include <reg51.h>
sbit out=P1^0;
main (    )
{
TMOD=0x00;            //置 T0 为方式 0
EA=0;                 //关中断
TR0=1;                //启动 T0
for( ;   ;  ){
```

```
TH0=0xe0;            //送计数初值
TL0 0x10;
do{ ; }while (!TF0);    //如果 TF0 为 1，表明定时时间到，P1.0 取反一次
out=~out;
TF0=0;
 }
}
```

采用查询方式的程序很简单，但在定时器工作过程中，CPU 要不断查询溢出标志 TF0 的状态，占用了 CPU 工作时间，导致 CPU 的效率不高。而采用定时溢出中断方式，可以提高 CPU 的效率。

【例 5-6】采用中断方式产生例 5-5 所要求的方波。

```
#include <reg51.h>
sbit out=P1^0;
void int0sever (void);
main( )
{
TMOD=0x00;       //置 T0 为方式 0
TL0=0x18;        //置初值
TH0=0xe0;
EA=1;            //开总中断
ET0=1;           //T0 允许中断
TR0=1;           //启动 T0
while(1);        //等待中断，虚拟主程序
}
     void int0sever (void)  interrupt 1 using 1
     {
     TF0=0;
     TR0=0;
     TL0=0x18;   //重装初值
     TH0=0xe0;
     out=~out;   //翻转输出电平
     TR0=1;
     }
```

（2）方式 1 及应用

当 M1M0=01 时，定时/计数器工作在方式 1 下。定时/计器工作于方式 1 的逻辑结构如图 5-8 所示。其结构与操作几乎与方式 0 完全相同，差别仅在于计数器的位数不同。用于定时工作方式时，计数时间为：

$$T=（2^{16}-\text{T0 初值}）T_{cy}（\mu s）$$

若晶振频率 f_{osc}=12MHz，最长定时时间为：

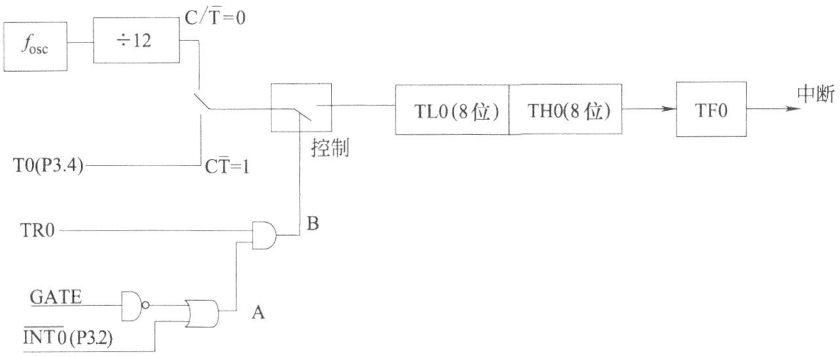

图 5-8　T0 方式 1 的逻辑结构

$$T_{max} = (2^{16}-0) \times 1\mu s = 65.536\ (ms)$$

用于计数工作方式时，最大计数值为：

$$2^{16} = 65536$$

【例 5-7】用定时器 T1 产生一个 100Hz 的方波，由 P1.0 输出，设 f_{osc}=12MHz，采用查询方式。

【解】方波周期：T=1/（100Hz）=0.01s=10 ms

用 T1 定时 5 ms，计数初值 X 为：

$$X = 2^{16} - (5 \times 10^{-3}) / (1 \times 10^{-6}) = 60536 = 0EC78H$$

程序如下：

```
#include <reg51.h>
sbit out=P1^0;
main (    )
{
TMOD=0x10;                //置 T1 为方式 1
EA=0;                     //关中断
TR1=1;                    //启动 T1
for( ;   ;   ){
TH0=0xec;                 //送计数初值
TL0=0x78;
do{ ; }while (!TF1);     //如果 TF1 为 1，表明定时时间到，P1.0 取反一次
out=~out;
TF1=0;
 }
}
```

（3）方式 2 及应用

在方式 0 和方式 1 中，当定时/计数器溢出时，TH0 和 TL0 值均为 0，定时/计数器再次运行时，需要在程序中重新送入初值并启动运行。而方式 2 具有自动恢复初值的功能，可以

连续运行，适用于作连续地精确定时。

当 M1M0=10 时，定时/计数器工作于方式 2。在方式 2 中，TH0、TL0 是两个不同任务的寄存器，TL0 进行 8 位计数操作，TH0 作为定时/计数初值的缓存器。在程序初始化时，TL0 和 TH0 被赋予相同的值，TL0 计数溢出，使 TF0 置 1，同时控制将 TH0 中所保存的初值重新装入到 TL0 中，计数重新开始，这个过程一直反复进行。其逻辑结构如图 5-9 所示。

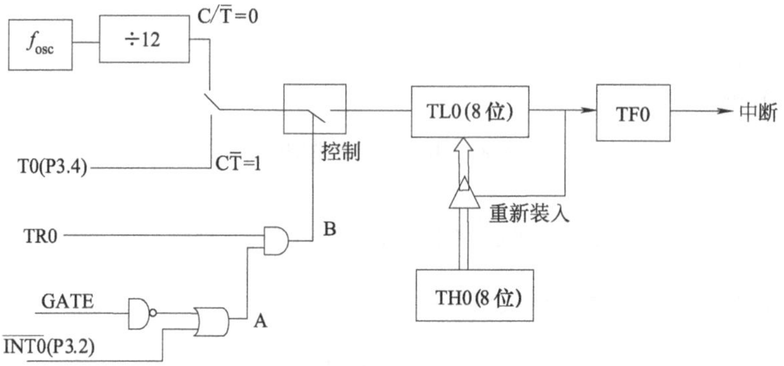

图 5-9 T0 方式 2 的逻辑结构

在方式 2 定时器工作方式中，其定时时间为：

$$T=（2^8-\text{TH0 初值}）T_{cy}（\mu s）$$

在方式 2 的计数器工作方式中，最大计数长度为 2^8=256。方式 2 可省去软件重装初值的语句，定时时间精确，特别适用于作串行接口波特率发生器。

【例 5-8】 利用定时器 T0 方式 2 对外部事件计数，要求每计满 200 次后从 P1.0 输出宽度为 5ms 的高电平，如此循环下去（设 f_{osc}=12MHz）。

【解】 根据题意，可设置 T0 交替工作于计数方式和定时器方式，先计数满 200 次后改为定时器方式，5ms 后又回到计数方式。计数器工作于方式 2，定时器工作于方式 1。

T1 的方式控制字：计数方式为 TMOD=06H；

定时方式为 TMOD=01H。

T1 的初值：计数初值为 $X=2^8-200$=56D=38H；

定时初值为 EC78H。

```
#include<reg51.h>
sbit P10=P1^0;
main( )
{
 while(1)
  {
   TR0=0;
   TMOD=0x06;      //T0 计数方式 2
   TH0=0x38;       //送计数初值
   TL0=0x38;
   TR0=1;          //启动 T0 开始计数
   P10=0;          //P1.0 为低电平
   while(!TF0);    //满 200 次则转定时，
                     否则等待
   TF0=0;
   TR0=0;          //停止 T0 工作
   P10=1;          //P1.0 输出高电平
   TMOD=0x01;      //定时器为方式 1
   TH0=0xec;       //送定时初值
   TL0=0x78;
   TR0=1;          //启动 T0 定时
   while(!TF0);    //到 5ms 则转计数，否
                     则等待
```

```
        TF0=0;
        }
    }
```

（4）方式 3 及应用

当 M1M0=11 时，定时/计数器工作于方式 3 下。方式 3 只适用于定时器 T0，若将 T1 置为方式 3，则它将停止计数，其效果相当于置 TR1= 0，即关闭定时器 T1。

当 T0 工作在方式 3 时，TH0 和 TL0 被分成两个相互独立的 8 位计数器，如图 5-10 所示。

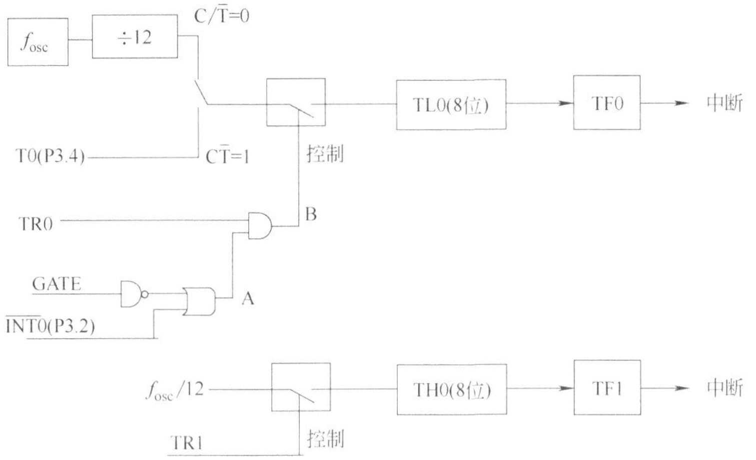

图 5-10　T0 方式 3 的逻辑结构

其中，TL0 使用原 T0 的各控制位、引脚、中断源，即使用 C/$\overline{T}$、GATE、TR0、TF0 和 $\overline{INT0}$（P3.2）引脚，其功能和操作与方式 0 和方式 1 相同，即：可以工作在定时器方式也可以工作在计数器方式，只是 TL0 只能使用 8 位寄存器。

TH0 只可作简单的内部定时器，它占用 T1 的控制位 TR1 和 T1 的中断标志位 TF1，同时也占用了 T1 的中断源，由 TR1 来负责启动和关闭。

定时器 T0 用作方式 3 时，T1 仍可设置为模式 0~2，其逻辑见图 5-11（a）、（b）和（c）。

在图 5-11 中，由于 TR1、TF1 以及 T1 的中断源已被定时器 T0 占用，此时 T1 仅由控制位 C/$\overline{T}$ 切换其定时器或计数器工作方式，计数器计数满溢出时，只能将输出送入串行口或用于不需要中断的场合。把 T1 作为波特率发生器使用时，一般将 T1 设置为方式 2。

5.2.4　借用定时器溢出中断扩展外部中断源

8051 内部定时器是 16 位的，定时器从全“1”变为全“0”时会向 CPU 发出溢出中断请求。根据这一原理，我们可以把 8051 内部不用的定时器借给外部中断源使用，以达到扩展外部中断源的目的。借用定时器溢出中断作为外部中断的方法如下：

① 使被借用定时器工作在方式 2，即 8 位自动装载方式。每当低 8 位计数器产生溢出中断时高 8 位的计数初值自动装入低 8 位，以便为下一次计数溢出中断做好准备。

② 借用定时器的高 8 位和低 8 位装载初值均为 0xff，以达到只要输入一个脉冲就产生一次溢出中断的目的。

③ 把被借用定时器的计数输入端 T0（或 T1）作为扩展外部中断源的中断请求输入线。

④ 中断服务函数还是按定时器溢出中断写。

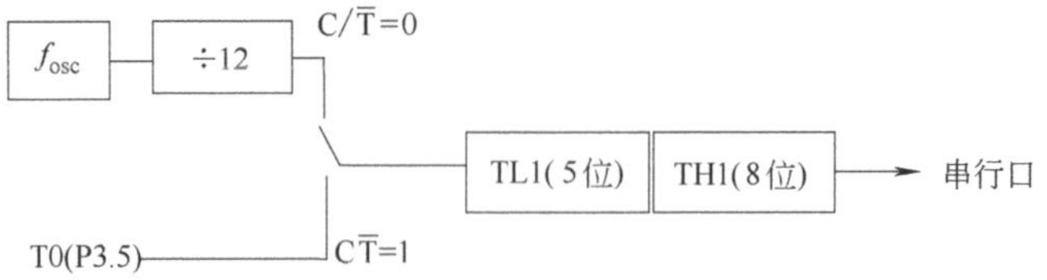

(a) T0用作方式3时，T1方式0

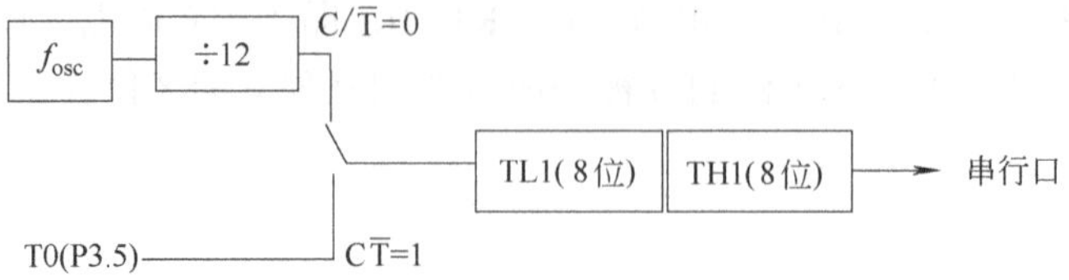

(b) T0用作方式3时，T1方式1

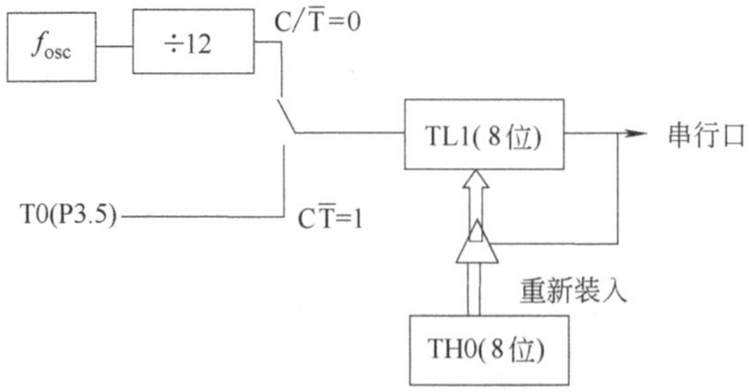

(c) T0用作方式3时，T1方式2

图 5-11 T0 方式 3 下的 T1 逻辑结构

根据上述分析，在主程序的开头部分对被借用的定时器进行初始化。初始化包括定时器工作方式设定和定时器初值设置。

【例 5-9】写出定时器 T0 中断源用作外部中断源的初始化程序。

【解】初始化程序如下：

```
TMOD=0x06;  //T0 工作于计数方式 2
TL0=0xff;   //置满初值
TH0=0xff;   //置重装初值
EA=1;       //开总中断
ET0=1;      //开 T0 中断
TR0=1;      //启动定时器 T0 工作
……
```

借用定时器 T0 来扩展外部中断源，实际上相当于使 8051 的 T0 口变成了一个边沿触发型外部中断请求输入口，而少了一个定时器溢出中断源。

案例 1：中断控制 LED 显示变化

(1) 硬件电路及功能要求

电路如图 1 所示，每次按键都会触发 INT0 中断，中断发生时将 LED 状态取反，产生 LED 状态由按键控制的效果。

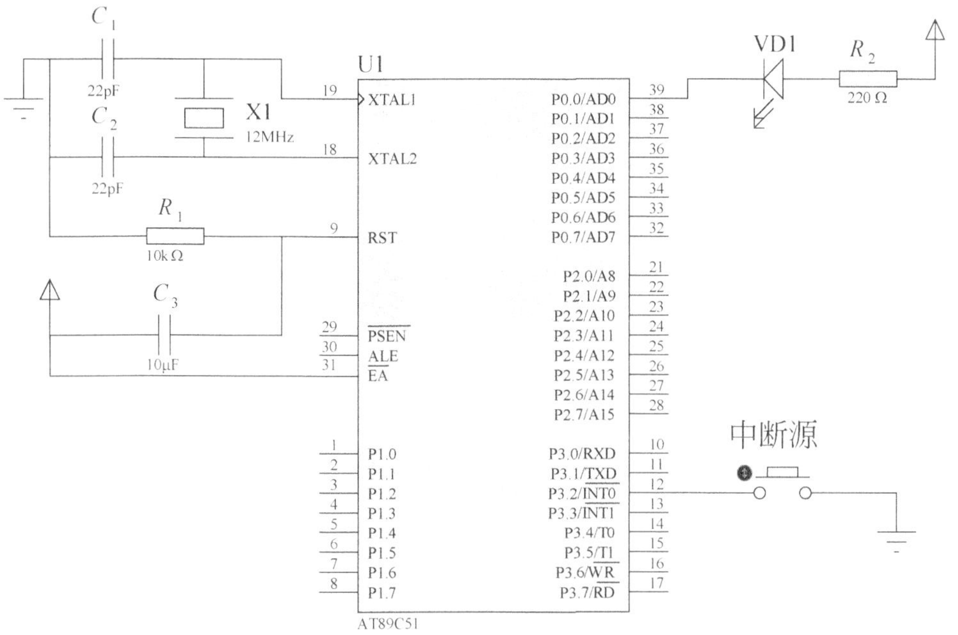

图 1 电路图

(2) 参考源程序

```
#include<reg51.h>
#define uchar unsigned char
#define uint unsigned int
sbit LED=P0^0;
//主程序
void main( )
{
  LED=1;
  EA=1;
  EX0=1;
  IT0=1;
  while(1);
}
//INT0 中断函数
void EX_INT0( ) interrupt 0
{
LED=~LED; //控制 LED 亮灭
}
```

案例 2：中断次数统计

(1) 硬件电路及功能要求

电路如图 2 所示，每次按下计数键时触发 INT0 中断，中断程序累加计数，计数值显示在 3 只数码管上，按下清零键时数码管清零。

(2) 参考源程序

```
#include<reg51.h>
#define uchar unsigned char
#define uint unsigned int
//0～9 的段码
```

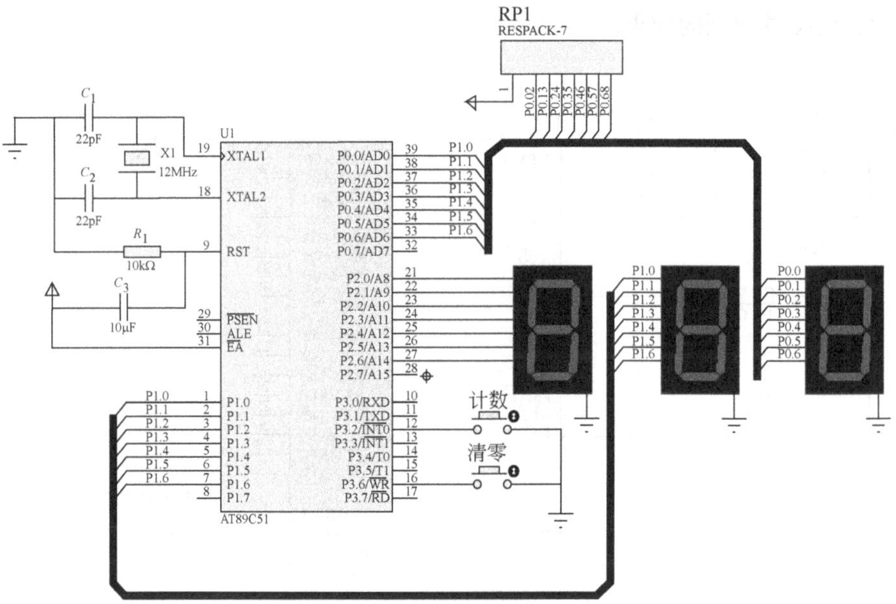

图2　电路图

```
uchar code
DSY_CODE[]={0x3f,0x06,0x5b,0x4f,0x66,0x6d,0x7d,0x07,0x7f,0x6f, 0x00};
//计数值分解后各个待显示的数位
uchar DSY_Buffer[]={0,0,0};
uchar Count=0;
sbit Clear_Key=P3^6;
//数码管上显示计数值
void Show_Count_ON_DSY()
{
  DSY_Buffer[2]=Count/100; //获取 3 个数
  DSY_Buffer[1]=Count%100/10;
  DSY_Buffer[0]=Count%10;
  if(DSY_Buffer[2]==0) //高位为 0 时不显示
   {
  DSY_Buffer[2]=0x0a;
    if(DSY_Buffer[1]==0) //高位为 0，若第二位为 0 同样不显示
    DSY_Buffer[1]=0x0a;
    }
  P0=DSY_CODE[DSY_Buffer[0]];
  P1=DSY_CODE[DSY_Buffer[1]];
  P2=DSY_CODE[DSY_Buffer[2]];
}
//主程序
void main()
{
```

```
  P0=0x00;
  P1=0x00;
  P2=0x00;
  IE=0x81; //允许 INT0 中断
  IT0=1; //下降沿触发
  while(1)
  {
   if(Clear_Key==0) Count=0; //清 0
   Show_Count_ON_DSY();
  }
}
//INT0 中断函数
void EX_INT0() interrupt 0
{
Count++; //计数值递增
}
```

案例3：简易抢答器的设计

方案一：查询法

（1）硬件电路及功能要求

电路如图3所示，单片机上电自动复位后，处于待命状态，数码管显示0；当4个按键中任何一个按键被按下时，都将使抢答器响应，数码管显示对应的选手序号，并且蜂鸣器发出“叮咚”的响声，再按其他3个键不起作用，只有按下“主持键”（复位键）才能重新进入待命模式。程序流程图如图4所示。

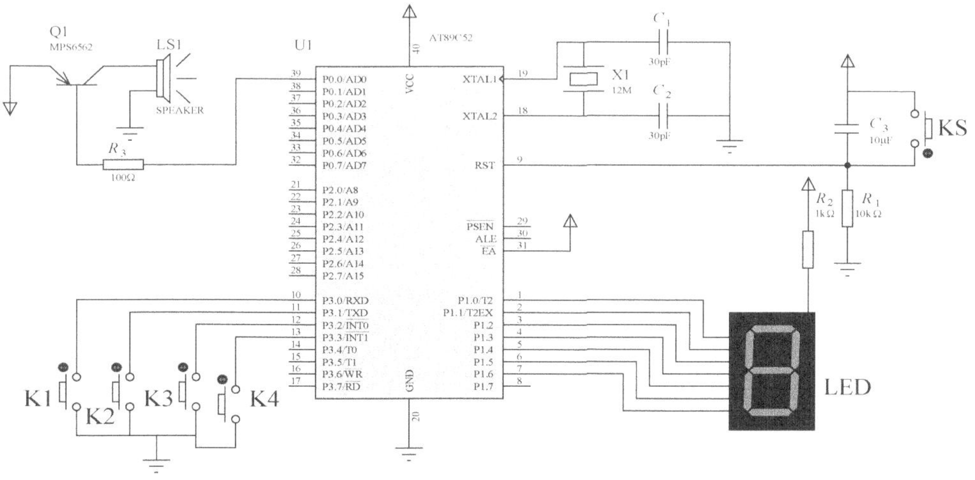

图3 硬件电路

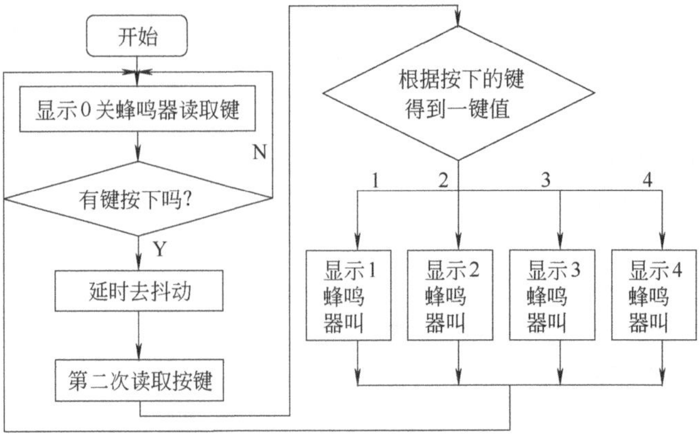

图4 程序流程图

(2)程序流程图及参考源程序

```
#include<reg52.h>
#define uchar unsigned char
#define uint unsigned int
sbit speak=P0^0;
uchar temp,value,i;
void Key_scanf();  //按键扫描函数
void Show_one();  //K1按下时的显示函数
void Show_two();  //K2按下时的显示函数
void Show_three();  //K3 按下时的显示函数
void Show_four();  //K4按下时的显示函数

void delay (uint ms) //毫秒延时函数
{
uint x,y;
for(x=0;x<ms;x++)
for(y=0;y<110;y++);
}

void main(void  )
{
 P1=0xc0;  //开机让数码管显示0
 P3=0xff;  //P3口先写1，为输入做准备
 speak=1;  //开机关蜂鸣器
 while(1)
 {
 Key_scanf();
 switch(value)
 {
 case 1:{Show_one();while(1); break; }
 case 2:{Show_two();while(1);break;}
 case 3:{Show_three(); while(1);
break;}
 case 4:{Show_four();while(1); break;}
 }
 }
 }

void Key_scanf( )  //按键读取函数
{
temp = P3;              //读键值
temp = temp & 0x0f;//取P3的低4位
if(temp != 0x0f)   //判断是否有键按下，如果有键按下，延时一定时间，用于去抖
 {
delay(15);
temp = P3;  //第二次读键值
temp = temp & 0x0f; //取P3的低4位
switch(temp)  //根据按下键得到一个键值
 {
case 0x0e:value = 1;
break;
case 0x0d: value = 2;
```

```
    break;
    case 0x0b:value = 3;
    break;
    case 0x07: value = 4;
    break;
  }
 }
}

void Show_one( )
{
P1 = 0xf9;  //数码管显示 1
for(i=80;i>0;i--)  //蜂鸣器发声
{
speak=~speak;
delay(150);
}
speak=1;//关闭蜂鸣器，防止烧毁蜂鸣器
}

void Show_two( )
{
P1 = 0xa4;  //数码管显示 2
for(i=80;i>0;i--)
{
speak=~speak;
delay(150);
}
speak=1;//关闭蜂鸣器，防止烧毁蜂鸣器
}

void Show_three( )
{
P1 = 0xb0;  //数码管显示 3
for(i=80;i>0;i--)
{
speak=~speak;
delay(150);
}
speak=1;//关闭蜂鸣器，防止烧毁蜂鸣器
}

void Show_four( )
{
P1 = 0x99;  //数码管显示 4
for(i=80;i>0;i--)
{
speak=~speak;
delay(150);
}
speak=1;//关闭蜂鸣器，防止烧毁蜂鸣器
}
```

方案二：中断查询法

(1) 硬件电路及功能要求

电路如图 5 所示，本方案采用的是外部中断扩展加查询法，4 个按键任意按下一个就会引起中断。主程序流程图如图 6 所示。

(2) 参考源程序及程序流程图

```
#include<reg52.h>
#define uchar unsigned char
#define uint unsigned int
sbit speak=P0^0;
uchar temp,value,i;
void intKey_scanf(); //按键中断扫描函数
void Show_one();     //K1 按下时的显示函数
```

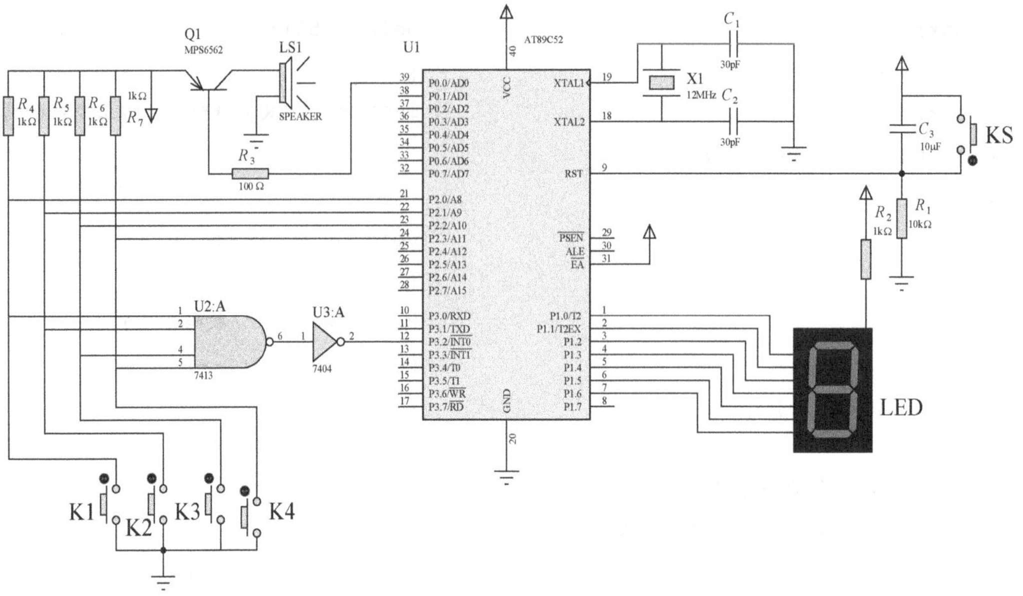

图5 电路图

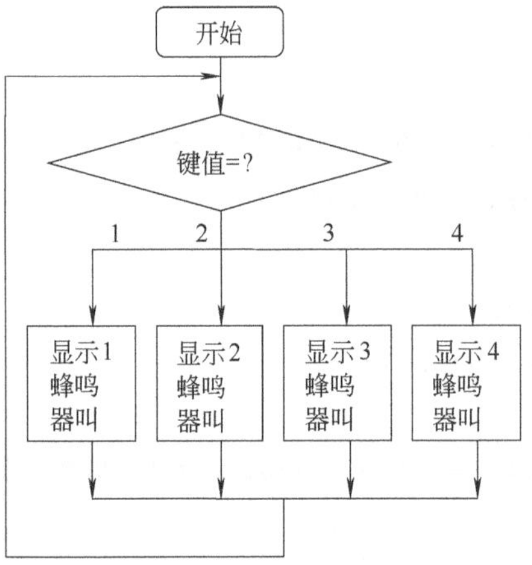

图6 主程序流程图

```
void Show_two();      //K2 按下时的显示函数
void Show_three();   //K3 按下时的显示函数
void Show_four();    //K4 按下时的显示函数

void delay (uint ms) //毫秒延时函数
{
uint x,y;
for(x=0;x<ms;x++)
for(y=0;y<110;y++);
}

void main(void )
{
 P1=0xc0;  //开机让数码管显示 0
 P2=0xff;  //P2 口先写 1, 为输入做准备
speak=1;  //开机关蜂鸣器
IT0=0;  //外部中断 0 设为低电平触发方式
EA=1;  //中断总允许
EX0=1;  //外部中断 0 允许
while(1)
{
switch(value)
{
case 1:{Show_one();while(1); break; }
```

```
case 2:{Show_two();while(1);break;}
case 3:{Show_three(); while(1); break;}
case 4:{Show_four();while(1); break;}
 }
}
}

   int  Key_scanf( ) interrupt 0  //中断函数，读取按键
   {
temp = P2;                          //读键值
temp = temp & 0x0f;//取P2的低4位
if(temp != 0x0f)   //判断是否有键按下，如果有键按下，延时一定时间，用于去抖
{
delay(15);
temp = P2;  //第二次读键值
temp = temp & 0x0f; //取P2的低4位
   switch(temp)  //根据按下键得到一个键值
   {
   case 0x0e:value = 1;
   break;
   case 0x0d: value = 2;
   break;
   case 0x0b:value = 3;
   break;
   case 0x07: value = 4;
   break;
 }
}
}

   void Show_one( )
   {
   P1 = 0xf9;  //数码管显示1
   for(i=80;i>0;i--)  //蜂鸣器发声
   {
   speak=~speak;
   delay(150);
   }
   speak=1;//关闭蜂鸣器，防止烧毁蜂鸣器
   }
```

```
void Show_two( )
{
P1 = 0xa4;  //数码管显示2
for(i=80;i>0;i--)
{
speak=~speak;
delay(150);
}
speak=1;//关闭蜂鸣器，防止烧毁蜂鸣器
}

void Show_three( )
{
P1 = 0xb0;  //数码管显示3
for(i=80;i>0;i--)
{
speak=~speak;
delay(150);
}
speak=1;//关闭蜂鸣器，防止烧毁蜂鸣器
}

void Show_four( )
{
P1 = 0x99;  //数码管显示4
for(i=80;i>0;i--)
{
speak=~speak;
delay(150);
}
speak=1;//关闭蜂鸣器，防止烧毁蜂鸣器
}
```

案例4：定时器控制单只LED闪烁

（1）硬件电路及功能要求

电路如图7所示，LED在定时器的中断例程控制下不断闪烁。

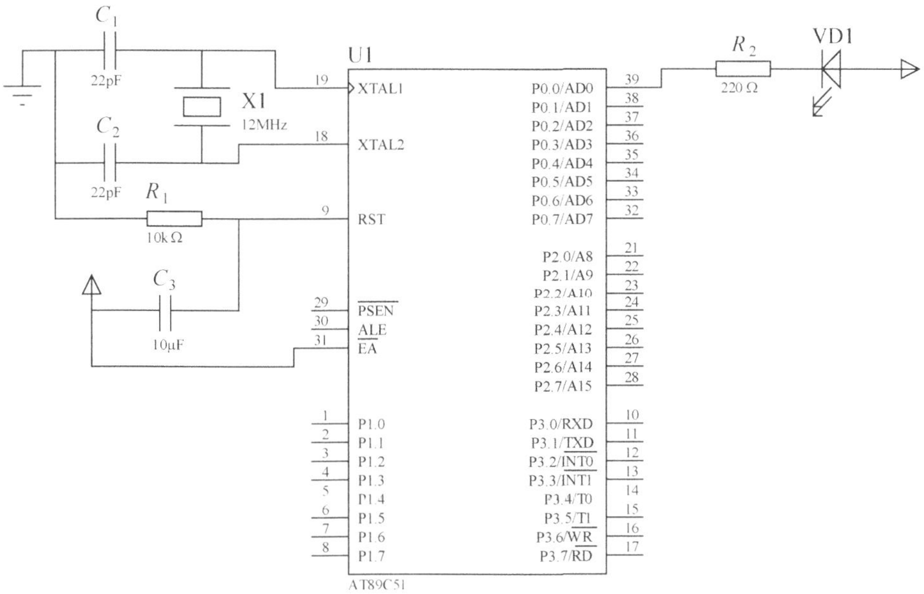

图 7 电路图

(2) 参考源程序

```
#include<reg51.h>
#define uchar unsigned char
#define uint unsigned int
sbit LED=P0^0;
uchar T_Count=0;
//主程序
void main()
{
  TMOD=0x00; //定时器 0 工作方式 0
  TH0=(8192-5000)/32; //5ms 定时
  TL0=(8192-5000)%32;
  IE=0x82; //允许 T0 中断
  TR0=1;
  while(1);
}
//T0 中断函数
void LED_Flash( ) interrupt 1
{
  TH0=(8192-5000)/32; //恢复初值
  TL0=(8192-5000)%32;
  if(++T_Count==100) //0.5s 开关一次 LED
  {
```

```
    LED=~LED;
    T_Count=0;
   }
}
```

案例5：基于定时/计数器控制的流水灯

（1）硬件电路及功能要求

电路如图8所示，定时器控制P0、P2口的LED滚动显示，本例未使用中断函数。

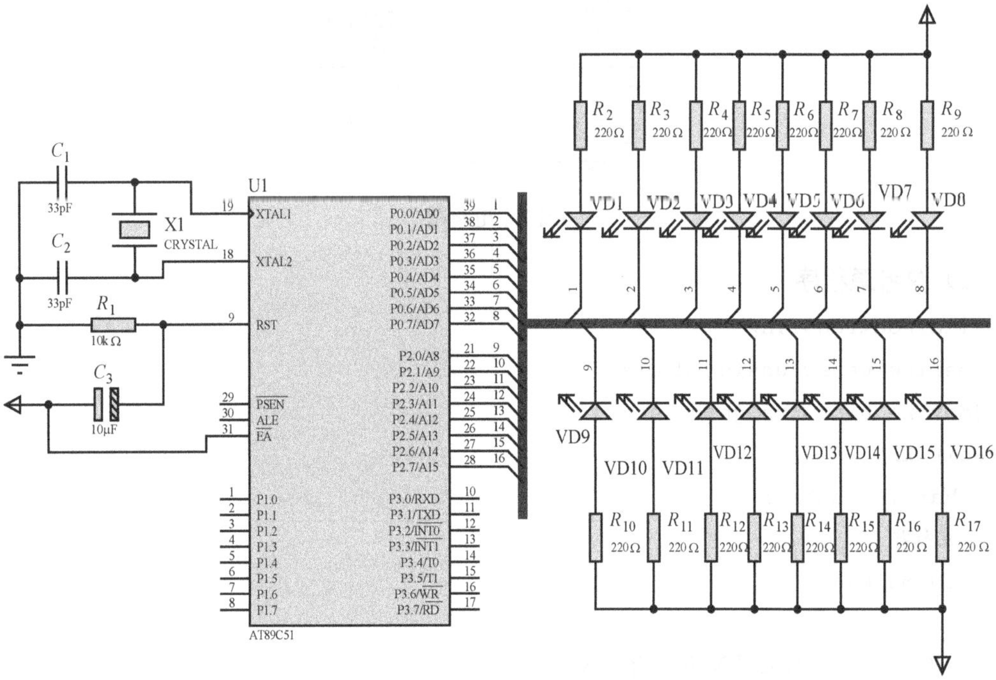

图8　电路图

（2）参考源程序

```
#include<reg51.h>
#include<intrins.h>
#define uchar unsigned char
#define uint unsigned int
//主程序
void main()
{
  uchar T_Count=0;
  P0=0xfe;
  P2=0xfe;
  TMOD=0x01; //定时器 0 工作方式 1
```

```
  TH0=(65536-40000)/256; //40ms 定时
  TL0=(65536-40000)%256;
  TR0=1; //启动定时器
  while(1)
  {
   if(TF0==1)
    {
     TF0=0;
     TH0=(65536-40000)/256; //恢复初值
     TL0=(65536-40000)%256;
    if(++T_Count==5)
     {
      P0=_crol_(P0,1);
      P2=_crol_(P2,1);
      T_Count=0;
     }
    }
  }
}
```

案例6：用定时器中断实现1000000s内计时

(1) 硬件电路及功能要求

电路如图9所示，用定时器中断实现1000000s内计时，并在数码管上显示。

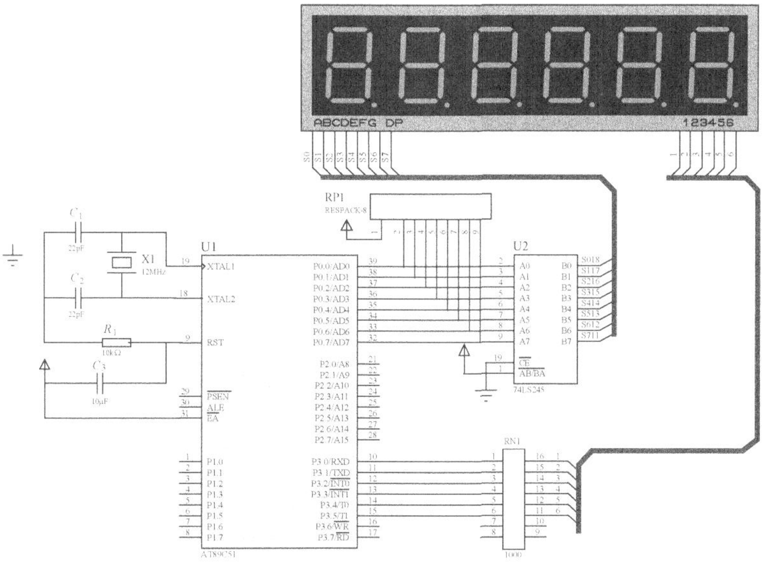

图9 电路图

(2) 参考源程序

```
#include<reg51.h>
#include<intrins.h>
#define uchar unsigned char
#define uint unsigned int
//段码
uchar code
DSY_CODE[]={0x3f,0x06,0x5b,0x4f,0x66,0x6d,0x7d,0x07,0x7f,0x6f};
//6 只数码管上显示的数字
uchar Digits_of_6DSY[]={0,0,0,0,0,0};
uchar Count;
sbit Dot=P0^7;
//延时
void DelayMS(uint ms)
{
  uchar t;
  while(ms--) for(t=0;t<120;t++);
}
//主程序
void main( )
{
  uchar i,j;
  P0=0x00;
  P3=0xff;
  Count=0;
  TMOD=0x01; //计数器 T0 方式 1
  TH0=(65536-50000)/256; //50ms 定时
  TL0=(65536-50000)%256;
  IE=0x82;
  TR0=1; //启动 T0
  while(1)
  {
   j=0x7f;
   //显示 Digits_of_6DSY[5]～Digits_of_6DSY[0]的内容
   //前面高位，后面低位，循环中 i!=-1 也可写成 i!=0xff
   for(i=5;i!=-1;i--)
    {
     j=_crol_(j,1);
     P3=j;
     P0=DSY_CODE[Digits_of_6DSY[i]];
     if(i==1) Dot=1; //加小数点
     DelayMS(2);
```

```
        }
    }
}
//T0 中断函数
void Timer0( ) interrupt 1
{
   uchar i;
   TH0=(65536-50000)/256; //恢复初值
   TL0=(65536-50000)%256;
   if(++Count!=2) return;
   Count=0;
   Digits_of_6DSY[0]++; //0.1s 位累加
  for(i=0;i<=5;i++) //进位处理
   {
     if(Digits_of_6DSY[i]==10)
      {
        Digits_of_6DSY[i]=0;
        if(i!=5) Digits_of_6DSY[i+1]++;
       //如果 0～4 位则分别向高一位进位
      }
    else break; //若某低位没有进位，则循环提前结束
   }
}
```

案例 7：倒计时秒表设计

(1) 硬件电路及功能要求

电路如图 10 所示，显示倒计时 9.9s，9.9s 结束后扬声器响一声。

(2) 参考源程序

```
#include <reg51.h>
typedef unsigned int uint;
typedef unsigned char uchar;
sbit SPEAK = P3 ^5; //定义蜂鸣器端口
sbit W1 = P2 ^1;
sbit W2 = P2 ^2;
uchar conter=99;
uchar temp=0;
uchar value=0;
```

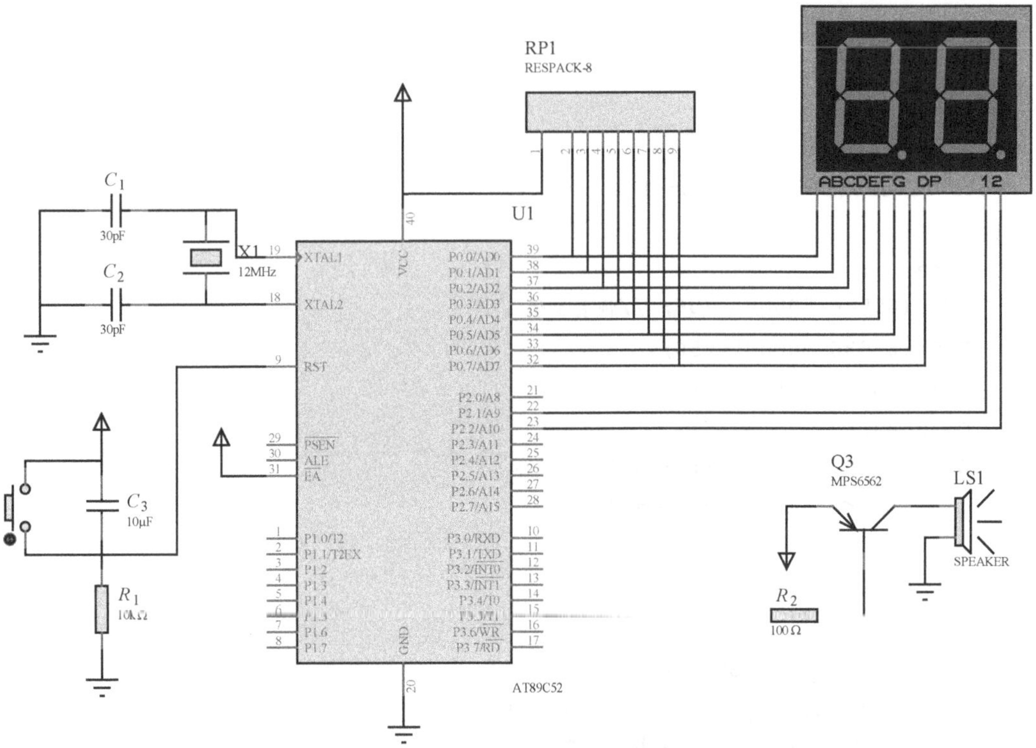

图10　电路图

```
uchar table_dula[] = {
                    0xc0,0xf9,0xa4,0xb0,0x99,
                    0x92,0x82,0xf8,0x80,0x90
                 };        //定义位选码

void Display(uchar num);     //显示子函数
void Delay_ms(uint ms);      //延时子函数

void main(void)
{
   TMOD = 0x11;
 TH0 = 0x37;//每隔50ms进次中断
 TL0 = 0xb0;
 ET0 = 1;
 TR0 = 1;
 EA = 1;

 TH1 = 0x37;//每隔50ms进次中断
 TL1 = 0xb0;
 ET1 = 1;
```

```
 TR1 = 0;    //TR1 不自动启动
 EA = 1;
 while(1)
 {
 Display(conter);    //显示 9.9s 倒计时实时数据
 }
}

void Delay_ms(uint ms)  //fosc 为 12MHz
{
 uint x,y;
 for(x=0;x<ms;x++)
     for(y=0;y<110;y++);
}

void Display(uchar num)
{
 P0 = table_dula[num % 10]; //显示个位
 W1 = 0;
 W2 = 1;
 Delay_ms(10);
 P0 = 0xff; //消隐
 P2 = 0x00;
 P0 = table_dula[num / 10] & 0x7f;  //显示十位并带小数点
 W1 = 1;
 W2 = 0;
 Delay_ms(10);
 P0 = 0xff;
 P2 = 0x00;
}



void timer0() interrupt 1
{
 value++;
 TH0 =0x37; //重装初值 50ms
 TL0 =0xb0;
 if(value == 2) //0.1s 到了, 100ms
 {
```

```
        value=0;
        conter --;
        if(conter == 0) //定时 9.9s 达到
        {
            conter = 0;
            TR0 = 0;    //关闭 TR0
            TR1 = 1;    //开启 TR1
            SPEAK = 0;  //开启蜂鸣器
        }
    }
}

void timer1() interrupt 3
{
 temp++;
 TH1 = 0x37;//定时器赋初值
 TL1 = 0xb0;
 if(temp ==60)
 {
    SPEAK =1;   //关闭蜂鸣器
    TR1=0;
 }
 }
```

案例 8：红外检测模拟啤酒生产计数器设计

（1）硬件电路及工作原理

硬件电路如图 11 所示，VD1 为电源指示与红外发射指示，VD2 为红外发射管，VD3 为红外接收指示，VD4 为红外接收管，当 VD4 接收到红外线时 VD4 导通，VD3 发光，当 VD4 没接收到红外线时，VD4 截止，VD3 不发光。U2A 为比较器 LM393，R_7 为 10kΩ 可调电阻，用于改变比较器比较电压。当没有物体挡住红外线，VD4 接收到红外线时，VD4 导通而使 U2A 反相输入端得低电平，U2A 输出一高电平至单片机的 P3.4，当有物体挡住红外线，VD4 接不收到红外线时，VD4 截止而使 U2A 反相输入端得到的电平高于同相输入端电平，U2A 输出一低电平至单片机的 P3.4。单片机的每接收到一个脉冲，其定时/计数器就计数自动加 1。计数通过数码管显示，每 12 瓶为 1 箱。接收灵敏度可通过调节 R_7 可调电阻来调节。

（2）程序流程图及参考源程序

主程序流程图如图 12 所示。

```
# include <reg52.h>
```

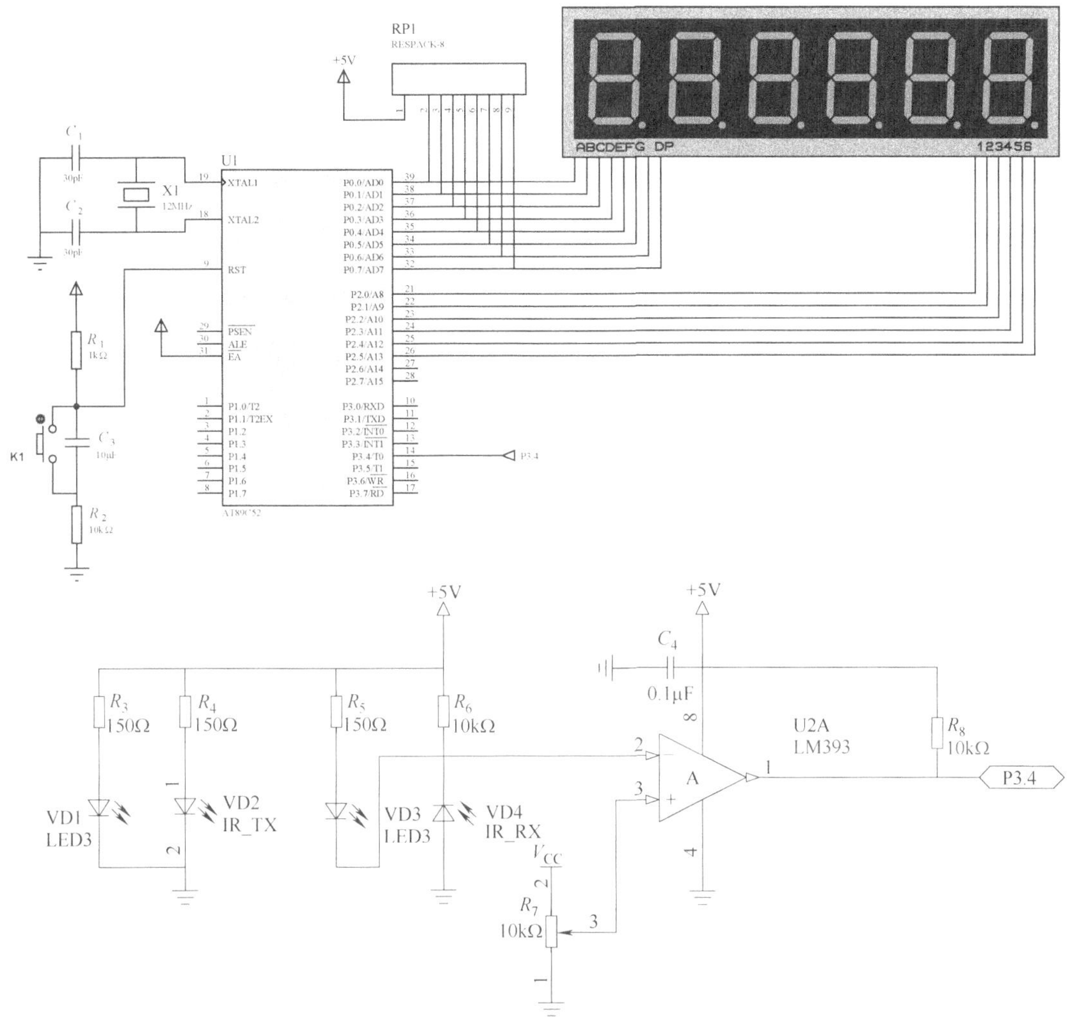

图 11　红外检测模拟啤酒生产计数器

```
#define unsigned int uint
#define unsigned char uchar

uchar temp;
uchar code table_d[]={
                      0x3f,0x06,0x5b,0x4f,0x66,
                      0x6d,0x7d,0x07,0x7f,0x6f
                      }; //数码管显示字形码
void Delay_ms(uint ms); //延时子函数
void Timer_int();    //定时/计数器初始化, T0 用于
记数
void Display(uint xiang,uchar ping);    // 显
示箱和瓶
```

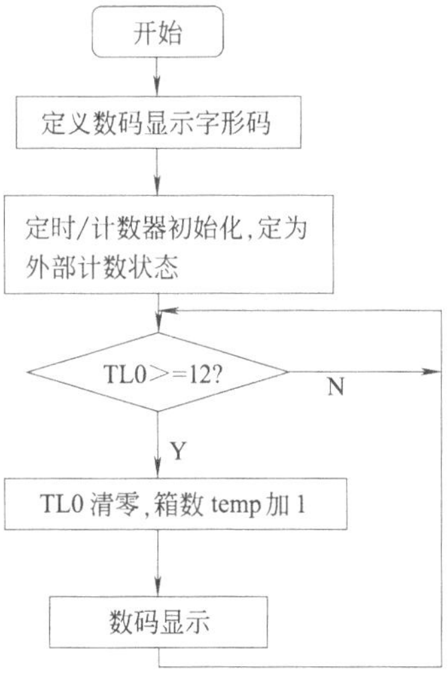

图 12　主程序流程图

```
void main()
{
 Timer_int();
 while(1)
 {
     if(TL0 >= 12)
     {
         TH0 = 0;
         TL0 = 0;
         temp ++;
             if(temp >= 9999)
             {
                 temp = 0;
             }
     }
     Display(temp,TL0);
 }
}

void Timer_int()
{
 TMOD = 0x05;    //16位计数工作模式
 TH0 = 0;
 TL0 = 0;
//   ET0 = 1;
 TR0 = 1;
 EA = 1; //总中断
}

void Display(uint xiang,uchar ping)
{
 uint shiwan,wan,qian;
 uchar bai,shi,ge;
 shiwan = xiang / 1000;  //箱
 wan = xiang % 1000 / 100;
 qian = xiang % 100 / 10;
 bai = xiang % 10;
 shi = ping / 10;    //瓶
 ge = ping % 10;
```

```
 P0 = 0x00;  //消隐
 P0 = table_d[shiwan];
 P2 = 0xfe;
 Delay_ms(1);

 P0 = 0x00;
 P0 = table_d[wan];
 P2 = 0xfd;
 Delay_ms(1);

 P0 = 0x00;
 P0 = table_d[qian];
 P2 = 0xfb;
 Delay_ms(1);

 P0 = 0x00;
 P0 = table_d[bai];
 P2 = 0xf7;
 Delay_ms(1);

 P0 = 0x00;
 P0 = table_d[shi];
 P2 = 0xef;
 Delay_ms(1);

 P0 = 0x00;
 P0 = table_d[ge];
 P2 = 0xdf;
 Delay_ms(1);
}

void Delay_ms(uint ms)
{
 uint x,y;
 for(x=0;x<ms;x++)
     for(y=0;y<110;y++);
}
```

案例9：电烤炉智能温度控制电路及程序设计

（1）硬件电路及其工作原理

图13为某电炉温度控制系统原理图。由单片机P1.0产生一定宽度的触发脉冲，经过反相器驱动，由MOC3021光电隔离后加于双向晶闸管的门极，从而控制双向晶闸管的导通。根据双向晶闸管的工作原理可知，通过控制触发脉冲到来的时间来控制晶闸管的导通角，从而控制了发热丝发热时间的长短，也就达到了控制电热炉的温度。为了准确控制发热丝的发热时间，要求在交流电的正、负半周内都要有触发脉冲，并且还要保证与交流电同步。为此把交流电经过全波整流后通过三极管转变成过零脉冲，反相后作为中断请求信号输入至INT0。

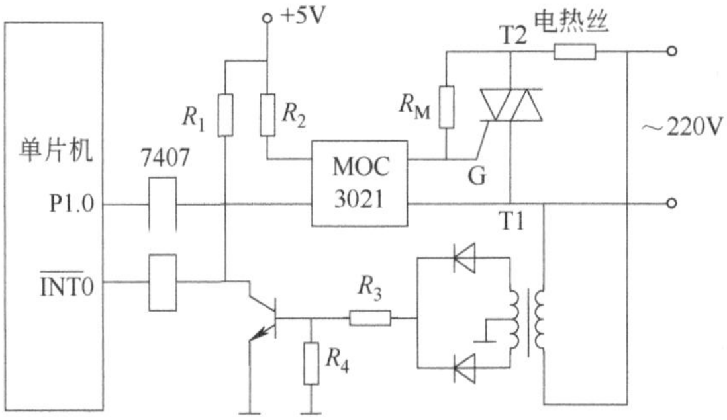

图13　基于晶闸管的加热炉控制原理图

下面以控制角α=30°为例。其基本思想是在220V交流电压过0时，有负跳变请求中断，CPU响应该中断后，使定时器T0作对应控制角的定时，该定时到，即输出脉冲并启动定时器T1作脉宽定时，脉宽定时到停止脉冲。程序中设定T0为方式1且交流电的周期为20ms，若单片机的时钟为12MHz，则T0的定时常数T_C与控制角α的关系满足：

$$\frac{20\times10^3}{360}\alpha=\frac{12}{12}(2^{16}-T_C)$$

$$T_C=65536-\frac{500\alpha}{9}$$

当α=30°时，$T_C=63868=\text{F97CH}$。

（2）程序流程图及参考源程序

程序流程图如图14所示。

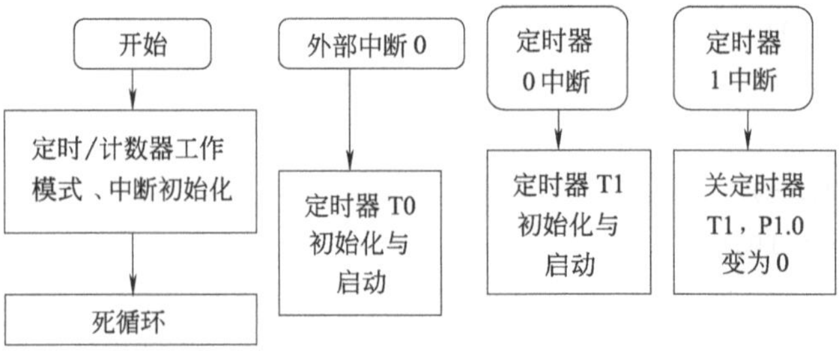

图14　程序流程图

```
#include <reg52.h>
#define uchar unsigned char
uchar x1=0xf9,x2=0x7c;
sbit out=P1^0;
void int0(void);     //外部中断中断函数
void intT0(void);    //定时器 T0 中断函数
void intT1(void);    //定时器 T1 中断函数
void main(void)
  {
     TMOD=0x21;      //设置定时/计数器工作模式
     IT0=1;          //设置外部中断 0 触发方式
     IP=0x01;        //中断优先级设置
     IE=0x8b;        //中断允许设置
   while(1);
}
  void int0( )interrupt 0
  {
   TH0=x1;   //晶闸管控制角为 30°时，T0 定时初值
   TL0=x2;
   TR0=1;
}
void  intT0( ) interrupt 1
{
  TR0=0;
  out=1;
  TL1=216;   //脉宽定时初值
  TR1=1;
}
void  intT1(  )interrupt 3
{
  TR1=0;
  out=0;
}
```

案例 10：按键控制定时器选播多段音乐

（1）硬件电路及功能要求

电路如图 15 所示，单片机内置 3 段音乐，K1 可启动/停止音乐播放，K2 用于选择音乐段。

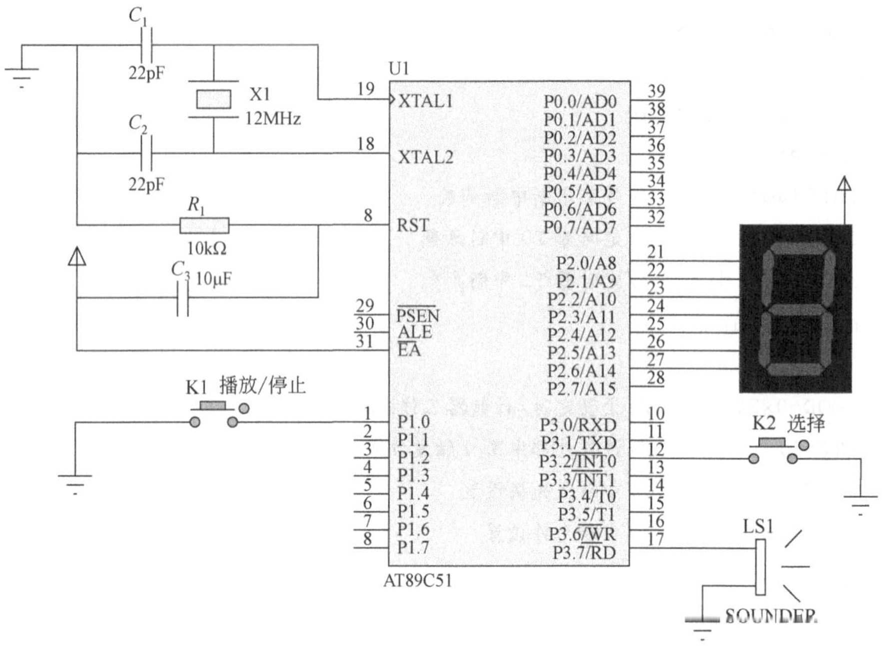

图 15　电路图

(2) 参考源程序

```
#include<reg51.h>
#include<intrins.h>
#define uchar unsigned char
#define uint unsigned int
sbit K1=P1^0; //播放和停止键
sbit SPK=P3^7; //蜂鸣器
uchar Song_Index=0,Tone_Index=0; //当前音乐段索引，音符索引
//数码管段码表
uchar code DSY_CODE[]={0xc0,0xf9,0xa4,0xb0,0x99,0x92,0x82,0xf8,0x80,0x90};
//标准音符频率对应的延时表
uchar code
HI_LIST[]={0,226,229,232,233,236,238,240,241,242,244,245,246,247,248};
uchar code LO_LIST[]={0,4,13,10,20,3,8,6,2,23,5,26,1,4,3};
//三段音乐的音符
uchar code Song[][50]=
{
{1,2,3,1,1,2,3,1,3,4,5,3,4,5,5,6,5,3,5,6,5,3,5,3,2,1,2,1,-1},
{3,3,3,4,5,5,5,5,6,5,3,5,3,2,1,5,6,53,3,2,1,1,-1},
{3,2,1,3,2,1,1,2,3,1,1,2,3,1,3,4,5,3,4,5,5,6,5,3,5,3,2,1,3,2,1,1,-1}
};
//三段音乐的节拍
uchar code Len[][50]=
```

```
{
{1,1,1,1,1,1,1,1,1,1,2,1,1,2,1,1,1,1,1,1,1,1,1,1,1,2,1,2,-1},
{1,1,1,1,1,1,2,1,1,1,1,1,1,1,2,1,1,1,1,1,1,2,2,-1},
{1,1,2,1,1,2,1,1,1,1,1,1,1,1,1,1,2,1,1,2,1,1,1,1,1,1,1,2,1,1,2,2,-1}
};
//外部中断 0
void EX0_INT( ) interrupt 0
{
  TR0=0; //播放结束或者播放中途切换歌曲时停止播放
  Song_Index=(Song_Index+1)%3; //跳到下一首的开头
  Tone_Index=0;
  P2=DSY_CODE[Song_Index]; //数码管显示当前音乐段号
}
//定时器 0 中断函数
void T0_INT() interrupt 1
{
  TL0=LO_LIST[Song[Song_Index][Tone_Index]];
  TH0=HI_LIST[Song[Song_Index][Tone_Index]];
  SPK=~SPK;
}
//延时
void DelayMS(uint ms)
{
  uchar t;
  while(ms--) for(t=0;t<120;t++);
}
//主程序
void main()
{
  P2=0xc0;
  SPK=0;
  TMOD=0x00; //T0 方式 0
  IE=0x83;
  IT0=1;
  IP=0x02;
  while(1)
   {
     while(K1==1); //未按键等待
     while(K1==0); //等待释放
     TR0=1; //开始播放
```

```
        Tone_Index=0; //从第 0 个音符开始
        //播放过程中按下 K1 可提前停止播放（ K1=0）
        //若切换音乐段会触发外部中断，导致 TR0=0，播放也会停止
       while(Song[Song_Index][Tone_Index]!=-1&&K1==1&&TR0==1)
        {
         DelayMS(300*Len[Song_Index][Tone_Index]); //播放延时（节拍）
         Tone_Index++; //当前音乐段的下一音符索引
         }
        TR0=0; //停止播放
       while(K1==0); //若提前停止播放，按键未释放时等待
     }
}
```

案例 11：反应时间测试仪

（1）电路原理图及功能要求

电路如图 16 所示。功能：测试一个人连续 2 次按键的时间，连续按下 S1 键进行测试，连续两次按键时间会在数码管上显示出来，如果需要测试第二次的话，按下 S2 键进行数码管测试时间的清零，如果需要查询两次测试时间的话，按下 S3 键进行最高记录查询，如果需要重新保存测试数据，按下复位按键即可。

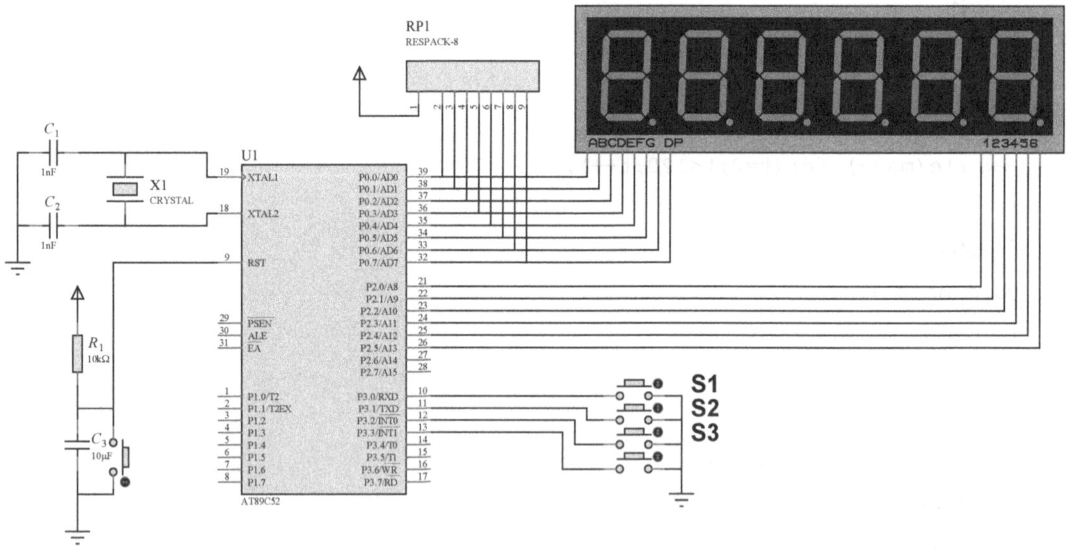

图 16 电路原理图

（2）参考源程序

```
#include <reg52.h>

typedef unsigned int uint;
```

```
typedef unsigned char uchar;

sbit S1 = P3 ^0;    //测试按键
sbit S2 = P3 ^1;    //清零按键
sbit S3 = P3 ^2;    //查询按键

bit flag_temp;
uchar temp,value,flag,key_temp,s3_flag,temp_num1;
uint  time;
static uint temp1,temp2;    //暂存测试结果
uchar code table_d[]={
                    0x3f,0x06,0x5b,0x4f,0x66,
                    0x6d,0x7d,0x07,0x7f,0x6f
                 };

void Delay_ms(uint ms);//延时子函数
void Timer_int();   //计数器中断
void Display(uint num);//显示
void Key_scanf();   //按键扫描子函数
void Calc_time();   //时间计算
void Chang();   //用于数据保存

void main()
{
Timer_int();
while(1)
{
    Chang();    //用于数据保存
    Calc_time();    //时间计算
    if(key_temp == 1)   //判断两次存储的数据
    {
        Display(table_sbuff[1]);    //用于测试程序
        if(temp1 < temp2)
        {
            Display(temp1);
        }
            else
            {
                Display(temp2);
            }
```

```
    }

        else    //没按下显示最大值按键，则显示当前测试数据
        {
            Display(time);  //显示单位为ms显示
        }
    }
}

void Display(uint num)
{
uint wan,qian;
uchar bai,shi,ge;
wan = num / 10000; //数据分离
qian = num % 10000 / 1000;
bai = num % 1000 /100;
shi = num %100 / 10;
ge = num % 10;

P0 = 0x00;
P0 = table_d[wan];
P2 = 0xfd;
Delay_ms(1);

P0 = 0x00;
P0 = table_d[qian];
P2 = 0xfb;
Delay_ms(1);

P0 = 0x00;
P0 = table_d[bai];
P2 = 0xf7;
Delay_ms(1);

P0 = 0x00;
P0 = table_d[shi];
P2 = 0xef;
Delay_ms(1);
```

```
P0 = 0x00;
P0 = table_d[ge];
P2 = 0xdf;
Delay_ms(1);
}

void Delay_ms(uint ms)
{
uint x,y;
for(x=0;x<ms;x++)
    for(y=0;y<110;y++);
}

void Timer_int()    //计数器中断
{
TMOD = 0X11;
TH0 = (65535 - 10000) / 256;   //10ms
TL0 = (65535 - 10000) % 256;
ET0 = 1;
TR0 = 0;    //默认情况 T0 是不开启的
TH1 = (65535 - 500) / 256; //0.5ms
TL1 = (65535 - 500) % 256;
ET1 = 1;
TR1 = 1;
EA = 1;
}

void Key_scanf()    //按键扫描子函数
{
uchar key_num;
if(S1 == 0)
{
    key_num ++;
    if(key_num == 2)
    {
        flag = 1;
    }
}
    else
    {
```

```
        if(flag == 1)   //松手检测
        {
            flag = 0;
            key_num = 0;
            value ++;
            temp_num1++;
            if(value == 2)  //显示测试时间
            {
                value = 0;
            }
        }
    }
if(S2 == 0)//清零
{
    time = 0;
    value = 0;
}

if(S3 == 0)//用于查询
{
    s3_flag = 1;
}
    else
    {
        if(s3_flag == 1)
        {
            s3_flag = 0;    //清零
            key_temp++;
            if(key_temp == 2)
            {
                key_temp = 0;
            }
        }
    }
}

void Calc_time()    //用于时间计算
{
if(value == 1)
{
```

```
    TR0 = 1;     //启动
 }
 if(value == 0)
 {
    TR0 = 0;     //停止
 }
 }

void Chang()     //用于数据保存
 {
 if(temp_num1 == 1)
 {
    P1 = 0x0f;  //测试程序
    temp1 = time;
 }
 if(temp_num1 == 3)
 {
    P1 = 0x00;  //测试程序
    temp2 = time;
 }
 }

void Timer0() interrupt 1
 {
 TH0 = (65535 - 10000) / 256;   //10ms
 TL0 = (65535 - 10000) % 256;
//  P1 = ～P1;  //调试程序的测试代码
 time++; //总共可计 655365s
 if(time == 65535)
 {
    time = 0;
    TR0 = 0;     //计数最大值，当超过后停止，防止溢出导致的误差
 }
 }

void Timer1( ) interrupt 3
 {
 TH1 = (65535 - 500) / 256; //0.5ms
 TL1 = (65535 - 500) % 256;
 Key_scanf();
 }
```

案例 12：脉宽测量仪的设计

(1) 脉宽测量原理

基于单片机的脉宽测量仪主要是利用单片机的定时/计数器。51 单片机内部定时/计数器的工作是通过方式寄存器 TMOD 和控制寄存器 TCON 两个特殊功能寄存器来控制实现的。

① 定时/计数器方式控制寄存器 TMOD　定时/计数器方式寄存器 TMOD 用于控制 T0 和 T1 的工作方式，其字节地址为 89H，不能进行位寻址，CPU 可以通过 8 位数据传送指令来设定 TMOD 中各位状态。复位时 TMOD 所有各位均被清零。TMOD 格式如下：

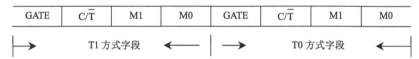

GATE	$C/\overline{T}$	M1	M0	GATE	$C/\overline{T}$	M1	M0
⟶	T1 方式字段		⟵	⟶	T0 方式字段		⟵

其中高 4 位 D7～D4 用于 T1，低 4 位 D3～D0 用于 T0，各位的意义如下：

M1、M0：工作方式选择位。

定时/计数器有四种工作方式，由 M1、M0 决定，如表 1 所示。

表 1　定时/计数器方式选择

M1　M0	工作方式	功　能　描　述
0　　0	方式 0	13 位定时/计数器：TH0（8 位）+TL0（低 5 位）
0　　1	方式 1	16 位定时/计数器：TH0（8 位）+TL0（8 位）
1　　0	方式 2	自动重装初值的 8 位定时/计数器，TH0 保存初值，TL0 作计数器
1　　1	方式 3	T0 为两个 8 位定时/计数器，此时 T1 只可工作于方式 0、1、2

$C/\overline{T}$：定时/计数功能选择位。

$C/\overline{T}=0$ 时，为定时器方式，$C/\overline{T}=1$ 时，为计数器方式。

GATE：门控位。

GATE=0 时，由软件启动定时/计数器，此时只要将 TCON 中的 TR0 或 TR1 置 1 即可启动定时/计数器工作。

GATE=1 时，只有 $\overline{INT0}$ 或 $\overline{INT1}$ 引脚为高电平，且 TR0 或 TR1 为 1 时，才能使相应的定时/计数器开始工作。

② 定时/计数器控制寄存器 TCON　TCON 的地址为 88H，可以进行位寻址，CPU 可以通过 8 位数据传送指令来设定 TCON 中各位状态，也可通过位操作指令对其置位或清零。单片机复位时，TCON 所有各位均被清零。定时/计数器控制字寄存器 TCON 格式如下：

TF1	TR1	TF0	TR0	IE1	IT1	IE0	IT0

IT0：外部中断 0（$\overline{INT0}$）触发方式控制位。

如果 IT0 为 1，则外部中断 0 为跳变（边沿）触发方式，如果在前一个周期中采样到 P3.2 为高电平，在后一个周期中采样到 P3.2 为低电平，则硬件使 IE0 置 1，向 CPU 请求中断。对于跳变触发方式的外部中断，要求输入的负脉冲宽度至少保持 12 个振荡周期，以确保检测到引脚上的电平跳变。

如果 IT0 为 0，则外部中断 0 为电平触发方式。采用电平触发时，输入到 $\overline{\text{INT0}}$（P3.2）的外部中断信号必须一直保持低电平，直到该中断被响应，同时在中断返回前必须使电平变高，否则将再次产生中断。由于外部中断引脚在每个机器周期内被采样一次，因此中断引脚上的电平应至少保持 12 个振荡周期，以保证电平信号能被采样到。

IE0：外部中断 0 中断请求标志位。如果 IE0 为 1，表明外部中断 0 向 CPU 有中断请求，在 CPU 响应外部中断 0 的中断请求后，由硬件使 IE0 复位。

IT1：外部中断 1（$\overline{\text{INT1}}$）触发方式控制位。其含义与 IT0 相同。

IE1：外部中断 1 的中断请求标志位。其含义与 IE0 相同。

TR0、TR1：分别为定时/计数器 T0、T1 的启停控制位，其具体含义在定时/计数器一节中讲述。

TF0：片内定时/计数器 T0 溢出中断请求标志位。定时/计数器的核心为加法计数器，当定时/计数器发生定时或计数溢出时，由硬件置位 TF0，向 CPU 申请中断，CPU 响应中断后，由硬件自动对 TF0 清零。

TF1：片内定时/计数器 T1 溢出中断请求标志位，其功能与 TF0 相同。

结合图 17 所示定时/计数器方式 1 逻辑结构图及特殊功能寄存器 TMOD 和 TCON，分析总结门控位 GATE 与运行控制位 TR0 的状态，及其与 T0 启停的关系如表 2 所示。

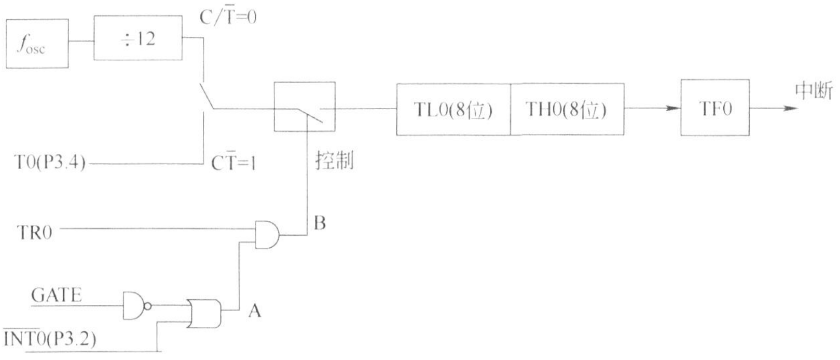

图 17　定时/计数器方式 1 逻辑结构图

由此可见，当单片机定时/计数器的 GATE、TR0、$C/\overline{T}$ 置为 1 时，外中断引脚 P3.2（或 P3.3）上出现高电平，定时/计数器启动计数，外中断引脚 P3.2（或 P3.3）上出现低电平，定时/计数器停止计数，这样从定时/计数器所计数就可得出高电平时间，即正脉冲宽度。

表 2　GATE、TR0 与 T0 启停的关系表

GATE=0 由软件控制定时/计数器启停	TR0=1		T0 开始计数
	TR0=0		T0 停止计数
GATE=1 由外部控制定时/计数器启停	TR0=1	$\overline{\text{INT0}}$=1	T0 开始计数
	TR0=0	$\overline{\text{INT0}}$=1	T0 停止计数
	TR0=1	$\overline{\text{INT0}}$=0	
	TR0=0	$\overline{\text{INT0}}$=0	

（2）电路原理图及功能要求

电路原理图如图 18 所示。功能：利用 T0 测定 $\overline{\text{INT0}}$ 引脚上出现的正脉冲的宽度，将检测到的脉冲宽度值（机器周期数）在数码管上显示（设正脉冲宽度最大值小于 65.536ms）。用按键 S1 按下与松开模拟产生一矩形波信号。

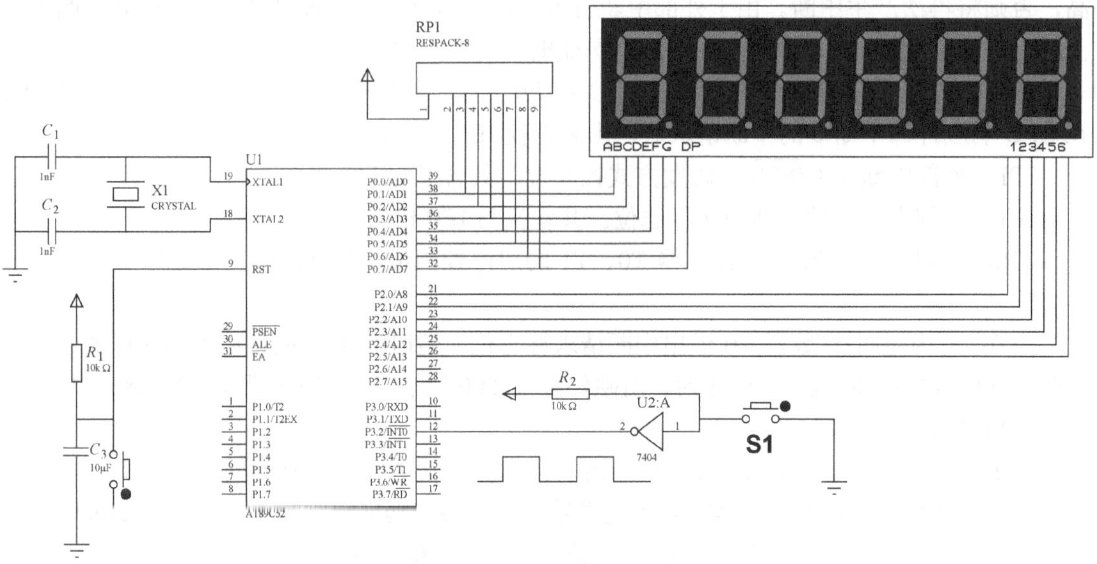

图 18　电路原理图

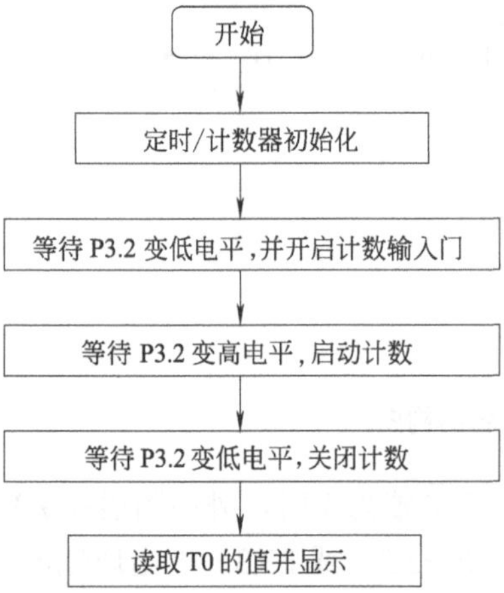

图 19　程序流程图

（3）程序流程图及参考源程序

程序流程图如图 19 所示。

```
#include<reg51.h>
typedef unsigned int uint;
typedef unsigned char uchar;
sbit P32=P3^2;
uint a,b;
uchar code table_d[]={

 0x3f,0x06,0x5b,0x4f,0x66,
 0x6d,0x7d,0x07,0x7f,0x6f
                  };
void Delay_ms(uint ms);  //延时子函数
void Display(uint num); //显示函数

main( )
{

  TMOD=0x09;                //T0 为门控定时方式 1
  TL0=0x00;                 //置定时初值
  TH0=0x00;
```

```
 while(1)
  {
   P3=0xff;
   P3=P3&0xff;
   if(P32==0) {TR0=1;break;}    //等待变低,并开启计数输入门
   else  TR0=0;
   }
while(1)
  {
   P3=0xff;
   P3=P3&0xff;
   if(P32==1) {TR0=1;break;}    //等待升高触发计数
   else ;
   }
while(1)
  {
  P3=0xff;
   P3=P3&0xff;
   if(P32==0) {TR0=0;break;} //等待变低, 并关闭计数器
   else ;
   }
 while(1)
 {
 a=TL0;
 b=TH0;
  a=a|(b<<8);//取 T0 的值, 这里使用了“tmp=TL0|(TH0<<8);”这样的形式, 这相当于
              //tmp=TH0*256+TL0
  Display( a);
  }
}

void Delay_ms(uint ms)
{
 uint x,y;
 for(x=0;x<ms;x++)
     for(y=0;y<110;y++);
}

void Display(uint num)
{
```

```
    uint wan,qian;
    uchar bai,shi,ge;
    wan = num / 10000;  //数据分离
    qian = num % 10000 / 1000;
    bai = num % 1000 /100;
    shi = num %100 / 10;
    ge = num % 10;

    P0 = 0x00;
    P0 = table_d[wan];
    P2 = 0xfd;
    Delay_ms(1);

    P0 = 0x00;
    P0 = table_d[qian];
    P2 = 0xfb;
    Delay_ms(1);

    P0 = 0x00;
    P0 = table_d[bai];
    P2 = 0xf7;
    Delay_ms(1);

    P0 = 0x00;
    P0 = table_d[shi];
    P2 = 0xef;
    Delay_ms(1);

    P0 = 0x00;
    P0 = table_d[ge];
    P2 = 0xdf;
    Delay_ms(1);
}
```

案例13：频率计的设计

（1）频率测量原理

频率的测量实际上就是在1s时间内对信号进行计数，计数值就是信号频率。51单片机有两个定时/计数器，可以利用一个定时/计数器来计数，另一个定时/计数器来定时，但两者均应该工作在中断方式下，一个中断用于 1s 时间的中断处理，另一个中断用于对频率脉冲的计数溢出处理,并对另一个计数单元加 1，以此弥补计数器最多只能计数 65536 的不足。这种利用单片机自带的定时/计数器对输入脉冲进行计数达到测量输入信号频率的方法，由于检测一个脉冲（一个由“1”到“0”）需要两个机器周期，故被测信号的频率不得超过单片机频率的 1/24，若晶振频率为 12MHz，则被测信号频率不得高于 500kHz。

（2）电路原理图

电路原理图如图 20 所示。功能：利用 T/C0 来定时 1s，T/C1 计数，实现对外部信号频率的测量。

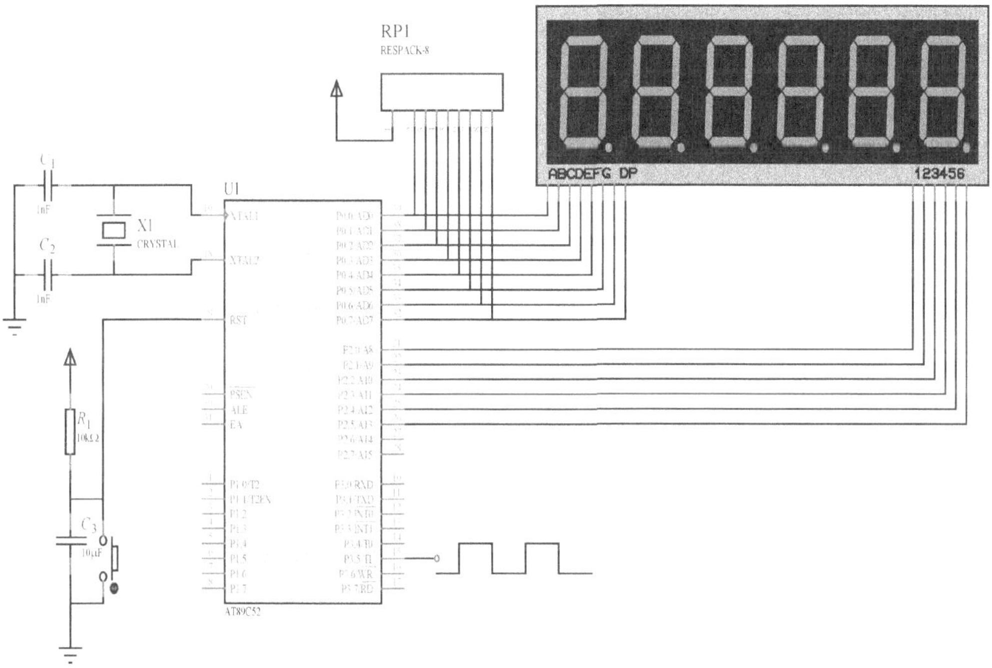

图 20　电路原理图

（3）程序流程图及参考源程序

程序流程图如图 21 所示。

```
#include<reg52.h>
typedef unsigned int uint;
typedef unsigned char uchar;
#define ulong unsigned long
uint t1count,timer1s;
ulong fcount;
uchar code table_d[]={

 0x3f,0x06,0x5b,0x4f,0x66,

 0x6d,0x7d,0x07,0x7f,0x6f
                    };
```

```
void Delay_ms(uint ms); //延时子函数
void Display(ulong num);//显示函数
void timerint(void)//定时/计数器初始化
{
 TH1=0;
 TL1=0;
 TH0=(65536-50000)/256;//定时 5ms
 TL0=(65536-50000)%256;
 TMOD=0x51;
}

void timer0start(void)//T/C0 启动
```

```
{
TR0=1;
ET0=1;
}

void timer1start(void)//T/C1 启动
{
TR1=1;
ET1=1;
}

void intT1(void) interrupt 3
{
 ET1=0;
 t1count++;//计数器溢出自加 1
 ET1=1;
}
```

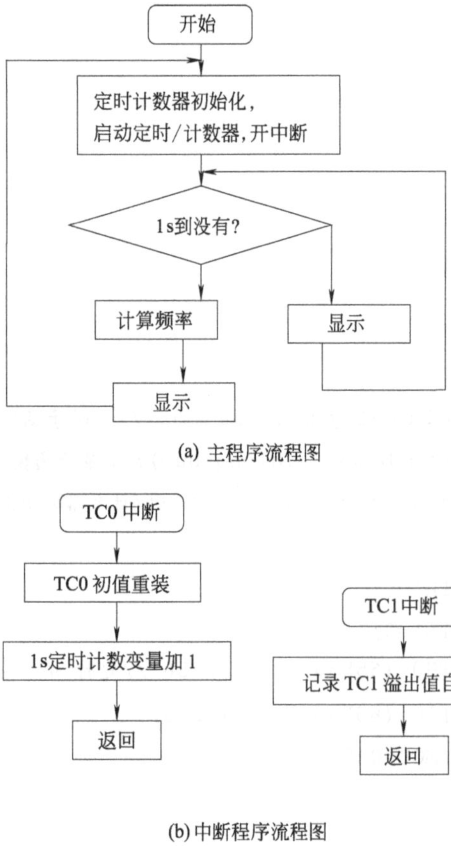

图 21 程序流程图

```
void intT0(void) interrupt 1//定时 1s
{
  ET0=0;
  TH0=(65536-50000)/256;
  TL0=(65536-50000)%256;
  timer1s++;
  ET0=1;
}

main( )
{
 while(1)
{
  timerint( ); //定时/计数器初始化
  timer0start( );//T/C0 启动
  timer1start( );//T/C1 启动
  EA=1;//开总中断

 while(1)
  {
    if (timer1s>=200)
   { EA=0;
    TR0=0;
    TR1=0;
   if(t1count<9)
fcount=(TH1<<8)|(TL1)+ t1count*65536;
    else fcount=000000;
   t1count=0;
   timer1s=0;
   break;
    }
   Display(fcount);

   }
  Display(fcount);
 }
}

void Delay_ms(uint ms)
```

```
{
 uint x,y;
 for(x=0;x<ms;x++)
     for(y=0;y<110;y++);
}

void Display(ulong num)
{
 uint swan,wan,qian;
 uchar bai,shi,ge;
 swan=num/100000;
 wan = num%100000 / 10000;    //数据分离
 qian = num % 10000 / 1000;
 bai = num % 1000 /100;
 shi = num %100 / 10;
 ge = num % 10;

  P0 = 0x00;
 P0 = table_d[swan];
 P2 = 0xfe;
 Delay_ms(1);

 P0 = 0x00;
 P0 = table_d[wan];
 P2 = 0xfd;
 Delay_ms(1);

 P0 = 0x00;
 P0 = table_d[qian];
 P2 = 0xfb;
 Delay_ms(1);

 P0 = 0x00;
 P0 = table_d[bai];
 P2 = 0xf7;
 Delay_ms(1);

 P0 = 0x00;
 P0 = table_d[shi];
 P2 = 0xef;
 Delay_ms(1);

 P0 = 0x00;
 P0 = table_d[ge];
 P2 = 0xdf;
 Delay_ms(1);
}
```

案例 14：看门狗

看门狗的功能是让微控制器在意外状况下（例如软件陷入死循环）重新回复到系统上电状态，以保证系统出问题的时候重启一次。就跟我们现在用电脑一样，死机了就按一下 reset 键重启一次电脑，看门狗就是负责干这个事儿的。它是 52 单片机增加的一个功能，以前 Intel 8031、……、AT 89C51 时代单片机片内都没有“看门狗”功能，需要我们外扩看门狗芯片，比如 X5045。

“看门狗”就是一个计数器，从开启“看门狗”那刻起，它就开始不停地数机器周期，数一个机器周期就计数器加 1，加到计数器装不下了（术语叫“溢出”）就产生一个复位信号，重启系统。

我们在设计程序时，先根据看门狗计数器的位数和系统的时钟周期算一下计满数需要的时间，就是说在这个时间内“看门狗”计数器是不会装满的，然后在这个时间内告诉它重新开始计数，就是把计数器清零，这个过程叫“喂狗”，这样隔一段时间喂一次狗，只要程序正常运行它就永远计不满，一旦出现死循环之类的故障，没有及时来清零计数器，就会导致装满了溢出，它就重启系统，这就是看门狗的看门原理。8051 单片机选用 12MHz 晶振，一个时钟周期为 1μs，如果“看门狗计数器”是 16 位的，最大计数 65536 个，那么从 0 开始计到 65535 需要约 65ms，所以我们可以在程序的 50ms 左右清零一次计数器（“喂狗”），让它重新从 0 开始计，再过 50ms，再清，……，这样下去只要程序正常运行，计数器永远不会计满，也就永远不会被“看门狗”复位。当然这个喂狗的时间是大家自己选的，只要不超过 65ms，选多少都可以，一般不要“喂”得太勤，这样单片机运行时间浪费了，例如 1ms“喂”一次就太勤了，也不能 65ms“喂”一次，这样抗干扰能力就下降了，最好是留一定的余量，这个就是设计者自己掌握了，这里一般是让计到 90%左右就清一次。

每种单片机的“看门狗”实现方法不尽相同，但是原理都一样。系统上电并不启动看门狗计数器，通过设置看门狗重置寄存器（WDT_CONTR）启动看门狗计数器，一般设置是给 WDTRST 写入 0x1E 和 0xE1 启动；而且“看门狗”都是启动了之后就不能被关闭，只能系统复位（重新断电再上电）才能关闭。设置“看门狗”的一般步骤如下：

① 设置“看门狗”相关寄存器，启动“看门狗”。

② 隔一段时间清零一次，“喂狗”。

③ 如果程序正常，一直运行；如果程序出错，没有按时“喂狗”，“看门狗”就在溢出的时候复位系统。

AT89S52 单片机看门狗定时器（Watchdog Timer）是 14 位的，最大计数 2^{14}=16384 个数，每计 16384 个时钟周期就溢出一次。也就是说如果使用 12MHz 晶振的话，至少应该在 16.384ms 内“喂一次狗”。

STC89C5X 系列单片机由于采用了“预分频技术”，它的溢出时间是=（N×Prescale×32768）/晶振频率。其中 N 是单片机的时钟周期，STC89C5X 系列单片机提供 6 时钟周期和 12 时钟周期两种时钟周期，可以在烧写程序时修改；Prescale 是预分频数，通过设置看门狗控制寄存器可以设置为 2、4、8、16、32、64、128、256（至于怎么设置在例程序中介绍）；晶振频率就是系统选用的晶振。所以如果同样选择 12MHz 晶振，使用传统的 12 时钟周期，它最小的溢出时间是（12×2×32768）/（12×10^6）=65.536ms，最大溢出时间是（12×256×32768）/（12×10^6）≈8.38s。如果选择 256 分频，也就是说只要在 8.38s 之内“喂一次狗”就可以了。

下面我们以 STC89C52RC 单片机为例介绍典型的 51 单片机的看门狗程序如何写。

（1）硬件电路原理图

电路原理图见图 22。

（2）看门狗相关特殊功能寄存器 WDT_CONTR

WDT_CONTR

D7	D6	D5	D4	D3	D2	D1	D0
—	—	EN_WDT	CLR_WDT	IDLE_WDT	PS2	PS1	PS0

EN_WDT：看门狗允许位，置 1 启动看门狗，看门狗不能自动启动，需要设置该位后启动，一旦启动不能关闭（只能系统重新上电和看门狗复位可以关闭）；

CLR_WDT：看门狗计数器清零位，置 1 清零看门狗计数器，当计数器开始重新计数，硬件清零该位；

IDLE_WDT：单片机 IDLE 模式看门狗允许位，当 IDLE_WDT=1 时，单片机在 IDLE 模式（空闲模式）依然启用看门狗；

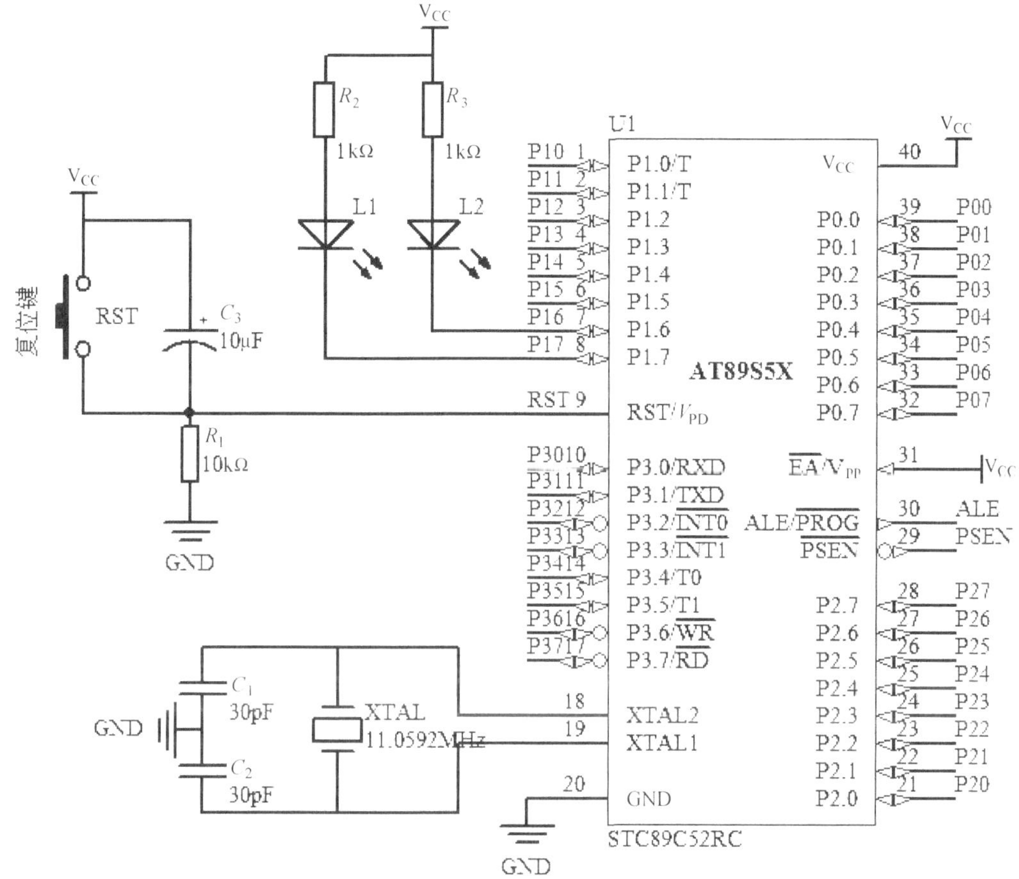

图 22 看门狗实验电路

PS2～PS0：看门狗定时器预分频器，表 3 中 Prescale 表示预分频数。

表 3 PS2～PS0 和 Prescale

PS2	PS1	PS0	Prescale
0	0	0	2
0	0	1	4
0	1	0	8
0	1	1	16
1	0	0	32
1	0	1	64
1	1	0	128
1	1	1	256

如设置 WDT_CONTR=（0011 0100）B，则为 32 预分频，单片机使用 12 指令周期模式时，计算看门狗溢出时间：（12×32×32768÷11059200）≈1s。

(3) 程序编写

```
#include <reg52.h>
sfr WDT_CONTR=0xE1;//定义看门狗特殊功能寄存器
#define uchar unsigned char
#define true 1
#define false 0
#define WEIGOU WDT_CONTR=0x34 //看门狗启动设置和"喂狗"操作
sbit LED=P1^6;    //信号灯，系统正常工作就一闪一闪的
sbit LED_busy=P1^7; //工作灯，上电灭一会儿（约800ms），
          //然后正常工作的时候一直亮着；用于指示系统是否重启
uchar timer0_ctr,i;

void delay_ms(unsigned xms) //延时函数
{
unsigned x,y;
for(x=xms; x>0; x--)
for(y=110; y>0; y--);
}

void  InitMain ( )// 主程序初始化函数
{
 LED=1;
 LED_busy=1;
TMOD=0x21;  //定时器0工作在方式1，作为16位定时器；定时器1工作在//方式2，作为串行口波
            特率发生器
TH0=0x4C;                //定时器0装初值：每隔50ms溢出一次
TL0=0x00;
IE=0x82;                 //IE=(1000 0010)B，使能定时器0中断
TR0=1;                   //启动定时器0

}
void Timer0_isr() interrupt 1  //定时器0中断服务程序程序，控制信号
                          //闪烁。如果系统正常运行，信号灯1.5s闪一次
  {
   TH0=0x4C;
  TL0=0x00;
  timer0_ctr++;
  if(timer0_ctr>=30)
{
 TR0=0;       //定时器0暂停，否则再次来中断会中断程序
```

```
timer0_ctr=0;
LED=0;
delay_ms(100);
LED=1;
 TR0=1;        //定时器 0 重新启动
}

   }


void main( )
{
WEIGOU;                  //上来第一步设置看门狗定时器，并且启动
InitMain();
 while(true)
{
delay_ms(2000);
 LED_busy=0;       //第一次上电约延时 800ms 工作灯点亮，如果系统不重启，它将一直亮着，用于
              指示系统是否重启
 WEIGOU;
}

}
```

第6章 C51单片机应用系统扩展

6.1 C51单片机的三总线结构

所谓总线，就是连接系统中各部件的一组公共信号线。与外部芯片或设备相连接时，单片机的引脚构成三总线结构：地址总线（AB）、数据总线（DB）和控制总线（CB），见图6-1。

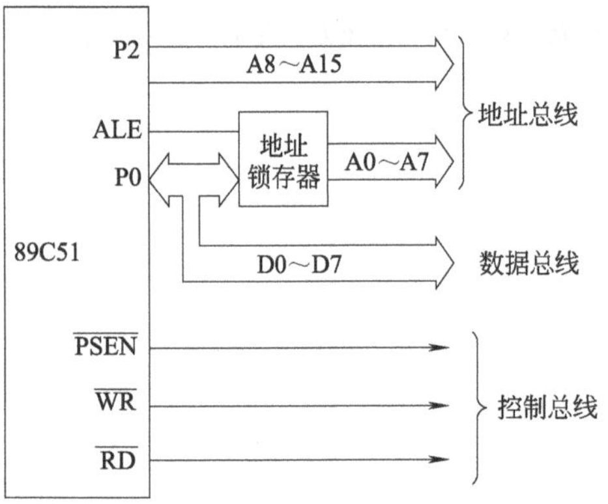

图6-1 51单片机的三总线结构

（1）数据总线

数据总线用于单片机与存储器之间或单片机与I/O端口之间传送数据。数据总线的线数与单片机处理数据的字长一致。例如，51单片机是8位字长，所以数据总线也是8根。数据总线是双向的，可以进行两个方向的数据传送。

（2）控制总线

控制总线由$\overline{RD}$、$\overline{WR}$、$\overline{PSEN}$和ALE等组成，用于控制外部芯片或设备的读/写操作。

（3）地址总线

单片机用地址总线输出地址信号，以便进行存储单元或I/O端口的选择。地址信号是单向的，只能由单片机向外发送。地址总线宽度最大为16位，可寻址范围达2^{16}，即64KB。

高8位A15～A8由P2口提供。在实际应用中，高8位地址线并不固定为8位，需要用几位就从P2口中引出几条口线。

低8位A7～A0由P0口提供。因P0接口是数据、地址分时复用的，所以P0接口输出的低8位地址必须用地址锁存器进行锁存。在操作时，先把低8位地址送锁存器锁存输出，再用P0口线传送数据。

地址锁存器一般选用带三态缓冲输出的8D锁存器74LS373。74LS373的外形引脚、结构及逻辑功能示意图见图6-2。当使能端G呈高电平时D端数据传送至Q端，而在G跳变为低电平瞬间实现锁存，Q端不受D端影响。$\overline{OE}$为输出控制端，为低电平时输出三态门打开，锁存器中的信息可经三态门输出。除74LS373外，74HC373、74LS273、8282等芯片也常用作地址锁存器。

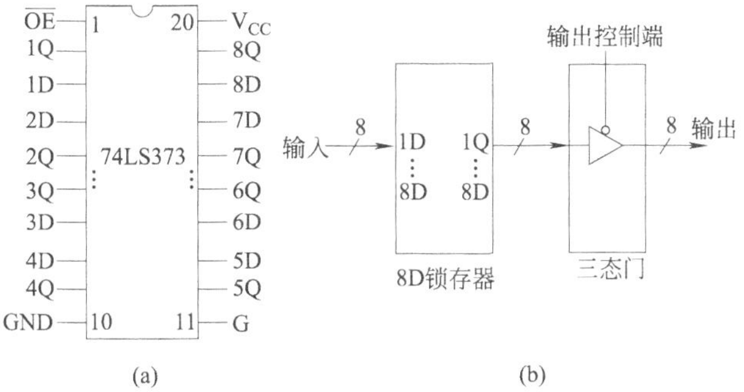

图 6-2　74LS373 的外形引脚、结构及逻辑功能示意图（8D 锁存器上加 G，三态门加 $\overline{\text{OE}}$）

6.2　存储器的扩展

6.2.1　程序存储器的扩展

C51 单片机扩展外部程序存储器的硬件电路如图 6-3 所示。在 CPU 访问外部程序存储器时，P2 口输出地址高 8 位，P0 口分时输出地址低 8 位和送指令字节。地址锁存器用于锁存低 8 位地址；ALE 为地址锁存信号；$\overline{\text{PSEN}}$ 为程序存储器选通信号，低电平有效，接外部程序存储器片选端。因为现在大多单片机内部具有 64K 程序存储器，不需考虑外部扩展，所以在此不再多叙述。

6.2.2　数据存储器的扩展

在单片机应用系统中，数据存储器 RAM 起着非常重要的作用。在 51 单片机内虽有 128 个字节 RAM，但当系统需要较大容量 RAM 时就需要片外扩展数据存储器 RAM，最大可扩展 64KB。51 单片机扩展外部数据存储器的硬件电路如图 6-4 所示。在 CPU 访问外部数据存储器时，P2 口输出地址高 8 位，P0 口分时输出地址低 8 位和传送数据。地址锁存器用于锁存低 8 位地址；ALE 为地址锁存信号；片外数据存储器 RAM 的读和写由 51 单片机的 $\overline{\text{RD}}$ 和 $\overline{\text{WR}}$ 信息控制。访问外部数据存储器的时序如下：

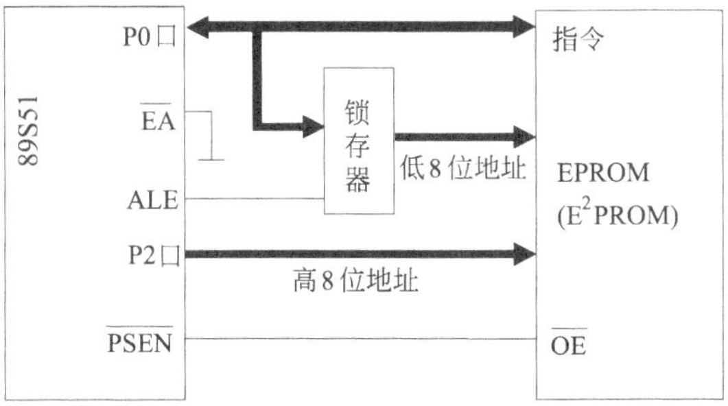

图 6-3　C51 单片机扩展外部程序存储器电路图

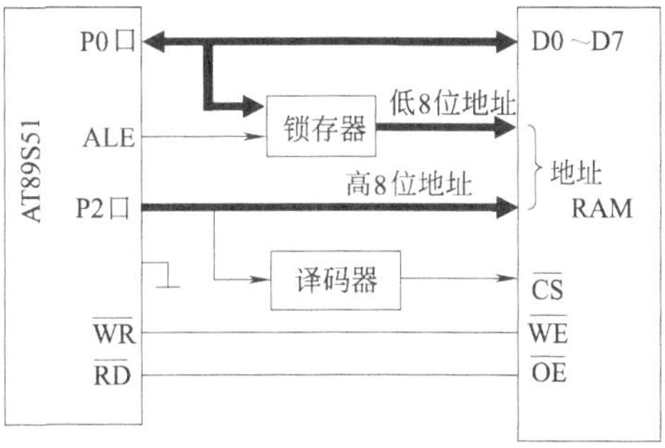

图 6-4　C51 单片机扩展外部数据存储器电路图

在访问外部数据存储器时，P2 口输出外部 RAM 单元的高 8 位地址，P0 口分时输出低 8 位地址和传送数据，当地址锁存允许信号 ALE 为高电平时，P0 口输出的地址信息有效，ALE 的下降沿将此地址打入外部地址锁存器，接着 P0 口变为数据传送方式。读外部 RAM 时 $\overline{\text{RD}}$

有效，选通外部 RAM，相应存储单元的内容出现在 P0 口上，读入 CPU；写外部 RAM 时 $\overline{WR}$ 有效，P0 口上出现的数据写入相应的 RAM 单元。

数据存储器有两大类，一种称为静态 RAM（Static RAM，SRAM），SRAM 速度非常快，是目前读写最快的存储设备了，但是它也比较昂贵，所以只在要求很苛刻的地方使用，譬如 CPU 的一级缓冲、二级缓冲。另一种称为动态 RAM（Dynamic RAM，DRAM），从价格上来说 DRAM 相比 SRAM 要便宜很多，计算机内存就是 DRAM 的。DRAM 速度比 SRAM 慢些，尤其是 DRAM 保留数据的时间很短，数据必须随时刷新，使电路变得复杂。常用的并行 SRAM 芯片 6116（2K×8bit），6264（8K×8 bit）和 62256（32K×8 bit）的外形封装如图 6-5 所示。

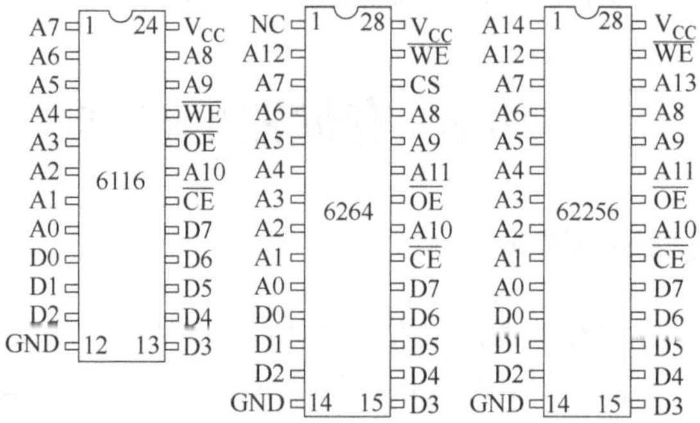

图 6-5 常用并行 SRAM 芯片引脚图

各引脚的功能如下：

- A0～A*i* 地址输入线，*i*=10（6116）、12（6264）、14（62256）；
- D0～D7 双向三态数据线；
- $\overline{CE}$ 片选信号输入线，低电平有效（注：6264 有 2 个片选端，其 26 脚 CS 为高电平，且 $\overline{CE}$ 为低电平时，才选中该片）；
- $\overline{OE}$ 读选通信号输入线，低电平有效；
- $\overline{WE}$ 写允许信号输入线，低电平有效；
- V_{CC} 电源，+5V；
- GND 接地端。

3 种 SRAM 芯片的主要技术特性见表 6-1。

表 6-1 三种常用 SRAM 的主要技术特性

型号	6116	6264	62256
容量/KB	2	8	32
引脚数/只	24	28	28
工作电压/V	5	5	5
典型工作电流/mA	35	40	8
典型维持电流/μA	5	2	0.5
存取时间/ns	由产品型号而定①		

① 例如：6264—10 为 100 ns，6264—12 为 120 ns，6264—15 为 150 ns。

3 种 SRAM 有读出、写入和维持 3 种工作状态，如表 6-2 所示。

表 6-2　SRAM 的 3 种工作状态

方式 ＼ 信号	$\overline{CE}$	$\overline{OE}$	$\overline{WE}$	D0～D7
读	V_{IL}	V_{IL}	V_{IH}	数据输出
写	V_{IL}	V_{IH}	V_{IL}	数据输入
维持[①]	V_{IH}	任意	任意	高阻态

① 这 3 种 SRAM 属于 CMOS 型芯片，当 $\overline{CE}$ 为高电平时，V_{CC} 电压可降至 3V 左右，电路进入低功耗状态，内部数据可以保持不丢失。

6.2.3　数据存储器扩展举例

（1）线选法

图 6-6 所示为 89S51 扩展一片 RAM6264。6264 的片选线 $\overline{CE1}$ 接 89S51 的 P2.7 脚；第二片选线 CE2 接高电平，一直保持有效状态；89S51 的 $\overline{RD}$ 和 $\overline{WR}$ 分别与 6264 的读允许 $\overline{OE}$ 和写允许 $\overline{WE}$ 连接，实现读/写控制。P0 口通过地址锁存器 74LS373 提供低 8 位地址，P2 口的 P2.0～P2.4 向 6264 提供高 5 位地址，当 P2.7 为低电平选通这片 6264 时，则可求出它的地址范围：

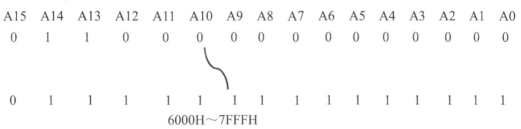

A15	A14	A13	A12	A11	A10	A9	A8	A7	A6	A5	A4	A3	A2	A1	A0
0	1	1	0	0	0	0	0	0	0	0	0	0	0	0	0
					～										
0	1	1	1	1	1	1	1	1	1	1	1	1	1	1	1

6000H～7FFFH

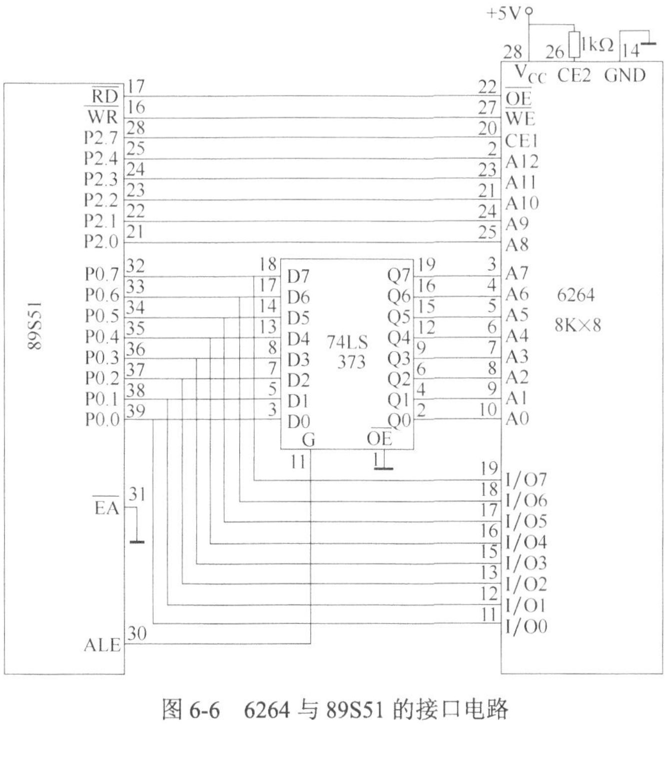

图 6-6　6264 与 89S51 的接口电路

读外部 RAM 时，89S51 的读选通信号 $\overline{RD}$ 为低电平，使得 6264 的读允许端 $\overline{OE}$ 为低电平，把指定地址单元中的数据经 P0 口读入单片机内部；写外部 RAM 时，89S51 的写选通信号 $\overline{WR}$ 为低电平，使得 6264 的写允许端 $\overline{WE}$ 为低电平，此时则把数据写入 6264 指定的单元中。

图 6-7 所示为 89S51 扩展两片 RAM6264 电路图。它们的地址范围分别为：6000H～7FFFH，A000H～BFFFH。

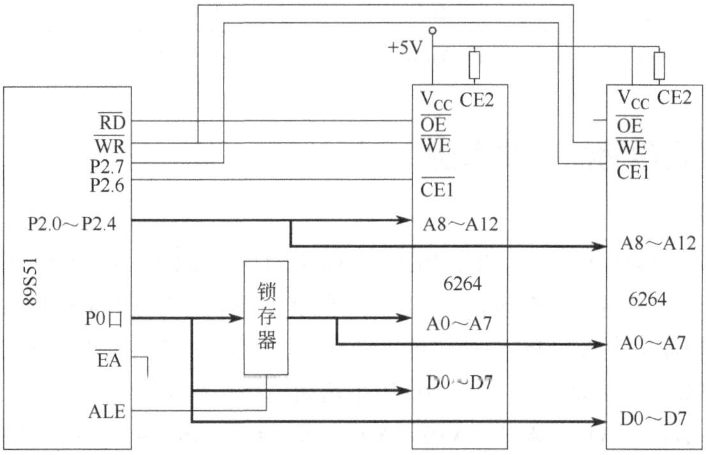

图 6-7 89S51 扩展两片 RAM6264 电路

以上这种直接将 P2 口的口线连到所扩展芯片的片选端作为片选信号的方式叫线选法。线选法结构简单，不需另加外围电路，但各芯片间的地址空间不连续，同时不能充分利用 CPU 的地址空间，只适用小规模的扩展电路。

还有一个问题需要注意，P2 口除被使用的口线外，多余的引脚不宜用作通用 I/O 线，否则不好确定扩展芯片的地址范围，会给软件设计和使用带来麻烦。

（2）译码法

译码法是将片内选址后剩余的高位地址通过译码器进行译码，译码后的输出产生片选信号，每一种输出作为一个片选。常用的译码器有 74LS138、74LS139 等芯片。

① 74LS138 与 74LS139 译码器工作原理　74LS138 是一个 3 线-8 线译码器，即它有 3 个输入端 A、B、C 和 8 个输出端 $\overline{Y0}$～$\overline{Y7}$，输出端可分别与扩展芯片的片选端相连。3 个输入端可组成 8 种输入状态，分别对应 8 种输出状态，8 种输出中每一种只能有一位是 0，其余 7 位全是 1。只有片选端和 74LS138 输出端为 0 的接口相连的芯片被选中，保证了每个芯片地址的唯一性。74LS138 的引脚如图 6-8（a）所示，74LS138 的真值表如表 6-3 所示。

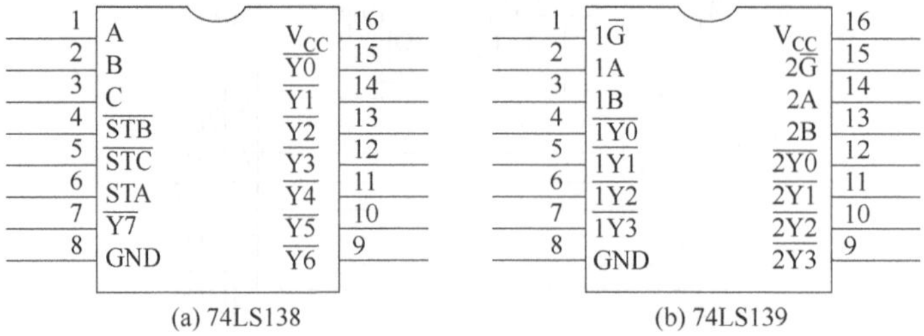

图 6-8 74LS138 与 74LS139 引脚

表 6-3　74LS138 的真值表

输入						输出							
使能			选择										
STA	$\overline{STC}$	$\overline{STB}$	C	B	A	$\overline{Y0}$	$\overline{Y1}$	$\overline{Y2}$	$\overline{Y3}$	$\overline{Y4}$	$\overline{Y5}$	$\overline{Y6}$	$\overline{Y7}$
1	0	0	0	0	0	0	1	1	1	1	1	1	1
1	0	0	0	0	1	1	0	1	1	1	1	1	1
1	0	0	0	1	0	1	1	0	1	1	1	1	1
1	0	0	0	1	1	1	1	1	0	1	1	1	1
1	0	0	1	0	0	1	1	1	1	0	1	1	1
1	0	0	1	0	1	1	1	1	1	1	0	1	1
1	0	0	1	1	0	1	1	1	1	1	1	0	1
1	0	0	1	1	1	1	1	1	1	1	1	1	0
0	×	×	×	×	×	1	1	1	1	1	1	1	1
×	1	×	×	×	×	1	1	1	1	1	1	1	1
×	×	1	×	×	×	1	1	1	1	1	1	1	1

74LS139 是 2 线-4 线译码器，每个译码器有两个输入端 A、B 和 4 个输出端 $\overline{Y0}$ ~ $\overline{Y3}$。其译码原理同 74LS138，其引脚如图 6-8（b）所示，真值表如表 6-4 所示。

表 6-4　74LS139 的真值表

输入			输出			
使能	选择					
$\overline{G}$	B	A	$\overline{Y0}$	$\overline{Y1}$	$\overline{Y2}$	$\overline{Y3}$
1	×	×	1	1	1	1
0	0	0	0	1	1	1
0	0	1	1	0	1	1
0	1	0	1	1	0	1
0	1	1	1	1	1	0

② 采用 74LS138 译码电路举例　图 6-9 是一个采用 74LS138 译码扩展 8 块 6116 的电路，共 16KB。

根据 74LS138 的功能分析，当 P2.5、P2.4、P2.3 全为 0 时，$\overline{Y0}$ =0，选中 6116（0），6116（0）的地址为：8000H～87FFH。

A15	A14	A13	A12	A11	A10	A9	A8	A7	A6	A5	A4	A3	A2	A1	A0
1	0	0	0	0	0	0	0	0	0	0	0	0	0	0	0
1	0	0	0	0	1	1	1	1	1	1	1	1	1	1	1

同理可得：

6116（1）的地址：8800H～8FFFH；

6116（2）的地址：9000H～97FFH；

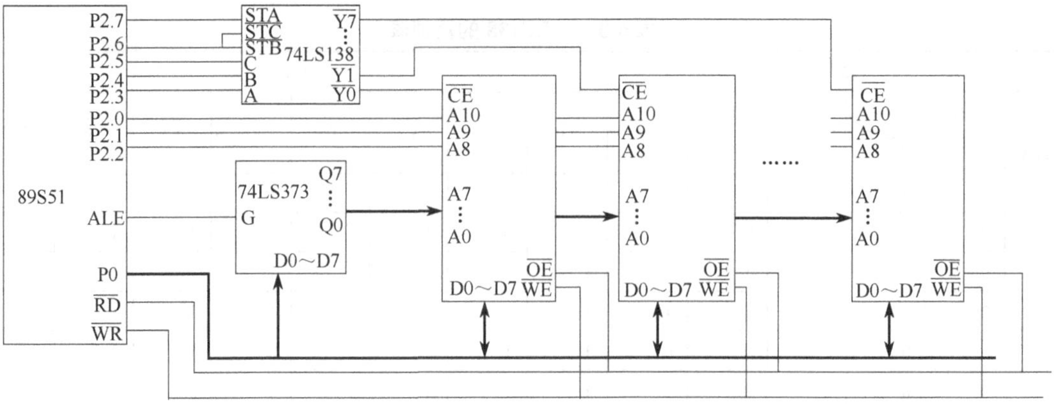

图 6-9 采用 74LS138 译码扩展 8 块 6116 的电路

6116（3）的地址：9800H～9FFFH；

6116（4）的地址：A000H～A7FFH；

6116（5）的地址：A800H～AFFFH；

6116（6）的地址：B000H～B7FFH；

6116（7）的地址：B800H～BFFFH。

6116（0）～6116（7）在空间上是连续的。

（3）非易失性数据存储器的选用

普通 SRAM 芯片主要的缺陷是系统掉电后保存在数据存储器内部的数据会丢失。如果使用新型的非易失性数据存储芯片则能够很好地解决数据丢失问题。新型的非易失性数据存储芯片有并行接口的，也有串行接口的。例如铁电 FRAM 存储芯片就有 I^2C 串行总线接口的 FM24 系列、SPI 串行接口的 FM25 系列以及并行总线接口的 FM16/18 系列。接口方式的选择一般是：如果系统要求数据处理实时性高，并且容量较大，可以采用并行总线协议接口芯片；如果系统对数据处理的实时性要求较低，可采用串行总线协议的存储芯片，串行总线协议的存储芯片与单片机接口通常仅占用 2～4 个 I/O 口，可以最大限度地节约 I/O 资源（请参相关资料）。

6.2.4 I/O 接口电路

使用 TTL 或 CMOS 锁存器和三态门电路芯片扩展单片机的 I/O 接口，具有电路简单、成本低、配置灵活、使用方便的优点，是组成 I/O 接口电路的基本方法。常用的 TTL 或 CMOS 芯片有：373、377、273、244、245 等。

图 6-10 为采用 74LS244 作输入接口、74LS273 作输出接口的 I/O 扩展电路。P0 口作双向数据线，按键数据从 74LS244 输入、LED 显示数据通过 74LS273 输出。

74LS273 是不带三态门而带清零端 $\overline{\text{CLR}}$ 的 8D 触发器。在时钟 CLK 的上升沿触发器的 D 端数据送至 Q 端。在 $\overline{\text{CLR}}$ 端为低时，8 个 D 触发器中的内容将被清除，输出全零，正常工作时该端应接高电平。

74LS244 是 8 位三态单向总线缓冲器。前面第 2 章讲过：P0 口的负载能力是 8 个 LSTTL 电路，P1、P2 和 P3 口的负载能力是 4 个 LSTTL 电路。当外接芯片过多，超过 I/O 口线的负载能力时，系统将不能可靠工作，此时应加用总线缓冲器驱动。常用的单向三态缓冲器还有 74LS241，以及反向输出的 74LS240；常用的双向总线驱动器有 74LS245。单向的有 8 个三

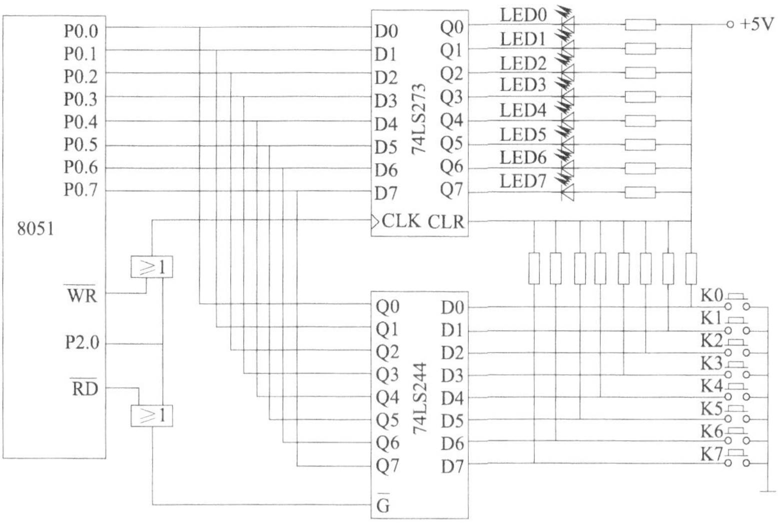

图 6-10 74LS244 作输入接口、74LS273 作输出接口的 I/O 扩展电路

态门，分成两组，分别由控制端 $\overline{1G}$ 和 $\overline{2G}$ 控制；双向的有 16 个三态门，每个方向是 8 个，在控制端 $\overline{G}$ 为低电平时，由 DIR 端控制数据传送方向，DIR=1 时方向由 A 到 B，DIR=0 时方向由 B 到 A。74LS244 和 74LS245 的引脚图如图 6-11 所示。

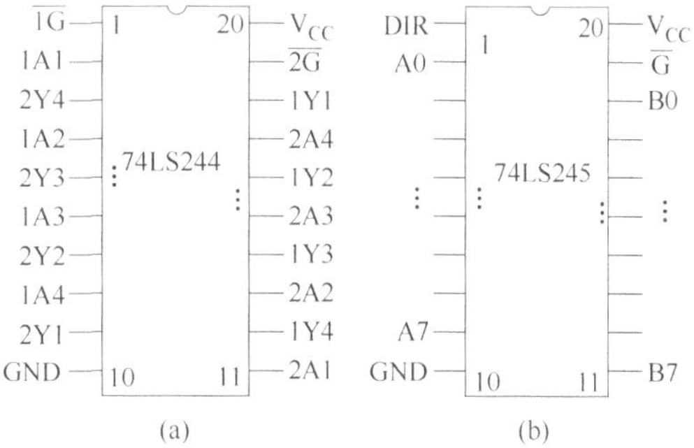

图 6-11 74LS244 和 74LS245 的引脚图

在图 6-10 中，输出控制信号由 P2.0 和 $\overline{WR}$ 合成，当两者同时为低电平时，“或”门输出 0，将 P0 口的数据锁存到 74LS273，其输出驱动发光二极管 LED。当某条线输出低电平时，该线上的 LED 发光。输入控制信号由 P2.0 和 $\overline{RD}$ 合成，当两者同时为低电平时，“或”门输出 0，选通 74LS244，将外部按键开关信息输入到总线。

扩展 I/O 接口时，通常将外部芯片或设备与片外 RAM 统一编址，把外部 RAM 64KB 空间的一部分作为扩展 I/O 接口的地址空间，CPU 可以像访问外部 RAM 存储单元那样访问 I/O 接口。由图 6-10 可见，输入和输出都是在 P2.0 为 0 时有效，因此它们的口地址为 0FEFFH（实际只要保证 P2.0=0，与其他地址位无关），即占有相同的地址空间，但是执行读/写指令时，由于分别用 $\overline{RD}$ 和 $\overline{WR}$ 信号控制，因而在逻辑上不会发生冲突。

6.3 模拟量输入输出接口技术

在计算机应用领域中，特别是在实时控制系统中，常常需要把外界连续变化的物理量（如温度、压力、流量、速度）变成数字量送入计算机内进行加工、处理；反之，也需要将计算机计算结果的数字量转为连续变化的模拟量，用以控制、调节一些执行机构，实现对被控对象的控制。若输入是非电的模拟信号，还需要通过传感器转换成电信号，这种由模拟量变为数字量，或由数字量转为模拟量，通常叫做模/数、数/模转换。用以实现这类转换的器件叫做模/数（A/D）和数/模（D/A）转换器。图6-12为具有模拟量输入和模拟量输出的MCS-51应用系统。

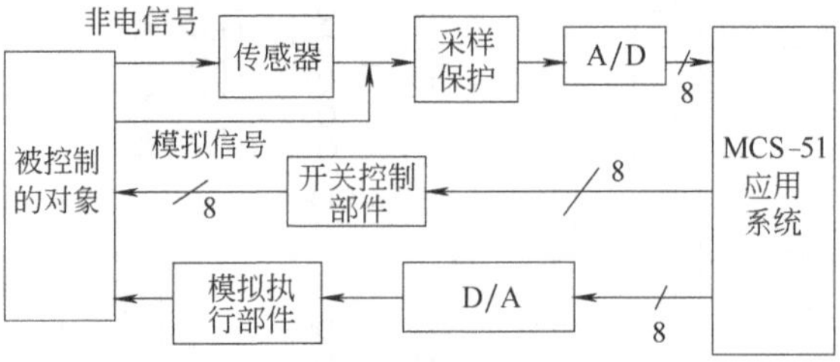

图6-12　模拟量输入和模拟量输出的MCS-51应用系统

模/数、数/模转换技术是数字测量和数字控制领域中的一个专门分支，有很多专门介绍A/D、D/A转换技术与原理的专著，我们只需合理地选用商品化的大规模A/D、D/A转换电路，了解它们的功能和接口方法。

6.3.1　D/A转换器与单片机的接口设计

（1）D/A转换器的基本原理

D/A转换器的基本功能是将一个用二进制表示的数字量转换成相应的模拟量。实现这种转换的基本方法是对应于二进制的每一位产生一个相应的电压（电流），而这个电压（电流）的大小则正比于相应的二进制位的权。图6-13为加权网络D/A转换原理图，图6-14为*R*-2*R*电阻网络D/A转换原理图。

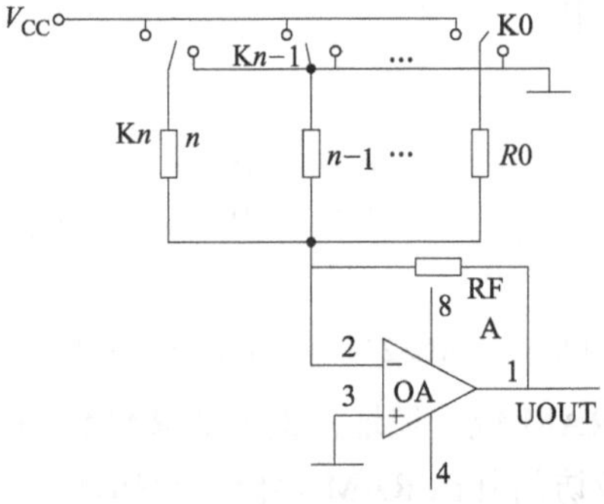

图6-13　加权网络D/A转换原理图

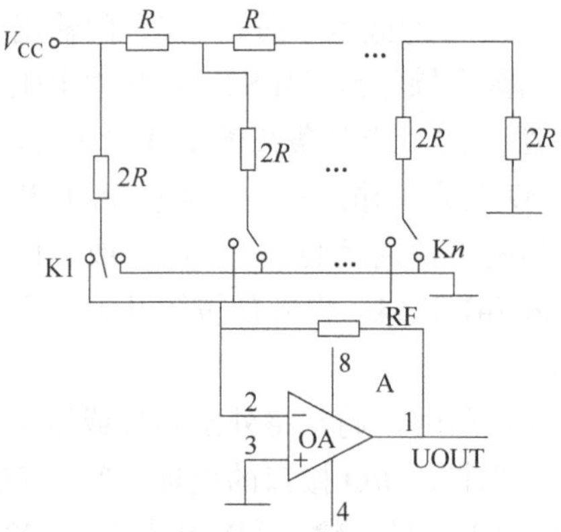

图6-14　*R*-2*R*电阻网络D/A转换原理图

K0、K1、…、K*n*分别由数字输入量的第0位、第1位、…、第***n***位来控制。

（2）主要技术指标

① 分辨率：通常用数字量的数位表示，有8位，12位，16位。

② 输入编码形式：如二进制编码、BCD码。

③ 转换线性。

④ 转换时间。

⑤ 输出电平。

（3）集成D/A转换器DAC0832（代换芯片有DA0830、DA0831）

DAC0832 D/A转换器其内部结构如图6-15所示。由一个数据寄存器、DAC寄存器和

D/A 转换器三大部分组成。

两个寄存器输入数据寄存器和 DAC 寄存器用以实现两次缓冲，故在输出的同时，尚可集一个数字，这就提高了转换速度。当多芯片同时工作时，可用同步信号实现各模拟量同时输出。DAC0832 的引脚图如图 6-16 所示。

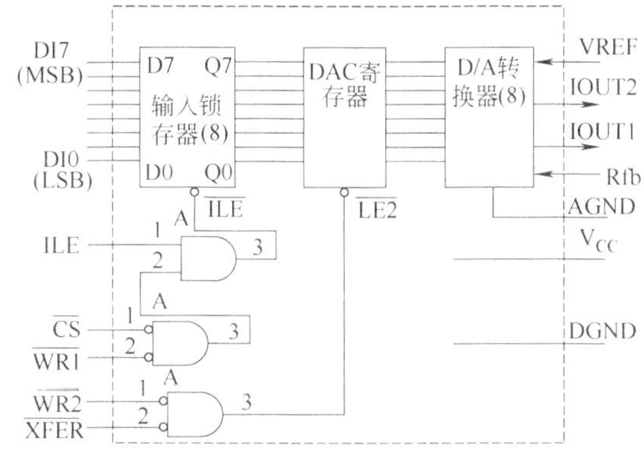

图 6-15 DAC0832 DIA 转换器内部结构图

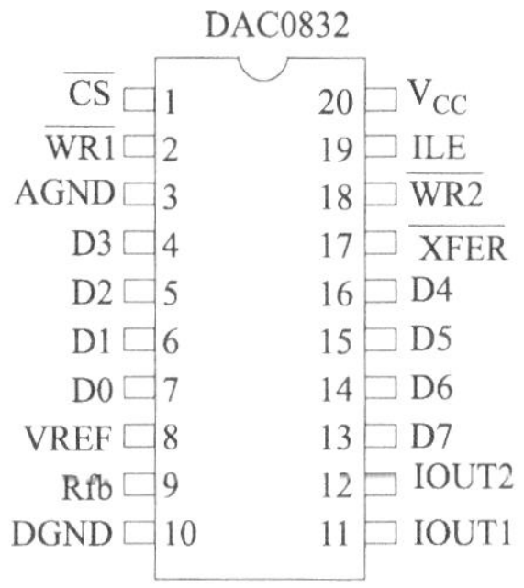

图 6-16 DAC0832 引脚图

$\overline{\text{CS}}$：片选信号，低电平有效。

ILE：允许输入锁存信号，高电平有效。

$\overline{\text{WR1}}$：写信号 1，低电平有效。

$\overline{\text{WR2}}$：写信号 2，低电平有效。

$\overline{\text{XFER}}$：数据传送信号，低电平有效。

VREF：基准电源输入端。

DI0～DI7：8 位数字量输入端，DI7 为最高位，DI0 为最低位。

IOUT1：DAC 的电流输出 1。

IOUT2：DAC 的电流输出 2。

Rfb:反馈电阻。

V_{CC}：电源输入线。

DGND：为数字地。

AGND：为模拟信号地。

（4）DAC0832 和 MCS-51 的接口

DAC0832 可工作在单、双缓冲器方式。单缓冲器方式即输入寄存器的信号和 DAC 寄存器的信号同时控制，使一个数据直接写入 DAC 寄存器，这种方式适用于只有一路模拟量输出或几路模拟量不需要同步输出的系统；双缓冲器方式即输入寄存器的信号和 DAC 寄存器信号分开控制，这种方式适用于几个模拟量需同时输出的系统。

① 单缓冲器方式。图 6-17 为 DAC0832 工作在单缓冲器方式下与单片机的接口电路图。

输入寄存器和 DAC 寄存器地址都 可选为 7FFFH,CPU 对 DAC0832 执行一次写操作，则把一个数据直接写入 DAC 寄存器，DAC0832 的模拟量随之变化。单片机执行下面的程序，将在运放输出端得到一个锯齿波电压。

```
#include <reg52.h>
  #include <absacc.h>
```

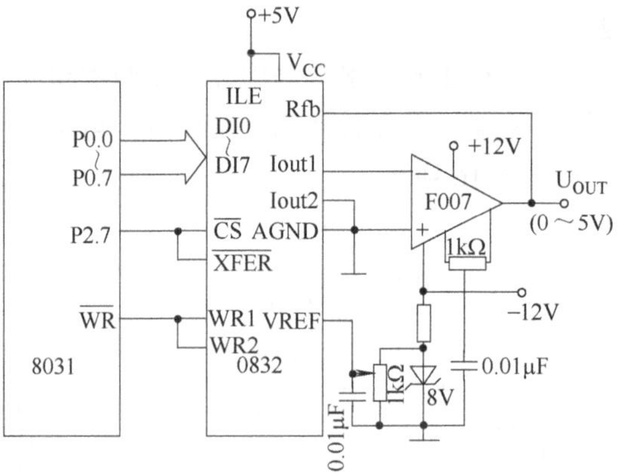

图 6-17　DAC0832 工作在单缓冲器方式下与单片机的接口电路图

```
#define DAC0832 XBYTE [0x7fff]     //把 DAC0832 的地址定为 0x7fff
#define uchar unsigned char
void main (void)
 {
   uchar i;
   while (1)
     {
     for(i=0;i<=255;i++)
      {
        DAC0832  =i;    //把数据送给 DAC0832 后，由 DAC0832 转化为模拟量
       }
     }
}
```

② 双缓冲器工作方式。DAC0832 可工作于双缓冲方式，输入寄存器的锁存信号和 DAC 寄存器的锁存信号分开控制，这种方式适用于几个模拟量同时输出的系统，每一路模拟量输出需一个 DAC0832，构成多个 DAC0832 同步输出的系统。图 6-18 为二路模拟量同步输出的 DAC0832 系统。

1 号 0832 输入寄存器的地址为 DFFFH，2 号 0832 输入寄存器地址为 BFFFH，1、2 号 0832DAC 寄存器地址为 7FFFH。单片机执行下面程序，将图形显示器的光栅移到一新的位置。也可以绘制各种活动图形。

```
#include <reg52.h>
#include <absacc.h>
#define DAC0832 XBYTE [0x7fff]
#define DAC08321 XBYTE [0xdfff]
#define DAC08322 XBYTE [0xbfff]
  #define uchar unsigned char
  void main (void)
   {
     DAC08321=0xx;
```

```
    DAC08322=0xy;
```

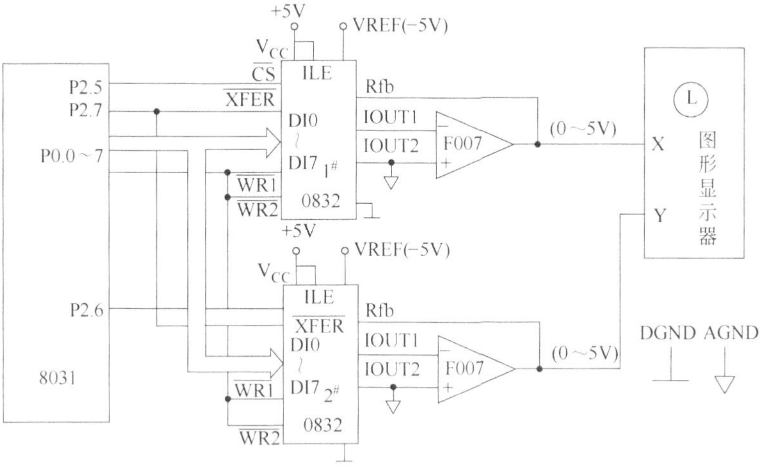

图 6-18　二路模拟量同步输出的 DAC0832 系统

```
    DAC0832=0xy;

}
```

6.3.2　A/D 转换器与单片机的接口设计

A/D 转换器能把输入的模拟信号转换成数字量形式。根据 A/D 电路的工作原理可以分为以下几大类型：双积分 A/D 转换器，逐次比较型 A/D 转换器，并行 A/D 转换器。

（1）集成 A/D 转换器 ADC0809(代换芯片有 AD0804、ADC0808）

集成 ADC0809 的 A/D 是一个 8 通道多路开关单片 CMOS 模/数转换器，每个通道均能转换出 8 位数字量。它是逐次逼近比较型转换器，其内部结构如图 6-19 所示。

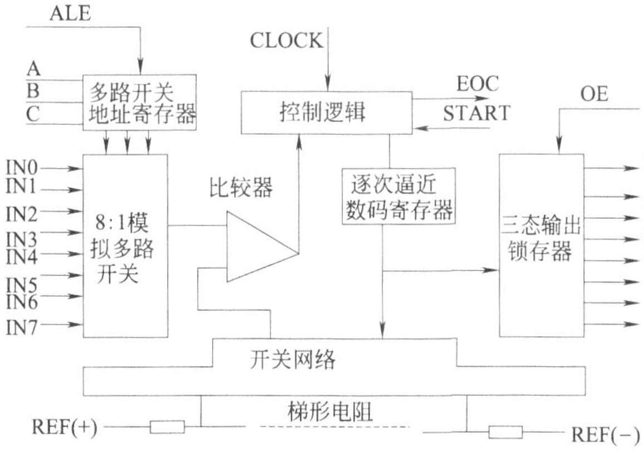

图 6-19　ADC0809 内部结构

8 个输入模拟量受多路开关地址寄存器控制，当选中某路时，该路模拟信号 VX 进入比较器与 D/A 输出的 VR 比较，直至 VR 与 VX 相等或达到允许误差为止，然后将对应 VX 的数码寄存器值送三态锁存器。当 OE 有效时，便可输出对 VX 的 8 位数码。ADC0809 外部引脚如图 6-20 所示。

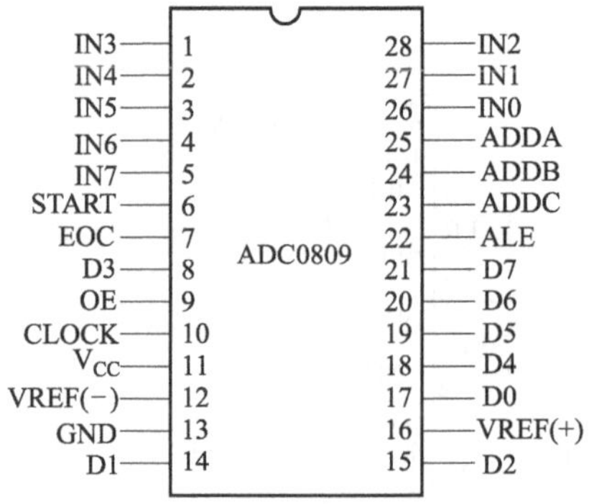

图 6-20　ADC0809 外部引脚

IN0～IN7 为 8 路模拟量输入端，在多路开关控制下，任一瞬间只能有一路模拟量经相应通道输入到 A/D 转换器中的比较放大器。D0～D7 为 8 位数据输出端，可直接接入微型机的数据总线。A、B、C 多路开关地址选择输入端。其取值与 A/D 转换通道的对应关系如表 6-5 所示。

表 6-5　多路开关地址线取值与 A/D 转换通道的对应关系

多路开关地址线	被选中的输入通道	对应通道口地址
CBA		
000	IN0	00H
001	IN1	01H
010	IN2	02H
011	IN3	03H
100	IN4	04H
101	IN5	05H
110	IN6	06H
111	IN7	07H

ALE：地址锁存输入线，该信号的上升沿，可将地址选择信号 ABC 锁入地址寄存器内。

START：启动转换输入线，其上升沿用以清除 ADC 内部寄存器，其下降沿用以启动内部控制逻辑，使 A/D 转换器工作。

EOC：转换完毕输出线，其上跳沿表示 A/D 转换器内部已转换完成。

OE：允许输出控制端，高电平有效。有效时能打开三态门，将 8 位转换后的数据送到微型机的数据总线上。

CLOCK：转换定时时钟脉冲输入端。它的频率决定了 A/D 转换器的转换速度。

VREF(+)和 VREF(–)是 D/A 转换器的参考电压输入线。

V_{CC} 为+5V。

GND 为地。

（2）ADC0809 与 MCS-51 的接口方法

图 6-21 为单片机与 ADC0809 的接口电路，ADC0809 是带有 8∶1 多路模拟开关的 8 位 A/D 转换芯片，所以它可以有 8 个模拟量的输入端，由芯片的 ABC 三个引脚来选择模拟通道中的一个。ABC 三端分别与 8031 的地址总线 A0、A1、A2 相接。ADC0809 的 8 位数据输出是带有三态缓冲器的，由输出允许信号（OE)控制，所以 8 根数据线可直接与 8031 的 P0.0～P0.7 相接。地址锁存信号（ALE)和启动转换信号（START），由软件产生（执行一条

“ADC0809=A;”指令），输出允许信号（OE)也由软件产生（执行一条“A=ADC0809;”指令）。ADC0809 的时钟信号 CLK 决定了片子的转换速度，可同 8031ALE 信号相接。转换完成信号 EOC 送到 INT1/输入端，8031 在相应的中断服务程序里，读放经 ADC0809 转换后的数据到数组 ADC0809DATA 中，以模拟通道 0 为例，操作程序如下：

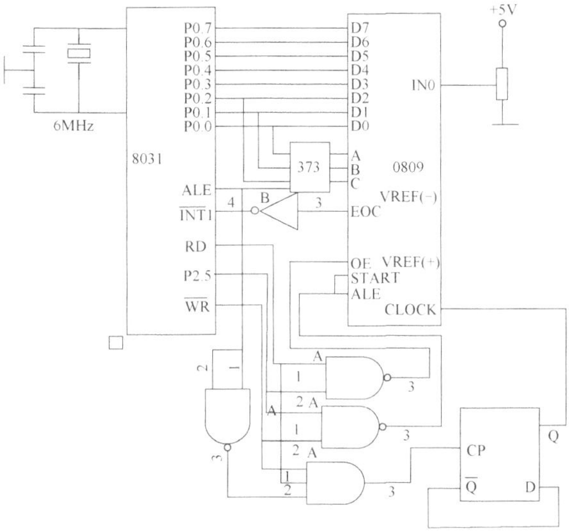

图 6-21 单片机与 ADC0809 接口电路图

```
#include <reg52.h>
#include <absacc.h>
#define ADC0832 XBYTE [0xDff8]
#define uchar unsigned char
   uchar ADC0809DATA[8];
  void int1(void);
void main (void)
 {
   IT1=1;
   EX1=1;
   EA=1;
          ADC0809=0;
          while(1);

 }
 void int1( ) interrupt 2
 {
    uchar i=0;
     ADC0809DATA[i]=ADC0809;
      ADC0809=0;
       i++;
 }
```

案例 1: ADC0809 数模转换与显示

（1）硬件电路及功能要求

电路如图 1 所示，ADC0809 采样通道 3 输入的模拟量，转换后的结果显示在数码管上。

（2）参考源程序

```
#include<reg51.h>
#define uchar unsigned char
#define uint unsigned int
//各数字的数码管段码（共阴）
```

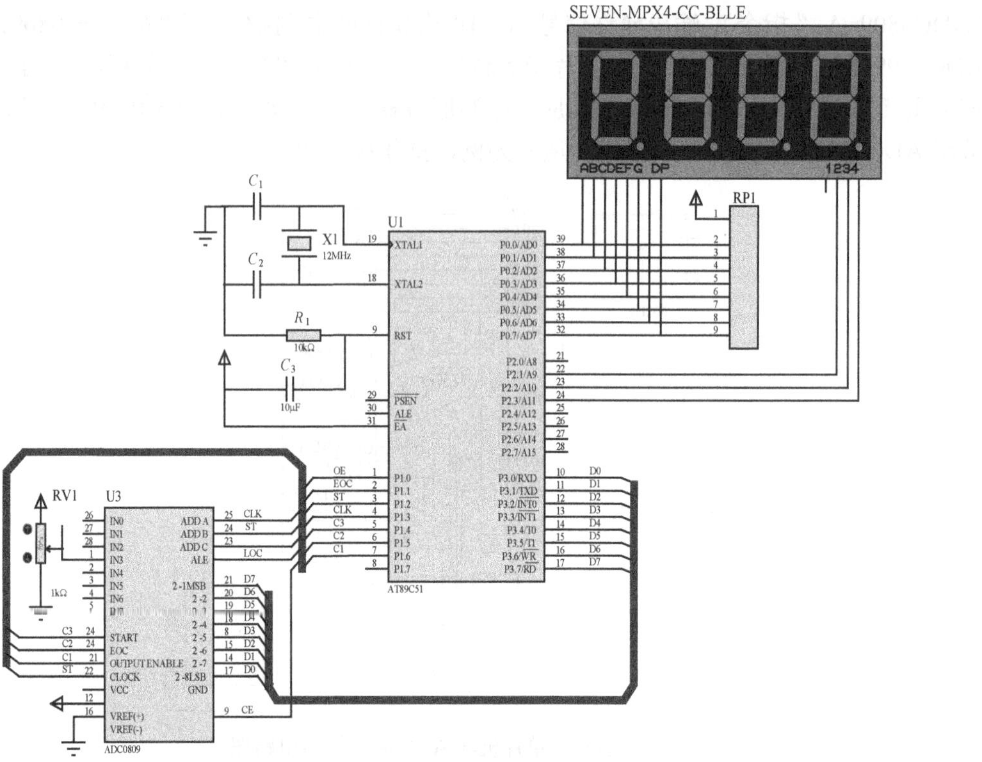

图1 电路图

```
uchar code DSY_CODE[]={0x3f,0x06,0x5b,0x4f,0x66,0x6d,0x7d,0x07,0x7f,0x6f};
sbit CLK=P1^3; //时钟信号
sbit ST=P1^2; //启动信号
sbit EOC=P1^1; //转换结束信号
sbit OE=P1^0; //输出使能
//延时
void DelayMS(uint ms)
 {
   uchar i;
   while(ms--) for(i=0;i<120;i++);
  }
//显示转换结果
void Display_Result(uchar d)
{
  P2=0xf7; //第 4 个数码管显示个位数
  P0=DSY_CODE[d%10];
  DelayMS(5);
  P2=0xfb; //第 3 个数码管显示十位数
  P0=DSY_CODE[d%100/10];
  DelayMS(5);
  P2=0xfd; //第 2 个数码管显示百位数
```

```
   P0=DSY_CODE[d/100];
   DelayMS(5);
}
//主程序
void main( )
{
  TMOD=0x02; //T1 工作模式 2
  TH0=0x14;
  TL0=0x00;
  IE=0x82;
  TR0=1;
  P1=0x3f; //选择 ADC0809 的通道 3 ( 0111) ( P1.4～P1.6)
  while(1)
   {
     ST=0;ST=1;ST=0; //启动 A/D 转换
     while(EOC==0); //等待转换完成
     OE=1;
     Display_Result(P3);
     OE=0;
   }
}
//T0 定时器中断给 ADC0808 提供时钟信号
void Timer0_INT() interrupt 1
 {
  CLK=～CLK;
 }
```

案例 2：基于 ADC0832 的数字电压表

（1）硬件电路及功能分析

信号通过模数转换器（ADC0809）转换后的 8 位数字信号通过单片机的 P0 口送入单片机进行处理，并利用数码管显示。本设计的关键是模数转换。被测信号（0～5V）接在 ADC0809 的 IN0 通道，转换之后的 8 位数字信号通过 P0 口送入单片机，Pl 口作为动态数码显示的段选驱动，P3 口的低 4 位作为数码管显示的位选驱动，ADC0809 在进行 A/D 转换时需要有其他控制信号，设置如下：P2.2 为 ADC0809 转换启动信号， P2.1 为 ADC0809 输出允许信号，P2.0 为转换结束状态信号。输入被测电压（0～5V）信号直接连接到 ADC0809 的 IN0 通道，将通道选择端口 A、B、C 3 个全部接地，A/D 转换启动信号 START 接单片机的 P2.2 端口，输出允许信号 OE 接单片机的 P2.1 端口，转换结束信号 EOC 接单片机的 P2.0 端口，A/D 转换所需要的时钟 CLK 信号，在这里直接采用 500kHz 的时钟信号。P1 口接 8 路驱动 74LS244 芯片，接至数码管的各段，控制数码管的显示字符。P2 口的 4 路驱动采用 74LS07

OC 门驱动器。74LS07 输出接至各位数码管的公共端，控制每位数码管的显示，实现动态扫描。如图 2 所示。

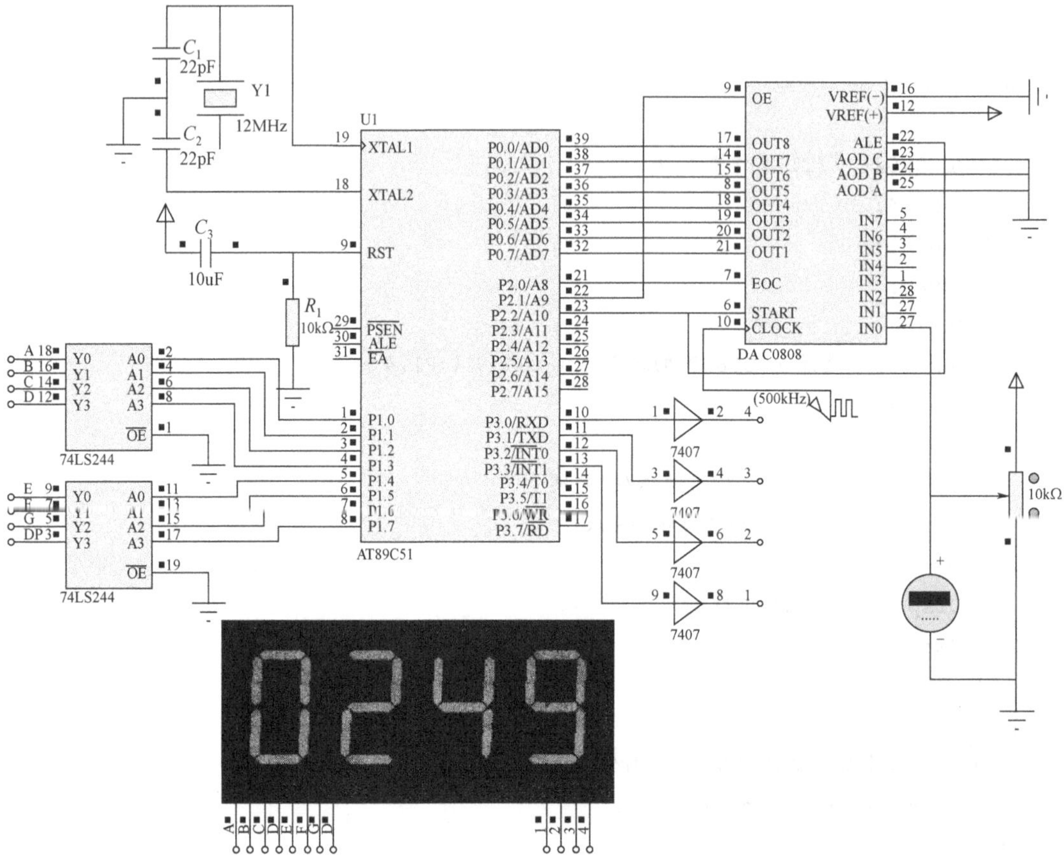

图 2　数字电压表控制硬件电路图

（2）参考源程序及程序流程图

根据任务要求，首先要分析 ADC0809 模数转换的过程，利用单片机实现对 ADC0809 芯片的控制，读入 A/D 转换的数据。其次要对转换后的 8 位二进制数据进行数据处理，转换为正确显示的电压数据，第三步要将转换后的电压数据处理为数码管显示的各个位数据，才能用于显示。另外显示需要三位数码管，因而必须采用动态扫描方式，以节省单片机的端口。

按以上任务分析过程绘制程序流程图，主程序流程图如图 3 所示，数码管显示程序流程图如图 4 所示。

```
#include <reg51.h>//包含一个 51 标准内核的头文件
#define uchar unsigned char //进行定义以方便使用
#define uint unsigned int
sbit START=P2^2; //定义ADC0809 转换启动端口
sbit OE=P2^1; //定义ADC0809 输出允许端口
sbit EOC=P2^0; //定义ADC0809 转换结束状态端口
sbit CLK=P2^3; //定义ADC0809 转换时钟端口
uchar data led[4];
```

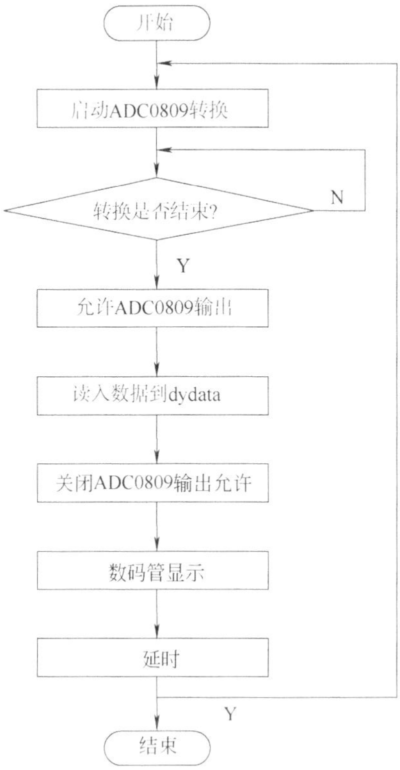

图 3 数字电压表主程序流程图

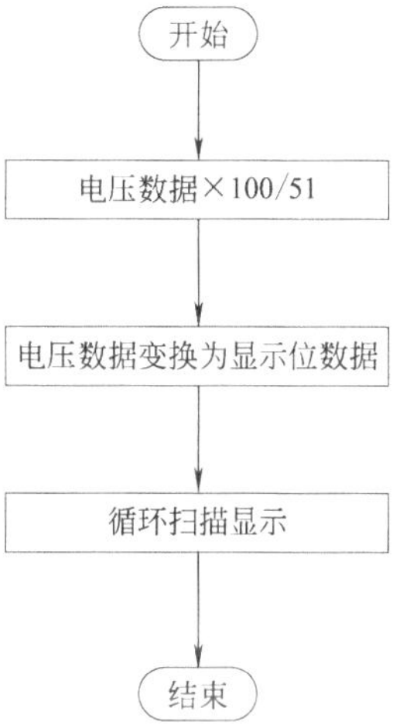

图 4 数码管显示程序流程图

```
uint data dydata;
uchar code tv[]={0xfe, 0xfd, 0xfb, 0xf7}; //显示位代码
uchar code a[]={0x3f, 0x06, 0x5b, 0x4f,
          0x66, 0x6d, 0x7d, 0x07, 0x7f, 0x6f}; //共阴极代码
void delay(void) //延时程序
{
uint I;
  for(i=0;i<10;i++ );
}
void ledshow(void)       //显示模块，将数据显示在数码管上
{
  uchar k,i;
dydata= 100* dydata;
dydata=dydata/51 ;       //数据处理:显示的电压值为(D÷255×VREF)
led[0]=dydata%10;
led[1]=dydata/10%10;
led[2]=dydata/100%10;
led[3]=dydata/1000;
for(k=0;k<4;k++)         //循环扫描显示数据
  {
```

```
P3=tv[k];
i=led[k];
P1=a[i];
delay( );
   }
}

void main(void)      //主函数
{
while(1)
   {
START=1;
START=0;              //启动转换
while(EOC==0);        //判断A/D 转换是否结束
OE=1;                 //ADC0809 输出允许
dydata=P0;            //读入电压数据
OE=0;
ledshow( );
delay( );
   }
}
```

第 7 章　串行接口

7.1　串行口通信概念

计算机之间的通信有并行通信和串行通信两种。并行通信中,数据的所有位是同时进行传送的，优点是速度快，缺点是需要较多的传送数据线，有多少位数据就需要多少根数据线，而且数据传送的距离有限,一般在 15~30m 之内,如图 7-1 所示。并行通信常用于 CPU 与 LED、LCD 显示器的接口等方面。

串行通信中，数据是按一定的顺序一位一位地传送，速度较慢，但只需要两根数据传输线，适用于长距离通信，如图 7-2 所示。

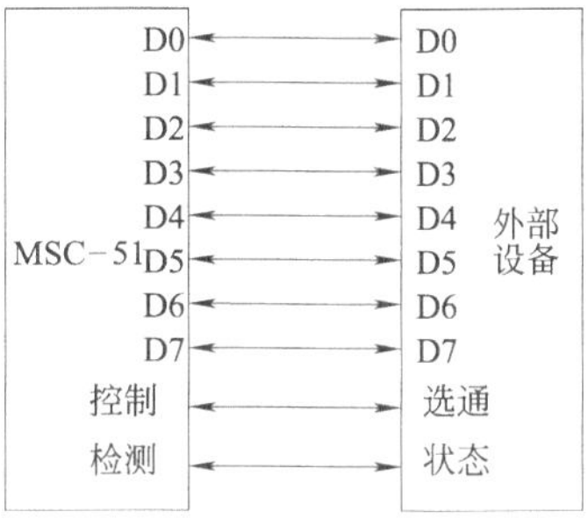

图 7-1　并行通信线路结构

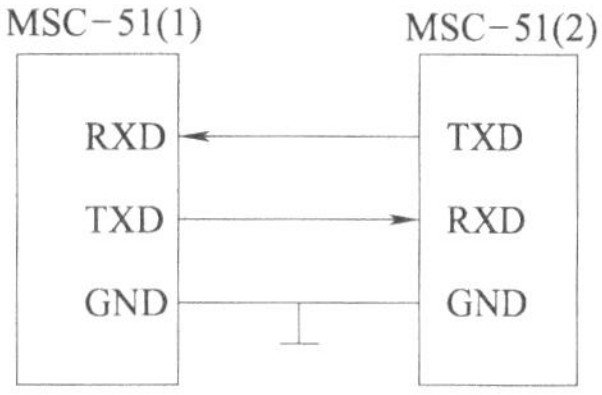

图 7-2　串行通信线路结构

（1）串行通信的分类

按照串行数据的同步方式，串行通信可以分为同步通信和异步通信两类。

① 异步通信　在异步通信中，数据通常是以字符（或字节）为单位组成字符帧传送的。字符帧由发送端一帧一帧地发送，通过传输线后为接收设备一帧一帧地接收。发送端和接收端可以有各自的时钟来控制数据的发送和接收，这两个时钟源彼此独立，互不同步。

那么究竟发送端和接收端依靠什么来协调数据的发送和接收呢？也就是说，接收端怎么知道发送端何时开始发送和何时结束发送呢？这是由字符帧格式规定的。平时发送线为高电平（逻辑“1”），每当接收端检测到传输线上发送过来的低电平逻辑“0”（字符帧的起始位）时就知道发送端已开始发送，每当接收端接收到字符帧的停止位时就知道一帧字符信息已发送完毕。

字符帧格式如图 7-3 所示，由起始位、数据位、奇偶校验位和停止位等四部分组成。各部分结构和功能分述如下：

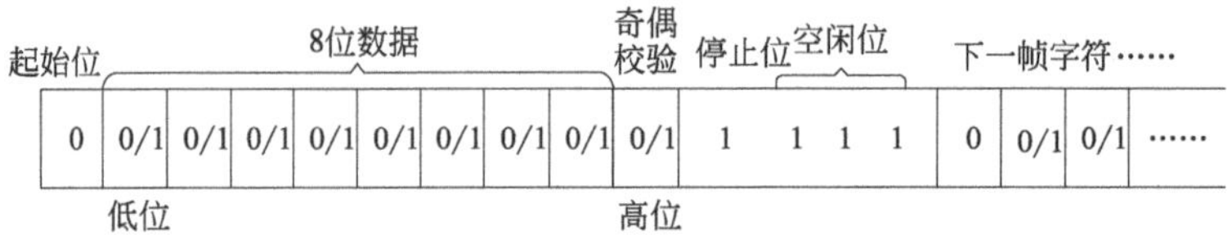

图 7-3　异步通信的字符帧格式

• 起始位：位于字符帧开头，只占一位，以低电平即逻辑“0”表示，用于向接收设备表示发送端开始发送一帧信息。

• 数据位：紧跟起始位之后，用户根据情况可取 5 位、6 位、7 位或 8 位，低位在前高位在后。

• 奇偶校验位：位于数据位后，仅占一位，用于表征串行通信中采用奇校验还是偶校验，由用户根据需要决定。

• 停止位：位于字符帧末尾，为逻辑“1”高电平，通常可取 1 位、1.5 位或 2 位，用于向接收端表示一帧字符信息已发送完毕，也为发送下一帧字符作准备。

两相邻字符帧之间可以无空闲位，也可以有若干空闲位，这由用户根据需要决定。

异步通信的优点是不需要传送同步脉冲，字符帧长度也不受限制，故所需设备简单。缺点是字符帧中因包含有起始位和停止位而降低了有效数据的传输速率。

② 同步通信　同步通信是以多个字符组成的数据串为传输单位来进行数据传送，数据串长度固定，每个字符不再单独附加起始位和停止位，而是在数据串开始处用同步字符表示数据串传送开始，由时钟来实现发送端与接收端之间的同步，在数据串末尾设 1~2 个校验字符，用于接收端对接收到的数据字符的正确性校验。这种通信方式传输速率高于异步通信方式，但硬件复杂。因 51 单片机中没有同步串行通信方式，所以这里不作详细介绍。

（2）通信系统的组成

单片机的通信系统包括数据传送端、数据接收端、数据转换接口和传送数据的线路。单片机、PC 机、工作站都可以作为传送、接收数据的终端设备。数据在传送过程中常常需要经过一些中间设备，这些中间设备称为数据交换设备，负责数据的传送工作。数据在通信过程中，由数据的终端设备传送端送出数据，通过调制解调器把数据转换为一定的电平信号，在通信线路上进行传输。通信信息被传输到计算机的接收端时，同样也需要通过调制解调器把电平信号转换为计算机能接受的数据，数据才能进入计算机。通信线路常用双绞线、同轴电缆、光纤或无线电波。串行通信的总线标准有 RS-232C、RS-422、RS-485 等多种，计算机在通信过程中常使用 RS-232 接口。

在串行通信时，计算机内部的并行数据传送到内部移位寄存器中，然后数据逐位移出形成串行数据，通过通信线路传送到接收端，再将串行数据逐位送入移位寄存器后转换成并行数据存放到计算机中。

（3）串行通信中数据的传送方向

串行通信中，数据传送的方向分为单工、半双工和全双工三种方式。在单工方式下，通信双方之间只有一条传输线，数据只允许由发送方向接收方单向传送。在半双工方式下，通信双方也只有一条传输线，双方都可以接收和发送，但同一时刻只能一方发另一方收，在此方式下，通信双方都具有发送器和接收器，通过电子开关的切换，实现通信线路的交替连接。在全双工方式下，通信双方之间有两根传输线，这样双方之间发送和接收可以同时进行，互不相关，当然，这时通信双方的发送器和接收器也是独立的，可以同时工作。

7.2 51单片机串行接口的结构与控制

51 系列单片机内部有一个功能很强的全双工串行异步通信接口(UART)。图 7-4 所示为 51 单片机的串行口结构示意图。它主要由两个串行数据缓冲器（SBUF）、发送控制、发送端口、接收控制、接收端口和波特率控制等组成。

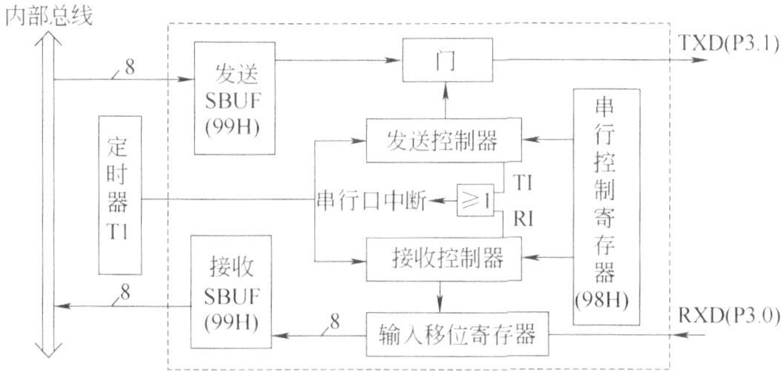

图 7-4 51 系列单片机串行口结构框图

波特率（也称比特数）指每秒钟传送二进制数码的位数，单位为位/秒（bit/s），波特率用于表征串行通信数据传输的速率。

（1）串行数据缓冲器（SBUF）

51 系列单片机串行口有两个串行数据缓冲器，一个用于发送数据，另一个用于接收数据，可以同时用来发送和接收。发送缓冲器只能写入，不能读出，用于发送信息；接收缓冲器只能读出，不能写入，用于接收信息。两个缓冲器使用同一符号 SBUF，共用一个地址 99H，根据读写指令来确定访问其中哪一个。

（2）串行接口控制寄存器 SCON

串行接口控制寄存器 SCON 用于定义串行口的操作方式和控制它的某些功能。其字节地址为 98H，其格式如下：

SM0	SM1	SM2	REN	TB8	RB8	TI	RI

SM0，SM1：串行口工作方式选择位，由软件设定。共有 4 种方式，见表 7-1。其中 f_{osc} 是 8051 的晶振频率。

表 7-1 串行口工作方式

SM0	SM1	方式	功能说明
0	0	0	移位寄存器输入/输出，波特率为 $f_{osc}/12$
0	1	1	8 位 UART（异步通信），波特率可变（T1 溢出率/n (n=32 或 16)
1	0	2	9 位 UART，波特率为 f_{osc}/n (n=32 或 64)
1	1	3	9 位 UART，波特率可变（T1 溢出率/n，n=32 或 16）

SM2：多机通信控制位，由软件设定。在串行口的方式 0 中，SM2 必须为 0。在方式 1

中，若 SM2=1，则只有收到有效的停止位才会置位 RI，若 SM2=0，无论收到的停止位是否有效都会置位 RI。在方式 2 或方式 3 中，当 SM2=1 时，若接收到的第 9 位数据（RB8）为 0，则不能置位 RI，只有收到 RB8=1，才能置位 RI。多机通信规定，在方式 2 或方式 3 中，接收到第 9 位数据（RB8）为 1，表示本帧为地址值，若 RB8=0，表示本帧为数据值。SM2=1 允许多机通信，只接收地址帧，不接收数据帧。在方式 2 或方式 3 中，当 SM2=0 时，禁止多机通信，只要接收到一帧信息（无论是地址还是数据），RI 都被置位。

REN：允许接收控制位，由软件设定。REN=1 时允许接收，REN=0 时禁止接收。

TB8：方式 2 和方式 3 中要发送的第 9 位数据。可由软件设定，用作奇偶校验位或地址/数据标志位。

RB8：工作方式 2 和工作方式 3 中，接收到的第 9 位数据。它既可以作为约定的奇偶校验位，也可以作为多机通信中的地址帧或数据帧的标志。在工作方式 1 中，当 SM2=0 时，RB8 的内容是接收到的停止位。在工作方式 0 中，不使用 RB8。

TI：发送中断标志位。单片机发送完一帧信息后置位 TI，向 CPU 提出中断申请。CPU 响应中断后，TI 必须由软件清零。

RI：接收中断标志位，单片机接收完一帧信息后置位 RI，向 CPU 提出中断请求。CPU 响应中断后，RI 必须由软件清零。

（3）电源控制寄存器 PCON

电源控制寄存器 PCON 的字节地址为 87H，没有位寻址功能。其格式如下：

SMOD	—	—	—	GF1	GF0	PD	IDL

低四位用于电源控制，与串行接口无关。最高位 SMOD 用于对串行口波特率的控制，当 SMOD=1 时，波特率增大一倍，复位时，SMOD=0。

51 单片机串行异步通信帧的格式有 10 位和 11 位两种，波特率和帧的格式可以通过软件编程来设置。在不同的工作模式下，波特率和帧的格式不同，只有正确进行设置，才能进行可靠的数据通信。

7.3 串行接口的工作方式

串行口的工作方式由串行接口控制寄存器 SCON 中的 SM0、SM1 两位设定，如表 7-1 所示，下面介绍串行接口的四种工作方式。

（1）方式 0

串行接口工作方式 0 为移位寄存器输入输出方式，波特率固定为f_{osc}/12。串行数据由 RXD（P3.0）端输入/输出，同步移位脉冲由 TXD（P3.1）端输出。工作方式 0 的主要作用之一是将串行端口与外接的移位寄存器结合起来扩展单片机的输入/输出接口。8051 串行口可以外接串行输入、并行输出移位寄存器作为输出口，也可外接并行输入串行输出移位寄存器作为输入口，其接口逻辑如图 7-5 所示。

当要发送的数据写入串行接口发送缓冲器 SBUF 时，就开始发送。串行接口将 8 位数据从 RXD 端输出，TXD 端输出同步脉冲。发送完一帧数据后，置中断标志位 TI=1。在下一次发送数据前须由软件将 TI 请零。

当要接收数据时，在 RI=0 的条件下，置 REN=1，便启动串行接口接收数据，此时 RXD

为串行输入端，TXD 为同步脉冲输出端。接收到一帧数据后，置中断标志 RI=1，呈中断申请状态，再次接收数据时，须由软件将 RI 清零。

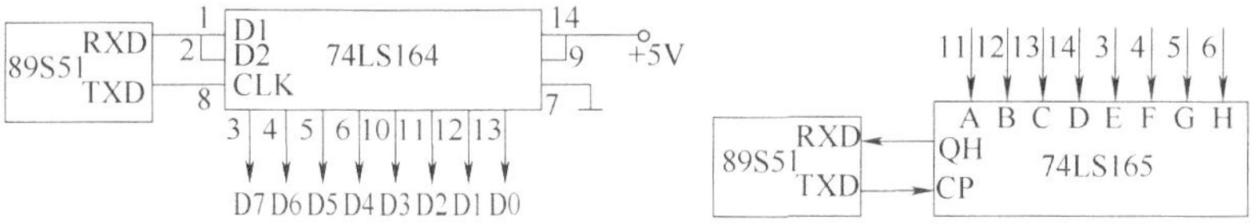

(a) 外接移位寄存器输出　(b) 外接移位寄存器输入

图 7-5　8051 外接移位寄存器

（2）方式 1

串行口工作于方式 1 时，为波特率可变的 10 位异步通信接口，传送一帧信息为 10 位，即 1 位起始位（0）、8 位数据位（低位在先）和 1 位停止位（1）。其中起始位和停止位在发送时自动插入，数据位由 TXD 端发送，由 RXD 端接收。

任何一条以 SBUF 为目的寄存器的指令都启动一次发送。发送完一帧信息后置 TI=1。在下一次发送数据前，须由软件将 TI 清零。

方式 1 接收的前提条件是 SCON 中的 REN=1，当检测到 RXD 引脚上由 1 到 0 的跳变时，开始接收过程。同时满足两个条件时，本次接收有效，并将接收移位寄存器内的数据装入 SBUF 中，停止位装入 SCON 寄存器的 RB8 中，置 RI=1。两个条件是：①RI=0；②SM2=0 或接收到停止位 1。若不同时满足上述两个条件，则接收数据丢失。

方式 1 的波特率是可变的，波特率可由以下计算公式计算得到。

$$\text{方式 1 波特率} = 2^{SMOD} \times (\text{定时器 1 的溢出率}/32)$$

其中 SMOD 为 PCON 的最高位。定时器 1 的方式 0、1、2 都可以使用，其溢出率即每秒钟溢出的次数，等于定时时间的倒数。

（3）方式 2 和方式 3

这两种方式都是 11 位异步通信接口：1 位起始位，8 位数据位，1 位可编程位（即第 9 位数据）和 1 位停止位。由 RXD 端接收，由 TXD 端发送。两种方式的操作过程完全一样，所不同的是波特率。

方式 2 的波特率=$2^{SMOD} \times (f_{osc}/64)$

方式 3 的波特率同方式 1（定时器 1 作波特率发生器）。

方式 2 和方式 3 的发送过程是由执行任何一条以 SBUF 作为目的寄存器的指令来启动的。由“写入 SBUF”信号把 8 位数据装入 SBUF，同时还把 TB8 装到发送移位寄存器的第 9 位位置上（可由软件把 TB8 赋予 0 或 1），并通知发送控制器要求进行一次发送。第 9 位数据即 SCON 中的 TB8 的值）由软件置位或清 0，可以作为数据的奇偶校验位，也可以作为多机通信中的地址、数据标志位。如果把 TB8 作为奇偶校验位，可以在发送中断服务程序中，在数据写入 SBUF 之前，先将数据的奇偶位写入 TB8。第 9 位数据移出后，置 TI=1，请求中断。

方式 2 和方式 3 的接收的前提条件也是 REN=1。检测到 RXD 端由 1 变到 0 时开始接收。在第 9 位数据接收到后，如果下列条件同时满足，①RI=0；②SM2=0 或接收到的第 9 位为 1，则将已接收的数据装入 SBUF 和 RB8 中（第 9 位装入 RB8 中），并置位 RI。如果条件不满足，则接收无效，而且中断标志 RI 不置 1。

7.4 串行接口的初始化

在使用串行口之前，应编程对它初始化，主要是设置产生波特率的定时器 1、串行口控制和中断控制寄存器。具体内容如下：

① 确定定时器的工作方式——编程 TMOD 寄存器。

② 设置定时器 1 的初值——装载 TH1，TL1。

③ 启动定时器 1，即置 TR1 为 1。

④ 确定串行口的控制——编程 TCON。

⑤ 串行口在中断方式工作时，须开总中断和源中断——编程 IE 寄存器。

【例 7-1】 内部 RAM 50H~59H 中的数据从串行口输出，串行口以方式 2 工作，TB8 作奇偶校验位。试编写数据从串行口输出的程序。

【解】 程序流程图如图 7-6 所示。

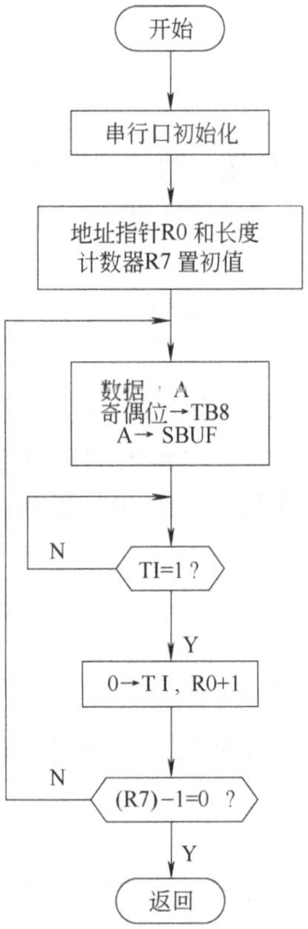

图 7-6 例 7-1 流程图

源程序如下：

```
#include<reg51.h>
int  data *R0;              //定义一个指针
void main( void )
{
unsigned char R7=0x0a;     //设置数据长度
unsigned int i;
SCON=0x80;                  //设置串行口以方式 2 工作
PCON=0x80;                  //设波特率为 1/32 振荡频率
            (即设 PCON.7 位为 1)
R0=0x50;                    //R0 指向数据首地址
for(i=0;i<R7;i++)
 {
      ACC=*R0;              //取数据
      CY=P;                 //奇偶位 (PSW.0) 送进位位 (PSW.7)
      TB8=CY;               //奇偶位送 TB8
     SBUF=ACC;              //数据送 SBUF，启动发送
 WAIT: if(CY==1)goto LOOP;  //TI=1 时转去执行 LOOP
     else goto WAIT;        //循环等待
 LOOP: TI=0;                //将 TI 清 0
R0++;         ; R0+1 指向下一个数据地址
     }
    }
```

【例 7-2】 设串行口选择工作于方式 3，以 RB8 作奇偶校验位； 8051 与外设之间采用 11 位异步通信方式，波特率为 2400；晶振为 11.0592MHz,定时器 T1 选为工作方式 2。试编制接

收 10 帧数据的程序。

【解】设 SMOD=0，计算得到 T1 的时间常数为 0F4H。程序流程图如图 7-7 所示。

源程序如下：

```
#include<reg51.h>
int  data *R0;          //定义一个指针
void main( void )
{
unsigned char R7=0x0a; //设置数据长度
unsigned int i;
TMOD=0x20;          //设 T1 为方式 2
TH1=0xf4;            //置时间常数
TL1=0xf4;
TR1=1;              //启动 T1
SCON=0xd0;       //设置串行口以方式 3 工作
PCON=0x00;       //设波特率为 1/32 振荡频率
             // (即设 PCON.7 位为 0)
R0=0x50;        //R0 指向数据首地址
for(i=0;i<R7;i++)
 {
WAIT:if(RI==1) goto LOOP1;//等待数据接收
    else goto WAIT;            //完毕
LOOP1: ACC=SBUF;         // 取接收到的数据
if(P==0) goto LOOP2;    //P=0(偶数个 1)
                      // 转 LOOP2
if(RB8==0) goto LOOP3;//RB8=0 转 LOOP3
*R0=ACC;                //保存数据
R0++;                  //RO 内容加 1
LOOP2:if(RB8==1) goto LOOP3;//RB8=1
              //转 LOOP3 (即 P≠RB8 转移)
LOOP3:F0=1;      //奇校验出错,PSW.5 置 1
  }
F0=0;           //接收 16 字节数据后,PSW.5 清 0


}
```

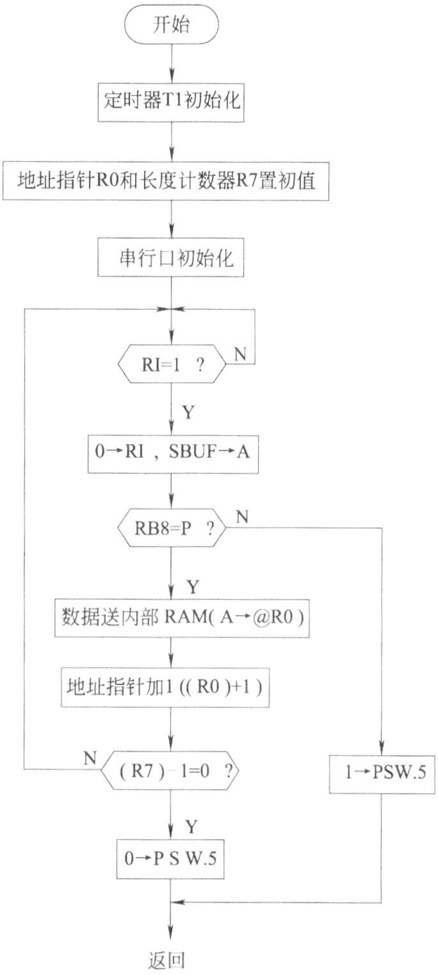

图 7-7　例 7-2 程序流程图

7.5　串行接口的异步通信应用

（1）单片机双机通信

两个单片机之间的串行通信需要根据距离选择不同的方式。如果两个单片机之间的距离很近，如图 7-8 所示，两个单片机的串行端口 TXD、RXD 交叉相连接，再将地线相连就可以在两个单片机之间进行数据传送了。

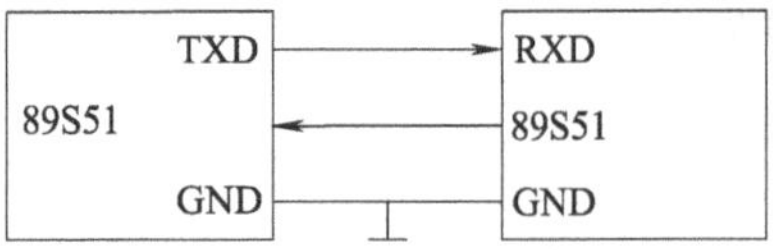

图 7-8 单片机串行端口直接通信

如果距离较远，应通过 RS-232 接口进行连接。如图 7-9 所示是远距离的两个单片机之间进行串行通信的接口电路。

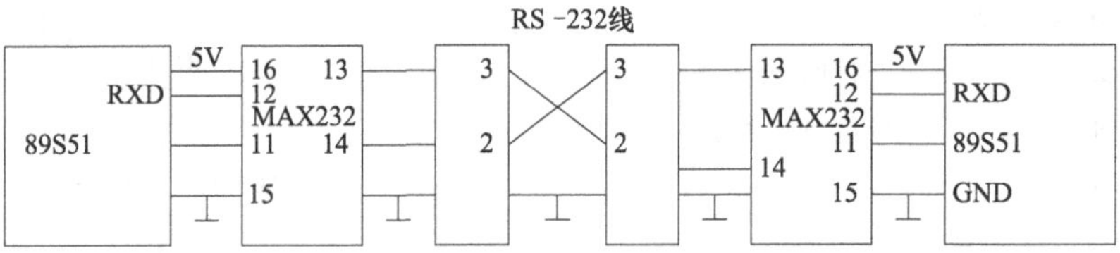

图 7-9 单片机远距离异步通信接口电路

① RS-232C 标准接口总线。RS-232C 提供了单片机与单片机、单片机与 PC 机间串行数据通信的标准接口。RS-232C 接口的具体规定如下：

a.范围。RS-232C 标准适用于数据终端设备（DTE，例如计算机的串行接口芯片）与数据通信设备（DCE，例如调制解调器）间的串行通信，最高的数据速率为 19.2kbit/s。如果不增加其他设备的话，RS-232C 标准的电缆长度最大为 15m。

b.RS-232C 的信号特性。为了保证二进制数据能够正确传送，设备控制准确完成，有必要使所用的信号电平保持一致。为满足此要求，RS-232C 标准规定了数据和控制信号的电压范围。因 RS-232C 是在 TTL 集成电路之前研制的，所以它的电平不是+5V 和地，而是采用负逻辑，规定+3~+15V 之间的任意电压表示逻辑 0 电平，–3~–15V 之间的任意电压表示逻辑 1 电平。

c.RS-232C 接口信号及引脚说明。表 7-2 给出了 RS-232C 串行标准接口信号的定义及信号分类。

表 7-2 RS-232C 接口标准

引脚	信号名	功能说明	对 DTE 信号方向	对 DCE 信号方向
1*	GND	保护地	×	
2*	TXD	发送数据	出	入
3*	RXD	接收数据	入	出
4*	RTS	请求发送	出	入
5*	CTS	允许发送	入	出
6*	DSR	数据设备（DCE）准备就绪	入	出
7*	SGND	信号地（公共回路）	×	×
8*	DCD	接收线路信号检测	入	出
9，10		未用，为测试保留		
11		空		

续表

引脚	信号名	功能说明	对 DTE 信号方向	对 DCE 信号方向
12		辅信道接收线路信号检测		
13		辅信道允许发送		
14		辅信道发送数据		
15*		发送信号码元定时（DCE 为源）		
16		辅信道接收数据		
17*		接收信号码元定时		
18		空		
19		辅信道请求发送		
20*	DTR	数据终端（DTE）准备就绪	出	入
21*		信号质量检测		
22*		振铃指示		
23*		数据信号速率选择		
24*		发送信号码元定时（DTE 为源）		
25		空		

RS-232C 定义了 20 根信号线，其中 15 根信号线（表 7-2 中打*号者）用于主信道通信，其他的信号线用于辅信道或未定义，辅信道主要用于线路两端的调制解调器的连接，很少使用。

② 使用 RS-232C 标准接口应注意如下问题：

a.RS-232C 可用于 DTE 和 DCE 之间的连接，也可用于两个 DTE 之间的连接。因此，在两个数据处理设备通过 RS-232C 接口互连时，应该注意信号线对设备的输入/输出方向以及它们之间的对应关系。RS-232C 的几个常用信号，对 DTE 或对 DCE 的方向，已在表 7-2 中标明。至于通信双方 RS-232C 的信号线的对应关系，没有规定的模式，可以根据每条信号线的意义，按实际需要具体连接；并且要注意使接口控制程序与具体的连接方式相一致。

b.RS-232C 虽然定义了 20 根信号线，但在实际应用中，使用其中多少信号并无约束。也就是说，对于 RS-232C 标准接口的使用是非常灵活的。对于微机系统，通常有 7 种适用方式，表 7-3 给出了使用 RS-232C 接口在异步通信方式下的几种标准配置。

表 7-3 RS-232C 的标准配置

引脚	RS-232C 信号线	只发送	具有 RTS 的只发送	只接收	半双工	全双工	具有 RTS 的全双工	特殊应用
1	GND	–	–	–	–	–	–	0
7	SGND	√	√	√	√	√	√	√
2	TXD	√	√		√	√	√	0
3	RXD			√	√	√	√	0
4	RTS		√		√		√	0
5	CTS	√	√		√	√	√	0
6	DSR	√	√	√	√	√	√	0
20	DTR	×	×	×	×	×	×	0
22	振铃指示	×	×	×	×	×	×	0
8	DCD				√	√	√	0

注：√表示必须配备；×表示使用公共电话网时配备；0 表示由设计者决定；–表示根据需要决定。

两个 DTE 之间使用 RS-232C 串行接口的连接如图 7-10 所示。由图可见，对方的 RTS（请求发送）端与自己的 CTS（清除发送）端相连，使得当设备间对方请求发送时，随即通知自己的清除发送端，表示对方已经响应。这里的请求发送线还连往对方的载波检测线，这是因为“请求发送”信号的出现类似于通信通道中的载波检出。图中的 DSR（数据设备就绪）是一个接收端，它与对方的 DTR（数据终端就绪）相连就能得知对方是否已经准备好。DSR 端收到对方“准备好”的信号，类似于通信中收到对方发出的“响铃指示”的情况，因此可将“响铃指示”与 DSR 并联在一起。如果双方都是始终在就绪状态下准备接收的 DTE，连线可减至 3 根，变成 RS-232C 的简化方式，如图 7-11 所示。

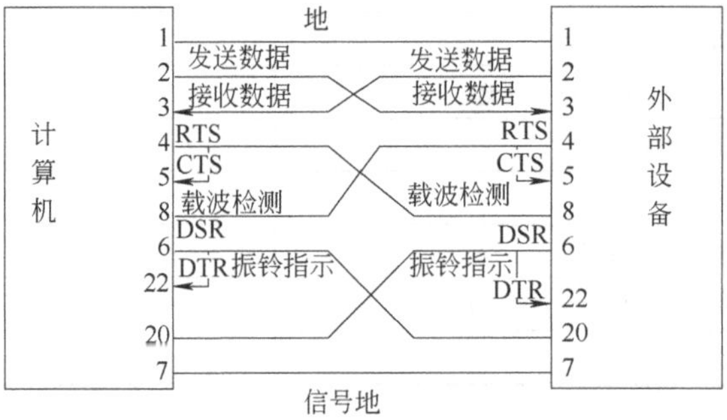

图 7-10　两个 DTE 之间的 RS-232C 典型连接

③ 串行传送接口电路 MAX232。单片机通信还可使用串行传送接口电路 MAX232。MAX232 接口电路是 MAXIM 公司的产品，有两路接收器和驱动器。MAX232C 电路内部还有一个电源电压变送器，能把+5V 电压变换成 RS-232C 输出电平所需要的±10V 电压，MAX232 电路有 MAX232A、MAX202、MAX232 几种型号，其引脚图如图 7-12 所示，典型应用电路如图 7-13 所示。

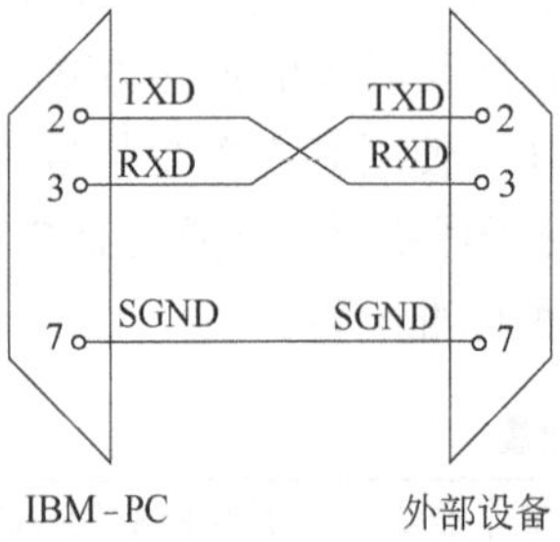

图 7-11　DTE 之间的简化连接

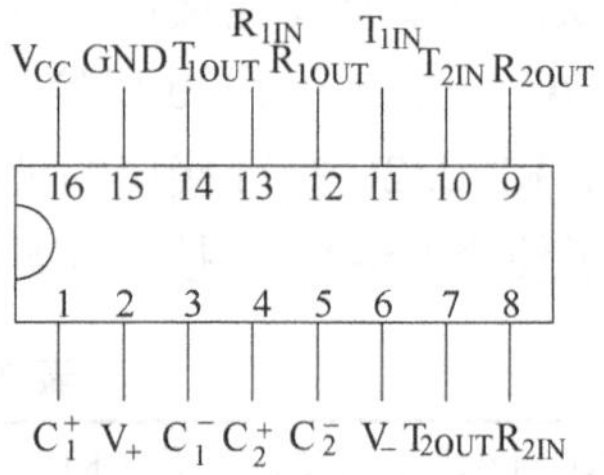

图 7-12　MAX232 的引脚

【例 7-3】图 7-13 中，单片机甲将片外 RAM 的 1000H~100FH 单元内的数据以及数据所在单元的首地址和末地址，通过串行方式发送到单片机乙。乙机接收甲机发来的数据，先存放数据单元的首地址和末地址，再存放数据；存放单元从 2000H 开始。单片机均选择定时器 T1 工作方式 2，T1 的初值为 E8H，CPU 工作频率为 11.0592MHz，波特率为 1200bit/s。

甲机发送数据程序：

```
#include<reg51.h>
int  xdata *R0;      //定义一个指针
void main( void )
```

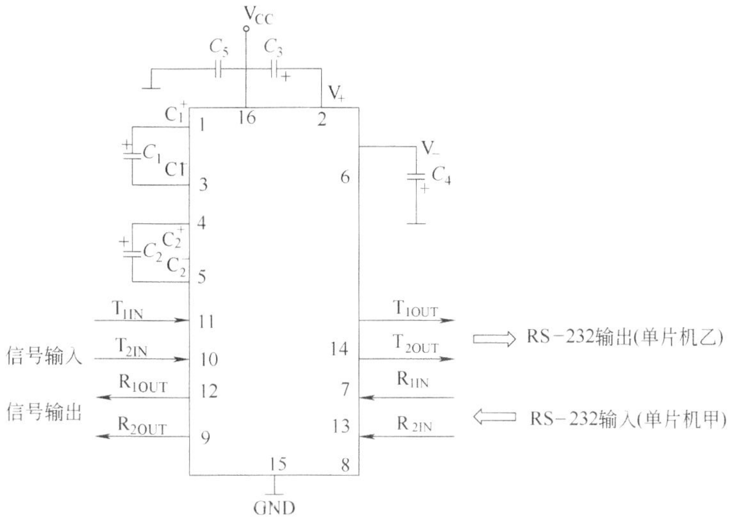

图 7-13 MAX232 接口电路典型应用

```
{
TMOD=0x20;            //定时器 T1 设置工作方式 2
TH1=0xe8;             //置初值
TL1=0xe8;
EA=1;                 //CPU 开中断
ET1=0;                //禁止 T1 中断
ES=0;                 //串行口关中断
SCON=0x40;            //设置串行口以方式 1 工作
PCON=0x00;            //设波特率为 1/32 振荡频率 (即设 PCON.7 位为 0)
TR1=1;                // 启动 T1
SBUF=0x10;            //发送数据地址
while(!TI);           //若 TI 为 0, 则!TI 为 1, 表明一帧数据没发送完, 等待;
                      //若 TI 为 1, 则表明一帧数据发送完毕
TI=0;                 //TI 置 0, 为发送下一帧数据做准备
SBUF=0x00;
while(!TI);
TI=0;
SBUF=0x10;
while(!TI);
TI=0;
SBUF=0x0f;
R0=0x1000;            //发送数据的首地址送 R0
ES=1;                 //开串口中断
while(1);             //等待中断
}
//发送数据中断服务程序:
```

```
void intsever (void) interrupt 4 using 1
{
      unsigned char R7=0x10; //设置数据长度
      unsigned int i;
      for(i=0;i<R7;i++)
       {TI=0;
   ACC=*R0;          //取数据
   SBUF=ACC;         //发送数据
   while(!TI);
   R0++;             //指针加1，指向下一个要发送的数据地址
  }
  ES=0;              //数据发送完，关中断
  TR1=0;             //停止T1
}
```

乙机接收程序：

```
#include<reg51.h>
      int  xdata *R0;      //定义一个指针
      unsigned R1;
      void main( void )
      {
      TMOD=0x20;           //定时器T1设置工作方式2
      TH1=0xe8;            //置初值
      TL1=0xe8;
      EA=1;                //CPU开中断
      ET1=0;               //禁止T1中断
      TR1=1;               // 启动T1
      SCON=0x50;           //设置串行口以方式1工作，且启动接收
      PCON=0x00;           //设波特率为1/32振荡频率（即设PCON.7位为0)
      R0=0x2000;           //设置存放数据的首地址
      R1=0x14;             //设置接收数据的个数
      ES=1;                //开串口中断
      while(R1);           //等待中断
      ES=0;
  }
//接收数据中断服务程序：
void intsever (void) interrupt 4 using 1
{
       RI=0;
  ACC=SBUF;                //接收数据送ACC
```

```
    *R0=ACC;                    //存接收数据
    R0++;                       //指针加 1，指向下一个存数据的地址
    R1--;
  }
```

上述程序对近距离、远距离的情况都适用。

（2）单片机多机通信

在很多情况下，需要在多个单片机之间进行通信。在通信系统中，有一台主机，用于接收其他计算机发来的信息，再由主机发出命令或信息到各子机上，而各子机则通过主机来交换信息，它们的系统结构如图 7-14 所示。

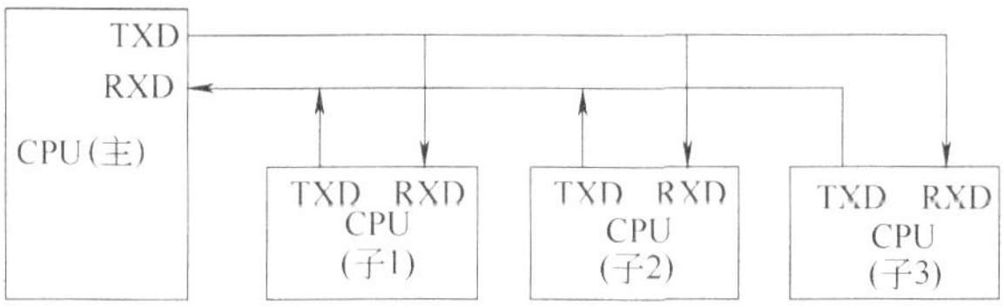

图 7-14　单片机多机串行通信结构图

从图中可以看到多机通信与双机通信相类似，但需要主机发送一个信息，决定由哪一个子机来接收，即需要对子机的通信端口予以识别。可以利用 51 单片机的串行端口方式 2、方式 3 以及串行端口控制寄存器 SCON 中的 SM2、RB8 的结合来实现端口的识别。

因为 51 单片机在以串行工作方式 2、方式 3 来接收数据时，若 SM2=1，则仅当子机接收到的第 9 位数据（在 RB8 中）为 1 时，数据才能输入接收缓冲器 SBUF 中，并置 RI=1，向 CPU 申请中断。假如接收到的第 9 位数据为 0，则不置位 RI，信息不装入。而 SM2=0 时，则接收到一个数据后，不论第 9 位数据为 0，还是为 1，都使 RI=1 产生中断，把数据装入 SBUF。因此，可以利用这一特性，实行多机通信。在多机通信系统中，要求有如下约定，称为多机通信软件协议：

① 所有子机都使 SM2=1，处于只接收地址帧的状态。

② 主机向子机发送地址值，包括 8 位地址和第 9 位，当第 9 位为 1（TB8=1）时，发送的是地址，当第 9 位为 0（TB8=0）时，发送的是数据。

③ 子机收到地址后，判别地址值，若确定为本机的地址，则使 SM2= 0，进入与主机通信的状态。其他子机则保持 SM2=1，不进行通信。

④ 主机验证一子机发来的地址值，与发送地址值一致，则使 TB8= 0，与子机交换信息。

根据以上约定，就可以实现多机通信。

7.6 串行口扩展

51 单片机应用系统中，如果并行 I/O 口不够，而串行口又没有作其他用途时，则可用来扩展并行 I/O 口。

串行口在方式 0 工作状态下，是一个 8 位同步移位寄存器，波特率为 $f_{osc}/12$。做发送口时，允许外接一个或多个串入并出移位寄存器（简称移存器），RXD 接移存器的串行输入端，TXD 接移存器移位脉冲输入端。在 TXD 输出移位脉冲的作用下，RXD 输出的数据将逐位地送入到移存器中。当全部数据送出完毕后，在选通信号的作用下，移存器将接收到的数据并

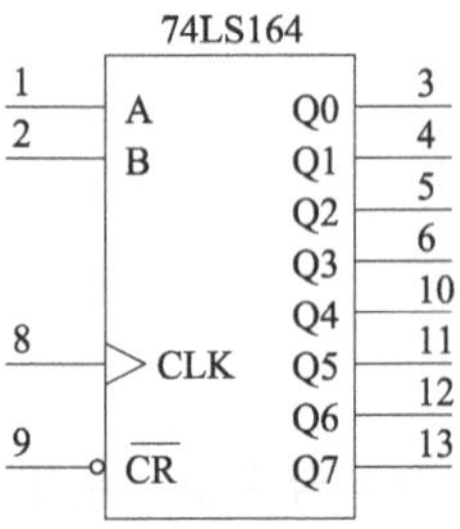

图7-15 74LS164引脚

行输出。

74LS164是串行输入、并行输出移位寄存器，引脚排列如图7-15所示。其中，A、B为串行输入端，2个引脚输入信号遵循逻辑“与”的关系；Q0~Q7为并行输出端。$\overline{CR}$为清零端，低电平有效。CLK是时钟脉冲输入端，在脉冲上升沿实现位移。当CLK= 0，$\overline{CR}$=1时，74LS164处于保持状态。如果将8051的RXD、TXD连接74LS164，可以将串行口扩展为8个输出口，如图7-16所示。

【例7-4】利用UART发送数据至74LS164。使8个LED左移2次，右移2次，闪烁2次。程序如下：

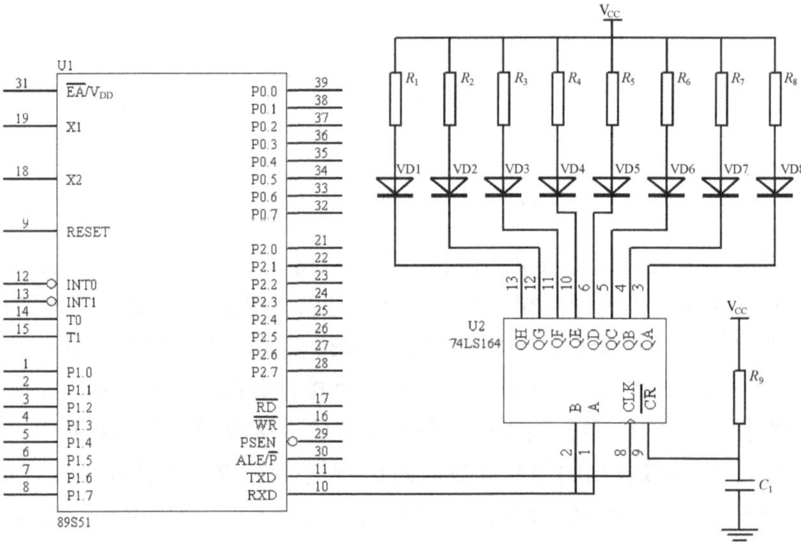

图7-16 串行输出口扩展电路

```
#include<reg52.h>
int code tabel1[8]={0x01,0x02, 0x04, 0x08,0x10,0x20,0x40,0x80};
int code tabel2[2]={0x00,0xff};
 void delay(void );
void main( )
{
  int A,i,j;
  SCON=0x00;        //设定串行口工作于方式0
  A=0x00;
  for(j=0;j<=1;j++)
  for(i=0;i<=7;i++)
  {

   A=tabel1[i];
   SBUF=A;       //启动发送
```

```
    while(!TI);     //等待发送完成
    TI=0;
     delay(  );
    }
    for(j=1;j>=0;j--)
    for(i=7;i>=0;i--)
    {
     A=tabel1[i];
     SBUF=A;      //启动发送
     while(!TI);     //等待发送完成
     TI=0;
     delay(  );
     }
    for(j=0;j<=1;j++)
    for(i=0;i<=1;i++)
   {
    A=tabel2[i];
    SBUF=A;      //启动发送
    while(!TI);     //等待发送完成
    TI=0;
    delay(  );
    }
}

   void delay( void )
   {int x,y;
   for(x=200;x>=0;x--)
   for(y=250;y>=0;y--);
   }
```

案例1：串行数据转换为并行数据

（1）硬件电路及功能要求

电路如图1所示，串行数据由RXD发送给串并转换芯片74164，TXD则用于输出移位时钟脉冲，74164将串行输入的1字节转换为并行数据，并将转换的数据通过8只LED显示出来。串口工作模式0即移位寄存器I/O模式。

（2）参考源程序

```
#include<reg51.h>
#include<intrins.h>
```

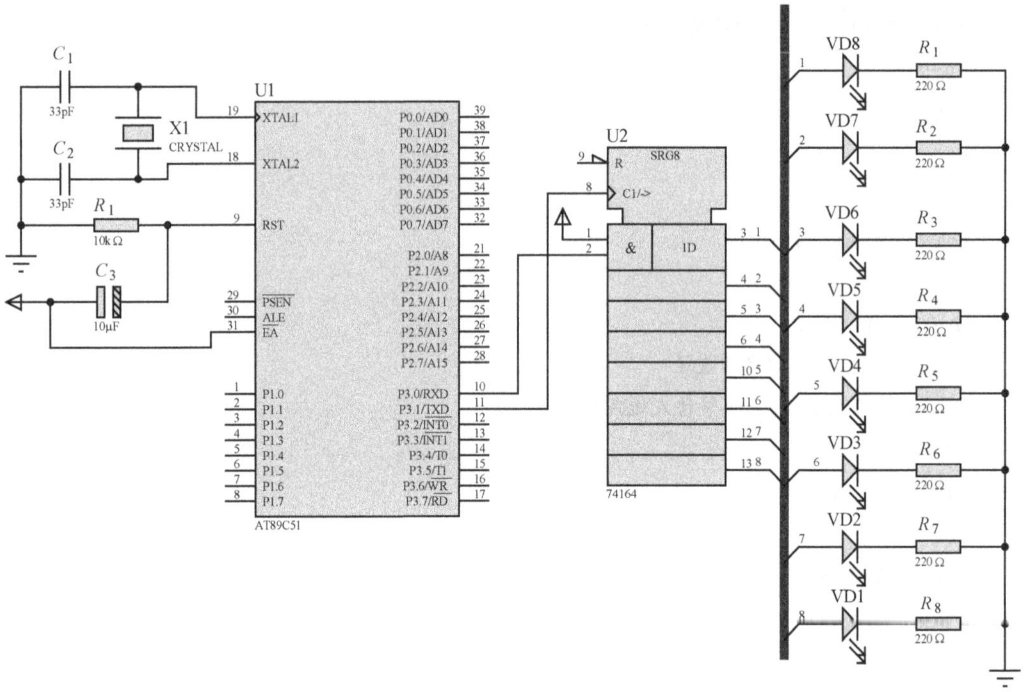

图1 电路图

```
#define uchar unsigned char
#define uint unsigned int
sbit SPK=P3^7;
uchar FRQ=0x00;
//延时
void DelayMS(uint ms)
{
   uchar i;
   while(ms--) for(i=0;i<120;i++);
}
//主程序
void main()
{
  uchar c=0x80;
  SCON=0x00; //串口模式 0，即移位寄存器输入/输出方式
  TI=1;
  while(1)
   {
     c=_crol_(c,1);
     SBUF=c;
     while(TI==0); //等待发送结束
     TI=0; //TI 软件置位
```

```
    DelayMS(400);
    }
}
```

案例2：并行数据转换为串行数据

（1）硬件电路及功能要求

电路如图2所示，切换连接到并串转换芯片74LS165的拨码开关，该芯片将并行数据以串行方式发送到8051的RXD引脚，移位脉冲由TXD提供，显示在P0口。

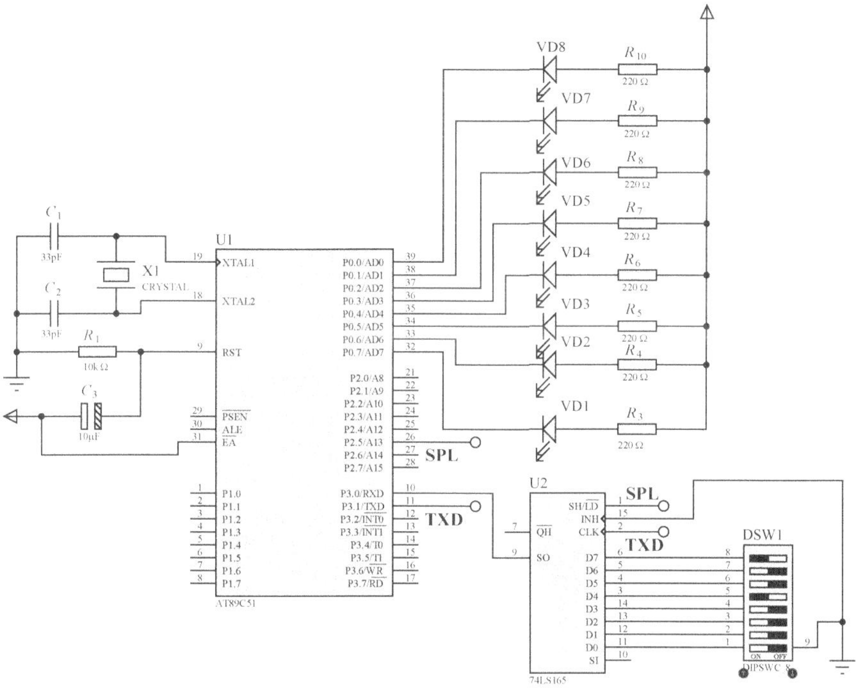

图2 电路图

（2）参考源程序

```
#include<reg51.h>
#include<intrins.h>
#include<stdio.h>
#define uchar unsigned char
#define uint unsigned int
sbit SPL=P2^5; //shift/load
//延时
void DelayMS(uint ms)
{  uchar i;
  while(ms--) for(i=0;i<120;i++);
}
```

```
//主程序
void main()
{
   SCON=0x10; //串口模式 0，允许串口接收
   while(1)
     {
      SPL=0; //置数(load)，读入并行输入口的 8 位数据
      SPL=1; //移位(shift)，并口输入被封锁，串行转换开始
      while(RI==0); //未接收 1 字节时等待
      RI=0; //RI 软件置位
      P0=SBUF; //接收到的数据显示在 P0 口，显示拨码开关的值
     DelayMS(20);
     }
}
```

案例 3：甲机通过串口控制乙机 LED

（1）硬件电路及功能说明

电路如图 3 所示，甲单片机负责向外发送控制命令字符“A”“B”“C”，或者停止发送，乙机根据所接收到的字符完成 LED1 闪烁、 LED2 闪烁、双闪烁或停止闪烁。

（2）参考源程序

```
#include<reg51.h>
#define uchar unsigned char
#define uint unsigned int
sbit LED1=P0^0;
sbit LED2=P0^3;
sbit K1=P1^0;
//延时
void DelayMS(uint ms)
{
    uchar i;
    while(ms--) for(i=0;i<120;i++);
}
//向串口发送字符
void Putc_to_SerialPort(uchar c)
{
   SBUF=c;
   while(TI==0);
   TI=0;
```

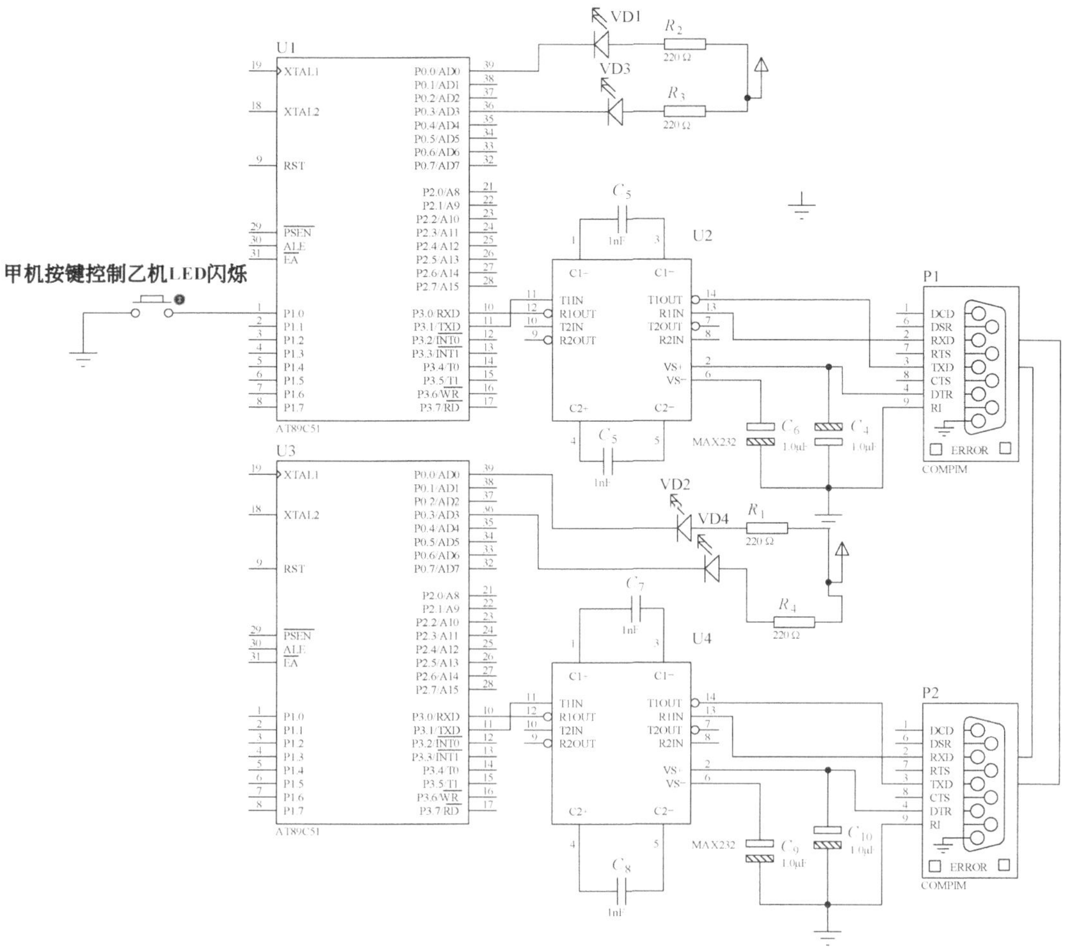

图3 电路图

```
}
//主程序
void main()
{
  uchar Operation_No=0;
  SCON=0x40; //串口模式 1
  TMOD=0x20; //T1 工作模式 2
  PCON=0x00; //波特率不倍增
  TH1=0xfd;
  TL1=0xfd;
  TI=0;
  TR1=1;
  while(1)
    {
      if(K1==0) //按下 K1 时选择操作代码 0, 1, 2, 3
```

```
        {
         while(K1==0);
         Operation_No=(Operation_No+1)%4;
         }
       switch(Operation_No) //根据操作代码发送 A、B、C 或停止发送
       {
        case 0: LED1=LED2=1;
         break;
        case 1: Putc_to_SerialPort('A');
        LED1=~LED1;LED2=1;
        break;
        case 2: Putc_to_SerialPort('B');
        LED2=~LED2;LED1=1;
        break;
        case 3: Putc_to_SerialPort('C');
        LED1=~LED1;LED2=LED1;
        break;
        }
       DelayMS(100);
      }
}
/* 名称：乙机程序接收甲机发送字符并完成相应动作
说明：乙机接收到甲机发送的信号后，根据相应信号控制 LED 完成不同闪烁动作。
*/
#include<reg51.h>
#define uchar unsigned char
#define uint unsigned int
sbit LED1=P0^0;
sbit LED2=P0^3;
//延时
void DelayMS(uint ms)
{
  uchar i;
   while(ms--) for(i=0;i<120;i++);
}
//主程序
void main()
{
   SCON=0x50; //串口模式 1，允许接收
   TMOD=0x20; //T1 工作模式 2
```

```
  PCON=0x00; //波特率不倍增
  TH1=0xfd; //波特率 9600
  TL1=0xfd;
  RI=0;
  TR1=1;
  LED1=LED2=1;
  while(1)
   {
    if(RI) //如收到则 LED 闪烁
     {
      RI=0;
      switch(SBUF) //根据所收到的不同命令字符完成不同动作
        {
          case 'A': LED1=~LED1;LED2=1;break; //LED1 闪烁
          case 'B': LED2=~LED2;LED1=1;break; //LED2 闪烁
          case 'C': LED1=~LED1;LED2=LED1; //双闪烁
        }
      }
     else LED1=LED2=1; //关闭 LED
   DelayMS(100);
   }
}
```

案例4：单片机间双向通信

（1）硬件电路及功能要求

电路如图4所示，甲机向乙机发送控制命令字符，甲机同时接收乙机发送的数字，并显示在数码管上。

（2）参考源程序

```
#include<reg51.h>
#define uchar unsigned char
#define uint unsigned int
sbit LED1=P1^0;
sbit LED2=P1^3;
sbit K1=P1^7;
uchar Operation_No=0; //操作代码
//数码管代码
uchar code
DSY_CODE[]={0x3f,0x06,0x5b,0x4f,0x66,0x6d,0x7d,0x07,0x7f,0x6f};
```

```
//延时
```

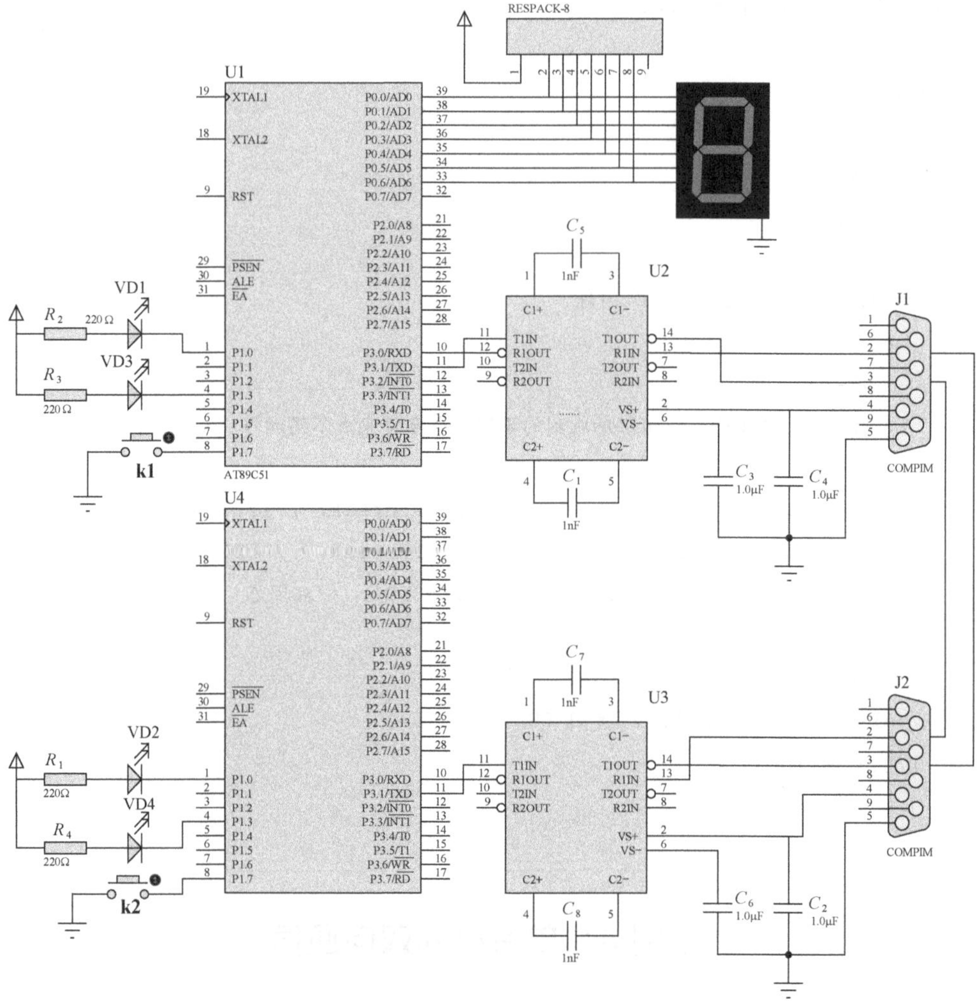

图 4 电路图

```
void DelayMS(uint ms)
{
   uchar i;
   while(ms--) for(i=0;i<120;i++);
}
//向串口发送字符
void Putc_to_SerialPort(uchar c)
{
  SBUF=c;
  while(TI==0);
  TI=0;
}
//主程序
```

```
void main( )
{
  LED1=LED2=1;
  P0=0x00;
  SCON=0x50; //串口模式 1，允许接收
  TMOD=0x20; //T1 工作模式 2
  PCON=0x00; //波特率不倍增
  TH1=0xfd;
  TL1=0xfd;
  TI=RI=0;
  TR1=1;
  IE=0x90; //允许串口中断
  while(1)
    {
      DelayMS(100);
      if(K1==0) //按下 K1 时选择操作代码 0， 1， 2， 3
        {
          while(K1==0);
          Operation_No=(Operation_No+1)%4;
          switch(Operation_No) //根据操作代码发送 A、B、C 或停止发送
           {
             case 0: Putc_to_SerialPort('X');
             LED1=LED2=1;
             break;
             case 1: Putc_to_SerialPort('A');
             LED1=~LED1;LED2=1;
             break;
             case 2: Putc_to_SerialPort('B');
             LED2=~LED2;LED1=1;
             break;
             case 3: Putc_to_SerialPort('C');
             LED1=~LED1;LED2=LED1;
             break;
              }
          }
     }
}
//甲机串口接收中断函数
void Serial_INT( ) interrupt 4
{
```

```
 if(RI)
  {
   RI=0;
   if(SBUF>=0&&SBUF<=9) P0=DSY_CODE[SBUF];
   else P0=0x00;
  }
}
```

```
#include<reg51.h>
#define uchar unsigned char
#define uint unsigned int
sbit LED1=P1^0;
sbit LED2=P1^3;
sbit K2=P1^7;
uchar NumX=-1;
//延时
void DelayMS(uint ms)
{
  uchar i;
  while(ms--) for(i=0;i<120;i++);
}
//主程序
void main( )
{
  LED1=LED2=1;
  SCON=0x50; //串口模式 1，允许接收
  TMOD=0x20; //T1 工作模式 2
  TH1=0xfd; //波特率 9600
  TL1=0xfd;
  PCON=0x00; //波特率不倍增
  RI=TI=0;
  TR1=1;
  IE=0x90;
  while(1)
    {
     DelayMS(100);
     if(K2==0)
       {
        while(K2==0);
```

```
            NumX=++NumX%11; //产生 0～10 范围内的数字，其中 10 表示关闭
            SBUF=NumX;
            while(TI==0);
            TI=0;
             }
        }
}
void Serial_INT( ) interrupt 4
{
   if(RI) //如收到则 LED 动作
      {
        RI=0;
        switch(SBUF) //根据所收到的不同命令字符完成不同动作
          {
           case 'X': LED1=LED2=1;break; //全灭
           case 'A': LED1=0;LED2=1;break; //LED1 亮
           case 'B': LED2=0;LED1=1;break; //LED2 亮
           case 'C': LED1=LED2=0; //全亮
          }
      }
}
```

案例 5：单片机向主机发送字符串

（1）硬件电路及功能要求

电路如图 5 所示，单片机按一定的时间间隔向主机发送字符串，发送内容在虚拟终端显示。

（2）参考源程序

```
#include<reg51.h>
#define uchar unsigned char
#define uint unsigned int
//延时
void DelayMS(uint ms)
{
  uchar i;
   while(ms--) for(i=0;i<120;i++);
}
//向串口发送字符
void Putc_to_SerialPort(uchar c)
```

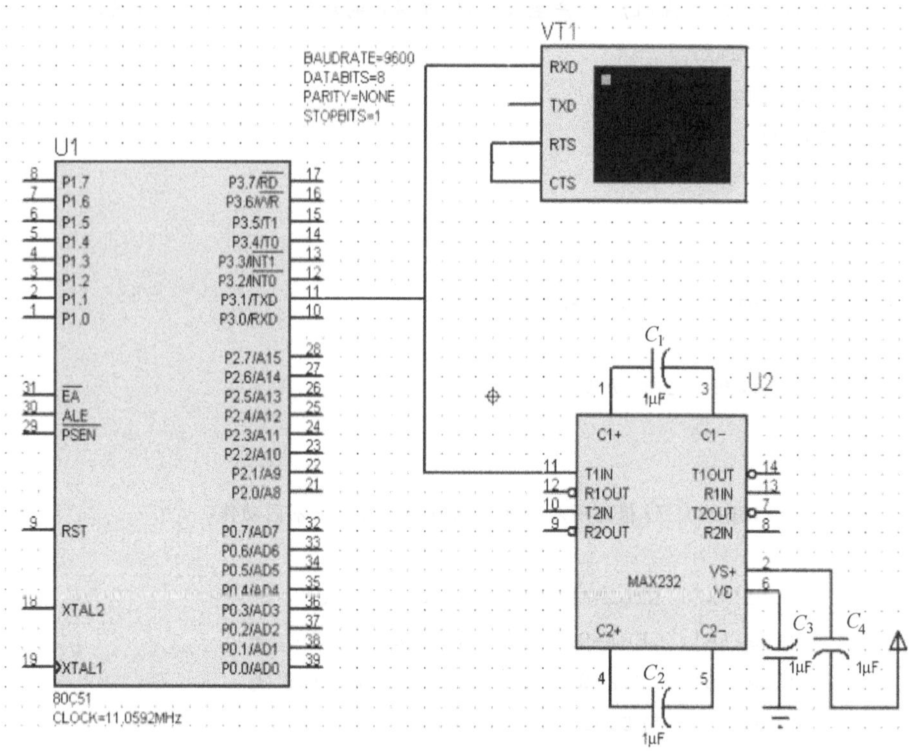

图5　电路图

```
{
   SBUF=c;
   while(TI==0);
   TI=0;
}
//向串口发送字符串
void Puts_to_SerialPort(uchar *s)
{
  while(*s!='\0')
   {
     Putc_to_SerialPort(*s);
     s++;
     DelayMS(5);
    }
}
//主程序
void main( )
{
   uchar c=0;
```

```
    SCON=0x40; //串口模式 1
    TMOD=0x20; //T1 工作模式 2
    TH1=0xfd; //波特率 9600
    TL1=0xfd;
    PCON=0x00; //波特率不倍增
    TI=0;
    TR1=1;
    DelayMS(200);
   //向主机发送数据
    Puts_to_SerialPort("Receiving From 8051...\r\n");
    Puts_to_SerialPort("-------------------------------\r\n");
   DelayMS(50);
    while(1)
    {
      Putc_to_SerialPort(c+'A');
     DelayMS(100);
     Putc_to_SerialPort(' ');
     DelayMS(100);
     if(c==25) //每输出一遍后加横线
      {
       Puts_to_SerialPort("\r\n-------------------------------\r\n");
       DelayMS(100);
      }
     c=(c+1)%26;
     if(c%10==0) //每输出 10 个字符后换行
     {
       Puts_to_SerialPort("\r\n");
       DelayMS(100);
     }
   }
}
```

案例 6：单片机与 PC 机通信

（1）硬件电路及功能要求

电路如图 6 所示，单片机可接收 PC 发送的数字字符，按下单片机的 K1 键后，单片机可向 PC 发送字符串。本例缓冲 100 个数字字符，缓冲满后新数字从前面开始存放（环形缓冲）。

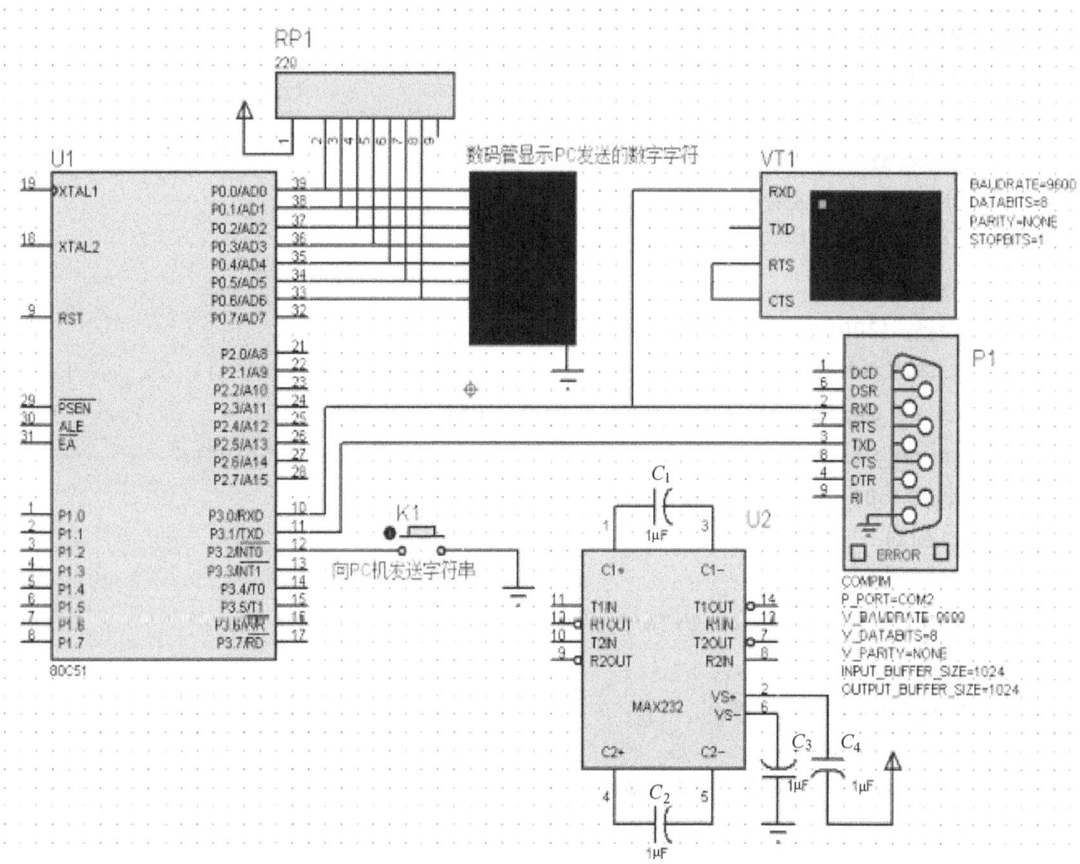

图6　电路图

(2) 参考源程序

```
#include<reg51.h>
#define uchar unsigned char
#define uint unsigned int
uchar Receive_Buffer[101]; //接收缓冲
uchar Buf_Index=0; //缓冲空间索引
//数码管编码
uchar code DSY_CODE[]={0x3f,0x06,0x5b,0x4f,0x66,0x6d,0x7d,0x07,0x7f,0x6f,
0x00};
//延时
void DelayMS(uint ms)
{
  uchar i;
  while(ms--) for(i=0;i<120;i++);
}
//主程序
void main( )
{
```

```
    uchar i;
    P0=0x00;
    Receive_Buffer[0]=-1;
    SCON=0x50; //串口模式 1，允许接收
    TMOD=0x20; //T1 工作模式 2
    TH1=0xfd; //波特率 9600
    TL1=0xfd;
    PCON=0x00; //波特率不倍增
    EA=1;EX0=1;IT0=1;
    ES=1;IP=0x01;
    TR1=1;
    while(1)
     {
      for(i=0;i<100;i++)
        { //收到-1 为一次显示结束
          if(Receive_Buffer[i]==-1) break;
          P0=DSY_CODE[Receive_Buffer[i]];
          DelayMS(200);
         }
      DelayMS(200);
     }
}
//串口接收中断函数
void Serial_INT( ) interrupt 4
{
    uchar c;
    if(RI==0) return;
    ES=0; //关闭串口中断
    RI=0; //清接收中断标志
    c=SBUF;
    if(c>='0'&&c<='9')
     { //缓存新接收的每个字符，并在其后放-1 为结束标志
      Receive_Buffer[Buf_Index]=c-'0';
      Receive_Buffer[Buf_Index+1]=-1;
      Buf_Index=(Buf_Index+1)%100;
     }
    ES=1;
}
void EX_INT0( ) interrupt 0 //外部中断 0
{
```

```
    uchar *s="这是由 8051 发送的字符串！ \r\n";
    uchar i=0;
    while(s[i]!='\0')
     {
       SBUF=s[i];
       while(TI==0);
       TI=0;
       i++;
     }
}
```

第 8 章　综合案例

8.1　单片机应用系统的抗干扰设计

在单片机应用系统中，影响系统可靠工作的主要因素是各种干扰。干扰的主要来源有电源电网的波动、大型用电设备（如电炉、电机、电焊机等）的启停、高压设备和电磁开关的电磁辐射、传输电缆的共模干扰等。为了保证单片机应用系统能够长期稳定、可靠地工作，在系统设计时必须对抗干扰能力给予足够的重视。

8.1.1　硬件抗干扰设计

由于各应用系统所处的环境不同，面临的干扰源也不同，相应采取的抗干扰措施也不尽相同。在单片机应用系统的设计中，硬件抗干扰措施主要从下面几个方面考虑。

（1）供电系统干扰的抑制措施

对于单片机应用系统来说，最严重的干扰来源于电源。由于任何电源及电线都存在内阻、分布电容和电感等，正是这些因素引发了电源的噪声干扰。一般解决的方法是：

① 采用交流稳压电源保证供电的稳定性，防止电源的过电压和欠电压。

② 利用低通滤波器滤除高次谐波，改善电源波形。

③ 采用带屏蔽层的隔离变压器，以减少其分布电容，提高抗共模干扰能力。

④ 主要集成芯片的电源采用去耦电路，增大输入/输出滤波电容，以减少公共阻抗的相互耦合以及公共电源的相互耦合。

（2）输入输出通道干扰的抑制措施

输入输出通道是单片机与外设、被控对象进行信息交换的渠道。由输入输出通道引起的干扰主要由公共地线引发，其次是受到静电噪声和电磁波干扰。常用的方法有：

① 模拟电路通过隔离放大器隔离，数字电路通过光电耦合器隔离。模拟接地和数字接地严格分开，隔离器输入回路和输出回路的电源分别供电。

② 采用屏蔽措施：金属盒罩、金属网状屏蔽线。但金属屏蔽本身必须接真正的地（保护地）。

③ 用双绞线作长线传输线能有效地抑制共模噪声及电磁场干扰，并应对传输线进行阻抗匹配，以免产生反射，使信号失真。

④ 采用长线传输的阻抗匹配有四种形式，如图 8-1 所示。

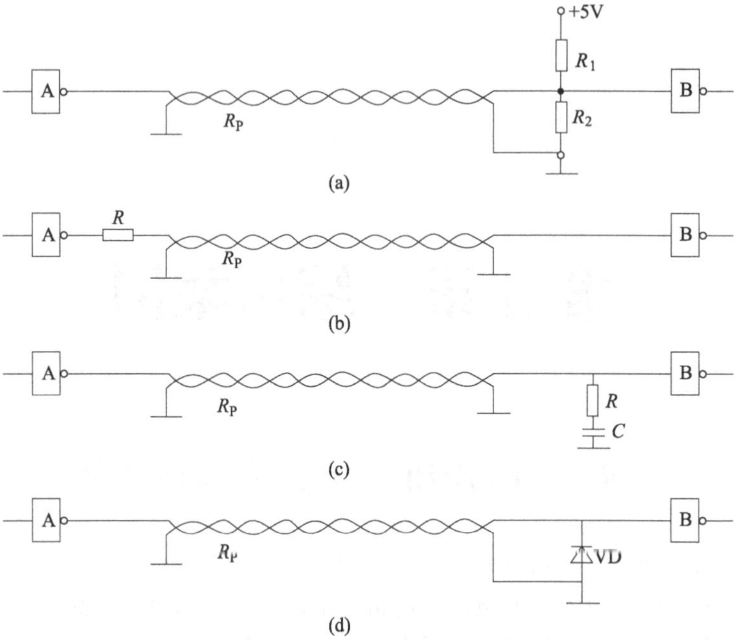

图 8-1 长线传输的阻抗匹配形式

a.终端并联阻抗匹配：如图 8-1（a）所示，$R_P=R_1//R_2$，其特点是终端阻值低，降低了高电平的抗干扰能力。

b.始端串联匹配：如图 8-1（b）所示，匹配电阻 R 的取值为 R_P 与 A 门输出低电平的输出阻抗 R_{OUT}（约 20Ω）之差值，其特点是终端的低电平抬高，降低了低电平的抗干扰能力。

c.终端并联隔直流匹配：如图 8-1（c）所示，$R=R_P$，其特点是增加了对高电平的抗干扰能力。

d. 终端接钳位二极管匹配：如图 8-1（d）所示，利用二极管 VD 把 B 门输入端低电平钳位在 0.3V 以下。其特点是减少波的反射和振荡，提高动态抗干扰能力。

⑤ 传感器后级的变送器应尽量采用电流型传输方式，因电流型比电压型抗干扰能力强。

（3）电磁场干扰及抗干扰措施

若系统的外部存在电磁场的干扰源或系统的被控对象本身就是电磁场干扰源，如控制电机的启停和控制继电器的通断等，这些被控对象在被激励后，会产生强烈的电磁感应，影响系统的可靠性。电磁场干扰可以采用屏蔽的方法加以解决。

① 对干扰源进行电磁屏蔽（如变压器、继电器等）。

② 对整个系统进行电磁屏蔽，传输线采用屏蔽线。

（4）印制电路板（PCB）设计中的抗干扰措施

印制电路板是系统中器件、信号线、电源线的高密度集合体，印制电路板设计的好坏对抗干扰能力影响很大。故印制电路板的设计决不单是器件、线路的简单布局安排，还必须符合抗干扰的设计原则。通常有下述抗干扰措施：

① 合理选择 PCB 板的层数，大小要适中，布局、分区应合理，把相互有关的元件尽量放得靠近一些。

② 将强、弱电路严格分开，尽量不要把它们设计在一块印制电路板上。

③ 电源线的走向应尽量与数据传输方向一致，电源线、地线应尽量加粗，以减小阻抗。

④ 印刷导线的布设应尽量短而宽，尽量减少回路环的面积，以降低感应噪声。

⑤ 在大规模集成电路芯片的供电端都应加高频滤波电容，在各个供电接点上还应加足够容量的退耦电容。

此外，应提高元器件的可靠性，注意各电路之间的电平匹配，总线驱动能力要符合要求，单片机的空闲端要接地或接电源，或者定义成输出。室外使用的单片机系统或从室外架空引入室内的电源线、信号线，要防止雷击。

8.1.2 软件抗干扰设计

软件抗干扰设计是单片机应用系统的一个重要组成部分。干扰对单片机系统可能造成下列后果：数据采集误差增大，程序“跑飞”失控或陷入死循环。尽管在硬件方面采取种种抗干扰措施，但仍不能完全消除这些干扰，必须同时从软件方面采取适当的措施，才能取得良好的抗干扰效果。如能正确地采用软件抗干扰措施，与硬件抗干扰措施构成双重抑制，将大大地提高系统的可靠性。而且采用软件抗干扰设计，通常成本低、见效快，能起到事半功倍的效果。软件方面抗干扰措施通常有以下几种方法：

（1）实时数据采集系统的软件抗干扰

对于实时数据采集系统可以利用软件技术对信号实现数字滤波。下面介绍几种常用的方法。

① 算术平均值法：对一点数据连续多次采样，取其算术平均值。还可以扩展成采样值的加权平均值法，即对于每一个采样数据乘以各自的权值后，加以平均，以其作为该点的采样结果。这种方法可以减小系统的随机干扰对数据采集的影响。

② 比较舍取法：对每个采样点连续采样几次，根据所采样数据的变化规律，确定取舍办法来剔除偏差数据。例如，“采三取二”，即对每个采样点连续采样三次，取两次相同数据作为采样结果。

③ 中值法：对一个采样点连续采集多个信号，并对这些采样值进行比较，取中值作为该点的采样结果。

④ 一阶递推数字滤波法：这是利用软件完成 RC 低通滤波器的算法，具体的算法为：

$$Y_n=QX_n+(1-Q)(Y_{n-1})$$

式中，Q 为数字滤波系数；X_n 为第 n 次采样时的滤波器输入；Y_n 为第 n 次采样时的滤波器输出；Y_{n-1} 是第 $n-1$ 次采样时的滤波器输出。

滤波系数 $Q=\Delta T/T_f<1$，其中 ΔT 为采样周期；T_f 为数字滤波器的时间系数。具体的参数应通过实际运行选取适当数值，使周期性噪声减至最弱或全部消除。

（2）开关量控制系统的软件抗干扰

在一个应用系统工作过程中，经常需要读入一些状态信息，而且要不断地发出各种开关控制命令到执行部件上，如继电器、电磁阀等。为了提高开关量输入输出的可靠性，在软件设计上可以采取下列措施：

① 对于开关量输入，为了确保信息的正确性，可以采取多次读入进行比较，取多数情况的状态。

② 对于开关量输出，通常是用来控制电感性的执行机构，如控制电磁阀。为了防止电

磁阀因干扰产生误动作，可以在应用程序中每隔一段时间（例如几个毫秒）发出一次命令，不断地关闭阀门或打开阀门。这样就可以较好地消除由于扰动而引起的误动作。

③ 对于输入开关量的机械抖动干扰，软件程序可以通过延时来进行消除。

（3）程序“跑飞”失控或进入死循环

系统受到干扰导致PC值改变后，PC值不是指向指令的首字节地址而可能指向指令中的中间字节单元即操作数，将操作数作为指令码执行；或使PC值超出程序区，将非程序区的随机数作为指令码运行，从而使程序失控“跑飞”，或由于偶然巧合进入死循环。这里所说的死循环并非程序编制中出现的死循环错误，而是指正常运行时程序正确，只是因为干扰而产生的死循环。解决方法有：

① 指令冗余技术　在程序的关键地方人为插入一些空指令“;”，这样即使程序“跑飞”到操作数上，由于空操作指令“;”的存在，避免了后面的指令被当做操作数执行，程序自动纳入正轨。此外，对系统流向起重要作用的指令之前也可插入两条空指令，确保这些重要指令的执行。

② 程序监视定时器（Watch Dog Timer，WDT）技术　当程序失控“跑飞”进入到一个临时的死循环中时，软件陷阱就无能为力了，系统将完全瘫痪。使程序从死循环中恢复到正常状态的有效方法是设置程序监视定时器。监视定时器又称“看门狗”。监视定时器有两种：一种是硬时钟，另一种是软时钟。硬时钟是在CPU芯片内或外用硬件构成一个定时器，软时钟是利用片内定时/计数器，定时时间比正常执行一次程序循环所需时间要大。正常运行未受干扰时，CPU每隔一段时间“喂狗”一次，即对硬时钟输出复位脉冲使其复位；对软时钟重置时间常数复位。“喂狗”时间应比设定的定时时间要短，即在狗“未饿未叫”时“喂狗”（复位），使其始终不“叫”（不中断、不溢出）。当受到干扰，程序不能正常运行，陷入死循环时，因不能及时“喂狗”，硬时钟或软时钟运行至既定的定时时间，硬时钟输出一个复位脉冲至CPU的RESET端使单片机复位。软时钟可产生中断，在中断服务子程序中修正或复位。上述硬、软时钟只需设置其中一种，各有利弊。软时钟不需增加硬件电路但要占用一个宝贵的定时/计数器资源；如果使用外部硬时钟不占资源，但要增加硬件电路和材料成本。

8.2 DS18B20数字温度计的设计

在日常生活及工农业生产中，经常要用到温度检测及控制，传统的测温元件有热电偶和热电阻，而热电偶和热电阻输出的一般都是电压，需要信号调理电路、A/D转换及相应的接口电路，才能把电压信号转换成数字信号送到计算机去处理，硬件电路复杂，制作成本较高。采用DS18B20设计的数字式温度计，能够较好地解决以上问题。

8.2.1 功能要求

数字式温度计测温范围在−55～＋125℃，误差在±0.5℃以内，采用LED数码管显示测量温度值。

8.2.2 设计方案选择

本数字温度计采用美国DALLAS半导体公司生产的DS18B20作为检测元件，测量范围为−55～＋125℃，最高分辨可达0.0625℃。

DS18B20 可以直接读出被测温度值，而且采用三线制与单片机相连，减少了外部的硬件电路，具有低成本和易使用的特点。

按照系统设计功能的要求，确定系统由 3 个模块组成：主控制器、测温电路和显示电路。总体电路结构框图如图 8-2 所示。

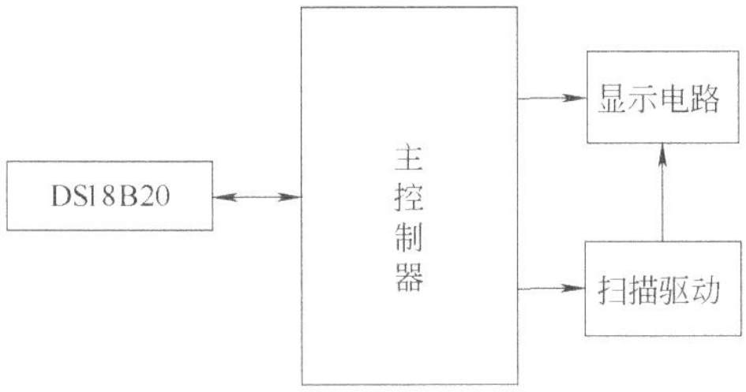

图 8-2 数字温度计总体电路结构框图

8.2.3 DS18B20 的性能特点和内部结构

（1）DS18B20 的性能特点

DS18B20 是 DALLAS 公司生产的一线式数字温度传感器，采用 3 脚（或 8 脚）TO-92 小体积封装形式,如图 8-3 所示，DQ（2 脚）为数字信号输入/输出端，GND（1 脚）为电源地，V_{DD}（3 脚）为外接供电电源输入端（在寄生电源接线方式时接地）。与传统的热敏电阻等测温元件相比，它能直接读出被测温度。DS18B20 具有如下性能特点：

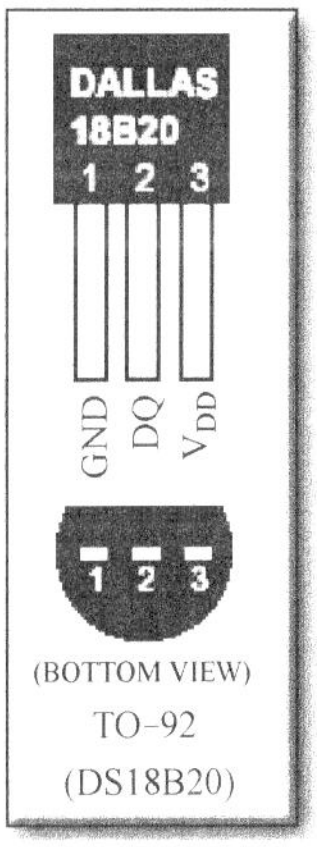

图 8-3 DS18B20 引脚图

① 单线接口,只有一根信号线与 CPU 连接；

② 不需要备份电源,可通过数据线供电,电源电压范围从 3.3～5V；

③ 多个 DS18B20 可以并联到 3 根或 2 根线上,CPU 只需一根端口线就能与诸多 DS18B20 通信，占用微处理器的端口较少，可节省大量的引线和逻辑电路；

④ 传送串行数据,不需要外部元件；

⑤ 用户可自设定非易失性的报警上下限值；

⑥ 报警搜索命令可以识别哪片 DS18B20 温度超限；

⑦ 通过编程可实现 9～12 位的数字值读数方式（出厂时被设置为 12 位），在 93.75ms 和 750ms 内将温度值转化 9 位和 12 位的数字量；

⑧ 零功耗待机；

⑨ 现场温度直接以一线总线的数字方式传输，大大提高了系统的抗干扰性，适合于恶劣环境的现场温度测量。

（2）DS18B20 的内部结构

DS18B20 内部结构如图 8-4 所示。

ROM 中的 64 位序列号是出厂前被光刻好的，结构如图 8-5 所示。开始 8 位是产品类型的编号；接着是每个器件的唯一的序号，共有 48 位；最后 8 位是前面 56 位的 CRC 检验码。ROM 的作用是使每一个 DS18B20 都各不相同，这样就可以实现一根总线上挂接多个

DS18B20的目的。非易失性温度报警触发器TH和TL可通过软件写入用户报警上下限数据。

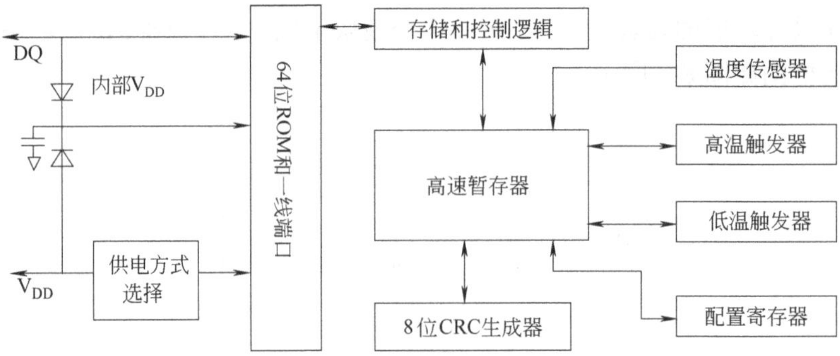

图8-4 DS18B20的内部结构

8位检验CRC	48位序列号	8位工厂代码(10H)

图8-5 64位ROM结构框图

DS18B20温度传感器的内部存储器还包括一个高速暂存RAM和一个非易失的可电擦除的EEPROM。

高速暂存器是一个9字节的存储器，结构如图8-6所示。开始两个字节（0、1）包含被测温度的数字量信息；第2、3字节分别是TH和TL的临时拷贝，每一次上电复位时被刷新；第4字节为配置寄存器，其内容用于确定温度值的数字转换分辨率，DS18B20工作时按此寄存器中的分辨率将温度转换成相应精度的数值。该字节各位的定义如图8-7所示。其中R1和R0决定温度转换的精度位数，定义方法见表8-1。第5、6、7字节未用，表现为全逻辑1；第8字节读出的是前面所有8个字节的CRC码，可用来保证通信正确。

表8-1 DS18B20分辨率的定义

R1	R0	分辨率/位	温度最大转换时间/ms
0	0	9	93.75
0	1	10	187.5
1	0	11	375
1	1	12	750

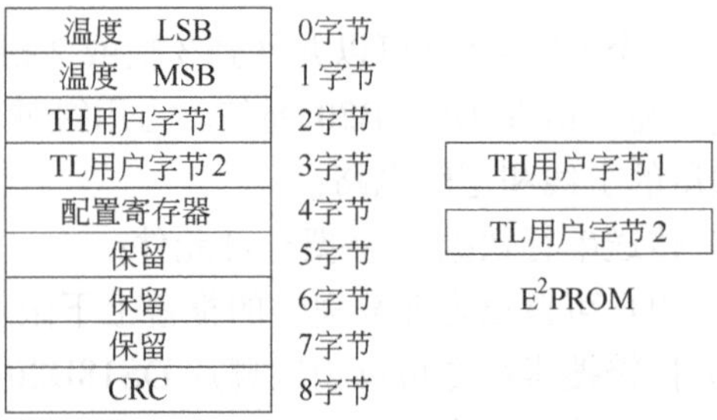

图8-6 高速暂存器RAM结构

0	R1	R0	1	1	1	1	1

图8-7 配置寄存器位定义

当DS18B20接收到温度转换命令后，开始启动转换。完成后的温度值用16位符号扩展的二进制补码读数形式存储在高速暂存RAM的第0、1字节中。单片机可以通过单线接口读出该数据。读数据时，低位在先，高位在后，数据格式以0.0625℃/LSB形式表示。温度值格式如表8-2所示。

表 8-2 DS18B20 的 16 位温度读数形式

S	S	S	S	S	2^6	2^5	2^4	2^3	2^2	2^1	2^0	2^{-1}	2^{-2}	2^{-3}	2^{-4}
符号位					整数部分							小数部分			

表中高 5 位 S 为扩展符号位。当 S=0 时表示测得的温度值为正值，可以直接将二进制位转换为十进制；当 S=1 时，表示测得的温度值为负值，要先将补码变成原码，再计算十进制值。表 8-3 是部分温度值对应的二进制温度表示数据。

表 8-3 DS18B20 温度与表示值对应表

温度/℃	二进制表示	十六进制表示	温度/℃	二进制表示	十六进制表示
+125	0000 0111 1101 0000	07D0H	0	0000 0000 0000 0000	0000H
+85	0000 0101 0101 0000	0550H	–0.5	1111 1111 1111 1000	FFF8H
+25.0625	0000 0001 1001 0001	0191H	–10.125	1111 1111 0101 1110	FF5EH
+10.125	0000 0000 1010 0010	00A2H	–25.0625	1111 1110 0110 1111	FE6FH
+0.5	0000 0000 0000 1000	0008H	–55	1111 1100 1001 0000	FC90H

DS18B20 完成温度转换后，就把测得的温度值与 RAM 中的 TH、TL 字节内容作比较，若 T>TH 或 T<TL，则将该器件内的报警标志位置位，并对主机发出的报警搜索命令作出响应。因此，可用多只 DS18B20 同时测量温度并进行报警搜索。

在 64 位 ROM 的最高有效字节中存储有循环冗余检验码（CRC）。主机根据 ROM 的前 56 位来计算 CRC 值，并与存入 DS18B20 的 CRC 值作比较，以判断主机接收到的 ROM 数据是否正确。

8.2.4 DS18B20 的测温原理

DS18B20 的测温原理如图 8-8 所示，图中低温度系数晶振的振荡频率受温度影响很小，用于产生固定频率的脉冲信号送给计数器 1。高温度系数晶振随温度变化其振荡率明显改变，所产生的信号作为计数器 2 的脉冲输入。

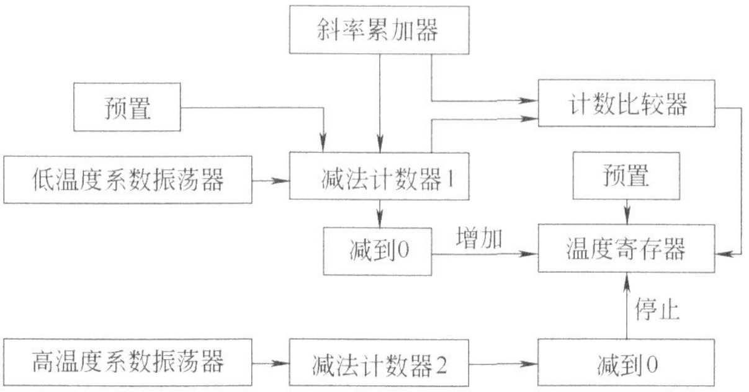

图 8-8 DS18B20 测温原理图

图中还隐含着计数门，当计数门打开时，DS18B20 就对低温度系数振荡器产生的时钟脉冲进行计数，进而完成温度测量。计数门的开启时间由高温度系数振荡器来决定，每次测量前，首先将–55℃所对应的一个基数分别置入减法计数器 1 和温度寄存器中，减法计数器 1 和温度寄存器被预置在–55℃所对应的一个基数值。

计数器1对低温度系数振荡器产生的脉冲信号进行减法计数，当计数器1的预置值减到0时，温度寄存器的值将加1，计数器1的预置将重新被装入，计数器1重新开始对低温度系数振荡器产生的脉冲信号进行计数，如此循环直到计数器2计数到0时，停止温度寄存器值的累加，此时温度寄存器中的数值即为所测温度值。斜率累加器用于补偿和修正测温过程中的非线性，其输出用于修正计数器1的预置值，只要计数门仍未关闭就重复上述过程，直到温度寄存器值达到被测温度值。

8.2.5 DS18B20的各条ROM命令和接口程序设计

（1）DS18B20的各条ROM命令

① Read ROM [33H]。这条命令允许总线控制器读到DS18B20的8位系列编码、唯一的序列号和8位CRC码。只有在总线上存在单只DS18B20时，才能使用该命令。如果总线上有不止一个从机，则当所有从机试图同时传送信号时就会发生数据冲突。

② Match ROM [55H]。这是一条匹配ROM命令，后跟64位ROM序列，让总线控制器在多点总线上定位一只特定的DS18B20。只有与64位ROM序列完全匹配的DS18B20才能响应随后的存储器操作。所有与64位ROM序列不匹配的从机都将等待复位脉冲。这条命令在总线上有单个或多个器件时都可以使用。

③ Skip ROM [0CCH]。这条命令允许总线控制器不用提供64位ROM编码就使用存储器操作命令，在单点总线情况下，可以节省时间。如果总线上不止一个从机，则在Skip ROM命令之后跟着发一条读命令。由于多个从机同时传送信号，所以总线上就会发生数据冲突。

④ Search ROM [0F0H]。当一个系统初次启动时总线控制器可能并不知道单线总线上有多少器件或它们的64位ROM编码。搜索ROM命令允许总线控制器用排除法识别总线上的所有从机的64位编码。

⑤ Alarm Search [0ECH]。这条命令的流程与Search ROM相同。然而，只有在最近一次测温后遇到符合报警条件的情况下，DS18B20才会响应这条命令。报警条件定义为温度高于TH或低于TL。只要DS18B20不掉电，报警状态将一直保持，直到再一次的温度达不到报警条件。

⑥ Write Scratchpad [4EH]。这条命令向DS18B20的暂存器TH和TL中写入数据。可以在任何时刻发出复位命令来中止写入。

⑦ Read Scratchpad [0BEH]。这条命令读取暂存器的内容。读取将从第一字节开始，一直进行下去，直到第九字节（CRC）读完。如果不想读完所有字节，则控制器可以在任何时间发出复位命令来中止读取。

⑧ Copy Scratchpad [48H]。这条命令把暂存器的内容拷贝到DS18B20的E^2PROM存储器里，即把温度报警触发字节存入非易失性存储器里。如果总线控制器在这条命令之后跟着发出读时间隙，而DS18B20又忙于把暂存器拷贝到E^2PROM存储器，则DS18B20就会输出一个0；如果拷贝结束，则DS18B20输出1。如果使用寄生电源，则总线控制器必须在这条命令发出后立即启动强上拉，并最少保持10ms。

⑨ Convert T [44H]。这条命令启动一次温度转换而无需其他数据。温度转换命令被执行后DS18B20保持等待状态。如果总线控制器在这条命令之后跟着发出读时间隙，而DS18B20又忙于做时间转换，则DS18B20将在总线上输出0；如果温度转换完成，则输出1。如果使用寄生电源，则总线控制器必须在发出这条命令后立即启动强上拉，并保持500ms以上时间。

⑩ Recall E^2 [0B8H]。这条命令把报警触发器里的值拷贝回暂存器。这种拷贝操作在 DS18B20 上电时自动执行，这样器件一上电暂存器里马上就存在有效的数据了。若在这条命令发出之后发出读数据隙，器件会输出温度转换忙的标志：0 表示忙；1 表示完成。

⑪ Read Power Supply [0B4H]。若把这条命令发给 DS18B20 后发出读时间隙，器件会返回它的电源模式：0 表示寄生电源；1 表示外部电源。

（2）DS18B20 的接口程序设计

由于 DS18B20 与单片机采用串行数据传送，通信功能是分时完成的，有严格的时序要求，因此，对 DS18B20 进行读/写编程时必须严格地保证读/写时序，具体流程如图 8-9 所示。

① DS18B20 初始化　DS18B20 初始化实质是使 DS18B20 复位，主要是通过判断存在脉冲的形式来实现的。首先，主机发复位脉冲，即宽度范围为 480μs≤t≤960μs 的负脉冲，拉高 15～90μs 以延时等待，然后通过输入/输出线读存在脉冲，为低则说明存在，复位成功；为高则说明不存在，复位失败，必须重新对 DS18B20 初始化。

② 字节写 DS18B20　字节写的时序是拉低输入/输出线至少 15μs 以作为起始信号，按从低到高顺序取出欲写字节中的 1 位数据，写入输入/输出线，延时等待 15μs 后将输入/输出线拉高作为停止信号，以等待下一位的写入。字节写 DS18B20 的程序设计要严格按照上述时序。

③ DS18B20 读操作　读操作主要是读出 DS18B20 暂存器中的温度数据（16 位），并通过程序转换为原码输出，其读操作流程如图 8-10 所示。

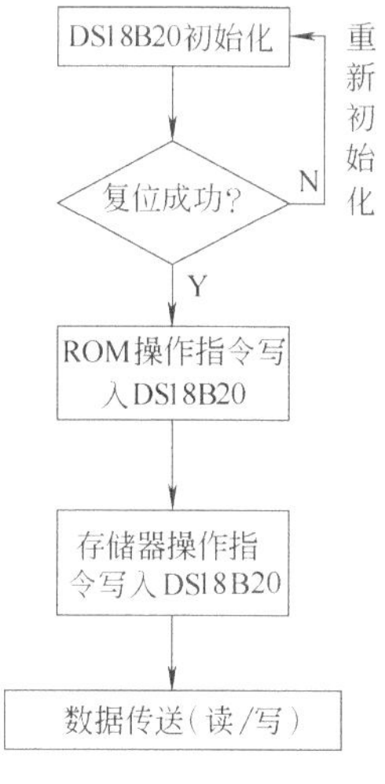

图 8-9　对 DS18B20 的操作流程图

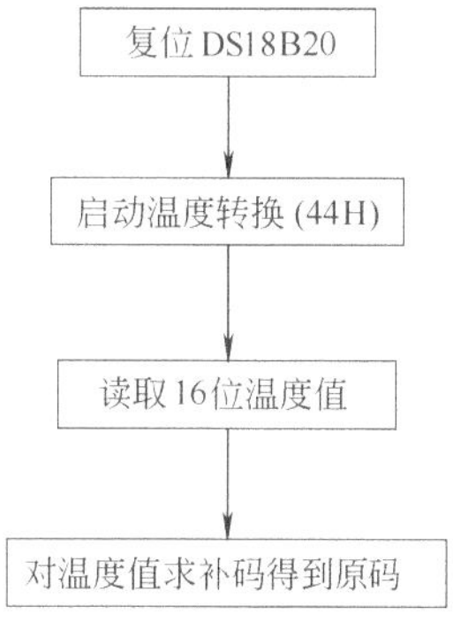

图 8-10　DS18B20 读操作流程图

8.2.6　系统硬件电路的设计

温度计电路设计原理图如图 8-11 所示，控制单片机采用 AT89S51，温度传感器使用 DS18B20，用 4 位共阳 LED 数码管以动态扫描法实现温度显示。

（1）主控制器

主控制器选用 ATMEL 公司 89 系列单片机中的 AT89S51。89 系列单片机是以 8031 为核构成的，和 8051 系列单片机是兼容的系列产品。对于熟悉 8051 的用户来说，用 ATMEL 公司的 89 系列单片机取代 8031 进行系统设计是很容易的事。AT89S51 单片机片内有 4KB 的 Flash 存储器，可以在线下载程序，方便在系统的开发过程中进行程序的调试。

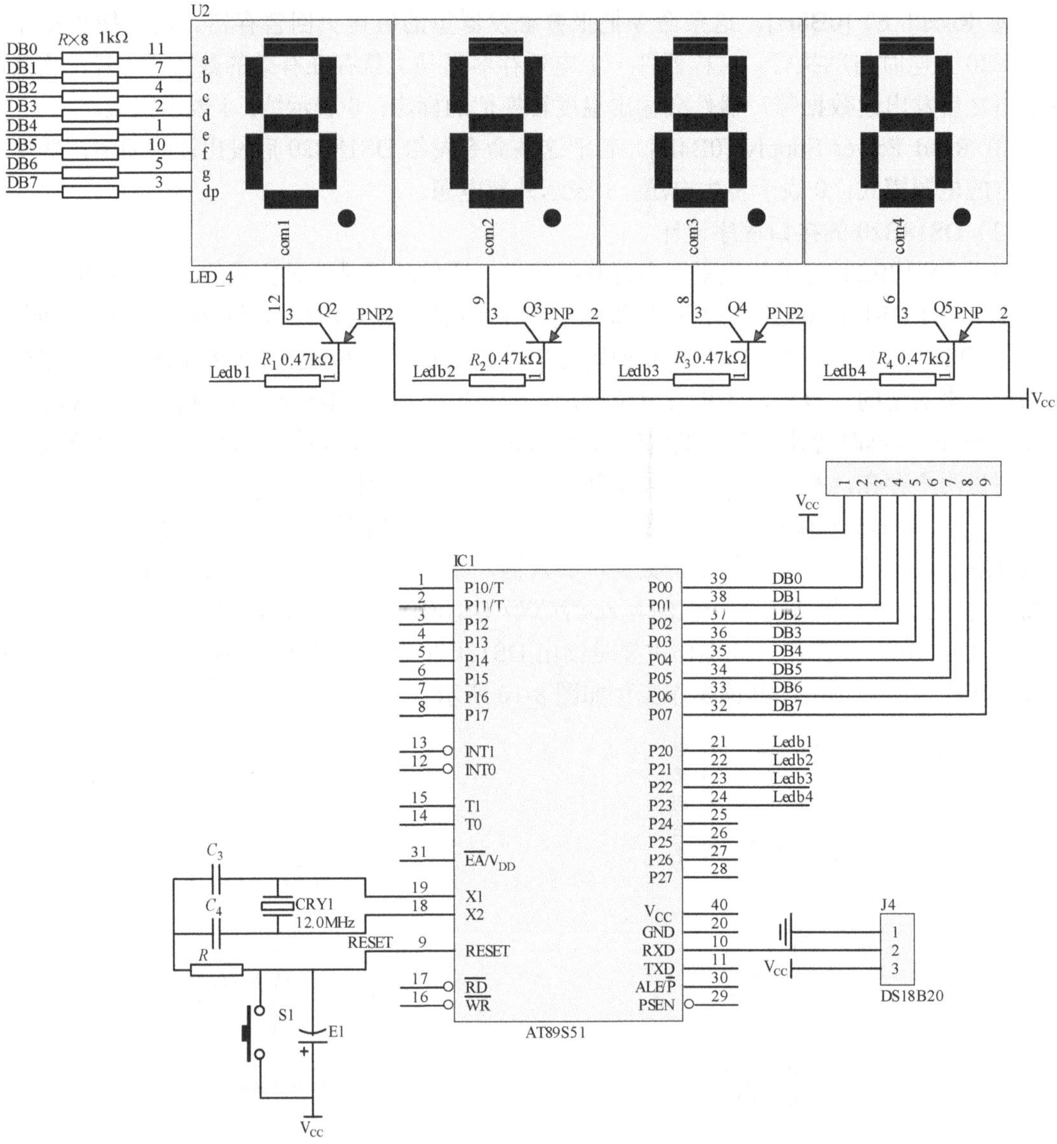

图 8-11 数字温度计硬件原理图

（2）显示电路

显示电路采用 4 位共阳 LED 数码管，从 P0 口输出段码，列扫描用 P2.0～P2.3 口来实现，列驱动用 9012 三极管。

（3）DS18B20 与单片机的接口电路

DS18B20 与单片机的连接有两种方法，一种是 V_{DD} 接外部电源，GND 接地，DQ 与单片机的 I/O 线相连；另一种是用寄生电源供电， 此时 V_{DD}、GND 接地，DQ 接单片机 I/O，如图 8-12 所示。为保证在有效的 DS18B20 时钟周期内提供足够的电流，可用一个 MOSFET 管来完成对总线的上拉。无论是内部寄生电源还是外部供电，I/O 口线都要接 4.7kΩ 左右的上拉电阻。本设计 DS18B20 采用外接电源方式，DQ 端（2 脚）接 AT89S51 的 P3.0 与微处理器通信。

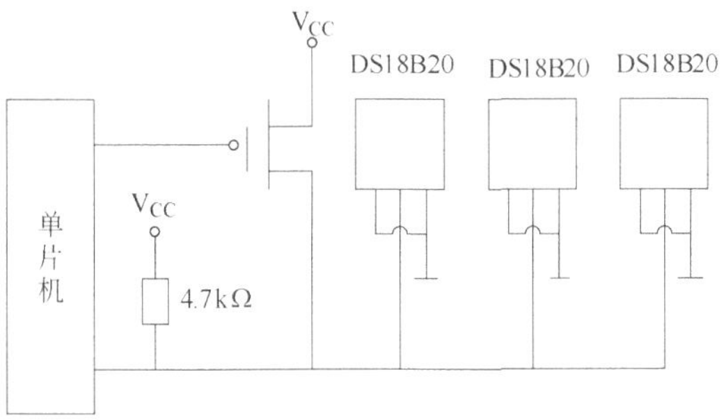

图 8-12 DS18B20 采用寄生电源的电路图

8.2.7 系统软件的设计

系统程序主要包括主程序、读出温度子程序、温度转换命令子程序、计算温度子程序和显示数据刷新子程序等。

（1）主程序

主程序的主要功能是负责温度的实时显示、读出并处理 DS18B20 的测量温度值。主程序流程图如图 8-13 所示。

（2）读出温度子程序

读出温度子程序的主要功能是读出 RAM 中的 9 字节。在读出时须进行 CRC 校验，校验有错时不进行温度数据的改写。读出温度子程序流程图如图 8-14 所示。

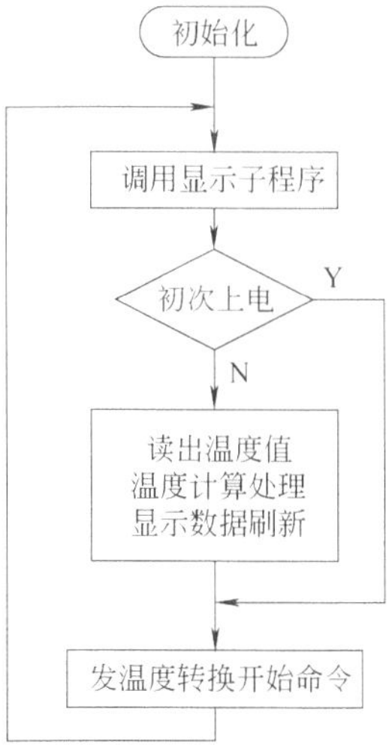

图 8-13 主程序流程图

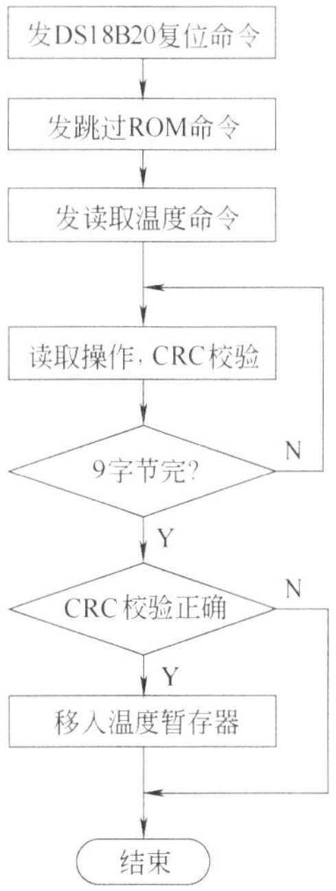

图 8-14 读出温度子程序流程图

（3）温度转换命令子程序

温度转换命令子程序主要是发温度转换开始命令。当采用 12 位分辨率时，转换时间约为 750ms。温度转换命令子程序流程图如图 8-15 所示。

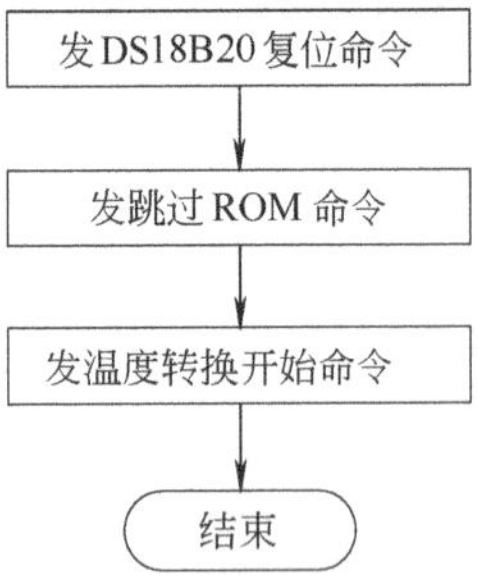

图8-15 温度转换命令子程序流程图

(4) 计算温度子程序

计算温度子程序将RAM中读取值进行BCD码的转换运算，并进行温度值正负的判定。计算温度子程序流程图如图8-16所示。

(5) 显示数据刷新子程序

显示数据刷新子程序主要是对显示缓冲器中的显示数据进行刷新操作，当最高数据显示位为0时，将符号显示位移入下一位。显示数据刷新子程序流程图如图8-17所示。

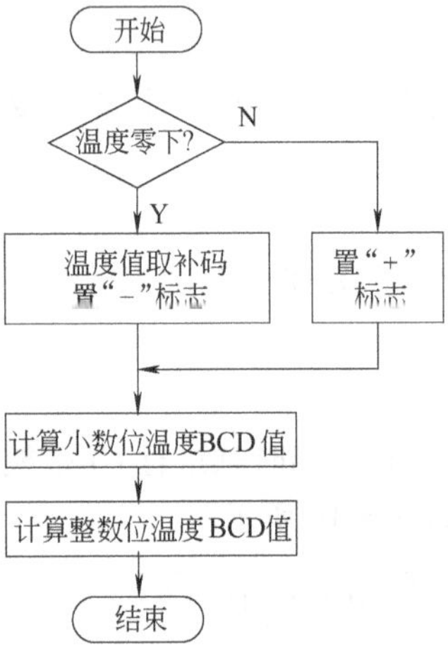

图8-16 计算温度子程序流程图

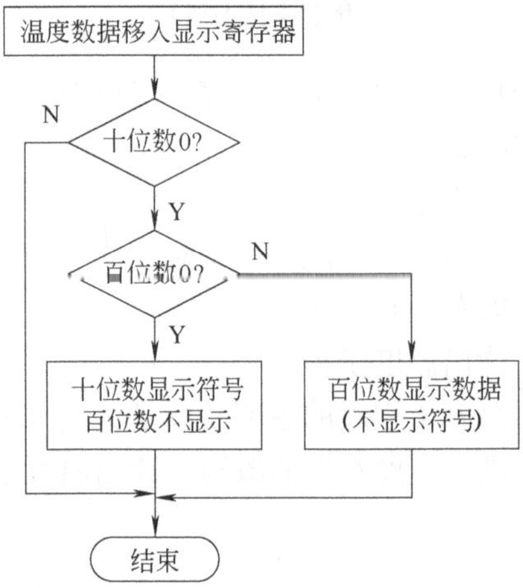

图8-17 显示数据刷新子程序流程图

(6) 温度数据的计算处理

从DS18B20读取出的二进制值必须先转换成十进制，才能用于字符的显示。DS18B20的转换精度为9～12位可选，为了提高精度采用12位。在采用12位转换精度时，温度寄存器里的值是以0.0625为步进的，即温度值为温度寄存器里的二进制值乘以0.0625，就是实际的十进制温度值。

通过观察表8-4发现，一个十进制值与二进制值间有很明显的关系，就是把二进制的高字节的低半字节和低字节的高半字节组成一字节，这个字节的二进制值化为十进制值后，就是温度值的百、十、个位值，而剩下的低半字节化成十进制后，就是温度值的小数部分。因为小数部分是半字节，所以二进制值范围是0～F，转换成十进制小数值就是0.0625的倍数(0～15倍)。这样需要4位的数码管来显示小数部分。实际应用不必有这么高的精度，采用1位数码管来显示小数，可以精确到0.1℃。表8-4就是二进制与十进制的近似对应关系表。

表8-4 小数部分二进制和十进制的近似对应关系表

小数部分二进制值	0	1	2	3	4	5	6	7	8	9	A	B	C	D	E	F
十进制值	0	0	1	1	2	3	3	4	5	5	6	6	7	8	8	9

8.2.8 调试及性能分析

硬件调试比较简单，首先检查电路的焊接是否正确，然后可用万用表测试或通电检测。

软件调试可以先编写显示程序并进行硬件的正确性检验，然后分别进行主程序、读出温度子程序、温度转换命令子程序、计算温度子程序和显示数据刷新子程序等的编程及调试。

软件调试到能显示温度值，而且在有温度变化时（例如用手去接触）显示温度能改变，就基本完成。

性能测试可用制作的温度计和已有的成品温度计同时进行测量比较。因 DS18B20 的精度很高，所以误差指标可以限制在±0.5℃以内。

DS18B20 温度计还可以在高低温报警、远距离多点测温控制等方面进行应用开发，但在实际设计中应注意以下问题：

① DS18B20 工作时电流高达 1.5mA，总线上挂接点数较多且同时进行转换时要考虑增加总线驱动，可用单片机端口在温度转换时导通一个 MOSFET 供电。

② 连接 DS18B20 的总线电缆是有长度限制的，因此在用 DS18B20 进行长距离测温系统设计时要充分考虑总线分布电容和阻抗匹配等问题。

③ 在 DS18B20 测温程序设计中，向 DS18B20 发出温度转换命令后，程序总要等待 DS18B20 的返回信号。一旦某个 DS18B20 接触不好或断线，当程序读该 DS18B20 时，将没有返回信号，程序进入死循环。这一点在进行 DS18B20 硬件连接和软件设计时要给予一定的重视。

另外，–55~+125℃的测温范围使得该温度计完全适合一般的应用场合，其低电压供电特性可做成用电池供电的手持电子温度计。

8.2.9 源程序清单

C 语言源程序清单：

```
//********************************************

//DS18B20 温度计 C 程序

//使用 AT89S51 单片机，12MHz 晶振，用共阳 LED 数码管

//P0 口输出段码，P2 口扫描

//********************************************
#include"reg51.h"
#include"intrins.h"
unsigned char code tab[]={0xc0,0xf9,0xa4,0xb0,0x99,
             0x92,0x82,0xf8,0x80,0x90};    //数码管段码表
unsigned char fuhao;        // 负号寄存器
sbit DQ =P3^0;           //定义 DS18B20 数据端口
sbit p07=P0^7;          //小数点控制 IO
//********延时函数*********************
void delay(unsigned int i)
{
 while(i--);
}
//********显示函数*********************
```

```
void display(int k)
{
 if(fuhao!=0)          // 判断负号是否有效
 {
  P2=0x08;             //是负温度就显示 “-” 号
  P0=0xbf;
  delay(120);
  P0=0xff;
  }
  else
  {                     //若是正温度
  P2=0x08;
  if(k/1000= =0)        //若百位是 0，消隐
  P0 = 0xff;
  else                  //若百位非 0，显示百位
  P0=tab[k/1000];
  delay(120);
  P0=0xff;
   }

  P2=0x04;
  If((k%1000/100= =0)&&(k/1000= =0))   //若百位、十位同时为 0，消隐
  P0 = 0xff;
  else                  //若十位非 0，显示十位
  P0=tab[k%1000/100];
  delay(120);
  P0=0xff;
  P2=0x02;              //个位显示
  P0=tab[k%100/10];
  p07=0;                //点亮小数点
  delay(120);
  P0=0xff;
  P2=0x01;              //小数点后第一位
  P0=tab[k%10];
  delay(120);
  P0=0xff;
    }
//*****************初始化函数**********************
Init_DS18B20(void)
{
 unsigned char x=0;
 DQ = 1;           //DQ 复位
```

```
 delay(8);        //稍做延时
 DQ = 0;          //单片机将DQ拉低
 delay(80);       //精确延时 大于 480μs
 DQ = 1;          //拉高总线
 delay(14);
 x=DQ;            //稍做延时后,如果x=0则初始化成功; x=1则初始化失败
 delay(20);
}
//*************读一个字节******************
ReadOneChar(void)
{
unsigned char i=0;
unsigned int dat = 0;
for (i=8;i>0;i--)
 {
  DQ = 0;         // 给脉冲信号
  dat>>=1;
  DQ = 1;         // 给脉冲信号
  if(DQ)
  dat|=0x80;
  delay(4);
 }
 return(dat);
}
//*************写一个字节*************
WriteOneChar(unsigned char dat)
{
 unsigned char i=0;
 for (i=8; i>0; i--)
 {
  DQ = 0;
  DQ = dat&0x01;
  delay(5);
  DQ = 1;
  dat>>=1;
 }
}
//************读取温度****************
ReadTemperature(void)
{
unsigned char a=0;
unsigned char b=0;
```

```
unsigned int t=0;
float tt=0;
Init_DS18B20();
WriteOneChar(0xCC);          // 跳过读序号列号的操作
WriteOneChar(0x44);          // 启动温度转换
Init_DS18B20();
WriteOneChar(0xCC);          //跳过读序号列号的操作
WriteOneChar(0xBE);          //读取温度寄存器等（共可读 9 个寄存器） 前两个就是温度
a=ReadOneChar();             //低位
b=ReadOneChar();             //高位
fuhao=b&0x80;
if(fuhao!=0)                 //判断温度是否为负
{                            //负温度的计算方法
 b=~b;
 a=~a;
 tt=((b*256)+a+1)*0.0625;
 tt=tt*10;
 t=(int)tt;
}
else
{                            //正温度的计算方法
tt=((b*256)+a)*0.0625;
tt=tt*10;
t=(int)tt;
}
return(t);
}

//****************主函数*********************
void main(void)
{
 unsigned int i=0;
  while(1)
  {
   i=ReadTemperature();      //读温度
   display(i);               //调显示
   }
}
```

附录　ASCII 码表

项日	列	0③	1③	2③	3	4	5	6	7③
行	位 654→ ↓3210	000	001	010	011	100	101	110	111
0	0000	NUL	DLE	SP	0	@	P	、	p
1	0001	SOH	DC1	!	1	A	Q	a	q
2	0010	STX	DC2	"	2	B	R	b	r
3	0011	ETX	DC3	#	3	C	S	c	s
4	0100	EOT	DC4	$	4	D	T	d	t
5	0101	ENQ	NAK	%	5	E	U	e	u
6	0110	ACK	SYN	&	6	F	V	f	v
7	0111	BEL	ETB	,	7	G	W	g	w
8	1000	BS	CAN	(	8	H	X	h	x
9	1001	HT	EM	)	9	I	Y	i	y
A	1010	LF	SUB	*	:	J	Z	j	z
B	1011	VT	ESC	+	;	K	(	k	{{
C	1100	FF	FS	,	<	L	\	l	
D	1101	CR	GS	–	=	M	)	m	}}
E	1110	SO	RS	.	>	N	Ω①	n	~
F	1111	SI	US	/	?	O	_②	o	DEL

① 因使用代码的机器不同，这个符号可以是弯曲符号、向上箭头、或（–）标记；

② 因使用代码的机器不同，这个符号可以是下画线、向下箭头或心形；

③ 第 0、1、2 和 7 列特殊控制符号的功能解释如下：

NUL　空
SOH　标题开始
STX　正文结束
ETX　正文结束
EOT　传输结束
ENQ　询问

VT　垂直制表
FF　走纸控制
CR　回车
SO　移位输出
SI　移位输入
SP　空间（空格）

ACK	承认	DLE	数据转换符
BEL	报警符（可听见的信号）	DC1	设备控制 1
BS	退一格	DC2	设备控制 2
HT	横向列表（穿孔卡片指令）	DC3	设备控制 3
LF	换行	DC4	设备控制 4
SYN	空转同步	NAK	否定
ETB	信息组传送结束	FS	文字分隔符
CAN	作废	GS	组分隔符
EM	纸尽	RS	记录分隔符
SUB	减	US	单元分隔符
ESC	换码	DEL	作废

参 考 文 献

[1] 刘理云.嵌入式单片机开发与应用.北京：北京理工大学出版社，2015.

[2] 曾屹.单片机原理与应用.第 2 版.长沙：中南大学出版社，2012.

[3] 彭伟.单片机 C 语言程序设计实训 100 例——基于 8051+Proteus 仿真.第 2 版.北京：电子工业出版社，2012.

[4] 求实科技.8051 系列单片机 C 程序设计完全手册.北京：人民邮电出版社，2006.

[5] 郭天祥.新概念 51 单片机 C 语言教程——入门、提高、开发、拓展全攻略.北京：电子工业出版社，2009.

[6] 张秀国.单片机 C 语言程序设计教程与实训.北京：北京大学出版社，2008.

[7] 谭浩强.C 程序设计.北京：清华大学出版社，1991.

[8] 鲍可进，等.C8051F 单片机原理及应用.北京：中国电力出版社，2006.

[9] 马忠梅，等.单片机的 C 语言应用程序设计.北京：北京航空航天大学出版社，2003.

[10] 周润景，等.基于 Proteus 的电路及单片机系统设计与仿真.北京：北京航空航天大学出版社，2006.